普通高等教育"十二五"规划建设教材

# 动物性食品检验技术

陈明勇　主编

中国农业大学出版社
·北京·

## 内 容 简 介

本书全面系统地介绍了动物性食品检验的基本理论、基本方法和基本技术。全书分为11章,主要内容包括绪论,动物性食品营养成分的测定方法,动物性食品中有害元素、农药残留、兽药残留、食品添加剂、致癌物质等的检验方法,动物性食品的细菌学检验技术,以及各类动物性食品的检验方法,同时简要介绍了动物性食品的现代检验技术。

全书内容全面,结构完整,即具有一定的理论性,又具有较强的实践性,可以作为高等农业院校动物医学、动植物检疫、食品质量与安全等相关专业的教材,也可供从事食品安全管理、食品生产经营与检验等科技工作人员参考。

**图书在版编目(CIP)数据**

动物性食品检验技术/陈明勇主编. —北京:中国农业大学出版社,2014.2
ISBN 978-7-5655-0881-3

Ⅰ.①动…  Ⅱ.①陈…  Ⅲ.①动物性食品-食品检验-高等学校-教材  Ⅳ.①TS207.3

中国版本图书馆 CIP 数据核字(2013)第 309114 号

| | |
|---|---|
| **书　　名** | 动物性食品检验技术 |
| **作　　者** | 陈明勇　主编 |

| | | | |
|---|---|---|---|
| **策划编辑** | 潘晓丽 | **责任编辑** | 潘晓丽 |
| **封面设计** | 郑　川 | **责任校对** | 王晓凤　陈　莹 |
| **出版发行** | 中国农业大学出版社 | | |
| **社　　址** | 北京市海淀区圆明园西路 2 号 | **邮政编码** | 100193 |
| **电　　话** | 发行部 010-62818525,8625 | **读者服务部** | 010-62732336 |
| | 编辑部 010-62732617,2618 | **出　版　部** | 010-62733440 |
| **网　　址** | http://www.cau.edu.cn/caup | | |
| **经　　销** | 新华书店 | **e-mail** | cbsszs @ cau.edu.cn |
| **印　　刷** | 涿州市星河印刷有限公司 | | |
| **版　　次** | 2014 年 2 月第 1 版　2014 年 2 月第 1 次印刷 | | |
| **规　　格** | 787×1092　16 开本　19 印张　468 千字 | | |
| **印　　数** | 1~3 000 | | |
| **定　　价** | 36.00 元 | | |

# 编 写 人 员

主　　编　陈明勇

副 主 编　黄素珍　李　郁

编写人员　（按姓氏笔画为序）

孙英健（北京农学院）

江善祥（南京农业大学）

李　郁（安徽农业大学）

陈明勇（中国农业大学）

胡艳欣（中国农业大学）

夏平安（河南农业大学）

粟绍文（华中农业大学）

黄素珍（山西农业大学）

本教材由中央高校基本科研业务费专项资金资助(supported by Chinese Universities Scientific Fund)(2012JW043)

# 前　言

随着高等农业院校本科系列课程教学改革的不断深入,动物性食品卫生学的教学内容、教学要求和教学条件发生了很大的变化,而且长期以来,各高等农业院校一直缺乏完整的动物性食品检验技术方面的实验教材。为了满足各高等农业院校的专业学习要求,同时又能适应动物性食品安全检测的需要,我们组织了全国重点农业院校的一线专业教师精心编写了《动物性食品检验技术》。

《动物性食品检验技术》以我国的国家标准和最新版的行业标准为依据,全面系统地介绍了动物性食品检验的基本知识、基本技术和基本方法。主要内容包括动物性食品营养成分的测定方法,动物性食品中有害元素、农药残留、兽药残留、激素残留、食品添加剂、致癌物质等的检验方法,动物性食品的细菌学检验技术,以及各类动物性食品的检验方法,同时增添了一些动物性食品的现代检验技术。本书具有内容全面、结构系统完整、实用性强、适应面广的特点,基本能满足各高等农业院校的教学需要。本教材以实验基本操作技术为主,主要目的是加强学生创新能力和综合素质的培养,提高学生分析问题和解决问题的能力,因此要求学生在实验中认真观察、仔细操作,如实、详尽地记录实验结果,并进行认真的分析思考,以养成良好的实验习惯。

本教材在编写过程中参阅了国内大量同行专家、教授的相关著作,同时得到了同行老一辈专家的指导和帮助,在此谨向他(她)们表示衷心的感谢。由于动物性食品检验技术涉及动物医学、动物防疫与检疫、食品加工等众多专业学科和众多新的科学技术知识,加之编者水平有限,教材中存在错误和遗漏之处,恳请同行专家和读者提出宝贵意见,以便再版时修正提高。

编　者

2013 年 10 月于北京

# 目　录

# 第一章　绪　论

## 一、动物性食品检验的目的和任务

动物性食品是人类食物的重要组成部分,不仅具有人体所需要的各种营养素,如优质蛋白质、脂肪、维生素、无机盐和微量元素,而且这些营养素在人类膳食营养平衡中起着重要作用,同时动物性食品具有品种繁多、适口性好、多汁、味道鲜美等特点,为人们所喜爱。因此动物性食品是人类不可缺少的食物。

随着我国国民经济的飞速发展,人民生活水平的不断提高,人们对动物性食品的品种选择和质量要求越来越高,同时现代化的工业发展对动物性食品产生了极为严重的污染,加上动物性食品本身容易腐败变质的特点,都会对消费者产生极大的危害,因此为了满足广大人民的需要,保证动物性食品的质量与卫生安全,提高人类的健康水平,必须对动物性食品及其产品进行严格的卫生监督和卫生检验。因而动物性食品检验工作在国民经济中具有重要的地位和作用。

动物性食品检验技术是以兽医学和公共卫生学的理论和技术为基础,按照国家有关法律法规和国家相关食品卫生标准,对肉、蛋、奶、水产品、蜂产品等动物性食品及其制品的生产、加工、储藏、运输、销售和食用过程实施全程卫生监督和卫生检验,以保障食用者安全,防止人畜共患病和其他畜禽疫病传播的综合性应用学科。动物性食品检验的目的是保证动物性食品及其制品的质量的卫生安全,预防动物性食品腐败变质,防止各种有毒有害物质经由动物性食品危害消费者及其后代的健康,提高人类健康水平。

动物性食品检验技术的任务在于加强对动物性食品营养物质的检测,保证动物性食品的质量,加强对动物性食品中各种有毒有害物质的分析监测,严格执行国家卫生标准规定,保证消费者食用安全,做好动物性食品的监督工作,防止掺杂掺假,以及防止食品污染而危害人体健康,严格做到合同要求,保证出口产品质量,从而保障消费者身体健康,防止人畜共患病和其他畜禽疫病传播,防止食品污染和食物中毒,维护动物性食品国际贸易信誉。

## 二、动物性食品检验技术的内容

动物性食品检验技术是一门研究和评定动物性食品品质及其变化和卫生质量的学科,是运用感官、物理、化学和仪器分析的基本理论和技术,对动物性食品(包括食品原料、辅料、半成品和成品)的组成成分、感官特征、理化性质和卫生状况进行分析检测,研究检测原理、检测技术和检测方法的应用性学科,具有较强的技术性和实践性。

动物性食品检验技术内容十分丰富,涉及多种学科,主要内容包括动物性食品营养成分的检测技术、动物性食品的卫生检验技术、动物性食品中有毒有害物质及其残留的检验技术和动物性食品的微生物学检验技术等四大部分。

1. 动物性食品营养成分的检测

动物性食品营养成分的检测是利用物理、化学和仪器分析的方法对动物性食品中的水分(包括水分活性)、灰分(无机盐)、糖类(糖原、乳糖)、脂肪、蛋白质、氨基酸、维生素(包括水溶性维生素和脂溶性维生素)等成分进行分析检测,评定动物性食品的品质。

2. 动物性食品的卫生检验

动物性食品的卫生检验是从感官特征、动物性食品腐败分解产物的特征和数量、细菌的污染程度等3个方面,利用感官、物理、化学和仪器分析的方法对肉、蛋、奶、水产品、蜂产品等动物性食品及其制品进行卫生质量的监测和评定。

3. 动物性食品中有毒有害物质及其残留的检验

动物性食品中有毒有害物质及其残留的检验主要是利用物理、化学和仪器分析的方法对动物性食品中农药残留、兽药残留、激素残留、食品添加剂、化学致癌物质、微生物毒素以及食品材料中的某些有毒有害物质进行检测,评定动物性食品的品质,以保证动物性食品的安全性。

4. 动物性食品的微生物学检验

动物性食品的微生物学检验主要是利用微生物培养和鉴定方法对动物性食品中细菌菌落总数、大肠菌群和大肠菌群最近似数、沙门氏菌等常见致病菌、霉菌和酵母总数、常见产毒霉菌进行鉴定和检测,以评定动物性食品的卫生质量。

## 三、动物性食品检验技术的发展趋势

随着科学技术的不断发展,动物性食品的各种分离和分析检测技术和方法得到了不断的完善和更新,许多高灵敏度、高分辨率、新型高效的分析仪器越来越多地应用到动物性食品检测领域,为动物性食品的卫生监测提供了有力的手段。

近年来,许多先进的仪器分析方法,如气相色谱法、高效液相色谱法、原子吸收光谱法、毛细管电泳法、紫外-可见分光光度法、荧光分光光度法以及电化学方法已经在动物性食品检验中得到了广泛应用,在我国的食品卫生标准检验方法中,仪器分析方法所占的比例越来越大。其中仪器分析中应用最广泛的分光光度法在动物性食品的卫生检测中发挥了重要作用,特别是在动物性食品有害元素的测定方面表现出了巨大威力;高效液相色谱分析技术在食品添加剂的测定中具有快速、灵敏等特点,应用日趋广泛。

在动物性食品卫生检测中,食品样品的前处理是非常烦琐而且非常重要的步骤,形成了动物性食品卫生检验学科的体系和特色。由于现代科学技术和分析仪器技术的发展,推动了动物性食品卫生检验样品前处理技术的发展,使得样品的前处理方面采用了许多先进而新颖的分离技术,如凝胶色谱、固相萃取、固相微萃取、加压溶剂提取、超临界萃取、微波消化、基质分散固相萃取等,比较常规的样品前处理方法省时、省事、分离效率大大提高。而样品前处理技术的发展,推动着动物性食品检测技术朝着微量、快速、简易、经济、理想、有效、自动化的方向发展,新方法、新技术和新试剂不断得到研究和应用。

现代科学技术的发展带动了动物性食品检测技术的现代化,现代化动物性食品检测技术最突出的特点是利用现代高新技术,向着检测技术高精密度、高准确率、微量、快速、自动化方向发展。主要表现在如下几个方面。

(1)现代化食品检测仪器是动物性食品检测技术的重要载体,现代食品分析与检测技术更加注重实用性和精确性,使得食品分析检测仪器向小型化、微型化发展;向低能耗化、功能专用化发展;向分析仪器多元化,即分析仪器联用技术发展;向分析技术一体化、成像化发展。

(2)随着计算机技术的发展与普及,分析仪器自动化已成为动物性食品检测的重要发展方向之一。自动化和智能化的分析仪器可以进行食品检验程序的设计、优化和控制、实验数据的采集与处理,使食品检验工作大大简化,并能处理大量的例行检验样品。

(3)利用现代动物性食品检测技术与生物技术相结合的成果,如核酸探针技术、PCR 技术、生物芯片技术等,可以完成动物性食品大量的检测工作,大大缩短分析时间,减少试剂用量,成为低消耗、低污染、低成本的绿色检验方法。

(4)由于多数动物性食品生产是一种自动化、半自动化的连续的生产过程,那种破坏性的或侵入式的检测手段将会逐步淘汰,因此大力发展在线无损检测技术如生物传感器等,是今后一个重要的研究和发展方向。

(5)近年发展起来的多学科交叉技术-微全分析系统可以实现样品处理、化学反应、分离检测的整体微型化、高通量化和自动化。

总之,随着分析科学的不断发展,现代动物性食品检测技术和方法也不断前进。计算机视觉技术、现代仪器分析技术、电子传感器检测技术、生物传感器检测技术、免疫学检测技术、DNA 芯片技术、全自动分析系统等的应用,将为动物性食品营养和食品安全的检验提供更加灵敏、快速、可靠的现代分析检测技术。

### 四、动物性食品检验技术课程的学习要求

学习动物性食品检验技术的主要目的是运用动物性食品卫生管理和卫生检验的基础理论和方法,检验各种动物性食品和产品的卫生质量,按照国家卫生法规和卫生标准进行处理,以便于安全而有效地利用各种动物性食品及其产品,防止疫病和有毒有害物质危害人类,从而保证动物性食品的卫生质量,保障消费者的食用安全。

通过本课程的学习,要求学生基本了解动物性食品检验技术的基本内容、基本方法;动物性食品理化学检验基础知识、基本技术和检验方法;动物性食品微生物学检验基础知识、基本技术和检验方法。掌握各类动物性食品的感官检验、理化学检验和微生物学检验的基本程序、基本检验方法、国家食品卫生标准、卫生评价和卫生处理原则。

# 第二章 动物性食品现代检验技术

## 第一节 光学分析技术

光是一种电磁波,按波长排列可以分为无线电波、紫外光、可见光、红外光等。光学分析法是指根据物质发射的电磁波,或物质与电磁波的相互作用原理而建立起来的分析方法的总称。由于光学分析法具有灵敏度高、选择性好、用途广等优点,在动物性食品检测领域中发挥着重要的作用。

光学分析法包括一般光学分析法和光谱法两大类。一般光学分析法包括折光分析法、旋光分析法、浊度法等。而光谱法是指利用食品的光谱特征,对已知食品进行定性、定量分析的方法,常用的检测方法有紫外-可见分光光度法、红外分光光度法、荧光分光光度法、原子吸收光谱法、核磁共振波谱法等。这里重点介绍动物性食品检测中应用较多的紫外-可见分光光度法、红外分光光度法和原子吸收光谱法。

### 一、紫外-可见分光光度法

紫外-可见分光光度法是指检测动物性食品在近紫外(200～400 nm)及可见光区(400～800 nm)分子吸收光谱的分析方法。

#### (一)基本原理

1. 朗伯-比尔定律

分光光度法是基于食品对光选择性吸收的特性而建立起来的一种分析方法,以朗伯-比尔定律为基础。朗伯-比尔定律的数学式为:

$$A = \lg T^{-1} = ECL$$

式中,$A$ 为吸光度;$T$ 为透光率;$E$ 为吸收系数,为常数,其物理意义是当溶液浓度为 1%(g/100 mL)、液层厚度为 1 cm 时的吸光度数值;$C$ 为分析物的浓度,即 100 mL 溶液中所含被测物质的质量(g/100 mL);$L$ 为液层厚度(cm)。

凡是具有芳香环或共轭双键结构的有机化合物,均可以在特定吸收波长处测得吸光度值,因此可以用于食品的鉴别、纯度检查及物质含量测定。

2. 吸收光谱

单一波长的入射光通过样品溶液后,可以测得一个吸光度值 $A$,以波长作为横坐标,以相应的吸光度 $A$ 作为纵坐标作图,便可以得到一个吸收光谱图,又称之为吸收曲线。吸收曲线上最大的峰为最大吸收峰,它所对应的波长称为最大吸收波长。不同食品因为其特殊的分子结构,有不同的最大吸收峰,有些物质则没有吸收峰。

凡有共轭基团的食品在紫外-可见光区才产生吸收,但吸收曲线并不反映物质非共轭部的结构,因此在同一条件下,吸收曲线不同的肯定为不同的物质,但结构相似的物质可能有相同的吸收曲线。

### (二)紫外-可见分光光度计组成与类型

#### 1.仪器基本组成

目前分光光度计的型号种类很多,但基本构造相似,主要包括光源、单色器、吸收池、检测器、信号处理器、显示器等组成部分。

(1)光源:光源需要有足够的发射强度而且稳定,能提供连续的辐射,且发光面积小。目前常用的光源为碘钨灯(用于可见光区)和氘灯(用于紫外光区)。

(2)单色器:单色器的功能是把从光源发射出的连续光谱分为波长宽度很窄的单色光,包括色散元件、狭缝和准直镜3部分。其中色散元件是分光光度计的关键部件,是将复合光按波长的长短顺序分散成为单色光的装置,其分散的过程称为光的色散,色散后所得的单色光经反射后,通过狭缝到达溶液。常用的色散元件是棱镜和光栅。

(3)吸收池:吸收池是分光光度分析中盛放溶液样品的容器,材质通常有玻璃和石英两种。玻璃吸收池只能用于可见光区,而石英池既可用于可见光区,也可用于紫外光区。此外,还有一次性使用的用于可见光区的塑料材质吸收池。

(4)检测器:检测器是一个光电转换元件,是测量光线透过溶液以后强弱变化的一种装置。在分光光度计中,最普遍采用的检测器是光电管或光电倍增管。

(5)显示器:常用的显示器有电表指示器、图表记录器及数字显示器等。

#### 2.分光光度计的类型

常用的紫外-可见分光光度计主要有单光束分光光度计、双光束分光光度计、双波长分光光度计和多道分光光度计4种类型。目前应用最广泛的是双光束分光光度计。

### (三)注意事项

#### 1.入射光波长的选择

进行食品样品溶液定量分析时,通常选择被测食品吸收光谱中吸收峰处的波长作为测定波长,以提高灵敏度并减少测定误差。若被测食品有几个吸收峰,可选择不易有其他物质干扰的、较高的和宽的吸收峰波长进行测定。例如,核黄素在 $200\sim600$ nm 有 4 个吸收峰,在 265 nm 处吸收强度最大,但它偏向短波长区,易受食品样品溶液中杂质干扰,另一方面由于在 265 nm 吸收峰的上、下坡处,吸光度随波长变化很大,故不宜选作检测用波长,因而可以选择 444 nm 波长进行食品的定量分析,虽然其灵敏度差些,但杂质干扰很少。

#### 2.溶剂的选择及处理方法

溶剂的性质对溶质的吸收光谱的波长和吸收系数都有很大影响。极性溶剂的吸收曲线较稳定,且价格便宜,故在食品分析中常用水(或一定浓度的酸、碱及缓冲液)和醇等极性溶剂作为测定溶剂,但水、醇等极性溶剂会引起吸收峰位置及宽度的改变,使用时应注意。

测定样品吸光度的溶剂应能完全溶解样品,且在所用的波长范围内有较好的透光性,即不吸收光或吸收很弱。许多溶剂在紫外区有吸收峰,只能在其吸收较弱的波段使用。当所采用的波长低于溶剂的极限波长时,则应考虑采用其他溶剂或改变测定波长。

分光光度法要求"光谱纯"溶剂,或经检验其空白符合规定者方能使用。烃类溶剂可以通过硅胶或氧化铝吸附,或用化学方法处理以除去杂质。

3.参比溶液的选择

参比溶液又称空白溶液。在食品分光光度测定中,常使用参比溶液,其作用不仅是调节仪器的零点,还可以消除由于比色皿、溶剂、试剂、样品基底和其他组分对于入射光的反射和吸收所带来的影响,因此正确选用参比溶液,对提高食品分析的正确性有重要的作用。

参比溶液选择的一般原则是如果试液和显色剂均无色,可用蒸馏水作为参比溶液;如果显色剂或其他试剂是有色的,应选用试剂(不加试液)做参比溶液;如果显色剂为无色,而被测食品试液中存在其他有色离子,可采用不加显色剂的被测试液做参比溶液;如果显色剂和被测试液均有颜色,则应采用褪色参比,即在一份食品试液中加入适当的掩蔽剂,以掩蔽被测食品组分,使它不再与显色剂作用,而显色剂及其试剂均仍按试液测定方法加入作为参比溶液来消除干扰。

(四)定量分析

使用紫外-可见分光光度法测定食品成分含量时,一般可以采用如下方法。

1.百分吸收系数法

吸收系数主要有摩尔吸收系数和百分吸收系数两种,百分吸收系数可以直接测得,而摩尔吸收系数则不能直接测得,两种吸收系数之间可以互相换算。在测定条件(溶液的浓度、酸度、单色光纯度等)不引起对朗伯-比尔定律偏离的情况下,可以采用百分吸收系数,根据测得的样品吸光度,求出食品样品的质量分数,若有必要,还可以换算成食品样品的量浓度。

2.标准曲线法

在食品分光光度测定中,不是任何情况都可以使用百分吸收系数来计算样品的溶液浓度的,特别是在单色光不纯的情况下,吸光度的值会随所用仪器的不同而在一个相当大的幅度内变化不定,若仍用百分吸收系数来换算浓度,将产生很大误差。但对于任何一台工作正常的紫外分光光度计来说,固定其工作状态和测定条件,则食品浓度与吸光度之间的关系,在很多情况下仍然是直线关系或近似于直线的关系。测定时,一般将一系列(5~10个)不同浓度的标准溶液在同一条件下测定吸光度,观察溶液浓度与吸光度成直线关系的范围,然后以吸光度为纵坐标,溶液浓度为横坐标来绘制标准曲线。也可用直线回归的方法,求出回归直线方程,再根据食品样品溶液所测得的吸光度,从标准曲线来计算浓度。在仪器和方法固定的条件下,标准曲线或回归直线方程可以多次使用。标准曲线法由于对仪器的要求不高,是分光光度法中最常用的简便易行的方法。

## 二、红外分光光度法

红外分光光度法是指利用食品的红外光谱进行食品定性、定量分析以及测定食品的分子结构的方法。在红外分光光度法中应用最多的是中红外光谱。这里主要介绍中红外光谱在食品分析检测中的应用。

(一)基本原理

红外吸收光谱主要是由食品分子中所有原子多种形式的振动所引起的,不同形式的振动均出现相应的吸收峰。不同分子基团振动的吸收峰总是出现在某一特定的区域,如羧基在 $3\ 700\sim3\ 000\ cm^{-1}$、羰基在 $1\ 850\sim1\ 640\ cm^{-1}$。

中红外光谱区主要分成 $4\ 000\sim1\ 300\ cm^{-1}$ 和 $1\ 300\sim600\ cm^{-1}$ 两个区域。其中最有分析价值的基团频率在 $4\ 000\sim1\ 300\ cm^{-1}$,这一区域的吸收峰具有比较明确的官能团和频率的对应关系,称为基团频率区、官能团区或特征区。区域内的吸收峰是由伸缩振动产生的吸收带,比较稀疏,容易辨认,常用于鉴定食品的官能团。而在 $1\,300\sim600\ cm^{-1}$ 区域内,除分子单键的伸缩振动外,还有因变形振动产生的谱带,这种振动与整个食品分子的结构有关。当食品分子结构稍有不同时,该区的吸收就有细微的差异,并显示出食品分子特征,这种情况就像人的指纹一样,因此称为指纹区。指纹区对于鉴定结构类似的食品化合物很有帮助,而且可以作为化合物存在某种基团的旁证。

### (二)红外光谱仪的组成与类型

#### 1.仪器的基本组成

红外光谱仪主要有光源、吸收池、单色器、检测器以及记录系统等组成部分。

(1)光源:红外光谱仪中所用的光源通常是一种惰性固体,通过电加热,使之发射高强度的连续红外辐射。常用的光源是能斯特灯或硅碳棒。

(2)吸收池:因玻璃、石英等材料不能透过红外光,因此红外吸收池需要用可透过红外光的 NaCl、KBr、CsI 等材料制成窗片。使用 NaCl、KBr、CsI 等材料制成的窗片需注意防潮。固体试样常与纯 KBr 混匀压片,然后直接进行测定。

(3)单色器:单色器由色散元件、准直镜和狭缝构成。色散元件常用复制的闪耀光栅。

(4)检测器:常用的红外检测器有高真空热电偶、热释电检测器和碲镉汞检测器。

(5)记录系统。

#### 2.仪器的主要类型

目前常用的主要有两类红外光谱仪,即光栅色散型红外光谱仪和 Fourier(傅里叶)变换红外光谱仪。

(1)光栅色散型红外光谱仪:光栅色散型红外光谱仪的组成部件与紫外-可见分光光度计相似,主要由光源、吸收池、单色器、检测器、放大器及记录机械装置组成。

(2)傅里叶变换红外光谱仪:傅里叶变换红外光谱仪没有色散元件,主要由光源(硅碳棒、高压汞灯)、干涉仪、检测器、计算机和记录仪组成。

傅里叶变换红外光谱仪的核心部分为干涉仪。由光源发出的红外光经过干涉仪调制得到一束干涉光,干涉光通过食品样品后成为带有光谱信息的干涉光,到达检测器,检测器将干涉光信号转变为电信号,这种信号以干涉图的形式送往计算机进行傅里叶变换的数学处理,最后将干涉图还原成光谱图。傅里叶变换红外光谱仪与光栅色散型红外光谱仪的主要区别在于干涉仪和电子计算机两部分。

### (三)食品试样的处理和制备

食品检测时要想获得一张高质量的红外光谱图,除了考虑仪器本身的因素外,还必须选择合适的样品制备方法。

#### 1.红外光谱法对食品试样的要求

红外光谱法的检测试样可以是液体、固体或气体,一般要求如下。

(1)食品试样应该是单一组分的纯物质,纯度应大于 98% 或符合商业规格,才便于与纯物质的标准光谱进行对照。多组分试样应在测定前尽量预先用分馏、萃取、重结晶或色谱法进行分离提纯,否则食品各组分光谱相互重叠,难以判断。

(2)食品试样中不应含有游离水。水本身具有红外吸收,会严重干扰样品光谱,而且会侵蚀吸收池的盐窗。

(3)食品试样的浓度和测试厚度应选择适当,以使光谱图中的大多数吸收峰的透射比处于10%～80%范围内。

## 2.制样的方法

(1)气体样品:气体样品可以在玻璃气槽内进行测定,它的两端粘有红外透光的 NaCl 或 KBr 窗片。一般是先将气槽抽真空,再将食品试样注入即可。

(2)液体和溶液试样:液体和溶液试样有两种制样方法。液体池法主要用于沸点较低、挥发性较大的试样,可将食品试样注入封闭液体池中,液层厚度一般为 0.01～1 mm;液膜法主要由于沸点较高的试样,可以直接将试样滴在两片盐片之间,形成液膜。

对于一些吸收很强的液体,当用调整厚度的方法仍然得不到满意的谱图时,可采用适当的溶剂配成稀溶液进行测定。一些固体样品也可以用溶液的形式进行测定。常用的红外光谱溶剂应在所测光谱区内,溶剂本身没有强烈的吸收,不侵蚀盐窗,对食品试样没有强烈的溶剂化效应等。

(3)固体试样:有下列 3 种制样方法。

①压片法:将 1～2 mg 试样与 200 mg 纯 KBr 研细均匀,置于模具中,用$(5\sim10)\times10^7$ Pa压力在油压机上压成透明薄片,即可用于测定。食品试样和 KBr 都应经过干燥处理,研磨至粒度小于 2 μm,以免散射光影响。

②石蜡糊法:一般是将干燥处理后的食品试样研细,与液体石蜡混合,调成糊状,夹在盐片中进行测定。

③薄膜法:主要用于高分子化合物的测定。一般可将样品直接加热熔融后,涂制或压制成膜。也可将试样溶解在低沸点的易挥发溶剂中,涂在盐片上,待溶剂挥发后成膜测定。

### (四)红外光谱法的应用

目前红外光谱法广泛应用于有机化合物的定性、定量分析和结构的分析鉴定。

## 1.定性分析

(1)已知食品的鉴定:将食品试样的谱图与标准的谱图进行对照,或者与文献上的谱图进行对照,如果两张谱图各吸收峰的位置和形状完全相同,峰的相对强度一样,就可以认为该样品是该种标准物。如果两张谱图不一样,或峰位不一致,则说明两者不是同一种化合物,或样品种有杂质。如使用计算机谱图检索,则采用相似度来判别。使用文献上的谱图,应当注意食品试样的物质状态、结晶状态、溶剂、测定条件以及所用仪器类型均应与标准谱图相同。

(2)未知食品结构的测定:测定未知食品的结构,是红外光谱法定性分析的一个重要用途。如果未知食品不是新化合物,可以通过两种方式,利用标准谱图进行查对。一种方法是查阅标准谱图的谱带索引,寻找与食品试样光谱吸收带相同的标准谱图;二是进行光谱解析,判断食品试样的可能结构,然后再由化学分类索引查找标准谱图,对照核实。

在对光谱图进行解析之前,应收集食品样品的有关资料和数据,了解食品试样的来源,初步估计可能是哪类化合物;后测定试样的物理常数,如熔点、沸点、溶解度、折射率等,作为定性分析的旁证;再根据元素分析及相对摩尔质量的测定,求出化学式并按下式计算化合物的不饱和度。

$$\Omega=1+n_4+\left[\frac{(n_3-n_1)}{2}\right]$$

式中，$n_4$、$n_3$、$n_1$ 分别为分子中所含的四价、三价和一价元素原子的数目。当 $S_2=0$ 时，表示分子是饱和的，应是链状烃及其不含双键的衍生物；当 $S_2=1$ 时，可能含有一个双键或脂环；当 $S_2=2$ 时，可能含有两个双键和脂环，也可能有一个叁键；当 $S_2=4$ 时，可能含有一个苯环等。但是二价原子如 S、O 等不参加计算。

谱图解析一般先从基团频率区的最强谱带开始，推测未知物可能含有的基团，判断不可能含有的基团。再从指纹区的谱带进一步验证，找出可能含有基团的相关峰，用一组相关峰确认一个基团的存在。对于简单化合物，确认几个基团之后，便可初步确定食品分子结构，然后查对标准谱图进行核实。

2.定量分析

红外光谱定量分析是通过对食品的特征性吸收谱带强度的测量来求出组分含量，其理论依据是朗伯-比尔定律。

(1)吸收带选择的原则

①必须是被测食品的特征吸收带。例如分析酸、酯、醛、酮时，必须选择 C—O 基团的振动有关的特征吸收带。

②所选择的吸收带的吸收强度应与被测食品的浓度有线性关系。

③所选择的吸收带应有较大的吸收系数且周围尽可能没有其他吸收带存在，以免干扰。

(2)吸光度的测定：主要有以下两种方法。一点法不考虑背景吸收，直接从谱图中分析波数处读取谱图纵坐标的透过率，再由公式 $A=\lg T^{-1}$ 计算吸光度。实际上这种背景可以忽略的情况较少，因此多用基线法。基线法是通过谱带两翼透过率最大点作光谱吸收的切线，作为该谱线的基线，分析波数处的垂线与基线的交点，与最高吸收峰顶点的距离为峰高，其吸光度 $A=\lg(I_0/I)$。也可用标准曲线法、求解联立方程法等方法进行定量分析。

### 三、原子吸收光谱法

原子吸收光谱法(atomic absorption spectrometry，AAS)是基于从光源辐射出具有待测元素特征性谱线的光，通过待测元素的气态基态原子所吸收，由特征性谱线光减弱的程度来测定试样中待测元素含量的方法。原子吸收光谱法具有测定元素多、准确度高、灵敏度高、选择性好、抗干扰能力强、适用范围广等优点，目前广泛应用于金属元素和半金属元素的测定分析。但其缺点在于工作曲线的线性范围窄，一般仅为一个数量级，通常每测定一种元素需要一种灯，使用不便，对一些难溶元素和非金属元素的测定以及同时测定多种元素还存在一定的困难。

#### (一)基本原理

原子吸收光谱法就是利用待测元素的原子蒸气通过原子化器时，该元素的特征性谱线强弱发生改变，引起原来的辐射信号发生变化而进行分析的一种光谱分析方法。原子吸收值与原子浓度的关系符合朗伯-比尔定律。

#### (二)原子吸收分光光度计的基本结构

原子吸收分光光度计型号很多，性能各异，但其基本结构与普通的紫外-可见分光光度计相同，只是用锐线光谱代替了连续光谱，用原子化器代替了吸收池。原子吸收分光光度计主要由锐线光源、原子化器、单色器和检测系统 4 部分组成。

1. 锐线光源

目前普遍应用的锐线光源主要是空心阴极灯,这种光源具有辐射强度大、稳定性好、背景吸收少等优点。锐线光源是一种低压气体放电管,由一个小体积、圆筒状的阴极(由待测元素的金属或合金化合物组成)和一个高熔点金属钨棒制成的阳极组成。

2. 原子化器

将食品试样中的被测元素转入气相并转化为基态原子的过程称为原子化过程,完成这个转化的装置称为原子化器。目前较常使用的原子化器有火焰原子化器和高温石墨炉原子化器。

(1)火焰原子化器:火焰原子化器分为全消耗型和预混合型两种。由于全消耗型火焰原子化器火焰喷雾的干扰很大,颗粒大的粒子在火焰中产生严重的散射干扰,火焰燃烧不稳定,噪声大,因此目前较常使用的为预混合型火焰原子化器。

(2)高温石墨炉原子化器:高温石墨炉原子化器为非火焰原子化器,实际上是电加热器。其结构主要包括炉体、石墨管和电、水、气供给系统。工作时,接通冷却水和惰性保护气(氮气或氩气),通过上部可卸式窗口,将食品样品加到石墨管中,石墨管中的食品试样经过干燥、灰化、原子化,形成待测元素的原子蒸气,光源的辐射线由石墨管中心通过,实现原子吸收。

3. 单色器

单色器的作用是将原子吸收所需的共振吸收线分离出来。单色器由入射和出射狭缝、反射镜和色散元件组成。色散元件为衍射光栅。

4. 检测系统

检测系统主要由检测器、放大器、对数变换器和显示装置组成。原子吸收分光光度计广泛使用光电倍增管作检测器。

(三)检测方法

1. 标准曲线法

配制一组不同浓度的被测元素标准溶液,在与供试液完全相同的条件下,按照浓度由低到高的顺序测定吸光度 $A$,以吸光度 $A$ 为纵坐标,标准溶液的浓度为横坐标绘制标准曲线。也可采用直线回归的方法,求出回归直线方程,再根据食品样品溶液所测得的吸光度,从标准曲线来计算浓度。

2. 标准加入法

同时取几份等量的被测元素试液,分别加入不同量的被测元素标准溶液中,其中一份作为空白,稀释至相同体积,使得加入的标准溶液浓度依次递增,然后分别测定它们的吸光度,以吸光度 $A$ 为纵坐标、标准溶液的浓度 $C$ 为横坐标,绘制标准曲线。将该曲线外推至与横坐标轴相交,交点至坐标原点的距离即是被测元素稀释后的浓度。

3. 内标法

在标准样品和未知食品样品中加入内标元素,测定分析样品和内标样品的吸收的光强度比,以吸收的光强度比值对被测元素含量绘制校正曲线,然后从校正曲线上推算出被测元素的含量。内标应选择与被测元素吸收特性相近的元素。

# 第二节 色谱分析技术

色谱分析是一种分离技术,色谱分析法是利用色谱技术进行食品分离分析的方法。色谱分析法最早是由俄国植物学家茨维特于 1906 年首先提出来的。当时他把植物色素的石油醚提取液倒入装有碳酸钙吸附剂的直立玻璃管内,再加入石油醚使其自由流出,结果不同植物色素组分相互分离,形成不同颜色的色谱带,由此得名为"色谱"。色谱分析法可以广泛用于有色物质和无色物质的分离。

## 一、气相色谱法

气相色谱法是指流动相为气体的色谱方法,是用难挥发的高沸点液体(固定液)或固体吸附剂为固定相,用 $N_2$、$H_2$ 等气体(载气)作流动相的色谱法。气相色谱分析操作简单,分析快速,选择性好,柱效能高,可以应用于气体试样的分析,也可以用于易挥发或可转化为易挥发的液体和固体试样的分析,不仅可以分析有机物,也可以分析部分无机物。一般只要沸点在500℃以下、热稳定性良好、相对分子质量在 400 以下的物质,原则上都可采用气相色谱法。目前气相色谱法所能分析的有机物约占全部有机物的 15%～20%,而这些有机物都是目前应用十分广泛的一部分,因而气相色谱法的应用是十分广泛的。

### (一)基本原理

气相色谱法的流动相为气体,称为载气。按分离原理不同,色谱柱分为吸附柱和分配柱两种。吸附柱是将固体吸附剂装入色谱柱而构成的,利用吸附剂对各组分的吸附性能不同,实现分离;分配柱一般是将固定液涂布在载体上,构成液体固定相,利用食品组分的分配系数差别实现分离。含有试样的载气进入色谱柱,容易被吸附的食品组分就不易被洗脱,后下来,较难被吸附的食品组分就容易被洗脱,先下来。在色谱柱内各个成分被分离后,先后进入检测器形成色谱信号,色谱信号可以用记录仪或数据处理器记录。

### (二)气相色谱仪的结构

气相色谱法是采用惰性气体(或称载气)作为流动相的色谱方法。色谱过程是通过气相色谱仪来完成的。气相色谱仪一般由气路系统、进样系统、分离系统、检测系统、记录系统 5 个基本部分组成。

### (三)气相色谱条件的选择

#### 1.载气选择的依据和常用的载气

作为气相色谱载气的气体,要求其化学稳定性好、纯度高、价格便宜并容易获得、能适合于所用的检测器。常用的载气为氢气、氮气和二氧化碳,要求其纯度在 99.9% 以上。

#### 2.试样的进样方法

色谱分离技术要求在最短的时间内,以"塞子"形式打进一定量的试样。试样进样方法可以分为注射器进样、量管进样、定体积进样、气体自动进样 4 种。气体试样一般常用注射器进样及气体自动进样,液体试样一般用微量注射器进样,也可采用定量自动进样,固体试样通常用溶剂将试样溶解,然后采用液体进样方法进样,也可以用固体进样器进样。

#### 3.固定相

固定相是由固体吸附剂或涂有固定液的担体构成。固体吸附剂一般采用 40～60 目、60～80 目、80～100 目。当使用同等长度的柱子,颗粒细的分离效率比粗的好些。固定液一般为一些高沸点的液体,固定液含量对分离效率的影响很大,它与担体的质量比一般为 15%～25%。担体是一种多孔性化学惰性固体,在气相色谱中用来支撑固定液。担体分为硅藻土和非硅藻土两大类,每一大类又含有多种。一般食品检测中均采用填充柱,载体为经酸洗并经硅烷化处理的硅藻土。

### (四)定性与定量分析

**1. 定性分析**

利用气相色谱法分析某一食品样品得到各个组分的色谱图后,首先要确定每个色谱峰究竟代表什么组分,即进行定性分析。气相色谱法的定性主要包括以下几种方法。

(1)采用纯物质对照定性:主要有保留值定性和增加峰高法定性。

①保留值定性:这是一种最简便的定性方法,是根据同一种物质在同一根色谱柱上,在相同的色谱操作条件下,保留值相同的原理进行定性。在同一色谱柱和相同条件下分别测得食品组分和纯物质的保留值,如果被测组分的保留值与纯物质的保留值相同,可以认为它们是同一物质。

②加入纯物质增加峰高法定性:在样品中加入纯物质,对比加入前和加入后所得到的色谱图,如果某一个组分的峰高增加,表示食品样品中可能含有所加入的这一种组分。

(2)采用文献数据定性:当没有纯物质时,可以利用文献发表的保留值来定性。最有参考价值的是相对保留值。只要能够重复其要求的各种操作条件,这些定性数据是有一定参考价值的。

(3)与其他方法结合定性

①与化学方法结合定性:有些带有官能团的化合物,能与一些特殊试剂起化学反应,经过化学反应处理后,这类物质的色谱峰会消失,或提前,或移后,比较样品处理前后的色谱图,便可进行定性。另外,也可在色谱柱后分流,收集各流出组分,然后用官能团分类试剂分别定性。

②与质谱、红外光谱等仪器结合定性:单纯使用气相色谱法定性往往比较困难,但可以配合其他仪器分析方法进行定性。其中红外光谱、质谱、核磁共振等仪器分析方法对食品的定性最为有用。

**2. 定量分析**

在合适的操作条件下,试样样品组分的含量与检测器所产生的信号(色谱峰面积或峰高)成正比,为色谱定量分析的依据,如下式所示。

$$m = f \times A \qquad m = f \times h$$

式中,$m$ 为物质的量(g);$A$ 为色谱峰面积;$h$ 为峰高;$f$ 为校正因子,为单位峰面积或峰高所代表的物质的量。

一般定量分析时常采用面积定量法。当各种操作条件(色谱柱、温度、载气流速等)严格控制不变时,在一定的进样量范围内,峰的半宽度是不变的,峰高直接代表某一组分的量或浓度。对出峰早的组分,因半宽度较窄,测量误差大,用峰高定量比用峰高乘半宽度的面积定量更为准确;但是对于出峰晚的组分,如果峰形较宽或峰宽有明显波动时,则宜用面积定量法。

(1)峰面积的测量方法:峰面积 $A$ 测量的准确度直接影响定量结果,对于不同峰形的色谱峰,需要采取不同的测量方法。峰高乘半宽度法适用于对称峰;峰高乘平均峰宽法适用于不对称峰。

(2)校正因子($f$)及其测定:色谱定量分析的原理是食品组分含量与峰面积(或峰高)成正比。不同的食品组分有不同的响应值,因此相同质量的不同组分,它们的色谱峰面积(或峰高)亦不等,这样就不能用峰面积(或峰高)来直接计算组分的含量,因此提出校正因子,选定一个物质做标准,被测物质的峰面积用校正因子校正到相当于这个标准物质的峰面积,再以校正后的峰面积来计算组分的含量。

## 二、气相色谱法-质谱联用技术

质谱分析法是指先将物质离子化,按离子的质荷比分离,然后测量各种离子谱峰的强度而实现食品分析目的的一种分析方法。气相色谱-质谱联用技术是指气相色谱仪和质谱仪的在线联用技术。其中的气相色谱作为质谱的特殊进样器,利用它对混合物的强有力的分离能力,使混合物各组分分离成各个单一组分后,按时间顺序依次进入质谱离子源,获得各组分的质谱图,以便确定食品结构并进行组分分析。

气相色谱-质谱联用技术是目前最常用的一种联用技术,在目前市场销售的商品质谱仪中占相当大的一部分,从气相色谱柱中流出的食品成分可直接引入质谱仪的离子化室,经过一个分子分离器,以降低气压并将载气与样品分子分开。在分子分离器中,从气相色谱仪来的载气及样品离子经过一个小孔速喷射入喷腔中,具有较大质量的样品分子将在惯性的作用下继续直线运动而进入捕捉器中,载气由于质量较小、扩散速率较快,容易被真空泵抽走,必要时使用多次喷射,经过分子分离器后,50%以上的样品被浓缩并进入离子源,而压力则由 $1.0 \times 10^5$ Pa 降至 $1.3 \times 10^{-2}$ Pa。食品各个组分经过离子源电离后,位于离子源出口狭缝安装的总离子流监测器检测到离子流信号,经放大记录后成为色谱图。当某组分出现时,总离子流检测器发出触发信号,启动质谱仪开始扫描,获得该食品组分的质谱图。

## 三、高效液相色谱法

高效液相色谱法又称高压液体色谱法,是 20 世纪 70 年代以后快速发展起来的一项新颖、高效、快速的分离分析技术。它是以经典的液相色谱为基础,以高压下的液体为流动相的色谱技术。高效液相色谱法要求试样能制成溶液,而不需要气化,因此不受试样挥发性的限制,对于一些高沸点、热稳定性差、相对分子质量大于 400 的有机物,原则上都可使用高效液相色谱法来进行组分的分离与分析。

### (一)高效液相色谱法的分析原理与类型

1. 分析原理

同其他色谱分析过程一样,高效液相色谱也是溶质在固定相和流动相之间进行的一种连续多次的交换过程,借着溶质在两相间分配系数、亲和力、吸附能力、离子交换或分子不同引起的排阻作用差别,使不同溶质组分进行分离。高效液相色谱过程中的流动相是液体(或溶剂),又叫洗脱剂或载液。开始时溶质加在柱头,随流动相一起进入色谱柱,接着在固定相和流动相之间进行分配。分配系数小的组分不易被固定相滞留,流出色谱柱较早;分配系数大的组分在固定相上滞留时间长,较晚流出色谱柱。若一个含有多组分的混合物进入色谱系统,则混合物中各组分便按其在两相间分配系数的不同先后流出色谱柱从而得到分离。

2. 类型

高效液相色谱有多种分类方法,按固定相不同可以分为液固色谱法(LSC)和液液色谱法(LLC);按分离原理分为吸附色谱法(AC)、分配色谱法(DC)、离子交换色谱法(1EC)、排阻色谱法(EC,又称分子筛)、凝胶过滤(GFC)、凝胶渗透色谱法(GPC)和亲和色谱法等。在实际操作过程中,应根据测试样品的情况、相对分子质量的大小、水溶性等,来决定选择何种液相色谱方法进行试样的检测分析。

（二）高效液相色谱的固定相和流动相

1. 固定相

高效液相色谱的固定相有如下几种。

（1）基质（担体）：高效液相色谱填料可以是陶瓷性质的无机物基质，也可以是有机聚合物基质。无机物基质主要是硅胶和氧化铝，无机物基质刚性大，在溶剂中不容易膨胀；而有机聚合物基质主要有交联苯乙烯-二乙烯苯、聚甲基丙烯酸酯，有机聚合物基质刚性小、易压缩，溶剂或溶质容易渗入有机聚合物基质中，导致填料颗粒膨胀，结果减少基质，最终使柱效降低。硅胶基质的填料主要用于大部分的高效液相色谱分析，尤其是小分子量的分析食品；聚合物填料一般用于大分子质量的分析物质，主要用来制成分子排阻和离子交换柱。

（2）化学键合固定相：将有机官能团通过化学反应共价键合到硅胶表面的游离羟基上而形成的固定相称为化学键合相。这类固定相的突出特点是耐溶剂冲洗，并且可以通过改变键合相有机官能团的类型来改变分离的选择性。

化学键合相按键合官能团的极性，分为极性键合相和非极性键合相两种。常用的极性键合相主要有氰基（—CN）、氨基（—NH₂）和二醇基键合相。极性键合相常用作正相色谱，混合物在极性键合相上的分离主要是基于极性键合基团与溶质分子间的氢键作用，极性强的组分保留值较大，极性键合相有时也可作为反相色谱的固定相。常用的非极性键合相主要有各种烷基（C1-Cis）和苯基、苯甲基等，以 Cis 应用最广。非极性键合相的烷基链长对样品容量、溶质的保留值和分离选择性都有影响。一般来说，样品容量随烷基链长增加而增大，且长链烷基可使溶质的保留值增大，并常常可以改善分离的选择性；但短链烷基键合相具有较高的覆盖度，分离极性化合物时可以得到对称性较好的色谱峰。苯基键合相与短链烷基键合相的性质相似。

（3）固定相的选择原则：分离中等极性和极性较强的化合物可以选择极性键合相；氰基键合相对双键异构体或含双键数不等的环状化合物的分离有较好的选择性；氨基键合相除作为极性固定相用于正相洗脱外，由于氨基的碱性，还可以在酸性水溶液中用作弱阴离子交换剂，用于分离酚、羧酸等，氨基键合相上的氨基能与糖类分子中的羟基产生选择性相互作用，故广泛用于糖类的分析，但不能用于分离羰基化合物，如甾酮、还原糖等，因为它们之间会发生反应，生成席夫碱。需要特别注意的是，在流动相中也不应含有羰基化合物（如丙酮）。二醇基键合相适用于分离有机酸，还可以作为分离蛋白质的凝胶色谱柱的填料。

分离非极性和极性较弱的化合物可以选择非极性键合相。利用特殊的反相色谱技术，例如反相离子抑制技术和反相离子对色谱法等，非极性键合相也可以用于分离离子型或可离子化的化合物。短链烷基键合相可以用于极性化合物的分离，而苯基键合相适用于分离芳香化合物。

2. 流动相

流动相常称为缓冲液，不仅仅携带样品在柱内流动，更重要的是在流动相与溶质分子相互作用的同时，也与固定相填料表面作用。正是由于流动相-溶质-填料表面的相互作用，使得高效液相色谱成为一项非常有用的分离技术。高效液相色谱中的流动相通常是一些有机溶剂、水溶液和缓冲液等。

（1）流动相的选择：流动相的选择应考虑流动相不应改变填料的任何性质；流动相纯度要

高;流动相必须与检测器匹配;流动相黏度要低;溶解度要理想;样品容易回收。

在选择流动相时,溶剂的极性仍是重要的依据。例如在正相液相色谱中,可先选中等极性的溶剂为流动相,若组分的保留时间太短,表示溶剂的极性太大;接着可选用极性较弱的溶剂,若组分保留时间太长,则表明溶剂的极性又太小,说明合适的溶剂极性应在上述两种溶剂之间。如此多次实验,最终选得最适宜的溶剂。

常用溶剂的极性排列顺序为水(极性最大)、甲酰胺、乙腈、甲醇、丙醇、丙酮、二氧六环、四氢呋喃、甲乙酮、正丁醇、乙酸乙酯、乙醚、异丙醚、二氯甲烷、氯仿、溴乙烷、苯、氯丙烷、甲苯、四氯化碳、二硫化碳、环乙烷、乙烷、庚烷、煤油等。

为了获得合适的溶剂强度(极性),常采用二元或多元组合的溶剂系统作为流动相。通常根据所起的作用,采用的溶剂可以分成底剂及洗脱剂两种。底剂决定基本的色谱分离情况;洗脱剂起调节试样组分的滞留并对某几个组分具有选择性的分离作用,因此流动相中底剂和洗脱剂的组合选择直接影响分离效率。正相色谱中,底剂采用极性溶剂,如正己烷、苯、氯仿等;而洗脱剂可根据试样的性质选择极性较强的针对性溶剂,如醚、酯、酮、醇和酸等。在反相色谱中,通常以水作为流动相的主体,以加入不同配比的有机溶剂作调节剂。常用的有机溶剂是甲醇、乙腈、二氧六环、四氢呋喃等。

(2)高效液相色谱常用的流动相:一般根据色谱分离条件选择流动相的强度,液固色谱通常是在极性吸附剂上选用非极性(如己烷)以至极性(如醇)溶剂作为流动相运行。为了减轻由于保留时间增长产生峰形拖尾、柱效降低的现象,通常加入一定量的水控制吸附剂的活性,所需的水常常加到流动相或吸附剂中,水量对非极性流动相是非常重要的。

正相色谱,例如键合聚乙二醇-400填料,一般采用己烷、庚烷、异辛烷、苯和二甲苯等作为流动相,往往还在非极性溶剂中加入一定量的四氢呋喃等极性溶剂;反相色谱大多使用甲醇、乙醇、乙腈、水-甲醇、水-乙腈作为流动相。绝大多数离子交换色谱在水溶液中进行。缓冲液作为离子平衡时的反离子源,使得流动相 pH 和离子强度不变。排阻色谱具有排阻和吸附的混合过程,因此可以根据不同的分析对象,选择合适的流动相。

### (三)高效液相色谱仪的组成部件

高效液相色谱仪一般由输液系统、进样系统、分离系统、检测系统和色谱数据处理系统 5 部分组成。其中分离系统是高效液相色谱仪最重要的组成部分,核心是色谱柱。为适应不同的食品分离、分析要求,色谱柱具有不同的柱型,内装不同性质的填料。最常使用的色谱柱是长 10~30 cm、内径 2~5 mm 的内壁抛光的不锈钢管柱,内装 5~10 $\mu$m 高效微粒固定相,采用高压匀浆装柱技术填充。试样组分在柱流出液中浓度的变化可以通过检测器转化为光学的或电学的信号而被检出,从而完成定性与定量分析任务。高效液相色谱仪最常用的检测器包括示差折光检测器、紫外检测器、荧光检测器和电化学检测器。

### (四)检测方法

主要有内标法和外标法两种。

(1)内标法:主要用于加校正因子测定供试样品中某个杂质或主成分含量。

内标法是在样品中加入一定量的某一种物质作为内标进行的色谱分析,试样的响应值与内标物的响应值之比是恒定的,此比值不随进样体积或操作期间所配制的溶液浓度的变化而变化,因此能够得到较准确的分析结果。

(2)外标法:主要用于测定供试样品中某个杂质或主成分含量。

外标法是以样品或已知其含量的标样作为标准品,配成一定浓度的标准系列溶液,注入色谱仪,得到的响应值(峰高或峰面积)与进样量在一定范围内成正比。用标样浓度对响应值,绘制标准曲线或计算回归方程,然后用样品物质的响应值求出样品物质的量。

### 四、高效液相色谱-质谱联用分析技术

一般分离热稳定性差及不易蒸发的样品,气相色谱比较困难,用液相色谱就可以方便地进行,因此高效液相色谱仪和质谱仪的在线联用技术就发展起来了。高效液相色谱-质谱联用技术与气相色谱-质谱联用类似,液相色谱作为质谱的特殊进样器,与气相色谱-质谱联用技术的差别是高效液相色谱-质谱联用技术适合于热不稳定、难挥发和大分子化合物的快速分离和鉴定。

### 五、薄层色谱法

薄层色谱法是一种基于食品混合物组分在固定相和流动相之间的不均匀分配或保留而将组分分离的方法。与高效液相色谱不同,薄层色谱法是将固定相涂铺在载板上,使之形成均匀的薄层。被分离的样品溶液点加在薄层板下沿的位置,再把下沿向下放入盛有流动相(深度约5 mm)的密闭缸中,进行色谱展开,在此过程中,样品中各组分不断地被吸附剂吸附,又不断地被展开剂溶解而展开。由于吸附剂对不同组分有不同的吸附能力,展开剂也对不同组分有不同的溶解、解吸能力,因此当展开剂不断展开时,不同组分最终达到分离的目的。被展开的组分斑点即是色谱谱带,通过适当技术对色谱谱带进行处理,可以得到定性和定量的检测结果。

#### (一)薄层色谱法的薄层板与基本操作

**1. 薄层板**

薄层色谱法分离的选择性主要取决于固定相的化学组成及其表面的化学性质。一般可以通过改变涂层材料的化学组成,或对材料表面进行化学改性来改变薄层色谱分离的选择性。此外固定相的物理性质,如比表面积、平均孔径等对色谱行为也产生影响。

(1)载体:载体的基本要求为机械强度好、化学惰性好(对溶剂、显色剂等)、耐一定温度、表面平整、厚度均匀、价格适宜。

(2)固定相:固定相包括改性固定相和未改性固定相两类。硅胶和氧化铝是最常用的两种未改性固定相。

(3)黏合剂:在制备薄层板时,一般需在吸附剂中加入适量黏合剂,目的是使吸附剂颗粒之间相互黏附,并使吸附剂薄层紧密地附着在载板上。常用的黏合剂分为无机黏合剂和有机黏合剂两类。

(4)荧光指示剂:荧光指示剂是指便于在薄层色谱图上对一些基本化合物斑点(无颜色斑点、无特征紫外吸收斑点)定位的试剂。加入荧光指示剂后,可以使这些化合物斑点在激发光波照射下显出清晰的荧光,便于样品检测。

**2. 薄层板的涂铺**

薄层板的涂板方法分为涂布法、倾注法、喷洒法及浸渍法4类,其中涂布法是应用最广泛的涂板方法。固定相薄层涂布大多采用湿法匀浆,要求薄层均匀、平整、无气泡、不易造成凹坑和龟裂。薄层板活化处理可以获得适宜的活性,提高色谱的分离效率和选择性。

3. 点样

点样是薄层色谱法分离和精确定量的关键。不同种类的样品常需要选用不同的配样溶剂,一般采用易挥发的非极性或弱极性溶剂配样。最适合点样的样品浓度应为 0.01%～0.1%。点样基线距离底边 3.0 cm,点样直径一般在 1 mm 左右为佳,点间距离约为 1.5～2.0 cm。点样时必须注意不能损伤薄层表面。

4. 展开

薄层色谱法的展开就是流动相沿薄层运动,以实现样品混合组分分离的过程,这一过程需在具有一定形状的展开室中进行。薄层展开有 3 种形式,直线式展开方式为实际研究应用中使用最普遍的展开方式。

对展开剂的选择不仅需考虑极性、选择性等因素,还应注意溶剂纯度、溶剂吸水性能、溶剂存放条件、溶剂挥发性等。

**(二)薄层色谱定性与定量方法**

1. 斑点定位法

斑点定位法必须采用非破坏性方法。当斑点紫外光显示时,可采用长波长和短波长紫外灯,使用方便、灵活;采用化学试剂显色时,通过手动或电动喷雾器向展开好的薄层板喷洒显色试剂即可。

2. 定性方法

一般采用利用保留值定性和化学反应定性。

(1)利用保留值定性:在特定的色谱系统中,化合物的 $Rf$ 值一定,比较未知物和标准物的 $Rf$ 值,能够作为鉴定食品未知物的依据。$Rf$ 值的准确测定受多方面因素影响,为了增加 $Rf$ 值定性的可靠性,必须通过改变色谱系统的选择性,重复测定同一化合物的 $Rf$ 值。如果在分离机理不同的色谱体系中,比较 $Rf$ 值能得到肯定的结果,那么可靠性将更大。

(2)薄层板上化学反应定性:化学反应定性主要有两种方式,一是化学反应后生成特征颜色的化合物,借以鉴定反应物;二是化学反应后生成复杂的、无法鉴定组分的混合物,但可以根据生成物的"指纹"特征加以鉴定。

除以上定性方法外,还有薄层板上光谱定性、薄层色谱与其他联用技术间接联用定性、薄层色谱-傅里叶变换红外光谱联用定性以及薄层色谱-质谱联用定性等。

3. 定量方法

(1)间接定量法:间接定量法是将薄层色谱法已分离的物质斑点洗脱下来,再采用其他方法对该洗脱液进行定量分析。薄层色谱间接定量的关键是斑点组分的定量洗脱。选用怎样的洗脱方法,取决于组分和薄层吸附剂的性质。用来洗脱组分斑点的溶剂,对下一步定量方法应无影响。这些方法主要有分光光度法、高效液相色谱法、气相色谱法、质谱法。

(2)直接定量法:主要有斑点面积测量法和目测法。

①斑点面积测量法:以半透明纸扫下薄层色谱图上的斑点界限,然后测量其面积。将斑点面积同平行操作的标准样面积相比较,进行定量。

②目测法:将被测样品和标准系列溶液点在同一薄层板上,展开后用适当方法显色,可以得到系列斑点,将被测样品的斑点面积大小和颜色与标准系列的斑点相比较,可以推测出样品的含量范围,这种定量法非常适用于常规大量食品样品的重复分析。

### 六、高效毛细管电泳法

电泳是指在电解质溶液中,位于电场中的带电离子在电场力的作用下,以不同的速度向其所带电荷相反的电极方向迁移的现象。利用电泳现象对某些化学或生物物质进行分离与分析的方法和技术称为电泳法或电泳技术,用 75 mm 内径石英毛细管进行电泳分析的方法称为高效毛细管电泳法。高效毛细管电泳法具有仪器简单、易自动化、分析速度快、分离效率高、操作方便、消耗少等特点,在食品检测中应用范围极广。

高效毛细管电泳法根据其分离样本的原理不同,主要分为毛细管区带电泳(CZE)、毛细管等速电泳(CITP)、毛细管胶束电动色谱(MECC)、毛细管凝胶电泳(CGE)、毛细管等电聚焦(CIEF)等。

#### 1.毛细管区带电泳

毛细管区带电泳是高效毛细管电泳法的基本操作模式,一般采用磷酸盐或硼酸盐缓冲液,实验条件包括缓冲液浓度、pH、电压、温度、改性剂(乙腈、甲醇等),用于对带电样品(药物、蛋白质、肽类等)进行分离、分析,对于中性物质无法实现分离。

高效毛细管电泳法选用的毛细管一般内径约为 50 $\mu m$(20~200 $\mu m$),外径为 375 $\mu m$,有效长度为 50 cm(7~100 cm)。毛细管两端分别浸入两分开的缓冲液中,同时两缓冲液中分别插入连有高压电源的电极,该电压使得分析样品沿毛细管迁移,当分离样品通过检测器时,可以对样品进行分析处理。高效毛细管电泳法进样一般采用电动力学进样(低电压)或流体力学进样(压力或抽吸)两种方式。在毛细管电泳系统中,带电溶质在电场作用下发生定向迁移,其表观迁移速度是溶质迁移速度与溶液电渗流速度的矢量和。

#### 2.毛细管胶束电动色谱

毛细管胶束电动色谱是一种基于胶束增溶和电动迁移的新型液体色谱,在缓冲液中加入离子型表面活性剂作为胶束剂,利用溶质分子在水相和胶束相分配的差异进行分离,拓宽了毛细管区带电泳的应用范围,适合于中性物质的分离,亦可以区别手性化合物,可以用于氨基酸、肽类小分子物质、手性物质、药物样品及体液样品的分离与分析。

#### 3.毛细管等电聚焦色谱

毛细管等电聚焦是根据等电点差别分离生物大分子的高分辨率电泳技术,其分离原理是具有不同等电点的生物试样在电场力的作用下迁移,分别到达满足其等电点 pH 的位置时,呈电中性,停止移动,形成窄溶质带而达到相互分离,主要用于具兼性离子的样品(蛋白质、肽类),等电点仅差 0.001 的物质的分离与分析。

# 第三节　免疫分析技术

免疫分析技术是利用抗原抗体反应的特异性原理而建立起来的检测技术,但是抗体分子与抗原结合之后,所形成的抗原抗体复合物是肉眼不可见的,因此为了直接通过肉眼来检测分析待检物质,可将抗体或抗原与某种显色剂偶联起来,使得抗原抗体反应形成的复合物成为可见,从而确定样品中存在的抗原或抗体物质。根据标记物的不同,标记免疫学技术可以分为酶标记免疫分析技术、放射标记免疫分析技术和荧光标记免疫分析技术 3 种。

### 一、酶免疫测定技术

酶免疫学技术是指利用酶(如辣根过氧化物酶)标记已知抗体或抗原,在一定条件下,与样品中的相应抗原或抗体反应,抗原抗体结合形成的复合物中所带酶分子遇到底物时,催化底物产生显色反应,这样就可以定性、定量测定样品中的抗原或抗体物质。酶免疫学技术包括很多种,其中酶联免疫吸附测定技术(ELISA)是目前食品安全检测中最常用的酶免疫技术之一。这里重点介绍 ELISA 在食品检测中的应用。

#### (一)酶联免疫吸附测定技术的种类

酶联免疫吸附测定技术(ELISA)可以分为直接法、间接法和夹心法;也可以分为非竞争法和竞争法。

(1)直接法:直接法是指酶标抗原或抗体直接与包被在酶标板上的抗体或抗原结合形成酶标抗原抗体复合物,加入酶反应底物,测定反应产物的吸光值,可以计算出包被在酶标板上的抗体或抗原的量。

(2)间接法:间接法是将酶标记在第二抗体上,当抗体(一抗)和包被在酶标板的抗原结合形成复合物后,再以酶标二抗和该复合物结合,通过测定酶反应产物的颜色,可以间接地反映第一抗体和抗原的结合情况,从而计算出抗原或抗体的量。

(3)夹心法:夹心法是先将未标记的抗体包被在酶标板上,用于捕获抗原,再用酶标记的抗体与抗原反应形成抗体—抗原—酶标抗体复合物,也可以像间接法一样用酶标二抗和抗体—抗原—抗体复合物结合形成抗体—抗原—抗体—酶标二抗复合物,通过测定酶反应产物的颜色,从而计算出捕获抗原的量。前者称为直接夹心法,后者称为间接夹心法。

(4)实例说明:下面以直接法中的酶标抗原竞争法为例进行说明。

首先将包被抗体的酶标板的微孔分为测定孔和对照孔,在测定孔中同时加入酶标记抗原和非标记抗原(来自于待测样品),标记抗原和非标记抗原相互竞争包被抗体的结合点,没有结合到包被抗体上的标记抗原和非标记抗原通过洗涤去除,如果非标记抗原浓度越高,则结合到包被抗原上的量就越多,而酶标记抗原结合在包被抗体上的量就越少;相反,非标记抗原浓度越低,则结合到包被抗体上的标记抗原的量就越多。对照孔中不加入非标记抗原,只加标记抗原。这样对照孔中结合的酶标记抗原的量最多,酶反应产物的颜色越深,而测定孔中颜色的深浅则反映了非标记抗原(待测物)的浓度,颜色越深,非标记抗原的浓度越低,颜色越浅则浓度越高。

#### (二)酶联免疫吸附测定技术的操作方法

上述不同种类 ELISA 的具体操作过程不完全相同,但是基本的过程是一致的。下面以间接竞争 ELISA 法测定黄曲霉毒素 $B_1$(AFB$_1$)为例,说明 ELISA 的具体操作过程。

(1)抗原包被:将 AFB$_1$ 与牛血清白蛋白(BSA)的连接物 AFB$_1$—BSA(或卵清蛋白连接物 AFB$_1$—OV)溶解于 0.1 mol/L、pH 9.5 碳酸盐缓冲液中,将溶液加入酶标板的微孔内,每孔 200 μL,4℃放置过夜,取出恢复至室温,倾去微孔内包被液,以含有 0.05% 的吐温-20 的 pH 7.0、0.05 mol/L 的磷酸盐缓冲溶液(PBST)洗涤 3 次,每次 5 min,扣干,即得到包被有 AFB$_1$-BSA 的酶标板。在这个过程中 AFB$_1$-BSA 通过物理吸附包被在酶标板微孔的内壁上,没有包被的抗原被洗涤去除。

(2)封闭:酶标板被抗原包被后,在微孔中加入一定浓度 BSA、OV、明胶或脱脂牛奶等溶液,以封闭微孔内没有被抗原包被的空隙,避免抗体非特异性吸附于这些空隙,以提高实验结果的准确性和可靠性。常用的封闭剂包括 BSA、OV、明胶或脱脂牛奶等。

(3)抗原抗体竞争反应:在酶标板的每个微孔内加入一定量的最佳稀释度的抗体,同时分别加入一定量的不同稀释倍数的 $AFB_1$ 标准溶液或待测样品的提取液,混匀,37℃保温反应 1~2 h,包被在酶标板上的固定抗原 $AFB_1$-BSA 和添加的 $AFB_1$ 标准溶液或待测样品的提取液 $AFB_1$ 竞争抗体的结合位点,PBST 洗涤 3 次,每次 5 min,扣干,游离的抗原抗体复合物被洗涤去除。

(4)酶标二抗与抗原抗体复合物反应:将一定量的最佳稀释的酶标二抗加入上述各反应孔,37℃保温反应 1~2 h,酶标二抗和与抗原抗体复合物反应,形成抗原-抗体-酶标二抗的复合物,固定在酶标板上,使用 PBST 洗涤 3 次,每次 5 min,扣干,将游离多余的酶标二抗去除。

(5)底物显色反应和吸光度值的测定:在上述每孔中加入反应底物 100 $\mu$L(邻苯二胺溶于 pH 5.0、0.2 mol/L 柠檬酸-0.1 mol/L 磷酸氢钠缓冲溶液,加入 150 $\mu$L $H_2O_2$,现配现用),37℃保温避光反应 30 min,每孔加入 50 $\mu$L 2 mol/L $H_2SO_4$ 终止反应,使用酶联免疫检测仪在 490 nm 处测定各孔吸光度值。

(6)ELISA 竞争抑制曲线的绘制:以 $AFB_1$ 标准溶液中的 $AFB_1$ 的浓度对数为横坐标,以不同 $AFB_1$ 浓度所对应的吸光度值和 $AFB_1$ 浓度为零时吸光度值比值的百分数(竞争抑制率)为纵坐标,绘制 ELISA 竞争抑制曲线。根据样品提取液的吸光度值,利用 ELISA 竞争抑制曲线,计算样品中 $AFB_1$ 的含量。

## 二、放射免疫测定技术

### (一)放射免疫测定技术的基本原理

放射免疫测定技术是一种将放射性同位素的高度灵敏性、精确性和抗原抗体反应的特异性相结合的体外测定待检物质的新技术。美国免疫学家 Pressmen 和 Eisen 于 1950 年首先使用放射性碘标记抗原来研究抗原抗体反应,Momrae、Johnson 等专家于 1968 年用放射免疫测定法检测肠毒素获得成功。放射免疫测定法是建立在标记抗原和非标记抗原对特异性抗体的竞争性抑制反应基础上的,可以将放射性同位素 $^{125}$I 等标记到特异性抗体上,用于检测未知样品中的肠毒素,或者将同位素标记到肠毒素抗原上,标记肠毒素和非标记肠毒素与特异性抗体发生竞争性结合,被检样品中未标记的肠毒素可以抑制标记肠毒素与相应抗体的结合,抑制程度与标本中肠毒素的浓度成正比,然后测定复合物中标记肠毒素的减少程度,可以对待检样品进行定量。

放射免疫测定技术将同位素测定的高灵敏性与抗原抗体反应的高度特异性有机结合起来,特异性强,灵敏度高,可以检测到食品中纳克水平的待检物,已经成为测定分析各种微量物质不可缺少的方法。但放射免疫测定技术需要有放射性废物处理系统和机构,同时放射免疫测定从业人员必须进行专门训练,并且持有从事该项工作的许可证,这些均限制了放射免疫测定技术的使用。

### (二)放射免疫测定技术的操作程序

放射免疫测定技术根据载体的种类,可以分为液相放射免疫测定技术和固相放射免疫测定技术。利用放射免疫测定技术可以检测食品中的多种致病菌和食品中存留的致病菌毒素。这里以固相放射免疫测定法为例,说明放射免疫测定技术的操作程序。

（1）抗原包被：使用缓冲液将待检样品稀释成一定浓度，加入到聚氯乙烯反应板的微孔内，置于 4℃冰箱过夜。

（2）洗涤：将待检抗原液甩净，用缓冲液冲洗 5 次，每次 3 min，每孔加满填充液，将板放入湿盒内，37℃孵育 1 h，然后将填充液吸干净。

（3）加抗体：每孔加入用稀释液适度稀释的抗体，37℃孵育 2 h，吸去孔内液体，用缓冲液同上洗涤 5 次。

（4）加标记抗体：每孔加入最佳稀释度的放射性同位素标记好的第二抗体，37℃保温 2 h吸去孔内液体，用缓冲液同上洗涤 5 次，吸净。

（5）检测：将聚氯乙烯板上的各孔分别进行放射性测定，每孔计数 1 min。

（6）标准曲线的绘制：以不同稀释度的标准品所测的结果在坐标纸上绘制标准曲线，然后用每份待测样品的平均值，在标准曲线上检查待测致病菌或毒素的数量。

## 三、荧光免疫测定技术

荧光免疫技术是由 Coons 等于 1942 年创建的，并用异硫氰酸荧光素标记抗体检查小鼠组织切片中存在的可溶性肺炎球菌多糖抗原。荧光免疫技术是指用荧光素对抗体或抗原进行标记，然后用荧光显微镜观察所标记的荧光，以分析示踪相应的抗原或抗体的方法，是在免疫学、生物化学和显微镜技术的基础上建立起来的一项技术，包括荧光抗体技术和荧光抗原技术，在实际工作中，荧光抗原技术很少使用，因此大家习惯将荧光抗体技术称为免疫荧光技术。

### （一）荧光免疫测定技术的基本原理

荧光免疫测定技术是通过提高反应产物的可检测极限来提高检测灵敏度的，荧光底物在荧光显微镜催化下产生荧光，通过测定荧光强度来测定抗原抗体的反应，这样可以大大提高检测的灵敏度。在荧光免疫分析中，荧光的测定极限可以达到 $10^{-6}$ $\mu g/$ mL，而且荧光的测定范围远远大于比色的测定范围。荧光免疫测定技术具有较高的敏感性和特异性，可以广泛应用于 30 余种食源性病原菌的检测。

### （二）荧光免疫测定技术的操作程序

下面以沙门氏菌的荧光抗体检验为例，说明荧光免疫测定技术的操作程序。

（1）试样制备：取待检的肉类样品，采用剪碎法或棉拭子涂抹法按规定取样，接种 SF 或MM 培养基，进行直接增菌培养 18 h 左右。

（2）涂片与固定：用接种环取已接种培养好的细菌培养物 1 环，制成较薄的标本涂片，置于 37℃温箱或室温完全晾干后，用乙醇-三氯甲烷-甲醛固定 5～10 min，再用 95%乙醇浸洗后晾干。

（3）染色：将异硫氰酸荧光素标记的沙门氏菌 A-67 全价免疫球蛋白试剂（染色工作浓度）滴加于各个涂片标本上，置于 37℃湿盒内孵育 30 min，取出，用 pH 9.0 、0.01 mol/L 磷酸盐缓冲液冲洗多余的荧光抗体，再用同样的 PBS 浸洗 10 min，再以蒸馏水冲洗后晾干。

（4）镜检：在荧光显微镜下，先以低倍镜后用高倍镜观察，记录染色亮度与细菌数量。

（5）评定标准：＋＋＋＋：黄绿色闪亮荧光，菌体周围与中心轮廓清晰；＋＋＋：黄绿色明亮荧光，菌体周围与中心轮廓清晰；＋＋：黄绿色荧光较弱，菌体周围与中心轮廓清晰；＋：仅有暗淡的荧光，菌形尚可见；－：无荧光，或菌形不清。

（6）结果判定：菌体荧光亮度达到＋＋以上、菌体形态特征复合沙门氏菌，判为阳性；荧光亮度在＋＋以下，菌形不清者，判为阴性。

### 四、免疫检测新技术

随着科学技术和方法的不断发展，免疫学测定技术也取得了很大的改进，除了上述的一系列免疫学测定技术之外，还出现了许多以抗原抗体反应为基础的新型免疫测定技术，免疫胶体金测定技术、单克隆抗体技术、生物发光检测技术、生物传感器技术等。下面主要介绍几种免疫快速测定技术。

#### (一)免疫检测试纸条

胶体金免疫分析技术又称胶体金试纸条法，是指将特异性抗体交联到试纸条上和有颜色的物质上，当试纸上抗体和待测特异性抗原结合后，再和固定抗体结合，形成了出现颜色的三明治结构，从而检测食品中有害微生物、农药残留、兽药残留以及转基因食品。

胶体金免疫检测技术分为胶体金快速检测卡和快速检测试纸条。目前常见的产品是免疫快速检测试纸条。

免疫检测试纸条是采用金标免疫技术的产品，试纸条的形状各异，但它们的基本组成和检测分析原理是相同的。一般是以长条状的硝酸纤维素膜为支撑物，被胶体金标记的抗体吸附于膜的一端，其前端有一样品孔，在膜的另一端分别有一条对照带和反应带，在没有反应前，反应带和对照带是看不见的，反应带一般是与金标记抗体相同的抗体，而对照带一般是产生抗体的抗原，它们在试纸条的生产过程中和金标记抗体一起吸附固定于硝酸纤维素膜上。使用时，将一定量的样品液加入样品孔中与胶体金标记的抗体反应，并沿硝酸纤维素膜向另一端移动扩散，与反应带和对照带反应。如果样品中存在待测抗原，那么它首先与金标记抗体反应，形成抗原-金标记抗体复合物，该复合物沿着硝酸纤维素膜扩散到反应带位置时，进一步和该处固定的抗体发生反应，形成金标抗体-抗原-抗体的复合物，并固定该处呈红色，即出现红色的反应带，同时过量的金标抗体和对照带的抗原反应形成红色的对照带。如果样品中没有待测抗原存在，那么将不会出现反应带，但是金标抗体同样会与对照带的抗原反应，形成红色的区带。如果试纸条变质，或操作不当，在反应完成后可能不出现任何带，此时应更换新的试纸条。

采用试纸条能在几十分钟，甚至几分钟内得到结果，从而判定样品中是否含有待检测物质，并初步判定待检测物质是否超标，因此非常适合于现场快速检测和分析。但是若想知道样品中待检测物质准确的含量，需要进一步采用其他分析方法。

#### (二)自动酶免疫检测技术

一般采用自动控制技术和计算机技术等，可以完成酶免疫分析检测操作的全过程，即免疫分析的自动化，或自动酶免疫检测技术。该技术的优点是可以实现分析过程的全自动化，从而降低工作量，减少人为影响，增加结果的准确性，实现多个样品的同时测定，节约检测时间和检测费用。目前国际许多生物仪器公司利用微电子学、计算机技术、免疫工程技术等，生产出了很多全自动生物快速检测系统，如自动菌落计数系统、全自动酶联荧光免疫分析系统等，已经在食品安全领域得到了广泛应用。

# 第四节　分子生物学技术

## 一、概述

分子生物学技术是从分子水平上研究生命本质的一门新兴技术，主要以核酸、蛋白质等生物大分子的结构、组成和功能，以及它们在遗传信息和细胞信息传递中的作用为研究对象，是目前生命科学研究中发展最快并且与其他学科广泛交叉的前沿领域。目前分子生物学技术，特别是核酸分子杂交和 PCR 技术等在食品检测方面得到了广泛应用。下面简要介绍几种分子生物学技术。

## 二、PCR 技术

聚合酶链反应或多聚酶链反应（polymerase chain reaction，PCR）又称无细胞克隆技术，是一种对特定的 DNA 片段在体外进行快速扩增的方法，该方法改变传统分子克隆技术模式，在数小时内可以使几个拷贝的 DNA 模板序列甚至一个 DNA 分子扩增 $10^7 \sim 10^8$ 倍，大大提高了 DNA 的获取率。聚合酶链式反应（PCR）技术是一种选择性体外扩增 DNA 或 RNA 片段的新方法，其特异性是由两个人工合成的引物序列决定的。由于 PCR 技术具有特异性强、操作简便快速、敏感性高、对标本的纯度要求低等优点，已经在食源性病原菌和食品转基因成分的检测等方面广泛运用，并显示巨大的发展前景。

### （一）实验原理

PCR 技术的基本原理类似于动物体内 DNA 的天然复制过程，但反应体系比体内简单得多。其特异性依赖于与靶序列两端互补的寡核苷酸引物。PCR 技术由高温变性－低温复性或退火－适温延伸 3 个基本反应步骤构成。

（1）模板 DNA 的变性：模板 DNA 经加热至 94℃左右，经过一定时间后，使模板 DNA 双链或经 PCR 扩增形成的双链 DNA 解离，使之成为单链，以便它与引物结合，为下一轮反应做准备。

（2）模板 DNA 与引物的退火（复性）：模板 DNA 经加热变性成单链后，温度降至 55℃左右，引物与模板 DNA 单链的互补序列配对结合。

（3）引物的延伸：DNA 模板-引物结合物在 Taq DNA 聚合酶的作用下，以 dNTP 为反应原料，靶序列为模板，按碱基配对与半保留复制原理，合成一条新的与模板 DNA 链互补的半保留复制链。

重复循环变性－退火－延伸三过程，就可以获得更多的"半保留复制链"，而且这种新链又可成为下次循环的模板。经过 30 个左右的重复循环，就能将待扩增的目的基因扩增放大几百万倍。

### （二）操作步骤

1. PCR 反应体系的制备

向微量离心管中依次加入表 2-1 所示的 PCR 反应体系，注意加样顺序。

表 2-1　PCR 反应体系

| 样品 | 体积/$\mu$L |
|---|---|
| 10×Buffer | 25 |
| dNTP | 2.5 |
| 上下游引物(20 pmol/L) | 2 |
| Taq 酶(5 U/$\mu$L) | 各 1 |
| DNA 模板 | 0.5 |
| 补水至 | 100 |

上述 PCR 反应体系混合均匀后,离心 15 s,使液体沉至管底,加液体石蜡油 50～100 $\mu$L 于液面,防止蒸发。

2.PCR 循环反应

反应条件:95℃预变性 5 min,94℃ 1 min,55℃ 1 min,72℃ 1 min,进行 30 个循环,72℃ 延伸 10 min。反应产物冷却至室温后,直接用于电泳分析。

3.PCR 产物的琼脂糖凝胶电泳分析

(1)在 200 mL 三角烧瓶中,称取 0.2 g 琼脂糖,加入 TAE 溶液至 20 mL,微波炉加热,完全溶解琼脂糖,直至无颗粒状结晶为止。

(2)琼脂糖冷却至 60℃左右,加入 EB 溶液,使其终浓度为 0.5 $\mu$g/ mL,充分混匀。

(3)放好梳子后,将温热的琼脂糖凝胶缓慢倒入胶槽中,尽量不要产生气泡;放置室温 30 min左右,待凝胶凝固,小心拔掉梳子,将胶板放入电泳槽中准备点样。

(4)取每个 PCR 产物样品 5 $\mu$L 与 1 $\mu$L Loading Buffer 混合后点在胶孔中,设置标准分子量 DNA marker 作对照,点样 3 $\mu$L。

(5)盖上电泳槽并通电,按照电泳条件恒压电泳 40 min。

4.凝胶成像系统上扫描观察

琼脂糖凝胶电泳完成后,切断电源,取出凝胶,在凝胶成像系统进行扫描成像,观察照相。对照标准分子量谱带,对 PCR 产物谱带进行分析。然后根据需要,采取序列分析等方法,检测分析 PCR 产物的大小、特性、特异性、突变情况等。

### (三)PCR 的类型

PCR 技术自从诞生以来,发展迅速,应用广泛。根据实验材料、实验目的和实验要求的不同,在标准 PCR 的基础上,已经衍生出多种不同类型的 PCR 技术,主要有不对称 PCR、多重 PCR,反向 PCR,荧光定量 PCR 等。这些 PCR 技术基本原理相同,但是由于实验目的等不同,操作方法各有差异和特点。

## 三、生物芯片技术

生物芯片又称为微阵列,是指利用微电子、微机械、化学和物理技术、计算机技术等,使样品检测、分析过程实现连续化、集成化、微型化,因此生物芯片具有多元化、高通量、检测时间短、样品用量少和便于携带等诸多优点。生物芯片是转基因食品检测的新方法,在食品化学、食品安全性检测方面具有良好的应用前景。

### （一）生物芯片技术的主要原理

生物芯片技术主要包括4个基本要点,即芯片阵列的构建、样品的制备与标记、生物分子反应、信号检测与数据处理。

(1)芯片阵列的构建:将DNA片段或蛋白质等生物分子按设计好的顺序排列在表面处理过的载体上。

(2)样品的制备与标记:生物样品常常是非常复杂的生物分子混合体,除少数特殊样品外,一般不能直接与芯片反应,因此需要对样品进行技术处理,以获得其中所需的蛋白质或核酸等分子,并对其进行标记,作为后续反应的检测信号。

(3)生物分子反应:芯片上的生物分子之间的反应是芯片检测的关键一步,通过选择合适的反应条件使生物分子间的反应处于最佳状况中,减少生物分子之间的错配比例。

(4)信号检测和数据处理:常用的检测方法是将芯片置入芯片扫描仪中,通过扫描以获得相关生物信息,然后利用计算机软件对所得数据进行分析处理。

### （二）生物芯片的类型

根据生物芯片的检测对象和使用目的,生物芯片可以分为基因芯片、蛋白质芯片、组织芯片、细胞芯片、芯片实验室等。其中基因芯片是生物芯片的基础,是开发最早、最成熟和应用最广泛的产品,目前在基因表达检测、寻找新基因、杂交测序、多态性分析和基因文库等领域得到广泛使用。

## 四、蛋白质芯片技术

蛋白质芯片又称蛋白质微阵列,或肽芯片,是一种高通量、微型化和自动化研究蛋白质和蛋白质、蛋白质和核酸、蛋白质和小分子等相互作用的技术方法。

### （一）蛋白质芯片技术的主要原理

蛋白质芯片技术是指将制备好的已知蛋白质样品(如酶、抗原、抗体、受体、配体、细胞因子等)固定于经化学修饰的玻璃片、硅片等载体上,蛋白质与载体表面结合,同时保留蛋白质的物理和化学性质。根据这些分子的性质,通过蛋白质芯片技术可以高效地大规模捕获能与之特异性结合的蛋白质,经洗涤、纯化后,再进行检测分析,获得待测蛋白质的组分、序列、生化特性、功能、污染物的监测等重要信息。

### （二）蛋白质芯片的类型

目前用于研究的蛋白质芯片种类很多,主要有蛋白质微阵列、微孔板蛋白质芯片、三维凝胶板芯片、分子扫描技术芯片等,是蛋白质组学研究的重要手段。

## 五、生物传感器技术

生物传感器是一种含有固定化生物物质(如酶、抗体、细胞等)并且与一种合适的换能器紧密结合的分析工具或系统,用以将生物信号转化为电信号并使其数量化。生物传感器的基本组成为生物敏感元件、换能器和信号处理放大装置。

根据生物传感器中信号检测器上的敏感材料,可以分为DNA传感器、免疫传感器、酶传感器、微生物传感器、细胞传感器等。生物传感器具有高选择性、高灵敏度、较好的稳定性、低成本、较强的携带性等优点,能在复杂的体系中进行快速在线连续检测,十分符合食品安全检测的发展趋势,在食品现场快速检测领域有着广阔的应用前景。

# 第三章  动物性食品营养成分的测定方法

食品是人类赖以生存和发展的物质基础,是人类从事生命活动的能量源泉。食品分为植物性食品和动物性食品。食品必须具备一般的营养成分,这是评价食品质量的首要标准。动物性食品品种繁多,成分复杂,各种营养成分的含量因动物的种类、饲养时间、饲养条件及加工方法等不同而存在差异,但基本组成是一样的。同植物性食品一样,动物性食品的营养成分主要包括蛋白质、脂类、碳水化合物、维生素、矿物质、水等,这些营养成分含量的高低是衡量食品品质的关键指标。

## 第一节  动物性食品中水分的测定

### 一、概述

水是食品的天然成分,是人类维持生命活动的最基本的物质,是一种重要的营养素,不仅可以作为各种物质的溶媒参与细胞代谢,而且构成细胞赖以生存的外环境。

水是食品组成成分中数量最多的组分,食品中水分含量的多少不仅影响食品的色、香、味、形等感官性状,还影响食品结构以及加工、储藏特性,直接关系到食品的销售和商品价值。食品中的水分是细菌生长繁殖的重要条件之一,控制食品中水分含量,可以防止食品腐败变质和营养成分的分解,关系到食品品质的保持。因此水分是指导食品生产、评价食品营养价值的一个很重要的指标。

食品中的水分主要有自由水和结合水两种形式。自由水是以游离状态存在于食品中,是食品的主要分散剂,由于流动性大,不被束缚,在干燥过程中容易被排除;而结合水是基质中化合物的结晶水以及与某些化合物以氢键联结的水分,其结合力要比吸附水的分子与物质分子间的引力大得多,很难用蒸发的方法分离除去。因此水分测定一定要在一定的温度、时间和规定的操作条件下进行,才能得到满意的结果。

### 二、动物性食品中水分的测定方法

食品中水分含量的测定方法很多,根据测定原理,可以分为直接测定法和间接测定法两大类。直接测定法是利用水分本身的物理性质和化学性质来测定水分含量的方法,常用的有直接干燥法、间接干燥法、蒸馏法、卡尔-费休法等;间接测定法是利用食品的相对密度、折射率、电导率、介电常数等物理性质进行测定水分含量的方法,不需要除去样品中的水分。直接测定法比间接测定法精确度高、重复性好,但花费时间较多,且主要靠人工操作,广泛应用于食品检测。间接法测定法速度快,能够自动连续测量,可以用于食品工业生产过程中水分含量的自动控制。故在实际应用时,应根据食品的性质和测定的目的选择合适的测定方法。这里主要介绍直接干燥法和减压干燥法。

### （一）直接干燥法

干燥法是指在一定温度和压力下，通过加热方式将食品样品中的水分蒸发完全，根据食品样品加热前后的质量差来计算水分的含量。常用的干燥法包括直接干燥法和减压干燥法，可以同时测定大量样品，应用范围较广。

**1.基本原理**

食品中的水分受热后，产生的蒸气压高于它在电热干燥箱的分压，使食品中水分慢慢离开食品表面蒸发掉而达到干燥的目的。直接干燥法又称常压干燥法，是将食品样品置于常压、高温的条件下进行烘烤，使食品中水分蒸发溢出，直至烘出全部水分之后，根据食品样品所减少的质量来计算食品样品水分含量的方法，适合检测多种样品，特别是较干食品的水分测定。其烘烤温度通常在 95～105℃，一般 3～4 h 可以达到恒重。对于黏稠的样品如乳类，水分蒸发慢，可以掺入经过处理的海沙，帮助蒸发。

**2.试剂**

(1)6 mol/L 盐酸：量取 100 mL 盐酸，加水稀释至 200 mL。

(2)6 mol/L 氢氧化钠溶液：称取 24 g 氢氧化钠，加水溶解并稀释至 100 mL。

(3)海沙：取用水洗去泥土的海沙或河沙，先用 6 mol/L 盐酸煮沸 0.5 h，用水洗至中性，再用 6 mol/L 氢氧化钠溶液煮沸 0.5 h，用水洗至中性，经 105℃ 干燥备用。

**3.仪器**

(1)扁形铝制或玻璃制称量瓶。

(2)分析天平。

(3)电热恒温干燥箱。

(4)干燥器。

**4.操作方法**

(1)固体样品：取洁净铝制或玻璃制的扁形称量瓶，置于(100±5)℃干燥箱中，瓶盖斜支于瓶边，加热 0.5～1 h，取出盖好，置干燥器内冷却 0.5 h，称量，并重复干燥至恒重。称取 2.00～10.00 g 切碎或磨细的食品样品，放入此称量瓶中，样品厚度约 5 mm。加盖，精密称量后，置于(100±5)℃干燥箱中，瓶盖斜支于瓶边，干燥 2～4 h 后，盖好取出，放入干燥器内冷却 0.5 h 后称量。然后再放入(100±5)℃干燥箱中干燥 1 h 左右，取出，放入干燥器内冷却 0.5 h 后再称量。至前后两次质量差不超过 2 mg，即为恒重，计算其水分含量。

(2)半固体或液体样品：取洁净的蒸发皿，内部加入 10.0 g 海沙及一根小玻璃棒，置于(100±5)℃干燥箱中，干燥 0.5～1 h 后取出，放入干燥器内冷却 0.5 h 后称量，并重复干燥至恒重。然后精密称取 5～10 g 样品，置于蒸发皿中，用小玻璃棒搅匀，放在沸水浴上蒸干，并随时搅拌，擦去皿底的水滴，置(100±5)℃干燥箱中干燥 4 h 后盖好取出，放入干燥器内冷却 0.5 h 后称量。以下按(1)中自"然后再放入(100±5)℃干燥箱中干燥 1 h 左右……"起依法操作。

(3)鲜肉：将 6～8 g 海沙及一根小玻棒置于称量瓶中，于 150℃烘箱中干燥至恒重。然后准确称取肉或肉制品(均匀粉碎样品)3.00～4.00 g，放入称重过的称量瓶中，用小玻棒搅匀，于 150℃干燥 1 h，盖好取出，放入干燥器内，冷却 0.5 h 后称量。反复干燥、称量，直至恒重，并计算水分含量。

（4）乳：用吸管取 5 mL 鲜乳，置于已恒重的含有 10 g 左右海沙的蒸发皿中，用小玻棒搅匀，放在沸水浴上蒸干，擦去皿底的水滴，置 100～105℃ 干燥箱中干燥 2.5 h，盖好取出，放入干燥器内冷却 0.5 h 后称量。反复干燥、称量，直至恒重，并计算水分含量。

（5）甜炼乳：取 2 g 甜炼乳，置于已恒重的含有 10 g 左右海沙的称量瓶中，用小玻棒搅匀，置 100～105℃ 干燥箱中干燥 3 h，盖好取出，放入干燥器内冷却 0.5 h 后称量。反复干燥、称量，直至恒重，并计算水分含量。

5. 计算

$$X = x = \frac{m_1 - m_2}{m_1 - m_3} \times 100\%$$

式中：$X$ 为食品样品中水分的含量（%）；$m_1$ 为称量瓶（或蒸发皿加海沙、玻棒）和食品样品的质量（g）；$m_2$ 为称量瓶（或蒸发皿加海沙、玻棒）和食品样品干燥后的质量（g）；$m_3$ 为称量瓶（或蒸发皿加海沙、玻棒）的质量（g）。计算结果保留三位有效数字。

6. 说明

本法为 GB/T 5009.3—2003 标准第一法。本法不适合于胶体、高脂肪、高糖食品及含有高温易于氧化、易于挥发的物质。

**（二）减压干燥法**

1. 基本原理

减压干燥法是指食品中的水分在一定的温度及减压的情况下失去物质的总量。利用低压下水的沸点降低的原理，使食品样品在较低温度、减压下进行干燥以排出水分。食品样品中被减少的量即是食品样品的水分含量。本法适用于含糖等易分解食品中水分的测定。

减压干燥法与直接干燥法基本相同，主要在于用真空干燥箱代替普通干燥箱。食品中的水分在低温、低压的条件，即在 50～60℃ 的温度与 40.0～53.3 kPa 压力的条件下处理食品样品，特别适用于在 100℃ 以上加热容易分解、变质及含有不易除去的结合水的食品，如罐头制品、蜂蜜、油脂等。由于采用较低的蒸发温度，可以防止含脂肪高的样品在高温下的脂肪氧化，防止含糖高的样品在高温下脱水炭化，还可以防止含高温易分解成分的样品在高温下分解等。低压干燥法可以降低水的沸点，加速样品脱水速度，缩短样品干燥处理的时间，同时减少样品中挥发性物质的损失，防止脂肪的氧化，避免糖的炭化脱水，使测定结果更接近样品中水分的实际含量；同时低温处理可以防止某些样品在高温下表面水分蒸发过快，内部水分来不及转移，样品表面迅速干涸，形成干燥膜，使内部水分难以除尽。

2. 仪器

（1）真空干燥箱。

（2）其他仪器同"直接干燥法"。

3. 操作方法

（1）试样的制备：粉末和结晶试样直接称取；硬糖果经乳钵粉碎；软糖用刀片切碎，混匀备用。

（2）测定：取已恒重的称量瓶准确称取 2～10 g 试样，放入真空干燥箱内，将干燥箱连接真空泵，抽出干燥箱内空气至所需压力（一般为 40～53 kPa），并同时加热至所需温度（60±5）℃，关闭连接真空泵的活塞，停止抽气，使干燥箱内保持一定的温度和压力。经 4 h 后，打开活塞，使空气经干燥装置缓缓通入干燥箱中，待压力恢复正常后再打开。取出称量瓶，放入干燥器中,冷却 0.5 h 后称量,重复以上操作,直至恒重。

4. 计算

同"直接干燥法"。计算结果保留三位有效数字。

5. 说明

本法为 GB/T5009.3—2003 标准第二法。本法适合于在 100℃ 以上加热容易分解、变质及含有不易除去结合水的食品,如砂糖、味精、蜂蜜、高脂肪食品、果酱等。

### 三、动物性食品中水分活性的测定方法

#### (一)概述

食品中水分活性是指在同一温度下,食品中水分产生的蒸汽压与纯水的蒸汽压的比率。食品中的水分并不是静止的,而是随环境条件的变动而变化,如果食品周围环境的空气干燥,湿度低,则水分从食品向空气蒸发,水分逐渐减少,反之,如果环境湿度高,则干燥的食品会吸湿,水分含量增多,最终二者达到平衡,此时的水分称为平衡水分。因此食品的含水量一般不用绝对含量(%)来表示,而是用活度 $A_w$ 表示。

水分活性、水分含量是不同的概念,水分活性是指食品中水分存在的状态,即水分与食品的结合程度;而水分含量是指食品中水的总含量。食品中水分含量的测定方法只能定量测定食品中水分的总含量,不能反映食品中水分的存在状态。而 $A_w$ 反映了水与食品的亲和能力程度,表示食品中所含有的水分可以作为微生物反应和微生物生长的可用价值,因此只有测定和控制食品中水分活性对于食品保藏性具有重要意义。

食品中水分活性的测定方法很多,如蒸汽压力法、电湿度计法、溶剂萃取法、扩散法、水分活性测定仪法、近似计算法等。这里主要介绍水分活性测定仪法和扩散法。

#### (二)水分活性测定仪法

1. 基本原理

在一定温度下,利用水分活性测定仪中的传感器,根据食品中水蒸气压力的变化,从仪器的表头上读出指针所示的水分活性。样品测定前需用氯化钡饱和溶液校正水分活性测定仪的 $A_w$ 为 9.000。

2. 仪器与试剂

(1)水分活性测定仪。

(2)电热恒温烘箱等。

(3)氯化钡饱和溶液。

3. 操作方法

(1)仪器校正:将两张滤纸浸入氯化钡饱和溶液中,浸湿透后,用夹子夹起放入仪器样品盒内,再将具有传感器装置的表头放在样品盒上,轻轻拧紧,置入 20℃ 恒温烘箱中,加热恒温 3 h,然后将表头上的校正螺丝校正 $A_w$ 为 9.000,重复上述操作程序再校正一次。

(2)样品测定:取经过 15~20℃ 恒温后的肉、鱼等样品,置于仪器样品盒内摊平,不得高于垫圈底部,然后将具有传感器装置的表头置于样品盒上轻轻拧紧,移入 20℃ 恒温烘箱内加热恒温 2 h 后,不断从仪器表头上观察仪器指针,直至恒定不变,所指示的数值即为该温度下样品的 $A_w$ 值。

### 4. 注意事项

(1)每次测定前都要用氯化钡饱和溶液对仪器进行校正。

(2)如测定温度不在 20℃,可以根据表 3-1,将测定值校正为 20℃时的数值。

(3)测定过程中,切勿使表头沾上样品盒内的样品,否则影响测定结果。

**表 3-1　水分活性($A_W$)值的温度变化校正表**

| 温度/℃ | 校正值 | 温度/℃ | 校正值 |
| --- | --- | --- | --- |
| 15 | −0.010 | 21 | +0.002 |
| 16 | −0.008 | 22 | +0.004 |
| 17 | −0.006 | 23 | +0.006 |
| 18 | −0.004 | 24 | +0.008 |
| 19 | −0.002 | 25 | +0.010 |
| 20 | ±0.00 | | |

### (三)扩散法

#### 1. 基本原理

食品样品在康威氏微量扩散皿的密封和恒温条件下,分别在水分活性较高和较低的标准饱和溶液中扩散平衡后,根据样品重量增加(即在较高的水分活性标准溶液中平衡后)和减少(在较低的水分活性标准溶液中平衡后)的量,求出样品中水分活性($A_W$)值。

#### 2. 器材与试剂

(1)康威氏微量扩散皿。

(2)试剂:标准水分活性($A_W$)试剂见表 3-2。

**表 3-2　标准水分活性试剂与 $A_W$ 值(25℃)**

| 标准试剂名称 | 水分活性值 | 标准试剂名称 | 水分活性值 |
| --- | --- | --- | --- |
| $K_2Cr_2O_7$ | 0.980 | $NaBr \cdot 2H_2O$ | 0.577 |
| $KNO_3$ | 0.924 | $Mg(NO_3)_2 \cdot 6H_2O$ | 0.528 |
| $BaCl_2 \cdot 2H_2O$ | 0.901 | $LiNO_3 \cdot 3H_2O$ | 0.470 |
| $KCl$ | 0.842 | $K_2CO_3 \cdot 2H_2O$ | 0.427 |
| $KBr$ | 0.807 | $MgCl_2 \cdot 6H_2O$ | 0.330 |
| $NaCl$ | 0.752 | $K(C_2H_3O_2) \cdot H_2O$ | 0.224 |
| $NaNO_2$ | 0.737 | $LiCl \cdot H_2O$ | 0.110 |
| $SrCl_6 H_2O$ | 0.708 | $NaOH \cdot H_2O$ | 0.070 |

#### 3. 操作方法

(1)取检测样品,除掉样品容器和包装,随即采取样品 10~20 g,将检测样品切碎,从中取出约 1 g 样品,放入预先精密称量过铝箔上,称量后作为试样,称取 2 份。

(2)准备 $A_W>0.94$ 的饱和溶液 A 和 $A_W<0.94$ 的饱和溶液 B。

(3)取 2 只康威氏微量扩散皿,在四周涂好凡士林,然后将试样迅速放入 2 只康威氏微量扩散皿的内室,分别将 A、B 两饱和溶液置于 2 只康威氏微量扩散皿的外室,盖好皿盖,保存密闭,在 25℃左右下静置(2±0.5) h。

(4)精确称量上述处理后的两个试样的质量,比较质量的增减。

4.计算

$$A_W = \frac{bx - ay}{x - y}$$

式中:a 为饱和溶液 A 的 $A_W$;b 为饱和溶液 B 的 $A_W$;x 为使用 A 时试样质量的增加量(g);y 为使用 B 时试样质量的增加量(g)。

5.注意事项

(1)选用饱和溶液时,注意选用以 $A_W$ 值为 0.94 为中心,其上下间隔相同的试剂,如重铬酸钾($A_W = 0.98$)与氯化钡($A_W = 0.92$)等。

(2)配置饱和溶液时,要预先掌握好 25℃时的溶解度。

(3)为防止试样腐败变质而影响 $A_W$ 值,可以按 2% 比例加入山梨酸钾作为防腐剂。

# 第二节　动物性食品中灰分的测定

## 一、概述

灰分是指动物性食品在某一特定温度下灼烧后形成的残留物。食品中除含有大量有机物外,还含有丰富的无机成分,这些无机成分在维持机体的正常生理功能、构成机体组织方面,有着十分重要的作用。食品在高温灼烧时,发生一系列的物理和化学变化,最后有机成分挥发逸散,而无机成分(主要是盐类和氧化物)则残留下来,这些残留物称为灰分。灰分是表示食品中无机成分总量的一项指标,但不完全代表无机物的总量,通常把这些残留物称之为粗灰分或总灰分。食品中总灰分的含量是控制食品成品或半成品质量的重要依据,如牛奶中的总灰分在牛奶中的含量是恒定的,一般在 0.68%~0.74%,平均值接近 0.70%,因此可以用测定牛奶中总灰分的方法测定牛奶是否掺假矿物质。

食品的总灰分按其溶解性可以分为水溶性灰分和水不溶性灰分、酸溶性灰分和酸不溶性灰分等。水溶性灰分主要反映是可溶性钾、钠、钙、镁等的氧化物和盐类的含量,水不溶性灰分主要反映污染的泥沙和铁、铝等氧化物及碱土金属的碱性磷酸盐的含量。酸不溶性灰分主要反映污染入产品中的泥沙和机械物及样品组织中的微量氧化硅的含量。若食品中灰分含量过高时,表示食品受无机物污染,从而影响其质量。

灰分的测定内容主要包括总灰分的测定、水溶性灰分的测定、水不溶性灰分的测定、酸溶性灰分和酸不溶性灰分的测定等。灰分的测定具有重要意义,可以评价食品的加工精度和食品品质。这里主要介绍总灰分的测定、水溶性灰分和水不溶性灰分的测定。

## 二、动物性食品中总灰分的测定方法

总灰分的测定方法包括直接灰化法、硫酸灰化法、醋酸镁灰化法等。直接灰化法广泛应用于各类食品灰分含量的测定,硫酸灰化法适用于糖类食品,测定结果以硫酸灰分表示,醋酸镁灰化法适合于含磷酸较多的食品。这里主要介绍直接灰化法。

### 1. 基本原理

一定量的样品经炭化后，放入高温炉内灼烧，有机物以二氧化碳、水蒸气和氮氧化物而挥发，而无机物以硫酸盐、磷酸盐、碳酸盐、氯化物等无机盐和金属氧化物的形式残留下来，即为灰分，称量残留物的质量即可计算出食品样品中总灰分的含量。

### 2. 仪器与试剂

(1)高温电炉。

(2)坩埚与坩埚钳。

(3)分析天平。

(4)干燥器。

(5)1∶4 盐酸溶液。

(6)6 mol/L 硝酸。

(7)36% 过氧化氢。

### 3. 操作方法

(1)样品前处理：新鲜肉样与肉制品绞成肉糜或研碎；含水多的动物性食品，如牛奶，先在水浴上蒸干，再灰化；富含脂肪的样品置于烘箱中，先使用 60～70℃烘，然后再用 105℃烘干。

(2)坩埚的准备：将坩埚用盐酸煮 1～2 h，洗净晾干后，用 0.5%三氯化铁溶液和等量蓝墨水的混合液在坩埚外壁及盖上写上编号，置高温炉(500～550℃)灼烧 1 h，冷至 200℃左右后取出，放入干燥器中冷却至室温，精密称量，并重复灼烧至恒重(两次称量之差不得超过 0.5 mg)。

(3)取样：在坩埚中加入 2～3 g 固体样品或 5～10 g 液体样品后，准确称量。

(4)炭化：将坩埚置于电炉上，半盖坩埚盖，小心加热使试样在通气条件下逐渐炭化，直至无黑烟产生。炭化时若发生膨胀，可滴橄榄油数滴。应先用小火，避免样品溅出。

(5)灰化：炭化后，将坩埚移入高温炉中，在(500±25)℃灼烧 4 h。打开炉门，将坩埚移至炉口处冷至 200℃左右，再移入干燥器中冷却至室温。在称量前，如发现灼烧残渣有炭粒时，向试样中滴入少许水润湿，使结块松散，蒸出水分后，再次灼烧直至无炭粒，即灰化完全，准确称重。重复灼烧至前后两次称量相差不超过 0.5 mg 为恒重。

### 4. 计算

$$x = \frac{m_1 - m_2}{m_3 - m_2} \times 100\%$$

式中：X 为样品中灰分的含量(g/100 g)；$m_1$ 为坩埚和灰分的质量(g)；$m_2$ 为坩埚的质量(g)；$m_3$ 为坩埚和样品的质量(g)。计算结果保留三位有效数字。

### 5. 说明与注意事项

(1)本法为 GB/T 5009.4—2003 标准方法，适用于各类食品中总灰分的测定。

(2)为加快灰化过程，可以向灰化的样品中加入纯净疏松的物质，如乙酸铵或等量的乙醇等。灰化时间一般需 2～5 h。

(3)对于难以灰化的样品，可以加入 10%碳酸铵等疏松剂，在灼烧时分解为气体逸出，使灰分呈现松散状态，促进未灰化的炭粒灰化。

(4)样品在放入高温炉灼烧之前，要先进行炭化，防止糖、蛋白质、淀粉等在高温下发泡膨胀而溢出坩埚，不经炭化而直接灰化，炭粒易被包裹住，灰化不完全。

（5）测定灰分应选择素烧瓷坩埚，其物理、化学性质应与石英坩埚相同，耐高温，内壁光滑，决不允许用尖硬物刮取坩埚壁上的污物。

（6）高温电炉内各处的温度有一定差异，高温电炉前面部分的温度比设定温度低很多。因此距进口太近的部分最好不使用。

（7）即使完全灼烧的残灰不一定全部是白色，例如，铁含量高的食品，残灰呈褐色，锰、铜含量高的食品，残灰呈蓝绿色。有时即使残灰的表面呈白色，内部仍残留有炭块，所以应充分注意观察残灰。

（8）在灰化中有相当多的炭末时，可在炭灰里加入去离子水使之溶解，使未灰化物露出后，在水浴或 100℃ 左右的加热板上或在烘箱内蒸发干涸，以 120～130℃ 充分干燥，然后再以规定的温度进行灰化，反复数次直至达到恒重。

## 三、动物性食品中水溶性灰分和不溶性灰分的测定方法

1. 基本原理

同总灰分的测定。

2. 仪器与试剂

同总灰分的测定。

3. 操作方法

取测定总灰分所得的残留物，加入 25 mL 去离子水，加热至沸，用无灰滤纸过滤，然后用 25 mL 热的去离子水分多次洗涤坩埚、滤纸及残渣。将残渣连同滤纸移回原坩埚中，在水浴上蒸发至干，放入干燥箱中干燥，再进行灼烧，冷却，称重，重复直至恒重。残留物即为水不溶性灰分，灰分与水不溶性灰分之差为水溶性灰分。按下式计算水不溶性灰分和水溶性灰分的含量。

4. 计算

$$x = \frac{m_3 - m_1}{m_2 - m_1} \times 100\%$$

式中：$X$ 为水不溶性灰分的含量（g/100g）；$m_3$ 为水不溶性灰分和坩埚的质量（g）；$m_2$ 为样品和坩埚的质量（g）；$m_1$ 为坩埚的质量（g）。

$$水溶性灰分 = 总灰分 - 水不溶性灰分$$

# 第三节　动物性食品中糖类的测定

## 一、概述

糖类是碳水化合物的总称，是由碳、氢、氧 3 种元素组成的一大类化合物。食品中的碳水化合物是供给人体热能的主要物质，同时碳水化合物对食品的性状、风味、品质、加工和贮藏等都有重要的影响。机体对糖类物质摄入量不足，会导致机体发育迟缓、体重减轻，糖类物质摄入过多，可转化为脂肪致使肌体发胖，并造成血液中甘油三酯含量的增高，引起动脉粥样硬化等症状。因此测定食品中糖类的含量具有重要的意义。

动物性食品中糖类物质含量较少,但分布较广,主要有糖原、乳糖、葡萄糖和核糖。其中糖原含量为 0.1%~0.3%,是动物体内糖的主要存在形式,主要存在于动物的肝脏和肌肉中,动物屠宰后肌肉糖原含量随着时间延长而逐渐减少,其结果使葡萄糖含量增加,而葡萄糖经糖酵解作用后生成乳酸,影响肉的成熟和肉的品质;乳糖主要存在于哺乳动物的乳汁中,在动物肌肉和其他组织中没有乳糖,乳糖可以转变为乳酸,乳酸能使乳汁生成凝块,乳糖含量对发酵乳制品的生产有重要影响。因此动物性食品中糖类的测定对于鉴定肉的卫生品质、鉴别掺假作伪具有重要作用。这里重点介绍动物性食品中糖原和乳糖的测定。

## 二、动物性食品中乳糖的测定方法

根据糖类的还原性的测定方法,称为还原糖法。乳糖是一种具有还原性的双糖,可以按还原糖法进行测定。还原糖的测定方法包括直接滴定法、高锰酸钾滴定法、硫代硫酸钠滴定法、气相色谱法、高效液相色谱法等,可以用来测定葡萄糖、果糖、麦芽糖和乳糖等。这里主要介绍直接滴定法和高锰酸钾滴定法。

### (一)直接滴定法

**1. 基本原理**

乳糖具有还原性,可以根据这一特性采用直接滴定法进行测定。食品样品除去蛋白质后,在加热条件下,以次甲基蓝作指示剂,直接滴定标定过的碱性酒石酸铜溶液(用还原糖标准溶液标定碱性酒石酸铜溶液),根据样品液消耗体积计算还原糖量。

**2. 试剂与仪器**

(1)碱性酒石酸铜甲液:称取硫酸铜 15 g 和次甲基蓝 0.05 g,溶于水中并稀释至 1 000 mL。

(2)碱性酒石酸铜乙液:称取酒石酸钾钠 50 g、氢氧化钠 75 g,溶于水中,再加入 4 g 亚铁氰化钾,完全溶解,用水稀释至 1 000 mL,储存于橡胶塞玻璃瓶内。

(3)乙酸锌溶液:称取 29 g 乙酸锌,加 3 mL 冰乙酸,加水稀释至 100 mL。

(4)亚铁氰化钾溶液:称取 10.6 g 亚铁氰化钾,加水稀释至 100 mL。

(5)盐酸。

(6)葡萄糖标准溶液:精密称取 1.000 0 g 经过(96±2)℃干燥 2 h 的纯葡萄糖,加水溶解后,加入 5 mL 盐酸,并以水稀释至 1 000 mL。此溶液每毫升相当于 1.0 mg 葡萄糖。

(7)果糖标准溶液:按(6)操作,配制每毫升标准溶液相当于 1.0 mg 果糖。

(8)乳糖标准溶液:按(6)操作,配制每毫升标准溶液相当于 1.0 mg 乳糖(含水)。

(9)转化糖标准溶液:准确称取 1.052 6 g 纯蔗糖,用 100 mL 水溶解,置于具塞三角瓶中,加 5 mL 盐酸(1∶1),在 68~70℃水浴中加热 15 min,放置室温,定容至 1 000 mL,每毫升标准溶液相当于 1.0 mg 转化糖。

(10)酸式或碱式滴定管。

(11)可调式电炉(带石棉网)。

**3. 操作方法**

(1)样品处理:称取乳类、乳制品及含蛋白质的冷食类 2.5~5.0 g 固体样品(吸取 25~50 mL 液体样品),置于 250 mL 容量瓶中,加 50 mL 水,慢慢加入 5 mL 乙酸锌溶液及 5 mL 亚铁氰化钾溶液,加水至刻度,混匀,沉淀,静置 30 min,用干燥滤纸过滤,弃去初滤液,滤液备用。

(2)标定碱性酒石酸铜溶液:吸取 5 mL 碱性酒石酸铜甲液及 5 mL 乙液,置于 150 mL 锥形瓶中,加水 10 mL,加入玻璃珠 2 粒,从滴定管滴加约 9 mL 乳糖标准溶液(或其他还原糖标准溶液),控制在 2 min 内加热至沸,趁热以每两秒 1 滴的速度继续滴加乳糖标准溶液(或其他还原糖标准溶液),直至溶液蓝色刚好褪去为终点,记录消耗乳糖(或其他还原糖)标准溶液的总体积。平行操作 3 次,取平均值,计算每 10 mL(甲、乙液各 5 mL)碱性酒石酸铜溶液相当于乳糖(或其他还原糖)的质量(mg)。也可按上述方法标定 4~20 mL 碱性酒石酸铜溶液,来适应样品中还原糖浓度的变化。

(3)样品溶液预测:吸取 5 mL 碱性酒石酸铜甲液及 5 mL 乙液,置于 150 mL 锥形瓶中,加水 10 mL,加入玻璃珠 2 粒,控制在 2 min 内加热至沸,趁热以先快后慢的速度,从滴定管中滴加样品溶液,并保持溶液沸腾状态,待溶液颜色变浅时,以每两秒 1 滴的速度滴定,直至溶液蓝色刚好褪去为终点,记录样液消耗体积。当样液中还原糖浓度过高时,应适当稀释,在进行正式测定时,每次滴定消耗样液的体积控制在与标定碱性酒石酸铜溶液时所消耗的还原糖标准溶液的体积相近,在 10 mL 左右。当浓度过低时,则直接加入 10 mL 样品液,免去加水 10 mL,再用还原糖标准溶液滴定至终点,记录消耗的体积与标定时消耗的还原糖标准溶液体积之差相当于 10 mL 样液中所含还原糖的量。

(4)样品溶液的测定:吸取 5 mL 碱性酒石酸铜甲液及 5 mL 乙液,置于 150 mL 锥形瓶中,加水 10 mL,加入玻璃珠 2 粒,从滴定管加比预测体积少 1 mL 的样品溶液,控制在 2 min 内加热至沸,趁热继续以每两秒 1 滴的速度滴定,至蓝色刚好褪去为终点,记录样液消耗体积。平行操作 3 次,取其平均值计算。

4.计算

$$X = \frac{A}{m \times \frac{V}{250 \times 1\,000}} \times 100$$

式中:$X$ 为样品中乳糖含量(或其他还原糖)(g/100g);$A$ 为碱性酒石酸铜溶液相当于乳糖的质量(mg);$m$ 为样品质量(g);$V$ 为测定时消耗样品溶液的体积(mL)。计算结果表示到小数点后一位。

5.说明与注意事项

(1)本法为 GB/T 5009.7—2003 中的第一法。滴定必须在沸腾条件下进行,以免空气进入反应溶液。

(2)为消除氧化亚铜沉淀对滴定终点观察的干扰,应在碱性酒石酸铜乙液中加入少量的亚铁氰化钾,它能与氧化亚铜生成络合物,而不再析出红色沉淀,使终点更为明显。

(3)整个滴定工作必须控制在 3 min 内完成,其中 2 min 内加热至沸腾,然后以每两秒 1 滴的速度滴定至终点。将滴定所需体积的绝大部分先加入碱性酒石酸铜试剂中共沸,使其充分反应,仅留 1 mL 左右进行滴定,以减少因滴定操作带来的误差。

(二)高锰酸钾滴定法

1.基本原理

样品经除去蛋白质后,其中还原糖把铜盐还原为氧化亚铜,加入硫酸铁试剂后,氧化亚铜被氧化为铜盐,定量形成亚铁盐,再以高锰酸钾溶液滴定氧化后生成的亚铁盐,根据高锰酸钾标准溶液消耗量,计算氧化亚铜含量,再查表取得还原糖量。

### 2. 试剂与仪器

(1)碱性酒石酸铜甲液:称取 34.63 g 硫酸铜($CuSO_4 \cdot 5H_2O$),加适量水溶解,加 0.5 mL 硫酸,再加水稀释至 500 mL,用精制石棉网过滤。

(2)碱性酒石酸铜乙液:称取 173 g 酒石酸钾钠与 50 g 氢氧化钠,加适量水溶解并稀释至 500 mL,用精制石棉过滤,贮存于橡胶塞玻璃瓶内。

(3)精制石棉:石棉先用盐酸(3 mol/L)浸泡 2~3 d,用水洗净。加氢氧化钠溶液(10%)浸泡 2~3 d,倾去溶液,再用热碱性酒石酸铜乙液浸泡数小时,用水洗净。再以盐酸(3 mol/L)浸泡数小时,以水洗至不呈酸性。加水振摇,使成细微的浆状软纤维,用水浸泡并贮存于玻璃瓶中,即可用于充填古氏坩埚。

(4)高锰酸钾标准溶液[$c(1/5\ KMnO_4)=0.1$ mol/L]。

(5)氢氧化钠溶液(40 g/L):称取 4 g 氢氧化钠,加水溶解并稀释至 100 mL。

(6)硫酸铁溶液:称取 50 g 硫酸铁,加入 200 mL 水溶解后,慢慢加入 100 mL 硫酸,冷却后加水稀释至 1 000 mL。

(7)盐酸(3 mol/L):量取 30 mL 盐酸,加水稀释至 120 mL。

(8)25 mL 古氏坩埚或 G₄ 垂融坩埚。

(9)真空泵或水泵。

### 3. 操作方法

(1)样品处理:称取乳类、乳制品及含蛋白质的冷食类固体样品 2~5 g(或 25~50 mL 液体样品),置于 250 mL 容量瓶中,加水 50 mL,摇匀后加 10 mL 碱性酒石酸铜甲液及 4 mL 氢氧化钠(40 g/L)溶液,加水至刻度,混匀,静置 30 min,用干燥滤纸过滤,弃去初滤液,滤液备用。

(2)测定:吸取 50 mL 处理后的样品溶液,置于 400 mL 烧杯中,加入 25 mL 碱性酒石酸铜甲液及 25 mL 乙液,于烧杯上盖一表面皿,加热,控制在 4 min 内沸腾,再准确煮沸 2 min。趁热用铺好石棉的古氏坩埚或 G₄ 垂融坩埚抽滤,并用 60℃ 热水洗涤烧杯及沉淀,至洗液不呈碱性为止。将坩埚放回原 400 mL 烧杯中,加 25 mL 硫酸铁溶液及 25 mL 水,用玻璃棒搅拌,使氧化亚铜完全溶解,以高锰酸钾标准溶液滴定至微红色为终点,记录高锰酸钾标准溶液消耗量。同时吸取 50 mL 水代替样液,按上述方法做试剂空白试验,记录空白试验消耗高锰酸钾溶液的量。

### 4. 计算

$$X=(V-V_0)\times c\times 71.54$$

式中:$X$ 为与滴定时所消耗的高锰酸钾标准溶液相当的氧化亚铜的质量(mg);$V$ 为测定时样品溶液消耗高锰酸钾标准溶液的体积(mL);$V_0$ 为试剂空白消耗高锰酸钾标准溶液的体积(mL);$c$ 为高锰酸钾溶液的实际浓度(mol/L);71.54 为 1 mL 高锰酸钾标准溶液[$c(1/5\ KMnO_4)=0.1$ mol/L]相当于氧化亚铜的质量(mg)。

根据式中计算所得氧化亚铜质量,查表"氧化亚铜质量相当于葡萄糖、果糖、乳糖、转化糖的质量表"(附录一),再按下式计算样品中还原糖含量。

$$X = \frac{m_1}{m_2 \times \dfrac{V}{250 \times 1\,000}} \times 100$$

式中：$X$ 为样品中乳糖的含量（g/100g）；$m_1$ 为查表得还原糖质量（mg）；$m_2$ 为样品质量或体积（g 或 mL）；$V$ 为测定用样品溶液的体积（mL）；250 为样品处理后的总体积（mL）。计算结果保留三位有效数字。

**5. 说明与注意事项**

（1）本法为 GB/T 5009.7—2003 中的第二法。测定必须严格按规定的操作条件进行，必须控制好热源强度，保证在 4 min 内加热沸腾，否则误差较大。

（2）本法所用碱性酒石酸铜溶液是过量的，即保证把所有的还原糖全部氧化后，还有过剩的二价铜存在。所以煮沸后的反应液应呈蓝色（酒石酸钾钠铜络离子）。

## 三、动物性食品中糖原的测定方法

糖原的测定方法主要有高效液相色谱法、分光光度法、酶法等。根据糖原以葡萄糖的形态存在于动物组织中，糖原的定量方法有两种，一种是将糖原由组织中分离出来，加酸水解，对生成的葡萄糖进行定量；另一种是用酶把组织水解，生成的葡萄糖以酶法进行测定。这里主要介绍加酸水解法。

**1. 基本原理**

将动物肌肉和肝脏中的糖原用热的浓氢氧化钾溶液提取，加乙醇使之沉淀，得到的糖原加硫酸水解而生成葡萄糖，再对葡萄糖进行定量。葡萄糖的定量方法，可以用各种还原糖的定量法。

**2. 试剂与仪器**

（1）30％氢氧化钾溶液。

（2）0.2％酚酞乙醇溶液。

（3）99％乙醇：使用无水乙醇稀释。

（4）饱和氯化钾溶液：取 34 g 氯化钾，加水 100 mL。

（5）硫酸（2 mol/L）：取 6 mL 硫酸，缓缓注入适量水中，冷后用水稀释至 100 mL。

（6）氢氧化钠溶液（0.5 mol/L）：取 0.3 g 氢氧化钠，加水稀释至 100 mL。

（7）离心机。

其他试剂与"高锰酸钾滴定法"或"直接滴定法"测定乳糖所用试剂相同。

**3. 操作方法**

（1）提取和分离：将生鲜动物肝脏或肌肉切成片，用均化器粉碎，称取 5 g，置入大型试管中，加 30％KOH 溶液 100 mL，在沸水浴上加热，用玻棒搅混，使之完全液化。冷却后加 99％乙醇 20 mL，充分混合，静置后生成糖原沉淀，倾斜倒掉上部液体，下部沉淀移入 15 mL 的离心管中，以 3 000 r/min 离心 15 min，弃去上清液。加 1～2 mL 水，加热把管壁附着物溶解，再加入饱和氯化钾溶液 1 滴，加乙醇 1.5 mL，混匀，静置后离心分离，弃去上清液；按同样方法重复离心分离一次，弃去上清液。水浴加热除去乙醇，至乙醇气味消失即可。

（2）酸水解：加水 2 mL 溶解沉淀物，加 1 mL 2 mol/L 硫酸，在沸水浴上加热 2～2.5 h，冷却后滴加酚酞指示液一滴，用 0.5 mol/L 氢氧化钠溶液中和至略显红色。根据糖原含量，置于 25～50 mL 容量瓶内，以水定容。

（3）葡萄糖的定量：按测定乳糖的"高锰酸钾滴定法"或"直接滴定法"对生成的葡萄糖进行定量测定。

4. 计算

$$糖原含量(mg/100g)=\frac{m_1\times 0.9}{m}\times \frac{V_1}{V_2}\times 100$$

式中：$m_1$ 为由"高锰酸钾滴定法"或"直接滴定法"计算出的葡萄糖的质量（mg）；$m$ 为样品质量（g）；$V_1$ 为样液的总体积（mL）；$V_2$ 为测定用样液体积（mL）；0.9 为糖原与葡萄糖的换算系数（糖原的质量＝葡萄糖的质量×0.9）。

# 第四节　动物性食品中脂肪的测定

## 一、概述

食品中的脂肪是人类食品组成中重要的营养素之一，可以提供必需脂肪酸，是人体能量的主要来源，还是人体组织细胞的重要组成成分。脂肪能改善食品的感官性状，增加细腻感和润滑感，富于脂肪的食品可以延长在胃肠中的停留时间，增加饱腹感。广义的脂肪包括中性脂肪和类脂，而狭义的脂肪仅是指中性脂肪，是由各种不同的脂肪酸和甘油组成的甘油三酯。类脂是一些能溶于脂肪或脂肪溶剂的物质，在营养学上特别重要的有磷脂和胆固醇两类化合物，中性脂肪和类脂也可合称为脂类。

动物性食品中脂类主要包括脂肪（甘油三酯）和一些类脂质，如脂肪酸、磷脂、糖脂、甾醇、固醇等。动物的脂肪分为两类：一类是皮下、肾周围、肌肉块间的脂肪，称为蓄积脂肪；另一类是肌肉组织内、脏器组织内的脂肪，称为组织脂肪。蓄积脂肪主要为中性脂肪，它的含量和性质随动物种类、年龄、营养状况等变化；组织脂肪主要为磷脂。中性脂肪是动物性食品的重要组成成分，人体中的脂肪一般直接取自动物性食品。动物性食品中脂肪含量多少是衡量食品质量的一项重要指标，同时在动物性食品生产加工过程中，原料、半成品、成品的脂类含量对产品的风味、组织结构、外观、口感等都有直接的影响。因此测定动物性食品中的脂肪含量，可以评价动物性食品的品质，衡量动物性食品的营养价值，并且对于实行工艺监督、生产过程的质量管理、食品贮藏稳定性、腐败变质的研究等都有重要的意义。

食品中的脂肪有两种存在形式，即游离脂肪和结合脂肪。就对于大多数动物食品来说，游离脂肪是主要的，结合脂肪的含量较少。食品样品不用水解处理，直接用有机溶剂浸溶提出，然后挥去溶剂所得的脂肪为游离脂肪。如果将样品加入酸碱进行水解处理，使食品中结合脂肪游离出来，一并用有机溶剂提取，然后挥去溶剂，称取脂肪质量，系游离脂肪和结合脂肪的总和，称为总脂肪。食品中的游离脂肪能用有机溶剂浸取出来，但有个别食品，如乳类脂肪，也属游离脂肪，但脂肪球受乳中酪蛋白钙盐的包裹，又处于高度分散的胶体溶液中，不能直接被有机溶剂浸提，需经适当处理后方可提取。食品中的结合脂肪不能直接被有机溶剂浸提，必须进行水解转变为游离脂肪后，才能被提取。因此食品的种类不同，其中脂肪的含量及其存在形式不相同，测定脂肪的方法也就不相同。

## 二、动物性食品中脂肪的测定方法

动物性食品中脂肪的测定方法很多,主要是采用低沸点溶剂直接萃取或用酸碱破坏有机物后,再用溶剂萃取或离心离析。常用的脂肪测定方法有索氏提取法、酸水解法、罗兹-哥特里法、巴布科克氏法、盖勃氏法和氯仿-甲醇法等。索氏提取法是目前普遍采用的经典方法,被认为是测定多种食品脂类含量的代表性的方法,广泛应用于脂类含量较高、与组织成分结合的脂肪少的食品,但对于某些样品测定结果往往偏低。酸水解法对于包含在组织内部并与食品组成成分结合在一起的脂肪测定效果较好,而罗兹-哥特里法主要用于乳及乳制品中脂肪的测定。这里重点介绍索氏提取法、酸水解法和罗兹-哥特里法。

### (一)索氏提取法

**1.基本原理**

动物性食品样品经前处理后,用有机溶剂无水乙醚或石油醚等在水浴中加热回流,使样品中的脂肪进入溶剂中,蒸去溶剂所得的残留物,即为粗脂肪。因为挥干有机溶剂后所得的物质除了游离脂肪外,还含有磷脂、色素、挥发油、蜡、树脂等物质,所以用索氏提取法测得的脂肪为游离脂肪。此方法适用于脂类含量高、结合态脂类含量少、能烘干磨细、不易吸湿结块样品的测定。

**2.试剂与仪器**

(1)无水乙醚或石油醚。

(2)海沙:取用水洗去泥土的海沙或河沙,先用盐酸(1+1)煮沸 0.5 h,用水洗至中性,再用氢氧化钠溶液(240 g/L)煮沸 0.5 h,用水洗至中性,经(100±5)℃干燥备用。

(3)索氏提取器:见图 3-1。

(4)恒温干燥箱。

**3.操作方法**

(1)样品处理。

①固体样品:用粉碎机粉碎过 40 目筛;肉用绞肉机绞两次;一般样品用组织捣碎机捣碎后,精密称取干燥并研细的样品 2~5 g(可以取测定水分后的样品),必要时拌以海沙,全部移入滤纸筒内。

②液体或半干固体样品:称取 5~10 g 样品,置于蒸发皿中,加入约 20 g 海沙,于沸水浴上蒸干后,在(100±5)℃干燥,研细,全都转移入滤纸筒内。蒸发皿及附有样品的玻璃棒,均用蘸有乙醚的脱脂棉擦掉,并将棉花放入滤纸筒内。

(2)抽提:将滤纸筒放入脂肪抽提器的抽提筒内,连接已干燥至恒重的接收瓶,由抽提器冷凝管上端加入无水乙醚或石油醚至瓶内容积的 2/3 处,于水浴上加热,使乙醚或石油醚不断回流提取,一般抽提 6~12 h。

(3)称重:取下接收瓶,回收乙醚或石油醚,待接收瓶内乙醚剩 1~2 mL 时,在水浴上蒸干,再于(100±5)℃干燥 2 h,放干燥器内冷却 0.5 h 后称重。并重复以上操作直至恒重。

**4.计算**

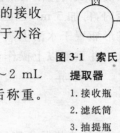

$$X = \frac{m_1 - m_0}{m_2} \times 100\%$$

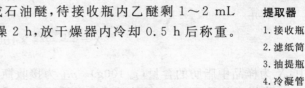

**图3-1　索氏提取器**

1.接收瓶

2.滤纸筒

3.抽提瓶

4.冷凝管

式中：$X$ 为样品中脂肪的含量（g/100g）；$m_1$ 为接收瓶和脂肪的质量（g）；$m_0$ 为接收瓶的质量（g）；$m_2$ 为样品的质量（g）。计算结果表示到小数点后一位。

5．说明与注意事项

（1）本法为 GB/T 5009.6—2003 中的第一法。用于测定食品中游离脂肪的含量，精密度为 10％，不适用于乳及乳制品粗脂肪含量的测定。

（2）样品应干燥无水，水分有碍于有机溶剂对样品的浸润。抽提时，冷凝管上端最好塞一团干燥的脱脂棉球，这样可防止空气中的水分进入，也可避免乙醚在空气中挥发。

**（二）酸水解法**

1．基本原理

将样品与盐酸溶液一同加热进行水解，使结合或包藏在组织里的脂肪游离出来，用乙醚和石油醚提取脂肪，然后再沸水浴中回收溶剂，除去溶剂即得脂肪含量，其脂肪为游离脂肪和结合脂肪的总量。此方法适用于各类食品中脂肪的测定，对固体、半固体、黏稠液体或液体食品，特别是加工混合食品。容易吸湿、结块、不易烘干的食品，不能采用索氏提取法时，用此方法的效果较好。

2．试剂与仪器

（1）盐酸。

（2）95％乙醇。

（3）乙醚。

（4）石油醚（沸程 30～60℃）。

（5）烘箱。

（6）100 mL 具塞刻度量筒。

3．操作方法

（1）样品处理：对于固体样品，精密称取约 2 g，置于 50 mL 大试管内，加 8 mL 水，混匀后再加 10 mL 盐酸；对于液体样品，称取 10 g，置于 50 mL 大试管内，加 10 mL 盐酸。

（2）水解：将试管放入 70～80℃水浴中，每隔 5～10 min 用玻棒搅拌一次，至样品消化完全为止，一般需要 40～50 min。

（3）提取和称重：水解后取出试管，加入 10 mL 乙醇，混合，冷却后将混合物移入 100 mL 具塞刻度量筒中，以 25 mL 乙醚分次洗试管，一并倒入量筒中。待乙醚全部倒入量筒后，加塞振摇 1 min，小心开塞，放出气体，再塞好，静置 12 min，小心开塞，并用石油醚-乙醚等量混合液冲洗塞及筒内附着的脂肪。静置 10～20 min，待上部液体清晰，吸出上清液于已恒重的锥形瓶内，再加 5 mL 乙醚于具塞量筒内，振摇，静置后，仍将上层乙醚吸出，放入原锥形瓶内。将锥形瓶置于水浴上蒸干，置于（100±5）℃烘箱中干燥 2 h，取出放入干燥器内冷却 0.5 h 后称重。并重复以上操作至恒重。

4．计算

$$X = \frac{m_1 - m_0}{m_2} \times 100\%$$

式中：$X$ 为样品中脂肪的含量（g/100g）；$m_1$ 为接收瓶和脂肪的质量（g）；$m_0$ 为接收瓶的质量（g）；$m_2$ 为样品的质量（g）。计算结果表示到小数点后一位。

5．说明与注意事项

（1）本法为 GB/T 5009.6—2003 中的第二法。本方法不适于测定含有大量磷脂的样品，因在盐酸溶液中加热时,磷脂几乎完全分解为脂肪酸和碱,测定值偏低。

(2)测定固体样品时需要充分磨碎,液体样品需充分混匀,以使消化完全。水解时,注意防止水分大量损失,以免使酸度过高。

### (三)罗兹-哥特里法

#### 1. 基本原理

罗兹-哥特里法又称为碱性乙醚提取法,是测定乳类样品中脂肪含量的代表性方法。乙醚本身不能从乳中提取脂肪,若先用碱处理,使酪蛋白钙盐溶解,并降低其吸附力,使脂肪游离出来。基本程序是氨-乙醇溶液破坏乳的胶体形状和脂肪球膜,使非脂成分溶解入氨-乙醇溶液中,而脂肪游离出来,再用有机溶剂无水乙醚-石油醚提取脂肪,蒸去溶剂所得的残留物,即为乳脂肪。本方法适用于测定乳类和乳制品类,如鲜奶、奶粉、奶油、酸奶及冰淇淋等食品中脂肪含量,也可用于豆乳类或水呈乳状的食品。

#### 2. 试剂与仪器

(1)氨水。

(2)乙醇。

(3)乙醚。

(4)石油醚(沸程 30～60℃)。

(5)抽脂瓶。

(6)恒温干燥箱。

#### 3. 操作方法

吸取一定量样品(牛奶取 10 mL;奶粉精密称取 1 g,用 10 mL 60℃水,分数次溶解)于抽脂瓶中,加入 1.25 mL 氨水,充分混匀,置于 60℃水浴中加热 5 min,再振摇 2 min,加入 10 mL 乙醇,充分混匀。于冷水中冷却后,加入 25 mL 乙醚,振摇 0.5 min,加入 25 mL 石油醚,再振摇 0.5 min。静置 30 min,待上层液体澄清时,读取醚层体积。放出一定体积醚层于一已恒重的烧瓶中,蒸馏回收乙醚和石油醚,挥干残余醚后,将烧瓶放入 98～100℃干燥箱中干燥 1 h 后取出,放入干燥器中冷却至室温后称重,重复操作直至恒重。

#### 4. 计算

$$x = \frac{m_2 - m_1}{m} \times \frac{V_1}{V} \times 100°$$

式中:$X$ 为样品中脂肪的含量(g/100g);$m_2$ 为烧瓶和脂肪的质量(g);$m_1$ 为空烧瓶的质量(g);$m$ 为样品的质量(体积×相对密度)(g);$V$ 为读取醚层总体积(mL);$V_1$ 为放出醚层体积(mL)。计算结果表示到小数点后一位。

#### 5. 说明与注意事项

(1)乳类脂肪因脂肪球被乳中酪蛋白钙盐的包裹,又处于高度分散的胶体溶液中,故不能直接被乙醚-石油醚提取,需预先用氨水处理,使酪蛋白钙盐成为可溶性钙盐,加氨水后,要充分混匀,否则会影响下一步醚对脂肪的提取。

(2)测定时加入乙醇主要是沉淀蛋白质,防止乳化,并溶解醇溶性物质,使其停留在水中,避免进入醚层,影响测定结果。

(3)加入石油醚的作用是降低乙醚的极性,使乙醚与水不相溶,只抽提出脂肪,并使分层清晰。若无抽脂瓶时,可用 100 mL 的具塞量筒代替。

# 第五节　动物性食品中蛋白质的测定

## 一、概述

蛋白质是由多种氨基酸组成的高分子含氮有机化合物,是构成人体和动物细胞组织的重要组成成分之一,是生命的物质基础,动物和人体内的酸碱平衡的维持、遗传信息的传递、物质的代谢和转运都与蛋白质有关。如果缺乏蛋白质,所有生物就不能生存。无论动物或植物都含有蛋白质,只是蛋白质含量和蛋白质的类型有所不同。根据蛋白质所含氨基酸的种类、数量和比例的不同,可以将蛋白质分为完全蛋白质、半完全蛋白质、不完全蛋白质等。

蛋白质是复杂的含氮有机化合物,氨基酸是构成蛋白质的基本单位。目前已知氨基酸的种类有 20 多种,人体和各种食物中的各种蛋白质都由这些氨基酸通过酰胺键以一定方式连接起来,构成蛋白质的氨基酸主要是其中的 20 种,其中赖氨酸、苏氨酸、色氨酸、蛋氨酸、缬氨酸、亮氨酸、异亮氨酸和苯丙氨酸等 8 种氨基酸在人体内不能合成,必须依靠食物供给,被称为必需氨基酸,对动物体和人体有着极其重要的生理功能。

蛋白质是动物性食品的主要成分之一,人和动物只能从食品中得到蛋白质及其分解产物来合成自身的蛋白质。各种动物性食品中蛋白质的含量及其组成与性质不同,其营养价值也不一样。不同的蛋白质,氨基酸的构成比例和方式不同,故各种蛋白质的含氮量也不同。一般蛋白质含氮量为 16%,即 1 份氮相当于 6.25 份蛋白质,此数值称为蛋白质换算系数。不同种类食品的蛋白质换算系数有所不同。食品蛋白质中必需氨基酸含量的高低及其比例,决定了蛋白质的生理效价,对于人类合理搭配膳食结构有重要的指导意义。因此动物性食品中的蛋白质含量是评价其营养价值的重要指标,测定动物性食品中蛋白质、氨基酸的含量,对了解动物性食品的质量、品质、保证人体的营养需要、掌握食品营养价值和食品品质的变化,合理利用食品资源等方面都十分重要,同时蛋白质及其分解产物对食品的色、香、味、形都有一定的作用。因此测定动物性食品中蛋白质和氨基酸的含量有着重要意义。

## 二、动物性食品中蛋白质的测定方法

蛋白质是由多种氨基酸组成的高分子含氮有机化合物,分解产物为二氧化碳、水和氮等。虽然不同的蛋白质组成成分各不相同,但各种蛋白质的含氮量大致相同,平均为 16%。因此通过测定样品的含氮量后,乘以蛋白质换算系数,即可计算出蛋白质的含量。蛋白质的定量测定是基于测定总氮量,根据氮的多少换算出蛋白质的含量,但除蛋白质外,还包括了非蛋白含氮化合物,因此用定氮法求得的结果,并不是纯蛋白的含氮量,故称为粗蛋白。

蛋白质的测定方法很多,可以分为直接测定法和间接测定法。直接测定法是利用蛋白质中特定的氨基酸残基、酸性或碱性基团、芳香基团,根据蛋白质的物理化学性质,如蛋白质对紫外光的吸收、双缩脲呈色反应等,测定蛋白质含量的方法。而间接测定法是指用测定样品的总含氮量,推算出蛋白质含量的方法。间接法测定蛋白质最常用的方法是凯氏定氮法,是由 Kjeldahl 于 1883 年首先提出的方法。凯氏定氮法是测定有机氮最准确、操作最简单的方法之一,最低可以测出 0.05 mg 氮,相当于约 0.3 mg 的蛋白质,可以用于大部分食品的分析,是目前动物性食品中蛋白质的标准检验方法。另外双缩脲分光光度比色法、染料结合分光光度比色法、酚试剂法、红外检测仪法等均可以对蛋白质进行简便快速定量分析。凯氏定氮法分为常量凯氏定氮法和微量凯氏定氮法。这里主要介绍微量凯氏定氮法。

### 1. 基本原理

食品样品与浓硫酸和催化剂一同加热后消化,破坏有机质,使蛋白质分解,蛋白质中的碳和氢分别被氧化成二氧化碳和水,从溶液中逸出,而蛋白质中的有机氮转化为氨,与硫酸结合生成硫酸铵,留在溶液中。消化液中的硫酸铵,在浓氢氧化钠的作用下生成氢氧化铵,在加热和水蒸气的蒸馏下释放出氨,蒸馏出的氨用硼酸吸收后,再以标准盐酸或硫酸溶液滴定,根据酸标准溶液的消耗量,计算出总的含氮量,再乘以蛋白质换算系数,即得蛋白质的含量。微量凯氏定氮法测定蛋白质分为消化、蒸馏和滴定 3 步。本方法适用于各类食品中蛋白质的测定。

在样品消化过程中,为加速蛋白质的分解,缩短消化时间,常常加入催化剂和氧化剂。常用的催化剂和氧化剂如下。

(1)催化剂:氧化汞和汞是良好的催化剂;硒粉催化效能较强,可以大大缩短消化时间;硫酸铜作为催化剂,可以加快反应速度。

(2)氧化剂:过氧化氢具有消化速度高、操作简单的特点,在使用时要特别注意,须待消化液完全冷却后,再加入数滴 30% 过氧化氢。若样品中富含碳时,可以使用高锰酸钾加快消化速度,但由于其氧化性强,可将一部分氨进一步氧化为 $N_2$ 而损失。

### 2. 试剂与仪器

(1)硫酸铜($CuSO_4 \cdot 5H_2O$)。

(2)硫酸钾。

(3)浓硫酸。

(4)硼酸溶液(20 g/L)。

(5)混合指示剂:1 份甲基红乙醇溶液(1 g/L)与 5 份溴甲酚绿乙醇溶液(1 g/L),临用时混合。也可用 2 份甲基红乙醇溶液(1 g/L)与 1 份次甲基蓝乙醇溶液(1 g/L),临用时混合。

(6)氢氧化钠溶液(400 g/L)。

(7)盐酸标准溶液(0.050 0 mol/L)。所有试剂均用不含氨的蒸馏水配制。

(8)定氮蒸馏装置,如图 3-2 所示。

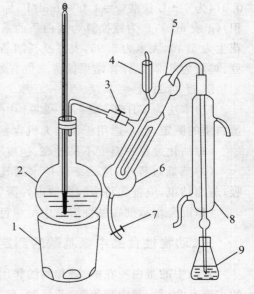

**图 3-2　定氮蒸馏装置**
1.电炉　2.水蒸气发生器　3.螺旋夹　4.小玻杯及棒状玻塞　5.反应室　6.反应室外层　7.橡皮管及螺旋夹　8.冷凝管　9.蒸馏液接收瓶

### 3. 操作方法

(1)样品处理:称取 0.20～2.00 g 固体样品或 2.00～5.00 g 半固体样品,或吸取 10.00～25.00 mL 液体样品(约相当于氮 30～40 mg),移入干燥的 100 mL 或 500 mL 定氮瓶中,加入 0.2 g 硫酸铜,6 g 硫酸钾及 20 mL 硫酸,稍摇匀后于瓶口放一小漏斗,将瓶以 45°斜支于有小孔的石棉网上。小心加热,待内容物全部炭化,泡沫完全停止后,加强火力,并保持瓶内液体微沸,至液体呈蓝绿色澄清透明后,再继续加热 0.5～1 h,取下放冷。小心加入 20 mL 水,放冷后,移入 100 mL 容量瓶中,并用少量水洗定氮瓶,洗液并入容量瓶中,再加水至刻度,混匀备用。同时做试剂空白对照试验。

(2)安装:按图 3-2 装好定氮装置,于水蒸气发生瓶内装水至约 2/3 处,加甲基红指示剂数滴及数毫升硫酸,以保持水呈酸性,加入数粒玻璃珠以防暴沸,用调节器控制,加热煮沸水蒸气发生瓶内的水。

(3)测定:向接收瓶内加入 10 mL 20 g/L 硼酸溶液及混合指示剂 1~2 滴,并使冷凝管下端插入液面下。吸取 10 mL 样品消化稀释液,由小漏斗流入反应室,并以 10 mL 水洗涤小烧杯,使流入反应室内,塞好小玻杯的棒状玻塞。将 10 mL 400 g/L 氢氧化钠溶液倒入小玻杯,提起玻塞,使其迅速流入反应室,立即将玻塞盖紧,并加水于小烧杯中,以防漏气。夹紧螺旋夹,开始蒸馏,蒸气通入反应室,使氨通过冷凝管进入接收瓶内。蒸馏 5 min,移动接收瓶,使冷凝管下端离开液面,再蒸馏 1 min,然后用少量水冲洗冷凝管下端外部。

(4)取下接收瓶,样品吸收液以盐酸标准溶液滴定至灰色或蓝紫色为终点。同时准确吸取 10 mL 试剂空白消化液按步骤(3)操作。

4.计算

$$X = \frac{(V_1 - V_2) \times c \times 0.014}{m \times \frac{10}{100}} \times F \times 100$$

式中:$X$ 为样品中蛋白质的含量(g/L00g 或 g/L00 mL);$V_1$ 为样品消耗盐酸标准溶液的体积(mL);$V_2$ 为试剂空白消耗盐酸标准溶液的体积(mL);$c$ 为盐酸标准溶液的浓度(mol/L);0.014 为 1 mL 盐酸($c=1.000$ mol/L)标准溶液中相当于氮的质量(g);$m$ 为样品的质量(或体积)(g 或 mL);$F$ 为氮换算为蛋白质的系数,一般食物为 6.25,乳制品为 6.38,小麦粉为 5.70,花生为 5.46,大米为 5.95,大豆及其制品为 5.71,肉与肉制品为 6.25,芝麻、向日葵为 5.30,青豆、鸡蛋为 6.25。计算结果保留三位有效数字。

5.说明与注意事项

(1)本法为 GB/T 5009.5—2003 中的第一法,精密度为 10%。本方法适用于各类食品中蛋白质的测定,但不适用于添加无机含氮物质或有机非蛋白含氮物质的食品测定。

(2)消化过程中温度不易过高、速度不易过快,否则会使部分氮成为分子状态而逸散。

(3)蒸馏过程中,应始终保持水蒸气发生器中的水呈沸腾状态,以节约蒸馏时间,防止倒吸;蒸馏结束,应首先将吸收瓶脱离冷凝管口,防止倒吸。

(4)混合指示剂在碱性溶液中呈绿色,在中性溶液中呈灰色,在酸性溶液中呈红色。

## 三、动物性食品中氨基酸的测定方法

食品中的蛋白质在酸、碱和酶的作用下发生水解,最终产物为氨基酸。构成蛋白质的氨基酸主要有 20 种,其中赖氨酸、苏氨酸、色氨酸、蛋氨酸、缬氨酸、亮氨酸、异亮氨酸和苯丙氨酸等8 种氨基酸在人体内不能合成,必须依靠食物供给,称为必需氨基酸,对动物体和人体有着极其重要的生理功能,食品蛋白质中必需氨基酸含量的高低及其比例,决定了蛋白质的生理效价,因此食品及其原料中氨基酸的分离、鉴定和定量有着极为重要的意义。

氨基酸的测定方法很多,包括酸碱滴定法(双指示剂滴定法、电位滴定法)、茚三酮比色法、近红外反射分析仪法、氨基酸自动分析仪法等。其中酸碱滴定法是目前测定食品中氨基酸含量的通用的方法,可以快速、准确地测定动物性食品中氨基酸的含量。这里我们重要介绍酸碱滴定法和氨基酸自动分析仪法。

## (一)酸碱滴定法

### 1.基本原理

氨基酸具有酸性的羧基(—COOH)和碱性的氨基(—NH₂),它们相互作用而使氨基酸成为中性的内盐。利用氨基酸的两性作用,当加入甲醛溶液时,—NH₂与甲醛结合,从而使其碱性消失,这样可以用标准强碱溶液来滴定—COOH,并用间接的方法测定氨基酸的总量。

### 2.试剂与仪器

(1)36%甲醛:应不含有聚合物。

(2)0.05 mol/L 氢氧化钠标准溶液。

(3)酸度计。

(4)磁力搅拌器。

(5)10 mL 微量滴定管。

### 3.操作方法

(1)吸取含氨基酸约 20 mg 的样品溶液于 100 mL 容量瓶中,加水至刻度,混匀后吸取 20 mL,置于 200 mL 烧杯中,加水 60 mL,开动磁力搅拌器,用 0.05 mol/L 氢氧化钠标准溶液滴定至酸度计指示 pH=8.2,记录消耗氢氧化钠标准溶液的体积,据此计算总酸度含量。

(2)加入 10 mL 甲醛溶液,混匀,再用氢氧化钠标准溶液继续滴定至 pH=9.2,记录消耗氢氧化钠标准溶液的体积。

(3)同时取 80 mL 蒸馏水置于 200 mL 烧杯中,先用氢氧化钠标准溶液滴定至 pH=8.2,再加入 10 mL 中性甲醛溶液,再用氢氧化钠标准溶液继续滴定至 pH=9.2,作为空白试验。

### 4.计算

$$X = \frac{(V_1 - V_2) \times c \times 0.014}{m \times \frac{20}{100}} \times 100$$

式中:X 为样品中氨基酸态氮含量(%);V₁ 为样品稀释液在加入甲醛后滴定至终点(pH 9.2)所消耗氢氧化钠标准溶液的体积(mL);V₂ 为空白试验加入甲醛后滴定至终点所消耗氢氧化钠标准溶液的体积(mL);c 为氢氧化钠标准溶液的浓度(mol/L);m 为测定用样品溶液相当于样品的质量(g);0.014 为氮的毫摩尔质量(g/mmol)。

## (二)氨基酸自动分析仪法

### 1.基本原理

动物性食品中的蛋白质经盐酸水解成为游离氨基酸,经氨基酸分析仪的离子交换柱分离后,与茚三酮溶液产生颜色反应,通过分光光度计比色测定食品中的氨基酸含量。

### 2.试剂与仪器

(1)浓硫酸:优级纯。

(2)盐酸(6 mol/L):浓盐酸与水 1:1 混合而成。

(3)氢氧化钠(50%):称取 100 g 氢氧化钠,溶解在 100 mL 水中。

(4)苯酚:需重蒸馏。

(5)缓冲液。

①柠檬酸钠缓冲液(pH 2.2):称取 19.6 g 柠檬酸钠和 16.5 mL 浓盐酸混合,加水稀释到

1 000 mL,用盐酸或 50%氢氧化钠调节 pH 至 2.2。

②柠檬酸钠缓冲液(pH 3.3):称取 19.6 g 柠檬酸钠和 12 mL 浓盐酸混合,加水稀释到 1 000 mL,用盐酸或 50%氢氧化钠调节 pH 至 3.3。

③柠檬酸钠缓冲液(pH4.0):称取 19.6 g 柠檬酸钠和 9 mL 浓盐酸混合,加水稀释到 1 000 mL,用盐酸或 50%氢氧化钠调节 pH 至 4.0。

④柠檬酸钠缓冲液(pH6.4):称取 19.6 g 柠檬酸钠和 46.8 g 氯化钠混合,加水稀释到 1 000 mL,用盐酸或 50%氢氧化钠调节 pH 至 6.4。

(6)茚三酮溶液。

①乙酸锂溶液(pH5.2):称取氢氧化锂 168 g,加入冰乙酸 279 mL,加水稀释到 1 000 mL, 用盐酸或 50%氢氧化钠调节 pH 至 5.2。

②茚三酮溶液:取 150 mL 二甲基亚砜和乙酸锂溶液 50 mL,加入 4 g 水合茚三酮和 0.12 g还原茚三酮,搅拌至完全溶解。

(7)氨基酸自动分析仪。

(8)真空泵。

(9)恒温干燥箱。

(10)水解管。

(11)真空干燥器。

3.操作方法

(1)样品处理:试样采集后用匀浆机打成匀浆(或者将试样尽量粉碎),在低温冰箱中冷冻 保存,分析时将其解冻后使用。

(2)称样:准确称取一定量的均匀性好的试样,如奶粉等,精确到 0.000 18(使试样蛋白质 含量在 10~20 mg 范围内);均匀性差的试样,如鲜肉等,为减少误差可适当增大称样量,测定 前再稀释,将称好的食品试样放于水解管中。

(3)水解:在水解管内加入 6 mol/L 盐酸 10~15 mL(根据试样蛋白质含量而定),含水量 高的试样(如牛奶)可加入等体积的浓盐酸,加入新蒸馏的苯酚 3~4 滴,再将水解管放入冷冻 剂中,冷冻 3~5 min,再接到真空泵的抽气管上,抽真空,然后充入高纯氮气;再次抽真空充氮 气,重复 3 次后,在充氮气状态下封口,或拧紧螺丝盖,将已封口的水解管放在(110±1)℃的恒 温干燥箱内,水解 22 h 后,取出冷却。打开水解管,将水解液过滤后,用去离子水多次冲洗水 解管,将水解液全部转移到 50 mL 容量瓶内,用去离子水定容。吸取滤液 1 mL 于 5 mL 容量 瓶内,用真空干燥器在 40~50℃干燥,残留物用 1~2 mL 水溶解,再干燥,反复进行两次,最后 蒸干,用 1 mL pH 2.2 的缓冲液溶解,供仪器测定用。

(4)测定:准确吸取 0.200 mL 混合氨基酸标准溶液,用 pH 2.2 的缓冲液稀释到 5 mL,此 标准稀释液浓度为 5.00 nmol/50 μL,作为上机测定用的氨基酸标准。取试样测定液置于氨 基酸自动分析仪样品盘上,加样器自动吸取样液到色谱柱中,色谱柱上被洗脱的氨基酸与茚三 酮试剂反应比色,积分微处理机将各氨基酸峰进行积分,打印各种氨基酸的图谱,以外标法测 定试样测定液的氨基酸含量。

4.计算

$$X=\dfrac{c\times\dfrac{1}{50}\times F\times V\times M}{m\times 10^9}\times 100$$

式中:$X$ 为试样氨基酸的含量(g/100g);$c$ 为试样测定液中氨基酸含量(nmol/50 μL);$F$ 为试样稀释倍数;$V$ 为水解后试样定容体积(mL);$M$ 为氨基酸相对分子质量;$m$ 为试样质量(g);1/50 为折算成每毫升试样测定的氨基酸含量(μ mol/L);$10^9$ 为将试样含量由纳克(ng)折算成克(g)的系数。

　　计算结果表示为:试样氨基酸含量在 1.00g/100g 以下,保留两位有效数字;含量在 1.00 g/L00g 以上,保留三位有效数字。在重复性条件下获得的两次独立测定结果的绝对差值不得超过算术平均值的 12%。标准图谱见图 3-3,出峰顺序与保留时间见表 3-3。

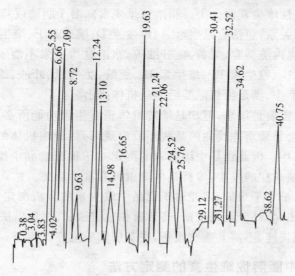

图 3-3　氨基酸标准图谱

表 3-3　氨基酸出峰顺序与保留时间　　　　　　　　　　　　　　min

| 序号 | 出峰顺序 | 保留时间 | 序号 | 出峰顺序 | 保留时间 |
| --- | --- | --- | --- | --- | --- |
| 1 | 天门冬氨酸 | 5.55 | 9 | 蛋氨酸 | 19.63 |
| 2 | 苏氨酸 | 6.60 | 10 | 异亮氨酸 | 21.24 |
| 3 | 丝氨酸 | 7.09 | 11 | 亮氨酸 | 22.06 |
| 4 | 谷氨酸 | 8.72 | 12 | 酪氨酸 | 24.52 |
| 5 | 脯氨酸 | 9.63 | 13 | 苯丙氨酸 | 25.76 |
| 6 | 甘氨酸 | 12.24 | 14 | 组氨酸 | 30.41 |
| 7 | 丙氨酸 | 13.10 | 15 | 赖氨酸 | 32.57 |
| 8 | 缬氨酸 | 16.65 | 16 | 精氨酸 | 40.75 |

5.说明与注意事项

(1)本方法为 GB/T 5009.124—2003 的方法。本方法最低检出限为 10 pmol。

(2)水解是氨基酸含量的测定容易产生实验误差的一个环节,因此摸索选择合适的水解条件是实验成功的关键。

# 第六节  动物性食品中维生素的测定

## 一、概述

维生素是维持人体健康所必需的一类低分子有机化合物,目前认为对维持机体健康和促进发育至关重要的维生素有 20 余种,大多数不能在人体内合成,必须有食品供给。维生素分为脂溶性维生素和水溶性维生素两大类。脂溶性维生素能溶于脂肪或脂溶剂,不溶于水,其吸收与脂肪的存在有密切关系,包括有维生素 A、维生素 D、维生素 E、维生素 K 等,多存在于动物性食品中,特别是畜禽内脏器官、蛋黄、鱼肝油等;水溶性维生素不溶于脂肪而溶于水,主要包括维生素 $B_1$、维生素 $B_2$、维生素 PP、维生素 $B_6$、泛酸、生物素、叶酸、维生素 $B_{12}$ 和维生素 C 等,多存在于植物性食品中,满足组织需要后能从机体排出。

人体对于维生素的需要量很小,但却是维持机体正常生理功能所必需的营养素。当机体某种维生素缺乏时,就会导致新陈代谢的某些环节出现障碍,影响机体的正常生理功能,甚至引起特殊的维生素缺乏症。因此食品中维生素的测定对于保证食品中维生素的供给量,调整膳食结构,防止维生素缺乏症的发生,维持机体健康具有重要意义。

食品中的维生素含量水平很低,因此对于食品中维生素的分析测定需要采用精密度高的分析方法,主要有比色法、紫外分光光度法、高效液相色谱法、气相色谱法、荧光法等,其他的化学滴定分析法由于简便快速、不需要特殊设备,在基层实验室广泛使用。

## 二、动物性食品中脂溶性维生素的测定方法

### (一)食品中维生素 A 的测定

食品中维生素 A 的测定方法主要有高效液相色谱法、三氯化锑分光光度法、紫外分光光度法等。高效液相色谱法可以同时用于测定食品中维生素 A 和维生素 E 的含量;三氯化锑分光光度法适用于测定维生素含量超过 $10~\mu g/g$ 以上的食品,如鱼贝类、畜禽肉、油脂类、蛋类等食品。这里重点介绍高效液相色谱法和三氯化锑分光光度法。

#### 1. 高效液相色谱法

(1)基本原理:食品试样中的维生素 A 和维生素 E 经皂化提取处理后,将其从不可皂化部分提取至有机溶剂中,用高效液相色谱 $C_{18}$ 反相柱将维生素 A 和维生素 E 分离,经紫外检测器检测,并用内标法定量测定食品中维生素 A 和维生素 E 的含量。

(2)试剂。

①无水乙醚:不含有过氧化物。

过氧化物检查方法:用 5 mL 乙醚加 1 mL 10% 碘化钾溶液,振摇 1 min。如有过氧化物则放出游离碘,水层呈黄色,或加 4 滴 0.5% 淀粉溶液,水层呈蓝色。乙醚需处理后使用。

去除过氧化物的方法:重蒸乙醚时,瓶中放入纯铁丝或铁末少许。弃取 10% 初馏液和 10% 残馏液。

②无水乙醇:不得含有醛类物质。

检查方法:取 2 mL 银氨溶液于试管中,加入少量乙醇,摇匀,再加入氢氧化钠溶液,加热,放置冷却后,若有银镜反应,则表示乙醇中有醛。

脱醛方法：取 2 g 硝酸银溶于少量水中，再取 4 g 氢氧化钠溶于温乙醇中，将两者倾入 1 L 乙醇中，振摇后，放置暗处 2 d，不时摇动，经过滤，置于蒸馏瓶中蒸馏，弃去初蒸出的 50 mL。当乙醇中含醛较多时，硝酸银用量适当增加。

③无水硫酸钠，硝酸银溶液（50 g/L）。

④甲醇：重蒸后使用。

⑤抗坏血酸溶液（100 g/L）：临用前蒸馏。

⑥氢氧化钾溶液（1∶1），氢氧化钠溶液（100 g/L）。

⑦银氨溶液：加氨水至硝酸银溶液中，直至生成的沉淀重新溶解为止，再加氢氧化钠溶液数滴，如发生沉淀，再加氨水直至溶解。

⑧维生素 A 标准液：视黄醇（纯度 85%）或视黄酸乙酸酯（纯度 90%）经皂化处理后使用。用脱醛乙醇溶解维生素 A 标准品，使其浓度大约为 1 mL 相当于 1 mg 视黄醇。临用前用紫外分光光度法标定其准确浓度。

⑨维生素 E 标准液：$\alpha$-生育酚、$\beta$-生育酚、$\gamma$-生育酚（纯度 95%）。用脱醛乙醇分别溶解以上 3 种维生素 E 标准品，使其浓度大约为 1 mL 相当于 1 mg 维生素 E。临用前用紫外分光光度计分别标定 3 种维生素 E 溶液的准确浓度。

⑩内标溶液：称取苯并（e）芘（纯度 98%），用脱醛乙醇配制成每 1 mL 相当 10 $\mu$g 苯并（e）芘的内标溶液。

（3）仪器。

①高效液相色谱仪带紫外分光检测器。

②旋转蒸发器。

③高速离心机。

④恒温水浴锅。

⑤紫外分光光度计。

（4）操作方法。

①样品处理。

皂化：准确称取 1～10 g 食品试样（含维生素 A 约 3 $\mu$g）于皂化瓶中，加 30 mL 无水乙醇，进行搅拌，直到颗粒物分散均匀为止。加 5 mL 10%抗坏血酸与 2.00 mL 苯并（e）芘标准液，混匀。加 10 mL 氢氧化钾（1∶1），混匀。于沸水浴回流 30 min，使皂化完全，皂化后立即放入冰水中冷却。

提取：将皂化后的试样移入分液漏斗中，用 50 mL 水分 2～3 次洗皂化瓶，洗液并入分液漏斗。用约 100 mL 乙醚分两次洗皂化瓶及其残渣，乙醚液并入分液漏斗中。如有残渣，可将试样液通过有少许脱脂棉的漏斗滤入分液漏斗。轻轻振摇分液漏斗 2 min，静置分层，弃去水层。

洗涤：用约 50 mL 水洗分液漏斗中的乙醚层，用 pH 试纸检验直至水层不显碱性（最初水洗轻摇，逐渐增加振摇强度）。

浓缩：将乙醚提取液经过无水硫酸钠（约 5 g）滤入与旋转蒸发器配套的 250～300 mL 球形蒸发瓶内，用约 100 mL 乙醚冲洗分液漏斗及无水硫酸钠 3 次，并入蒸发瓶内，并将其接至旋转蒸发器上，于 55℃水浴中减压蒸馏并回收乙醚，待瓶中剩下约 2 mL 乙醚时，取下蒸发瓶，立即用氮气吹掉乙醚，立即加入 2.00 mL 乙醇，充分混合，溶解提取物。将乙醇液移入一小塑料离心管中离心 5 min（5 000 r/min），上清液供色谱分析。如果试样中维生素含量过少，可用氮气将乙醇液吹干后,再用乙醇重新定容,并记下体积比。

②标准曲线的制备:维生素 A 和维生素 E 标准浓度的标定:取维生素 A 和三种维生素 E 标准液若干微升,分别稀释至 3.00 mL 乙醇中,并分别给定波长,测定各种维生素的吸光值。用比吸光数计算出该维生素的标定浓度。测定条件如表 3-4 所示。

**表 3-4  维生素 A 和维生素 E 标准浓度的标定**

| 标准 | 加入标准液的量($V$)/$\mu$L | 比吸光系数($E_{cm}^{1\%}$) | 波长 $\lambda$/nm |
|---|---|---|---|
| 视黄醇 | 10.00 | 1.835 | 325 |
| $\alpha$-生育酚 | 100.0 | 71 | 294 |
| $\beta$-生育酚 | 100.0 | 92.8 | 298 |
| $\gamma$-生育酚 | 100.0 | 91.2 | 298 |

浓度计算:$$c_1 = \frac{A}{E} \times \frac{1}{100} \times \left( \frac{3}{V} \times 10^{-3} \right)$$

式中:$c_1$ 为某种维生素浓度(g/mL);$A$ 为维生素的平均紫外吸光值;$V$ 为加入标准液的量($\mu$L);$E$ 为某种维生素 1% 比吸光系数;$\left( \frac{3}{V} \times 10^{-3} \right)$ 为标准液稀释倍数。

标准曲线的制备:本标准采用内标法定量。把一定量的维生素 A、$\alpha$-生育酚、$\beta$-生育酚、$\gamma$-生育酚及内标苯并(e)芘液混合均匀。选择合适灵敏度,使上述物质的各峰高约为满量程 70%,为高浓度点。高浓度的 1/2 为低浓度点(其内标苯并(e)芘的浓度值不变)。用此种浓度的混合标准进行色谱分析,结果见色谱图 3-4。维生素标准曲线绘制是以维生素峰面积与内标物峰面积之比为纵坐标,维生素浓度为横坐标绘制,或计算直线回归方程。

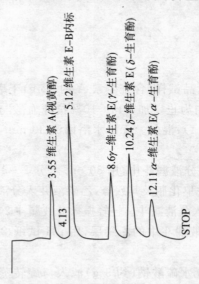

**图 3-4  维生素 A 和维生素 E 色谱图**

本方法标准不能将 $\beta$-维生素 E 和 $\gamma$-维生素 E 分开,故 $\gamma$-维生素 E 峰中包含有 $\beta$-维生素 E 峰。

③高效液相色谱分析与样品分析

色谱条件(参考条件):

预柱:ultrasphereODS 10 $\mu$m,4 mm×4.5 cm。

分析柱:ultrasphereODS 5 $\mu$m,4.6 mm×25 cm。

流动相:甲醇+水=98+2,混匀,临用前脱气。

紫外检测器波长:300 nm。量程 0.02。

进样量:20 $\mu$L。

流速:1.7 mL/min。

试样分析:

取试样浓缩液 20 $\mu$L,待绘制出色谱图及色谱参数后,再进行定性和定量,用标准物色谱峰的保留时间定性;根据色谱图,求出某种维生素峰面积与内标物峰面积的比值,以此值在标准曲线上查得其含量,或用回归方程求出其含量。

(5)计算。

$$X = \frac{C}{m} \times V \times \frac{100}{1\,000}$$

式中:$X$ 为某维生素的含量( mg/100g);$C$ 为由标准曲线查得某种维生素含量($\mu$g/mL);$V$ 为试样浓缩定容体积(mL);$m$ 为试样质量(g)。计算结果保留三位有效数字。

(6)说明:本方法为 GB/T 5009.82—2003 中的第一法,本方法适用于各种食品中维生素 A 和维生素 E 含量的测定,精密度为 10%。最小检出限分别为维生素 A:0.8 ng;$\alpha$-维生素 E:91.8 ng;$\gamma$-维生素 E:36.6 ng;$\delta$-维生素 E:20.6 ng。

2. 三氯化锑分光光度法

(1)基本原理:维生素 A 在三氯甲烷中与三氯化锑相互作用,产生蓝色物质,此蓝色溶液在 620 nm 波长处有最大吸收峰,其颜色深浅与溶液中所含维生素 A 的含量成正比,可用分光光度计测定吸光度值,与标准系列比较定量。本方法适用于维生素 A 含量较高的各种食品样品,对低含量样品,因受脂溶性物质的干扰,不易比色测定。

(2)试剂与仪器。

①无水硫酸钠、乙酸酐、乙醚、无水乙醇。

②三氯甲烷:应不含分解物,否则会破坏维生素 A。

检查方法:三氯甲烷不稳定,放置后易受空气中氧的作用,生成氯化氢和光气。检查时可取少量三氯甲烷置于试管中,加水少许振摇,使氯化氢溶到水层。加入几滴硝酸银液,如有白色沉淀,即说明三氯甲烷中有分解产物。

处理方法:试剂应先检测是否含有分解产物,否则应于分液漏斗中加水洗数次,加无水硫酸钠或氯化钙使之脱水,然后蒸馏。

③三氯化锑-三氯甲烷溶液(250 g/L):用三氯甲烷配制三氯化锑溶液,储于棕色瓶中。

④氢氧化钾溶液(1+1)。

⑤维生素 A 或视黄醇乙酸酯标准液:配制方法和标定方法同"高效液相色谱法"。

⑥酚酞指示剂(10 g/L):用95％,醇配制。

⑦分光光度计。

⑧回流冷凝装置。

(3)操作方法。

①试样处理:根据食品试样性质,可以采用皂化法或研磨法进行处理。

皂化法:适用于维生素A含量不高的试样,可以减少脂溶性物质的干扰,但全部试验过程费时,且易导致维生素A损失。

a. 皂化:根据试样中维生素A含量的不同,准确称取0.5～5 g试样于三角瓶中,加入10 mL氢氧化钾(1:1)及20～40 mL乙醇,于电热板上回流30 min,至皂化完全为止。

b. 提取:将皂化瓶内混合物移至分液漏斗中,以30 mL水洗皂化瓶,洗液并入分液漏斗。如有残渣,可用脱脂棉漏斗滤入分液漏斗内。皂化瓶再用约30 mL乙醚分两次冲洗,洗液倾入第二个分液漏斗中。振摇后,静置分层,水层放入三角瓶中,醚层与第一个分液漏斗合并:重复至水液中无维生素A为止。

c. 洗涤:用约30 mL水加入第一个分液漏斗中,轻轻振摇,静置片刻后,放去水层。加15～20 mL 0.5 mol/L氢氧化钾溶液于分液漏斗中,轻轻振摇后,弃去下层碱液,除去醚溶性酸皂。继续用水洗涤,每次用水约30 mL,直至洗涤液与酚酞指示剂呈无色为止。醚层液静置10～20 min,小心放出析出的水。

d. 浓缩:将醚层液经过无水硫酸钠滤入三角瓶中,再用约25 mL乙醚冲洗分液漏斗和硫酸钠两次,洗液并入三角瓶内。置水浴上蒸馏,回收乙醚。待瓶中剩约5 mL乙醚时取下,用减压抽气法至干,立即加入一定量的三氯甲烷,使溶液中维生素A含量在适宜浓度范围内。

研磨法:适用于每克食品试样维生素A含量大于5～10 μg试样的测定,如肝分析。本法步骤简单、省时,结果准确。

a. 研磨:精确称取2～5 g试样,放入盛有3～5倍试样质量的无水硫酸钠研钵中,研磨至试样中水分完全被吸收,并均质化。

b. 提取:小心地将全部均质化的试样移入带盖的三角瓶内,准确加入50～100 mL乙醚。紧压盖子,用力振摇2 min,使食品试样中维生素A溶于乙醚中,使其自行澄清(需1～2 h),或离心澄清(因乙醚易挥发,气温高时应在冷水浴中操作。装乙醚的试剂瓶应事先放入冷水浴中)。

c. 浓缩:取澄清的乙醚提取液2～5 mL,放入比色管中,在70～80℃水浴上抽气蒸干,立即加入11 mL三氯甲烷溶解残渣。

②测定:标准曲线的制备:准确取一定量的维生素A标准液于4～5个容量瓶中,以三氯甲烷配制标准系列溶液。再取相同数量的比色管,顺次取1 mL三氯甲烷和标准系列使用液1 mL,各管加入乙酸酐1滴,制成标准比色系列,在620 nm波长处,以三氯甲烷调节吸光度至零点,将其标准比色系列按顺序移入光路前,迅速加入9 mL三氯化锑-三氯甲烷溶液。于6 s内测定吸光度。以吸光度为纵坐标,维生素A含量为横坐标绘制标准曲线图。

试样测定:在一比色管中加入10 mL三氯甲烷,加入1滴乙酸酐为空白液;另一比色管中加入1 mL三氯甲烷,其余比色管中分别加入1 mL试样溶液及1滴乙酸酐。其余步骤同标准曲线的制备。

（4）计算。

$$X=\frac{c}{m}\times V\times\frac{100}{1\,000}$$

式中：$X$ 为试样中维生素 A 的含量（如按 IU，1 IU=0.3 $\mu g$）（mg/100 g）；$c$ 为由标准曲线上查得试样中维生素 A 的含量（$\mu g/mL$）；$m$ 为试样质量（g）；$V$ 为提取后加三氯甲烷定量的体积（mL）；100 为以每百克试样计。计算结果保留三位有效数字。

（5）说明与注意事项。

①本方法为 GB/T 5009.82—2003 中的第二法，适用于食品中维生素 A 含量的测定，精密度为 10%。

②三氯化锑具有腐蚀性，不能沾在手上。所用的氯仿中不应含有水分，因三氯化锑与水能生成白色沉淀，干扰比色测定。

③三氯化锑与维生素 A 生成的蓝色物质很不稳定，要在 6 s 内完成吸光度的测定，否则结果偏低。维生素 A 极易被光破坏，整个操作应在微弱光线下进行。

### （二）食品中维生素 D 的测定

食品中维生素 D 的测定方法主要有高效液相色谱法、紫外分光光度法和三氯化锑分光光度法。三氯化锑分光光度法测定时，由于维生素 D 共存物质（类胡萝卜素、固醇类、维生素 A 等）也呈色，干扰测定，必须除去，但手续十分烦琐，时间冗长，现已很少使用。目前使用的紫外分光光度法也存在干扰物影响，因此对于食品中维生素 D 的测定方法推荐使用高效液相色谱法。这里主要介绍高效液相色谱法测定食品中维生素 D 的含量。

1. 基本原理

利用维生素 D 的 5,6-顺三烯结构在 265 nm 处有最大吸收峰，采用灵敏的紫外检测器检测维生素 D 的存在。将样品试样在焦性没食子酸保护下进行皂化处理，使维生素由酯型转化为游离型，再用石油醚萃取不皂化物，萃取物经正相色谱柱分离富集，再用反相色谱柱进一步分离，紫外检测器测定，与标准系列样品比较定量。

2. 试剂与仪器

（1）2%焦性没食子酸乙醇溶液。

（2）75% KOH 溶液。

（3）石油醚。

（4）正己烷。

（5）维生素 D 标准溶液：称取 0.25 g 维生素 $D_2$，用乙醇稀释至 100 mL，此溶液浓度为 2.5 mg/mL（相当于 100 000 IU/ mL）。临用时，用乙醇配制成 0.1 $\mu g$/ mL（相当于 4 IU/ mL）的标准使用液。

（6）高效液相色谱仪，附紫外线检测器。

（7）馏分收集器。

3. 操作方法

（1）样品处理：样品溶液中加入 2%焦性没食子酸乙醇溶液，混匀，再加入 75% KOH 溶液加热回流皂化 30 min，冷却后移入分液漏斗中，用石油醚反复萃取，萃取液浓缩，最后用 1 mL 正己烷溶解备用。

（2）正相硅胶柱富集（参考条件）。

色谱柱：硅胶柱，4 mm×30 cm。

流动相：正己烷与环己烷按体积比1：1混合，并按体积分数0.8%加入异丙醇。

流速：1 mL/min。

柱温：20℃。

检测波长：265 nm。

注射50 $\mu$L维生素D标样（1 $\mu$g/mL）和200 $\mu$L样品溶液，根据维生素D标样保留时间，收集样品于试管中，将试管用氮气吹干，准确加入0.2 mL甲醇溶解，供检测用。

（3）反相C$_{18}$柱检测（参考条件）：

色谱柱：4.6 mm×25 cm C$_{18}$或同等性能色谱柱。

流动相：甲醇。

流速：1 mL/min。

柱温：20℃。

检测波长：265 nm。

注射50 $\mu$L维生素D标样和50 $\mu$L样品溶液，得到标样和样品溶液中维生素D峰面积或峰高，根据峰面积或峰高的比值，计算出样品中维生素D的含量。

4. 计算

$$X = \frac{A_{sa}}{A_{st}} \times \frac{c}{m} \times 100$$

式中：$X$为试样中维生素D的含量（IU/100 g）；$A_{sa}$为样品色谱图中维生素D的峰高或面积；$A_{st}$为标准溶液色谱图中维生素D的峰高或面积；$c$为维生素D标准浓液的浓度（IU/mL）；$m$为样品质量（g）。

5. 说明与注意事项

本方法为GB/T 5413.9—1997的方法，适用于食品或强化食品及饲料中维生素D含量的测定。本方法对维生素D$_2$和维生素D$_3$不加区别，两者混合存在时，以总维生素D定量。

## 三、动物性食品中水溶性维生素的测定方法

### （一）食品中维生素B$_1$的测定

食品中维生素B$_1$的测定方法主要有分光光度比色法、荧光分光光度法和高效液相色谱法。分光光度比色法灵敏度较差，只适用于食品中维生素B$_1$含量高的食品样品；对于体系复杂、干扰严重的食品样品，可以采用高效液相色谱法。荧光分光光度法又称硫色素荧光分光光度法，是将食品中维生素B$_1$在碱性介质中氧化成一种紫色荧光物质——硫色素，通过检测荧光强度来测定维生素B$_1$的含量。本方法具有专一性，精确度较高，可以用于各种动物性食品中维生素B$_1$含量的测定。这里主要介绍硫色素荧光分光光度法。

1. 基本原理

食品试样在酸性溶液中加热，提取维生素B$_1$，经蛋白分解酶处理，是维生素B$_1$成为游离型，通过纯化浓缩，硫胺素在碱性铁氰化钾溶液中被氧化成硫色素，在紫外线照射下，硫色素发出紫色荧光。在给定的条件下，以及没有其他荧光物质干扰时，此荧光强度与硫色素量成正比，即与溶液中硫胺素量成正比。如试样中含杂质过多，应经过离子交换剂处理，使硫胺素与

杂质分离,测定提纯溶液中维生素 B$_1$ 的含量。

**2.试剂与仪器**

(1)正丁醇:需经重蒸馏后使用。

(2)无水硫酸钠。

(3)淀粉酶和蛋白酶。

(4)0.1 mol/L 盐酸:8.5 mL 浓盐酸(相对密度 1.19 或 1.20)用水稀释至 1 000 mL。

(5)0.3 mol/L 盐酸:25.5 mL 浓盐酸用水稀释至 1 000 mL。

(6)2 mol/L 乙酸钠溶液:164 g 无水乙酸钠溶于水中,稀释至 1 000 mL。

(7)氯化钾溶液(250 g/L):250 g 氯化钾溶于水中,稀释至 1 000 mL。

(8)酸性氯化钾溶液(250 g/L):8.5 mL 浓盐酸,用 25%氯化钾溶液稀释至 1 000 mL。

(9)氢氧化钠溶液(150 g/L):15 g 氢氧化钠溶于水中,稀释至 100 mL。

(10)铁氰化钾溶液(10 g/L):取 18 g 铁氰化钾溶于水中,稀释至 100 mL,放于棕色瓶内保存备用。

(11)碱性铁氰化钾溶液:取 4 mL 10 g/L 铁氰化钾溶液,用 150 g/L 氢氧化钠溶液稀释至 60 mL。用时现配,避光使用。

(12)乙酸溶液:30 mL 冰乙酸用水稀释至 1 000 mL。

(13)活性人造浮石:称取 200 g 40~60 目的人造浮石,以 10 倍体积的热乙酸溶液搅洗 2 次,每次 10 min;再用 5 倍于其容积的 250 g/L 热氯化钾溶液搅洗 15 min;然后再用稀乙酸溶液搅洗 10 min;最后用热蒸馏水洗至没有氯离子,于蒸馏水中保存。

(14)硫胺素标准储备液(0.1 mg/mL):准确称取 100 mg 经氯化钙干燥 24 h 的硫胺素,溶于 0.01 mol/L 盐酸中,并稀释至 1 000 mL。于冰箱中避光保存。

(15)硫胺素标准中间液(10 μg/ mL):将硫胺素标准储备液用是 0.01 mol/L 盐酸稀释 10 倍,于冰箱避光保存。

(16)硫胺素标准使用液(0.1 μg/ mL):将硫胺素标准中间液,用水稀释 100 倍,用时现配。

(17)溴甲酚绿溶液(0.4 g/L):称取 0.1 g 溴甲酚绿,置于小研钵中,加入 1.4 mL 0.1 mol/L氢氧化钠溶液研磨片刻,再加入少许水,继续研磨至完全溶解,用水稀释至 250 mL。

(18)电热恒温培养箱。

(19)荧光分光光度计。

(20)Maizel-Gerson 反应瓶。

(21)盐基交换管。

**3.操作方法**

(1)样品制备:食品试样采集后,用匀浆机打成匀浆,于低温冰箱中冷冻保存,用时将其解冻后混匀使用;干燥试样要将其尽量粉碎后备用。

(2)提取:准确称取一定量试样(估计其硫胺素含量为 10~30 μg,一般称取 2~10 g 试样),置于 100 mL 三角瓶中,加入 50 mL 0.1 mol/L 或 0.3 mol/L 盐酸使其溶解,放入高压锅中,121℃加热水解 30 min,放凉后取出。用 2 mol/L 乙酸钠调其 pH 为 4.5(以 0.4 g/L 溴甲酚绿为外指示剂)。按每克试样加入 20 mg 淀粉酶和 40 mg 蛋白酶的比例加入淀粉酶和蛋白酶,于 45~50℃恒温箱中保温过夜(约 16 h)。放凉至室温,定容至 100 mL,然后混匀过滤,即为提取液。

（3）净化：用少许脱脂棉铺于盐基交换管的交换柱底部，加水将脱脂棉纤维中气泡排出，再加约 1 g 活性人造浮石，使之达到交换柱的 1/3 高度，保持盐基交换管中液面始终高于活性人造浮石。用移液管加入提取液 20～60 mL（使得通过活性人造浮石的硫胺素的总量为 2～5 μg），加入约 10 mL 热蒸馏水冲洗交换柱，弃去洗液，如此重复 3 次。加入 20 mL 50 g/L 酸性氯化钾（温度为 90℃左右），收集此液于 25 mL 刻度试管内，凉至室温，用 250 g/L 酸性氯化钾定容至 25 mL，即为试样净化液。

重复上述操作，将 20 mL 硫胺素标准使用液加入盐基交换管，以代替试样提取液，即得到标准净化液。

（4）氧化：将 5 mL 试样净化液分别加入 A、B 两个反应瓶，在避光条件下将 3 mL 150 g/L 氢氧化钠加入反应瓶 A，将 3 mL 碱性铁氰化钾溶液加入反应瓶 B，振摇约 15 s，然后加入 10 mL 正丁醇；将 A、B 两个反应瓶同时用力振摇 1.5 min。重复上述操作，用标准净化液代替试样净化液。待静置分层后，吸去下层碱性溶液，加入 2～3 g 无水硫酸钠使溶液脱水。

（5）测定。

荧光测定条件：激发波长 365 nm；发射波长 425 nm；激发波狭缝 5 nm；发射波狭缝 5 nm。按下列顺序依次测定下列溶液的荧光强度：试样空白荧光强度（试样反应瓶 A）、标准空白荧光强度（标准反应瓶 A）、试样荧光强度（试样反应瓶 B）、标准荧光强度（标准反应瓶 B）。

4. 计算

$$X = (U - U_b) \times \frac{c \times V}{S - S_b} \times \frac{V_1}{V_2} \times \frac{1}{m} \times \frac{100}{1\,000}$$

式中：$X$ 为试样中硫胺素含量（mg/100g）；$U$ 为试样荧光强度；$U_b$ 为试样空白荧光强度；$S$ 为标准荧光强度；$S_b$ 为标准空白荧光强度；$c$ 为硫胺素标准使用液浓度（μg/mL）；$V$ 为用于净化的硫胺素标准使用液体积（mL）；$V_1$ 为试样水解后定容的体积（mL）；$V_2$ 为试样用于净化的提取液体积（mL）；$m$ 为试样质量（g）；100/1 000 为试样含量由微克/每克（μg/g）换算成毫克/每百克（mg/100g）的系数。计算结果保留两位有效数字。

5. 说明

（1）本方法为 GB/T 5009.84—2003 的方法，检出限为 0.05 μg，线性范围为 0.2～10 μg，精密度为 10%。

（2）蛋白分解酶用于高蛋白质试样，如乳制品、肉类、豆类等的蛋白分解；水洗柱的目的在于去除共存的荧光淬灭物质。

### （二）食品中维生素 B₂ 的测定

食品中维生素 B₂ 的测定方法主要有荧光目测法、分光光度比色法、荧光分光光度法和高效液相色谱法。荧光目测法、分光光度比色法灵敏度较差、精密度不高，故很少使用；高效液相色谱法适合于体系复杂、干扰多的食品样品。荧光分光光度法又称光黄素荧光分光光度法，是将食品中维生素 B₂ 在碱性介质中光解成荧光很强的光黄素，通过检测光黄素荧光强度，来测定维生素 B₂ 的含量。本方法灵敏度和精密度较高，可以用于各种动物性食品中维生素 B₂ 含量的测定。这里主要介绍光黄素荧光分光光度法。

### 1. 基本原理

食品试样经加热水解后，在碱性溶液中用荧光照射进行光解，使核黄素光解生成光黄素，将光黄素转移至三氯甲烷中,在波长 440~550 nm 下发射出黄绿色荧光,其荧光强度与核黄素的浓度成正比。试样溶液再加入低亚硫酸钠,将核黄素还原为无荧光的物质,然后测定试样溶液中残余杂质的荧光强度,二者之间的差值即为食品中核黄素所产生的荧光强度,从而测定食品样品中维生素 $B_2$ 的含量。

### 2.试剂与仪器

(1)硅镁吸附剂:60~100 目。

(2)5 mol/L 乙酸钠溶液。

(3)木瓜蛋白酶(100 g/L):用 2.5 mol/L 乙酸钠溶液配制,使用时现配制。

(4)淀粉酶(100 g/L):用 2.5 mol/L 乙酸钠溶液配制,使用时现配制。

(5)0.1 mol/L 盐酸。

(6)1 mol/L 氢氧化钠。

(7)0.1 mol/L 氢氧化钠。

(8)低亚硫酸钠溶液(200 g/L):使用时现配制,保存在冰水浴中,4 h 内有效。

(9)洗脱液:丙酮+冰乙酸+水(5+2+9)。

(10)溴甲酚绿指示剂(0.4 g/L)。

(11)高锰酸钾溶液(30 g/L)。

(12)过氧化氢溶液(3%)。

(13)核黄素标准液的配制:核黄素标准储备液(25 μg/ mL):将标准品核黄素粉状结晶置于真空干燥器或盛有硫酸的干燥器中,经过 24 h 后,准确称取 50 mg,置于 2 L 的容量瓶中,加入 2.4 mL 冰乙酸和 1.5 L 水。将容量瓶置于温水中摇动,待其溶解,冷却至室温,稀释成 2 L。移入棕色瓶中,加少许甲苯盖于溶液表面,在冰箱中保存。

核黄素标准使用液:吸取 2 mL 核黄素标准储备液,置于 50 mL 棕色容量瓶中,用水稀释至刻度,放于 4℃冰箱中避光保存。此溶液每毫升相当于 1.00 μg 核黄素。

(14)高压消毒锅。

(15)电热恒温培养箱。

(16)核黄素吸附柱。

(17)荧光分光光度计。

### 3.操作方法

(1)试样水解:准确称取 2~10 g 样品(含 10~200 μg 核黄素)于 100 mL 三角瓶中,加 50 mL 0.1 mol/L 盐酸,搅拌直至颗粒物分散为止。用 40 mL 坩埚为盖扣住瓶口,置于高压锅内,121℃高压水解 30 min。水解液冷却后,滴加 1 mol/L 氢氧化钠,取少许水解液,用溴甲酚绿指示剂检验呈草绿色,pH 为 4.5。

(2)试样酶解:对含有淀粉的水解液,加入 3 mL 100 g/L 淀粉酶溶液,在 37~40℃保温 16 h;对含高蛋白的水解液,加入 3 mL100 g/L 木瓜蛋白酶溶液,在 37~40℃保温 16 h。

(3)过滤:取上述酶解液定容至 100 mL,用干滤纸过滤,这些提取液在 4℃冰箱可以保存 1 周。

(4)氧化:根据试样中核黄素的含量,取一定体积的试样提取液和核黄素标准使用液分别于 20 mL 的带盖刻度试管中,加水至 15 mL。各管加 0.5 mL 冰乙酸,混匀。加入 30 g/L 高锰酸钾溶液 0.5 mL,混匀,放置 2 min,氧化除去杂质。滴加 3%过氧化氢溶液数滴,直至高锰酸钾颜色褪掉。剧烈振摇试管,使多余的氧气逸出。

(5)核黄素的吸附与洗脱。

核黄素吸附柱:取硅镁吸附剂 1 g,用湿法装入柱,占柱长 1/3~2/3(约 5 cm)为宜(吸附柱下端用一小团脱脂棉垫上),勿使柱内产生气泡,调节流速约为 60 滴/ min。

过柱与洗脱:将全部氧化后的试样溶液和标准溶液通过吸附柱后,用约 20 mL 热水洗去样液中的杂质,然后用 5 mL 洗脱液将试样中核黄素洗脱并收集于一带盖 10 mL 刻度试管中,再用水洗吸附柱,收集洗出的液体并定容至 10 mL,混匀后测定荧光强度。

(6)标准曲线的绘制:分别精确吸取核黄素标准使用液 0.3 mL、0.6 mL、0.9 mL、1.25 mL、2.5 mL、5.0 mL、10.0 mL、20.0 mL(相当于 0.3 $\mu$g、0.6 $\mu$g、0.9 $\mu$g、1.25 $\mu$g、2.5 $\mu$g、5.0 $\mu$g、10.0 $\mu$g、20.0 $\mu$g 核黄素)或取与试样含量相近的单点标准使用液,按核黄素的吸附和洗脱步骤进行操作。

(7)测定:在激发光波长 440 nm、发射光波长 525 nm 处,测定试样溶液管和标准使用液管的荧光值。待试样和标准管荧光值测定后,在各管的剩余液(5~7 mL)中加入 0.1 mL 20%低亚硫酸钠溶液,立即混匀,在 20 s 内测定各管的荧光值作为各自的空白对照。

### 4. 计算

$$X = \frac{(A-B) \times S}{C-D} \times m \times f \times \frac{100}{1\,000}$$

式中:X 为试样中核黄素的含量(mg/100g);A 为试样管荧光值;B 为试样管空白荧光值;C 为标准管荧光值;D 为标准管空白荧光值;f 为稀释倍数;m 为试样质量;S 为标准管中核黄素质量;100/1 000 为将试样中核黄素含量由 $\mu$g/g 换算成 mg/100g 的系数。计算结果表示到小数点后两位。

### 5. 说明

本方法为 GB/T 5009.85—2003 方法中的第一法。检出限为 0.006 $\mu$g,线性范围为 0.1~20 $\mu$g,精密度为 10%。

### (三)食品中维生素 C 的测定

食品中维生素 C 的测定方法主要有 2,6-二氯靛酚滴定法、2,4-二硝基苯肼分光光度法、荧光分光光度法和高效液相色谱法。2,6-二氯靛酚滴定法仅能用于测定食品中的还原型抗坏血酸;2,4-二硝基苯肼分光光度法和荧光分光光度法可以测定总抗坏血酸的含量;高效液相色谱法使用紫外检测器,分离效果好,精密度与准确度都很高。这里主要介绍 2,4-二硝基苯肼分光光度法。

### 1. 基本原理

总维生素 C 包括还原型、脱氢型和二酮古乐糖酸三种。试样中的还原型维生素 C 经过用酸处理过的活性炭氧化成脱氢型维生素 C,再继续氧化为二酮古乐糖酸。二酮古乐糖酸再与 2,4-二硝基苯肼作用,生成红色的脎,脎在硫酸溶液中的含量与维生素 C 的总量成正比。在波长 490 nm 下,与标准溶液进行比色定量。

### 2. 试剂与仪器

(1)硫酸(4.5 mol/L):小心将 250 mL 浓硫酸(相对密度 1.84)加入 700 mL 水中,冷却后用水稀释至 1 000 mL。

(2)85%硫酸:小心将 900 mL 浓硫酸(相对密度 1.84)加入 100 mL 水中。

(3)2,4-二硝基苯肼溶液(20 g/L):取 2 g 2,4-二硝基苯肼溶解于 100 mL 硫酸(4.5 mol/L)中,过滤。不用时保存在冰箱中,每次用前必须过滤。

(4)草酸溶液(20 g/L):取 20 g 草酸溶解于 700 mL 水中,稀释至 1 000 mL。

(5)草酸溶液(10 g/L):取 500 mL 草酸溶液(20 g/L),稀释成 1 000 mL。

(6)硫脲溶液(10 g/L):取 5 g 硫脲溶解于 500 mL 草酸溶液(10 g/L)中。

(7)硫脲溶液(20 g/L):取 10 g 硫脲溶解于 500 mL 草酸溶液(10 g/L)中。

(8)盐酸溶液(1 mol/L):取 100 mL 盐酸,加入水中,并稀释成 1 200 mL。

(9)维生素 C 标准溶液:称取 100 mg 纯维生素 C 溶解于 100 mL 草酸溶液(20 g/L)中,此溶液每毫升相当于 1 mg 维生素 C。

(10)活性炭:将 100 g 活性炭加到 750 mL 盐酸溶液(1 mol/L)中,回流 1~2 h,过滤,用水洗数次,至溶液中无铁离子($Fe^{3+}$)为止,然后置于 110℃烘箱中烘干。

检验铁离子的方法:利用普鲁士蓝反应,将亚铁氰化钾(20 g/L)与 1%盐酸等量混合,将上述洗出滤液滴入,如有铁离子,则产生蓝色沉淀。

3.操作方法

(1)试样制备。

①鲜样的制备:称取 100 g 鲜样,吸取 100 mL 草酸溶液(20 g/L),倒入捣碎机中打成匀浆,取 10~40 g 匀浆(含 1~2 mg 维生素 C)倒入 100 mL 容量瓶中,用草酸溶液(10 g/L)稀释至刻度,混匀。

②干样的制备:称取 1~4 g 干样(含 1~2 mg 维生素 C),放入乳碟中,加入草酸溶液(10 g/L),磨成匀浆,倒入 100 mL 容量瓶中,用草酸溶液(10 g/L)稀释至刻度,混匀。

将上述试样过滤,滤液备用。不易过滤的试样可用离心机离心后,倒出上清液,过滤,保存备用。

(2)氧化处理:取 25 mL 上述滤液,加入 2 g 活性炭,振摇 1 min,过滤,弃去最初数毫升滤液。取 10 mL 氧化提取液,加入 10 mL 硫脲溶液(20 g/L),混匀,此试样为稀释液。

(3)显色反应。

①于 3 个试管中分别加入 4 mL 氧化处理的稀释液,一个试管作为空白对照,在其余试管中加入 1.0 mL 2,4-二硝基苯肼溶液(20 g/L),将所有试管放入(37±0.5)℃恒温箱或水浴中,保温 3 h。

②取出所有试管,除空白管外,将所有试管放入冰水中,空白管取出后冷却至室温,然后加入 1.0 mL 2,4-二硝基苯肼溶液(20 g/L),在室温中放置 10~15 min 后,放入冰水内。其余步骤同试样。

(4)85%硫酸处理:当试管放入冰水后,向每一个试管中加入 5 mL 85%硫酸,滴加时间至少需要 1 min,边加边摇动试管。将试管从冰中取出,在室温下放置 30 min 后比色。

(5)比色:取 1 cm 比色皿,以空白液调零点,在 500 nm 波长处测定吸光值。

(6)标准曲线的绘制。

①在 50 mL 标准溶液中,加入 2 g 活性炭,振摇 1 min,过滤。

②取 10 mL 滤液放入 500 mL 容量瓶中,加 5.0 g 硫脲,用草酸溶液(10 g/L)稀释至刻度,维生素 C 浓度定为 20.0 $\mu$g/mL。

③取 5 mL、10 mL、20 mL、25 mL、40 mL、50 mL、60 mL 稀释液,分别放入 7 个 100 mL

容量瓶中,用硫脲溶液(10 g/L)稀释至刻度,使得最后稀释液中维生素 C 的浓度分别为 1 $\mu g$/mL、2 $\mu g$/mL、4 $\mu g$/mL、5 $\mu g$/mL、8 $\mu g$/mL、10 $\mu g$/mL、12 $\mu g$/mL。

④按试样测定步骤形成脎,并进行比色测定。

⑤以吸光值为纵坐标,维生素 C 浓度为横坐标,绘制标准曲线,或求得回归方程。

4.计算

$$X = c \times \frac{V}{m} \times F \times \frac{100}{1\,000}$$

式中:X 为试样中总维生素 C 的含量(mg/100 g);c 为由标准曲线查得或由回归方程计算得的试样氧化液中总维生素 C 的浓度,($\mu g$/mL);V 为试样用草酸溶液(10 g/L)定容的体积(mL);F 为试样氧化处理过程中的稀释倍数;m 为试样的质量(g)。计算结果保留到小数点后两位。

5.说明与注意事项

(1)本方法为 GB/T 5009.86—2003 标准中的第二法,第一法为荧光法。

(2)全部试验过程应避光进行操作。

(3)加入 85% 硫酸后,试管从冰水中取出,溶液的颜色会继续变深,因此必须计算好,加入硫酸后,应准时比色。

(4)硫脲可以防止维生素 C 被氧化,还可以帮助脎的形成,最终溶液中硫脲的浓度必须一致,否则影响色度。

# 第七节　动物性食品中矿物质元素的测定

## 一、概述

食品中的矿物质元素是指除去碳、氢、氧、氮等元素以外的存在于食品中的其他元素。存在于食品中的矿物质元素有 50 余种。根据元素的性质,可以分为金属元素和非金属元素;从人体需要量的角度,可以分为常量元素和微量元素。常量元素主要有钙、磷、铁、镁、碘、钾、钠等;微量元素主要有硒、锌、钴、钼、氟等。动物性食品中矿物质元素分布很广,含量充足,一般能满足人体的需要。食品中的矿物质元素可以维护人体正常的生理机能,促进人体的正常发育,对人体的健康有很大影响。矿物质元素过多或缺乏,都会导致人体健康损害,甚至死亡。

食品中矿物质元素的测定方法很多,主要有滴定法、比色法、分光光度法、荧光分光光度法、原子吸收分光光度法、气相色谱法等。滴定法、比色法等传统测定方法由于存在操作复杂、相对偏差较大的缺陷,正在被淘汰;分光光度法系列方法设备简单,能达到食品检验标准的基本要求,目前被广泛使用;原子吸收分光光度法、气相色谱法等具有选择性好、灵敏度高、适用范围广,操作简便,可以同时测定多种元素等优点,现已成为食品中矿物质元素测定的常用方法。本节重点介绍与人体健康有关的钙、磷、铁、镁、硒、锌、碘等矿物质元素的测定方法。

## 二、动物性食品中钙的测定方法

钙在动物性食品中的分布很广,含钙丰富的动物性食品主要有虾皮、虾米、乳类、蛋类、海带、骨头。其中乳和乳制品不仅含有丰富的钙,而且由于与酪蛋白结合形式存在,最容易被人体吸收。我国民间常通过做糖醋排骨、酥鱼、骨头汤等,以增加膳食中钙的吸收和利用,值得提倡。

食品中钙的测定方法主要有原子吸收分光光度法、滴定法等两种国家标准方法,都适用于各种食品中钙的测定。这里主要介绍原子吸收分光光度法。

**1.基本原理**

经湿化消化后的食品样品测定液导入原子吸收分光光度计,经火焰原子化后,以422.7 nm的吸收线作为测定波长,测定的吸收量的大小与钙的含量成正比,与标准系列钙溶液比较定量。

**2.试剂与仪器**

(1)0.5 mol/L硝酸溶液:量取32 mL硝酸,加水稀释至1 000 mL。

(2)混合酸消化液:硝酸+高氯酸(4+1)。

(3)20 g/L氧化镧溶液:称取20.45 g氧化镧(纯度大于99.99%),先加少量水溶解后,再加75 mL盐酸于1 000 mL容量瓶中,加水稀释至刻度。

(4)钙标准储备液:准确称取1.248 6 g碳酸钙(纯度大于99.99%),加50 mL水后,再加盐酸溶解,移入1 000 mL容量瓶中,加20 g/L氧化镧溶液稀释至刻度。此溶液每毫升相当于500 $\mu$g钙。

(5)钙标准使用液:准确吸取5.0 mL钙标准储备液,置于100 mL容量瓶中,加20 g/L氧化镧溶液稀释至刻度。此溶液每毫升相当于25 $\mu$g钙。

(6)原子吸收分光光度计。

(7)锌空心阴极灯。

**3.操作方法**

(1)样品处理:精确称取均匀样品(干样0.5~1.5 g,湿样2.0~4.0 g),移入250 mL烧杯中,加高氯酸-硝酸消化液20~30 mL,上盖表面皿。在电热板或沙浴上加热消化。如酸液过少,未消化好,再补加少量高氯酸-硝酸消化液,继续加热消化,直至无色透明为止。加少量水,加热赶酸。待烧杯中的液体接近2~3 mL时,取下冷却,用20 g/L氧化镧溶液稀释定容于10 mL刻度试管中。

取与消化液样品相同量的混合酸消化液,按上述方法做试剂空白实验。

(2)标准系列溶液配制:准确吸取钙标准使用液1.0 mL、2.0 mL、3.0 mL、4.0 mL、6.0 mL(相当于含钙量0.5 $\mu$g/mL、1.0 $\mu$g/mL、1.5 $\mu$g/mL、2.0 $\mu$g/mL、3.0 $\mu$g/mL),分别置于50 mL具塞试管中,依次加入20 g/L氧化镧溶液稀释至刻度,摇匀。

(3)测定条件选择:参考条件:测定波长422.7 nm;可见光源:空气-乙炔火焰。灯电流、狭缝、空气-乙炔流量及灯头高度均按仪器说明调至最佳状态。

(4)标准曲线的绘制:将不同浓度钙系列标准溶液分别导入火焰原子化器进行测定,记录各自对应的吸光度值。以钙系列标准溶液的含量为横坐标,对应的吸光度值为纵坐标,绘制标准曲线。

(5)样品测定:将样品消化液和空白溶液分别导入火焰原子化器进行测定,记录各自对应的吸光度值,与标准曲线比较定量。

**4.计算**

$$X = (c - c_0) \times V \times f \times \frac{100}{m} \times 1\,000$$

式中：$X$ 为样品中钙元素的含量（mg/100g）；$c$ 为测定用样品中钙元素的浓度（μg/mL）；$c_0$ 为空白溶液中钙元素的浓度（μg/mL）；$V$ 为样品消化液定容总体积（mL）；$m$ 为样品质量（g）；$f$ 为稀释倍数。

5．说明与注意事项

（1）所用玻璃仪器需用硫酸-重铬酸钾洗液浸泡数小时，再用洗衣粉充分洗刷，然后用水反复冲洗，最后用去离子水冲洗、烘干。

（2）样品制备时，湿样用水冲洗干净后，要用去离子水充分洗净；干样取样后立即装好，密封保存，防止空气中的灰尘和水分污染。

### 三、动物性食品中磷的测定方法

磷广泛存在于动、植物食品中，动物性食品以蛋、乳、瘦肉、鱼、禽类和骨头含量丰富，而植物性食品以豆类、谷类含磷量较多。磷在食品中存在的形式主要是与蛋白质、脂肪结合成核蛋白、磷蛋白和磷脂。一般说来膳食中不缺磷，但膳食中钙与磷的比例与骨骼的钙化作用有很大关系。如膳食中钙磷比例恰当，骨骼发育迅速而完好，否则会影响婴儿和儿童的骨骼发育。

食品中磷的测定方法主要有滴定法、比色法、分光光度法等。这里主要介绍钼蓝分光光度法。

1．基本原理

食品试样经酸消解，在酸性条件下，磷酸盐与钼酸铵反应生成磷钼酸铵，被还原剂氯化亚锡还原成深蓝色络合物钼蓝。其颜色深浅与磷浓度成正比，并与标准系列溶液比色定量。

2．试剂与仪器

（1）浓硫酸（A.R），浓硝酸（A.R.）。

（2）钼酸铵试剂：准确称取 25 g 钼酸铵，溶于 300 mL 水中，混匀；另取 75 mL 浓硫酸缓慢加入去离子水中，并用水稀释至 200 mL。临用前将两种溶液混合均匀，并过滤备用。

（3）10％亚硫酸钠溶液：取无水亚硫酸钠 5 g，溶于 45 mL 水中，过滤，现配现用。

（4）0.5％对苯二酚溶液：取对苯二酚 0.5 g，溶于 100 mL 水中，加硫酸 1 滴，混匀。

（5）磷标准储备液（1.0 mg/mL）：精确称取在 105℃烘箱中烘干 2 h 后的磷酸二氢钾 4.395 0 g，用水溶解并定容至 1 000 mL，加氯仿 2 mL，置冰箱中保存。

（6）磷标准使用液（0.1 mg/mL）。

（7）721 型分光光度计。

3．操作方法

（1）样品处理：取 1 g 食品试样于凯氏烧瓶中，加浓硝酸 7 mL，小火煮解后，加浓硫酸 5 mL，然后反复加浓硝酸 5 mL 煮解，直至样液无色透明为止。再加入 20 mL 水，分两次煮解，驱除氧化物。将消化液移至 100 mL 容量瓶中，以水定容至刻度。同时做试剂空白对照试验。

（2）样品测定：测定程序见表 3-5。标准溶液、样品消化液和空白对照测定均于 25 mL 容量瓶中进行。

表 3-5　食品样品测定程序　　　　　　　　　　　　　　　　　　mL

| 操作步骤 | 样品测定管 | 标准溶液管 | 空白对照管 |
|---|---|---|---|
| 样品消化液 | 1.0 | | |
| 磷标准使用液 | | 1.0 | |
| 空白对照液 | | | 1.0 |
| 钼酸铵试剂 | 2.0 | 2.0 | 2.0 |
| 0.5%对苯二酚溶液 | 2.0 | 2.0 | 2.0 |
| 10%亚硫酸钠溶液 | 2.0 | 2.0 | 2.0 |

注:用去离子水定容至 25 mL 刻度,30 min 后,用 72-1 型分光光度计测定,测定波长 650 nm,杯径 1 cm,空白对照管调零比色,记录样品测定管和标准溶液管吸光度值。

### 4. 计算

$$食品中磷含量 = 0.1 \times \frac{U_A}{S_A} \times \frac{(100 \times 100)}{m} \times 100\%$$

式中:$U_A$ 为样品测定管吸光度;$S_A$ 为标准溶液测定管吸光度;$m$ 为食品试样质量(g);0.1 为磷标准使用液浓度,100 为稀释倍数。

### 5. 说明与注意事项

(1)本方法对磷的检测范围为 0～0.20 mg/25 mL,也可采用标准曲线法计算,如果食品中磷含量很高,其稀释倍数可以相应加大。

(2)钼蓝反应极为敏锐,因此需要保证器皿与实验环境清洁卫生,防止污染。测定所用水均为去离子水。

(3)本方法显色后 180 min 内保持稳定,最大吸收波长为 600～690 nm。

## 四、动物性食品中铁的测定方法

铁是人体生命活动中不可缺少的元素,铁摄取不足常常造成缺铁性贫血。膳食中铁的良好来源为动物性食品肝、肾、蛋黄、血等,一般说来,来源于动物性食品的铁比来源于植物性食品的铁更容易被人体吸收。婴幼儿时期应注意防止缺铁性贫血的发生。

食品中铁的测定方法主要有火焰原子吸收光谱法和二硫腙比色法等两种国家标准方法,均可以用于各种食品中铁的测定。这里主要介绍火焰原子吸收光谱法。

### 1. 基本原理

食品样品经湿法消化后,导入原子吸收分光光度计,经火焰原子化后,铁吸收波长 248.3 nm 的共振线。其吸收量与铁的含量成正比,与标准系列溶液比较定量。

### 2. 试剂与仪器

(1)硝酸,盐酸,高氯酸。

(2)混合酸消化液:硝酸+高氯酸(4+1)。

(3)0.5 mol/mL 硝酸溶液:准确量取 32 mL 浓硝酸,加水稀释并定容至 1 000 mL。

(4)铁标准储备液:准确称取 1.000 0 g 金属铁(纯度大于 99.99%),或含 1.000 0 g 纯铁相对应的氧化物,加硝酸溶解,移入 1 000 mL 容量瓶中,加 0.5 mol/mL 硝酸溶液,并定容至刻度,摇匀。此溶液每毫升相当于 1 mg 铁。

(5)铁标准使用液:准确吸取 10.0 mL 铁标准储备液,置于 100 mL 容量瓶中,加 0.5 mol/mL 硝酸溶液,并定容至刻度,摇匀。

(6)原子吸收分光光度计。

(7)铁空心阴极灯。

(8)电热板。

3. 操作方法

(1)样品制备:新鲜食品样品用水冲洗干净后,再用去离子水充分洗净,用匀浆机打成匀浆,过滤,立即装入容器,密封保存,防止空气中的水分和灰尘污染。

(2)样品消化:精确称取均匀样品(干样 0.5~1.5 g,湿样 2.0~4.0 g),移入 250 mL 烧杯中,加混合酸消化液 20~30 mL,盖上表面皿,在电热板上加热消化。如酸液过少,未消化好,再补加少量混合酸消化液,继续加热消化,直至无色透明为止。再加少量水,加热以除去多余的酸。待烧杯中的液体接近 2~3 mL 时,取下冷却。然后用少量水洗涤烧杯,并转移至10 mL 的刻度试管中,用水定容至刻度,摇匀。

取与消化液样品相同量的混合酸消化液,按上述同样方法做试剂空白对照实验。

(3)测定条件选择:参考条件:测定波长 248.3 nm;紫外光源;空气-乙炔火焰。灯电流、狭缝、空气-乙炔流量及灯头高度均按仪器说明调至最佳状态。

(4)铁标准系列溶液配制:准确吸取铁标准使用液 0.0 mL、0.5 mL、1.0 mL、2.0 mL、3.0 mL、4.0 mL 分别置于 100 mL 容量瓶中,依次加入 0.5 mol/mL 硝酸溶液定容至刻度,摇匀。

(5)标准曲线的绘制:将不同浓度铁系列标准溶液分别导入火焰原子化器进行测定,记录各自对应的吸光度值。以铁系列标准溶液的含量为横坐标,对应的吸光度值为纵坐标,绘制标准曲线。

(6)样品测定:将样品消化液和试剂空白溶液分别导入火焰原子化器进行测定,记录各自对应的吸光度值,与标准曲线比较定量。

4. 计算

$$X = (c - c_0) \times V \times f \times \frac{1\ 000}{m} \times 1\ 000$$

式中:$X$ 为样品中铁元素的含量(mg/kg);$c$ 为测定用样品溶液中铁元素的浓度($\mu$g/mL);$c_0$ 为试剂空白溶液中铁元素的浓度($\mu$g/mL);$V$ 为样品消化液定容总体积(mL);$m$ 为样品质量(g);$f$ 为稀释倍数。

5. 说明与注意事项

(1)铁标准储备液、铁标准使用液配置后储存于聚乙烯瓶内,4℃ 保存。

(2)所用玻璃仪器需用硫酸-重铬酸钾洗液浸泡数小时,再用洗衣粉充分洗刷,然后用水反复冲洗,最后用去离子水冲洗、烘干。

(3)本方法最低检出限为 0.2 $\mu$g/ mL。

## 五、动物性食品中锌的测定方法

锌既是金属酶的组成成分,又是酶的激活剂,与机体 DNA、RNA 和蛋白质的生物合成密切相关,因此锌是人体必需元素。动物性食品,如羊肉、猪肉、蚝、鲜乳等是锌的可靠来源,谷物食品和全麦面粉含有较多的锌。缺锌会影响儿童生长和发育。

食品中锌的测定方法主要有原子吸收光谱法、二硫腙比色法和二硫腙比色法(一次提取)3种国家标准方法,都可以用于各种食品中锌的测定。这里主要介绍原子吸收光谱法。

**1.基本原理**

食品样品经灰化或酸消解处理后,导入原子吸收分光光度计,经火焰原子化后,锌吸收波长 213.8 nm 的共振线。其吸收量与锌的含量成正比,与标准系列溶液比较定量。

**2.试剂与仪器**

(1)混合酸消化液:硝酸+高氯酸(3+1)。

(2)磷酸(1+10):量取 10 mL 磷酸,加入适量水中,再稀释成 110 mL。

(3)盐酸(1+11):量取 10 mL 盐酸,加入适量水中,再稀释成 120 mL。

(4)铁标准储备液:准确称取 0.500 0 g 金属锌(纯度大于 99.99%),溶于 10 mL 盐酸中,然后在水浴上蒸发至近干,再用少量水溶解后,移入 1 000 mL 容量瓶中,用水并定容至刻度,摇匀。此溶液每毫升相当于 0.5 mg 锌。

(5)锌标准使用液:准确吸取 10.0 mL 锌标准储备液,置于 50 mL 容量瓶中,加0.1 mol/mL盐酸溶液定容至刻度,摇匀。此溶液每毫升相当于 100.0 μg 锌。

(6)原子吸收分光光度计。

(7)锌空心阴极灯。

(8)马弗炉。

**3.操作方法**

(1)样品处理:取动物性食品样品充分混匀后,称取 5.00～10.00 g 置于瓷坩埚中,小火炭化,移入马弗炉中,在(500±25)℃下灰化 8 h。取出坩埚,冷却后加入少量混合酸消化液,小火加热,避免蒸干,必要时补加少许混合酸消化液。如此反复处理,直至残渣中无炭粒。等坩埚稍冷,加入 10 mL 盐酸(1+11)溶解残渣,移入 50 mL 容量瓶中,再用盐酸(1+11)反复洗涤坩埚,洗涤液并入容量瓶中,定容至刻度,摇匀。取与样品处理量相同的混合消化液和盐酸(1+11),按上述同样方法做试剂空白对照实验。

(2)测定条件选择:参考条件:测定波长 213.8 nm;灯电流 6 mA;狭缝 0.38 nm;乙炔气流量 2.3 L/min;空气流量 10 L/ min;灯头高度 3 mm,背景校正氘灯。其他条件均按仪器说明调至最佳状态。

(3)锌标准系列溶液配制:准确吸取锌标准使用液 0.00 mL、0.10 mL、0.20 mL、0.40 mL、0.80 mL 分别置于 50 mL 容量瓶中,依次加入 1 mol/mL 盐酸溶液定容至刻度,摇匀。此标准系列溶液中每毫升分别相当于 0.0 μg、0.2 μg、0.4 μg、0.8 μg、1.6 μg 锌。

(4)锌标准曲线的绘制:将不同浓度锌系列标准溶液分别导入火焰原子化器进行测定,记录各自对应的吸光度值。以锌标准系列标准溶液的含量为横坐标,对应的吸光度值为纵坐标,绘制标准曲线。

(5)样品测定:将样品消化液和试剂空白溶液分别导入火焰原子化器进行测定,记录各自对应的吸光度值,与标准曲线比较定量。

**4.计算**

$$X=(c-c_0)\times V\times\frac{1\,000}{m}\times 1\,000$$

式中：$X$ 为样品中锌元素的含量（mg/kg）；$c$ 为测定用样品溶液中锌元素的浓度（$\mu$g/mL）；$c_0$ 为试剂空白溶液中锌元素的浓度（$\mu$g/mL）；$V$ 为样品消化液定容总体积（mL）；$m$ 为样品质量（g）。

### 5. 说明与注意事项

(1)所用玻璃仪器需用硫酸-重铬酸钾洗液浸泡数小时，再用洗衣粉充分洗刷，然后用水反复冲洗，最后用去离子水冲洗、烘干。

(2)本方法最低检出限为 0.4 $\mu$g/mL。

## 六、动物性食品中硒的测定方法

硒是生物体必需的微量元素，是人体中谷胱甘肽过氧化酶的组成成分，在细胞抗氧化机制中发挥重要作用，对人体健康具有重要意义。食品中的硒主要来源于动物内脏、鱼类、谷物和蔬菜等。烹调和加热会造成部分硒的挥发损失。

食品中硒的测定方法主要有气相色谱法、荧光分光光度法、原子吸收分光光度法等。这里主要介绍荧光分光光度法。

### 1. 基本原理

食品试样经酸消解后，在酸性条件下，样品中的硒化合物与 2,3-二氨基萘生成具有较强荧光的 4,5-苯并苯硒脑。该络合物在紫外光下能发射黄色荧光。荧光强度与样品中硒含量成正比。在激发波长 373 nm、发射波长 516 nm 下测定荧光强度，即可测定硒含量。

### 2. 试剂与仪器

(1)混合酸消化液：硝酸＋高氯酸(1＋3)。

(2)10%盐酸羟胺液，0.1 mol/L 盐酸溶液。

(3)1.0%乙二胺四乙酸二钠液，1∶1 氨水。

(4)2,3-二氨基萘(DAN)试剂：在暗室内制备。取 2,3-二氨基萘 100 mg 于锥形瓶中，加 0.1 mol/L 盐酸 100 mL，充分振荡使其溶解。移至分液漏斗中，加约 20 mL 环己烷，振摇 5 min，弃环己烷，反复 3 次。将下层溶液用玻璃棉过滤于棕色瓶中，加 1 cm 厚的环己烷，外包铝箔，隔绝空气，冰箱保存。

(5)环己烷。

(6)硒标准储备液(100 $\mu$g/mL)：精确称取亚硒酸 0.163 4 g，溶于水中，并用水定容至 1 000 mL。

(7)硒标准使用液(0.1 $\mu$g、1.0 $\mu$g/mL)：用 0.1 mol/L 盐酸分别定容。

(8)荧光分光光度计。

(9)聚四氟乙烯内衬不锈钢消化罐。

### 3. 操作方法

(1)样品处理：精确称取食品试样 0.5 g 于消化罐中，加混合酸消化液 5 mL，密封消化罐，于沸水浴中处理 30 min，冷却后打开消化罐，将消化液定量移入锥形瓶中，加 1%乙二胺四乙酸二钠液 2 mL，用 1∶1 氨水调 pH 为 1～2，加入 10%盐酸羟胺液 2 mL，放置 5 min，移入暗室，进行萃取。

(2)萃取：上述消化液加入 DAN 试剂 4 mL，于 50℃水浴上处理 30 min，冷却后移入分液漏斗中，加环己烷 10 mL，振摇 5 min，静置分层，弃水层。将环己烷层移入离心管中，

3 000 r/min 离心 5 min,取上清液。

(3)硒标准曲线的绘制:分别吸取 0.1 μg/mL 硒标准使用液 0.0 mL、2.0 mL、4.0 mL、6.0 mL、8.0 mL,10.0 mL 于消化罐中,按样品试样处理程序同样操作,测定荧光强度。以硒标准系列标准溶液的含量为横坐标,对应的荧光强度为纵坐标,绘制标准曲线。

(4)样品测定:调试好荧光分光光度计,在激发波长 373 nm、发射波长 516 nm 下测定空白对照与样品消化液的荧光强度,并与标准曲线比较定量。

**4. 计算**

$$食品中硒含量(\mu g/g) = \frac{C_s}{I_s - I_0} \times \frac{I_x - I_0}{m}$$

式中:$C_s$ 为硒标准溶液浓度($\mu g/mL$);$I_s$ 为标准溶液荧光强度;$I_x$ 为样品试样溶液荧光强度;$I_0$ 为空白对照荧光强度;$m$ 为样品试样质量(g)。

**5. 说明与注意事项**

(1)采集试样要及时测定,最好低温冻结保藏,否则样品中的硒含量会损失。

(2)实验中必须对 DAN 和酸都进行去硒和消除荧光杂质的处理,其他试剂必须使用优级纯,以减少实验误差。实验用水应为去离子水。

(3)能与硒生成荧光络合物试剂多为芳香族胺类化合物,主要有 1,5-二氨基萘、1,8-二氨基萘、2,3-二氨基萘、2,7-二氨基萘等。

## 七、动物性食品中碘的测定方法

碘是人类必需的微量元素,是人体甲状腺素的主要组成成分,具有重要的生理功能。碘缺乏导致甲状腺素分泌减少,新陈代谢率下降,同时发生甲状腺肿。幼年期碘缺乏影响生长发育,导致思维迟钝;成年期碘缺乏造成皮毛干落,性情失常。动物性食品是碘的最好来源,海产食品,如海鱼、海虾、海带、紫菜等含有丰富的碘。

食品中碘的测定方法主要有氯仿萃取比色法、硫酸钠接触法、溴氧化碘滴定法等,其中氯仿萃取比色法是测定食品中碘含量最常用的方法。这里主要介绍氯仿萃取比色法。

**1. 基本原理**

食品样品在碱性条件下灰化,碘被有机物还原成碘离子,碘离子与碱金属离子结合成碘化物,碘化物在酸性条件下与重铬酸钾作用,定量析出碘。用氯仿萃取时,碘溶于氯仿中,呈粉红色。碘含量较低时,颜色深浅与碘的含量成正比,与标准系列比较定量。

**2. 试剂与仪器**

(1)氯仿,浓硫酸。

(2)0.02 mol/L 重铬酸钾溶液。

(3)10 mol/L 氢氧化钾溶液。

(4)碘标准储备液:精确称取 0.130 8 g 在 105℃烘干 1 h 的碘化钾于烧杯中,加少量水溶解,移入 100 mL 容量瓶中,加水定容至刻度,摇匀。此溶液每毫升含碘 100 μg。

(5)碘标准使用液:取 10 mL 碘标准储备液,移入 100 mL 容量瓶中,加水定容至刻度,摇匀。此溶液每毫升含碘 10 μg。

(6)可见分光光度计。

(7)恒温干燥箱。

(8)马弗炉。

### 3．操作方法

(1)样品处理：准确称取食品样品 2.0～3.0 g 于坩埚中，加入 10 mol/L 氢氧化钾溶液 5 mL，搅拌均匀，小火烘干，置于电炉上炭化，然后移入马弗炉中，在 460～500℃下灰化至呈白色灰烬，冷却。取出后加水 10 mL，加热溶解，并滤于 50 mL 容量瓶中，用 30 mL 热水分次洗涤坩埚和滤纸，洗液并入容量瓶中，用水定容至刻度，摇匀。

(2)测定条件选择：参考条件：测定波长 510 nm；其他测定条件按仪器说明书调至最佳状态。

(3)碘标准曲线的绘制：准确吸取碘标准使用液 0.0 mL、2.0 mL、4.0 mL、6.0 mL、8.0 mL、10.0 mL，分别置于 125 mL 分液漏斗中，加水至总体积为 40 mL，加入浓硫酸 2 mL、0.02 mol/L 重铬酸钾溶液 15 mL，摇匀后静置 30 min，加入氯仿 10 mL，振摇 1 min，静置分层，通过棉花将氯仿层过滤。用 1 cm 比色皿在波长 510 nm 处测定吸光度值。以碘标准使用液含量为横坐标，对应的吸光度值为纵坐标，绘制标准曲线。

(4)样品测定：根据食品样品含碘量高低，吸取数毫升样品溶液置于 125 mL 分液漏斗中，以下按(3)同样方法依法操作，在波长 510 nm 处测定样品溶液吸光度值，与标准系列比较定量。

### 4．计算

$$食品中碘含量(\mu g/100 \text{ g}) = \frac{X}{m} \times \frac{V}{V_0} \times 100$$

式中：$X$ 为在标准曲线上查得的测定用样品溶液中碘含量($\mu$g)；$V$ 为测定时吸取样品溶液的体积(mL)；$V_0$ 为样品溶液总体积(mL)；$m$ 为样品的质量(g)。

### 5．说明与注意事项

(1)灰化样品时，加入氢氧化钾的作用是使碘形成难挥发的碘化钾，防止碘在高温灰化时挥发损失。

(2)本方法操作简便，显色稳定，重复性好。

## 八、动物性食品中镁的测定方法

镁是人体必需的常量元素之一，在人体中生理功能主要是激活体内多种酶，维持核酸结构稳定，抑制神经兴奋性，参与体内蛋白质的合成以及调节体温作用。一般膳食中不会缺乏镁，含镁量丰富的动物性食品主要有肉类、内脏、水产品等，其中以虾米含镁量最多。

食品中镁的测定方法主要有铬黑 T 分光光度法、钛黄分光光度法、原子吸收分光光度法等。这里主要介绍钛黄分光光度法。

### 1．基本原理

食品试样中镁经盐酸溶液加热水解为离子状态，并在碱性溶液中形成氢氧化镁胶体粒子。该胶体粒子与钛黄结合生成红色吸附化合物。在一定范围内，颜色深浅与食品中镁的含量成正比，与标准系列溶液比色定量。

### 2．试剂与仪器

(1)2 mol/L 盐酸溶液。

(2)3 mol/L 氢氧化钠溶液。

(3)0.1％聚乙烯醇溶液:取聚乙烯醇 1 g,加入 50℃左右的水 500 mL,溶解后冷却,以水定容至 1 000 mL。

(4)0.5％钛黄溶液,0.02％钛黄溶液。

(5)镁标准储备液(500 mg/kg):精确称取氯化镁 4.182 5 g,用少量水溶解,移入 1 000 mL容量瓶中,并定容至刻度,摇匀。

(6)镁标准使用液(8 mg/kg):取镁标准储备液 10 mL,用水稀释成含镁量为 8 mg/kg 的标准使用液。

(7)72-1 型分光光度计。

### 3.操作方法

(1)样品处理:准确称取 1 g 食品样品于具塞试管中,加入 2 mol/L 盐酸 5 mL,隔水煮沸 90 min,冷却过滤于 25 mL 容量瓶中,用水定容至刻度。同时做试剂空白对照试验。

(2)样品测定:测定程序和方法如表 3-6 所示。

**表 3-6 食品样品测定程序**　　　　　　　　　　　　　　　　　　mL

| 操作步骤 | 样品测定管 | 标准溶液管 | 空白对照管 |
| --- | --- | --- | --- |
| 样品测定液 | 2.0 | | |
| 镁标准使用液 | | 2.0 | |
| 空白对照液 | | | 2.0 |
| 0.1％聚乙烯醇液 | 1.0 | 1.0 | 1.0 |
| 0.02％钛黄溶液 | 2.0 | 2.0 | 2.0 |
| 3 mol/L 氢氧化钠溶液 | 2.0 | 2.0 | 2.0 |

注:依次加入上述 3 种溶液,每次操作后充分混匀,显色 10 min 后,用 72-1 型分光光度计测定,测定波长 548 nm,杯径 1 cm,空白对照管调零比色,记录样品测定管和标准溶液管吸光度值。

### 4.计算

$$食品中镁含量(mg/kg) = \frac{U_A}{U_S} \times c_s \times 25 \times \frac{1}{m}$$

式中:$U_A$ 为样品测定管吸光度;$U_S$ 为标准溶液管吸光度;$c_s$ 为标准溶液浓度(mg/kg);25 为样品溶液定容体积(mL);$m$ 为食品试样质量(g)。

### 5.说明与注意事项

(1)本试验方法中钛黄与氢氧化镁显色后应避光测定。

(2)本实验中可能会遇到显色后出现颗粒现象,一般在加氢氧化钠溶液前,先加稳定剂聚乙烯醇溶液,可以消除颗粒产生。

(3)温度对测定结果有严重影响,因此实验时室温以 20℃为宜。

(4)为了防止水中镁离子污染,试验用水均为去离子水。

# 第四章　动物性食品的卫生检验技术

动物性食品主要包括肉、蛋、乳、水产食品、蜂蜜等食品及其制品,是人类食品结构的重要组成部分。因其富含优质的蛋白质和其他营养物质,适口性强,消化率高,备受消费者青睐。但动物性食品易于腐败变质,来自不健康动物的产品或制品常常带有病原微生物、寄生虫、霉菌等,人们在使用了不卫生或卫生处理不当的动物性食品后,可能会感染人畜共患病或发生食物中毒;同时随着工农业生产快速发展,环境污染日益加重,化学污染物、放射性污染物、兽药、外源激素、食品添加剂等残留,以及动物性食品掺假、作为等问题导致急慢性中毒或引起致癌、致畸、致突变,不但危害消费者健康,而且会影响子孙后代。因此为了保证动物性食品的卫生质量,保障消费者的食用安全,防止人畜共患病和动物疫病传播,必须按照国家食品安全法律法规,对动物性产品及其制品进行严格检验。动物性食品的卫生检验包括肉与肉制品的卫生检验、蛋与蛋制品的卫生检验、乳与乳制品的卫生检验以及水产食品的卫生检验。

# 第一节　肉与肉制品的卫生检验

## 一、概述

鲜肉是指活畜禽屠宰加工后,经兽医卫生检验符合市场鲜销而未经冷冻的畜禽胴体,一般需要经过冷却成熟后才能食用。屠宰后的鲜肉在自然条件下存放时,一般会经历僵硬、成熟、自溶和腐败 4 个连续的变化过程。其中僵硬和成熟阶段的肉是新鲜的,而自溶标志着鲜肉腐败变质的开始,鲜肉发生腐败变质后会导致蛋白质或其他营养成分的强烈分解,产生许多有毒有害的低分子产物。肉制品包括腌腊制品、熟肉制品和肉罐头 3 大类,是加工保藏肉品、增加肉品种类和风味的重要手段,在我国形成了许多有名的地方名产品。这些肉制品若加工方法不当,保藏不卫生,同样会出现腐败变质现象,危害消费者健康,因此必须加强卫生监督和检验,确保卫生质量。肉与肉制品的卫生检验一般包括感官检验、理化指标的检验和微生物学检验 3 个方面。下面详细叙述肉与肉制品的卫生检验方法。

## 二、肉新鲜度的卫生检验

肉新鲜度的卫生检验,一般是从感官性状、腐败分解产物的特性和数量、细菌的污染程度 3 方面来进行的,采用单一的方法很难获得正确的结果。因为肉的腐败变质是一个渐进性过程,同时变化又非常复杂,因此只有采用包括感官检验和实验室检验在内的综合性检查方法,才能比较客观地对鲜肉卫生状况做出正确的判断。肉新鲜度的卫生检验包括感官检验、理化指标检验和细菌学检验。

## (一)肉新鲜度的感官检验

感官检验是通过检验者的视觉、嗅觉、触觉和味觉等感觉器官,对肉的新鲜度进行检查,这种方法简便易行,既能反映客观情况,又能及时做出结论。感官指标是国家规定检验肉新鲜度的主要标准之一,这是肉新鲜度检验的最基本方法。

感官检验主要是观察肉品表面和切面的颜色,触摸肉品表面和切面的湿润程度,观察肌肉纤维的清晰程度和感觉其坚韧性,用手指按压肌肉判定肉的弹性,嗅闻肌肉的异常气味,按下列煮沸实验方法检查肉汤的变化等。最后根据检验结果评定肉的新鲜度。

煮沸试验:用剪刀将检验肉样剪成 2～3 g 重的小块,除去脂肪及结缔组织,装入三角烧杯中(20～30 块),加常水煮沸,煮时用表玻璃盖住杯口,煮沸后揭开表玻璃,迅速判定蒸气的气味。然后盖上表玻璃继续煮沸 20 min,观察两个辅助指标,即肉汤的透明度及其表面浮游脂肪的状态。

判定标准:按照 GB/T 5009.44 规定的方法进行检验,感官指标应符合 GB 2707—2005 的规定,即鲜(冻)畜肉的感官指标为无异味、无酸败味。但在肉新鲜度的具体检验中可操作性不强。因此鲜(冻)猪肉、牛肉、羊肉、兔肉仍然沿用修订前国家标准(表 4-1,表 4-2)。鲜(冻)禽产品感官指标最新标准见表 4-3。

**表 4-1　鲜猪肉感官卫生标准(GB 2707—1994)**

| 项目 | 鲜猪肉 | 冻猪肉 |
|---|---|---|
| 色泽 | 肌肉有光泽,红色均匀,脂肪乳白色 | 肌肉有光泽,红色或稍暗,脂肪白色 |
| 组织状态 | 纤维清晰,有坚韧性,指压后凹陷立即恢复 | 肉质紧密,有坚韧性,解冻后指压凹陷恢复较慢 |
| 黏度 | 外表湿润,不粘手 | 外表湿润,切面有渗出液,不粘手 |
| 气味 | 具有鲜猪肉固有的气味,无异味 | 解冻后具有鲜猪肉固有的气味,无异味 |
| 煮沸后肉汤 | 澄清透明,脂肪团聚于表面 | 澄清透明或稍有浑浊,脂肪团聚于表面 |

注:本标准适用于猪屠宰加工后,经兽医卫生检验合格,允许市场销售的鲜猪肉和冷冻猪肉。

**表 4-2　鲜牛肉、鲜羊肉、鲜兔肉的感官卫生标准(GB 2708—1994)**

| 项目 | 鲜牛肉、羊肉、兔肉 | 冻牛肉、羊肉、兔肉 |
|---|---|---|
| 色泽 | 肌肉有光泽,红色均匀,脂肪洁白或淡黄色 | 肌肉红色均匀,有光泽,脂肪白色或微黄色 |
| 组织状态 | 纤维清晰,有坚韧性 | 肉质紧密、坚实 |
| 黏度 | 外表微干或湿润,不粘手,切面湿润 | 外表微干或有风干膜或外表湿润不粘手,切面湿润粘手 |
| 弹性 | 指压后的凹陷立即恢复 | 指压后的凹陷恢复较慢 |
| 气味 | 具有鲜牛肉、羊肉、兔肉固有的气味,无臭味、异味 | 解冻后具有牛肉、羊肉、兔肉固有的气味,无臭味 |
| 煮沸后肉汤 | 澄清透明,脂肪团聚于表面,具有香味 | 澄清透明或稍有浑浊,脂肪团聚于表面,具特有香味 |

注:本标准适用于活牛、羊、兔屠宰加工后,经兽医卫生检验符合市场销售的鲜牛肉、羊肉、兔肉和冷冻牛肉、羊肉、兔肉。

### 表 4-3　鲜(冻)禽产品感官卫生标准(GB 16869—2005)

| 项目 | 鲜禽产品 | 冻禽产品 |
| --- | --- | --- |
| 组织状态 | 肌肉富有弹性,指压后凹陷部位立即恢复原状 | 肌肉指压后凹陷部位恢复较慢,不易完全恢复原状 |
| 色泽 | 表皮和肌肉切面有光泽,具有禽类品种应有的光泽 | |
| 气味 | 具有禽类品种正常的气味,无其他异味 | |
| 煮沸后肉汤 | 透明澄清,脂肪团聚于表面,具有禽类品种的香味 | |
| 瘀血(以瘀血面积计)/m² | | |
| S>1 | 不得检出 | |
| 0.5<S≤1 | 片数不得超过抽样量的 2% | |
| 硬杆毛(长度超过 12 mm 的羽毛,或直径超过 2 mm 的羽毛根)/(根/10kg)≤ | 1 | |
| 异物 | 不得检出 | |

注:瘀血面积以单一整禽或单一分割禽体的 1 片瘀血面积计。

### (二)肉新鲜度理化指标的检验

肉新鲜度理化检验指标主要包括总挥发性盐基氮的测定,pH 值的测定,粗氨的测定,球蛋白沉淀反应,硫化氢的测定及过氧化物酶的测定等。我国现行的食品卫生标准中,肉新鲜度检验的唯一理化指标是总挥发性盐基氮的测定,其他检验方法只能作为肉新鲜度检验的辅助方法,实际工作中应根据情况选用。

### 1. 总挥发性盐基氮(TVB-N)的测定

总挥发性盐基氮的测定方法有半微量定氮法和微量扩散法(GB/T 5009.44—2003)

(1)半微量定氮法。

①基本原理:动物性食品由于酶和细菌的作用,在腐败过程中,蛋白质发生分解,产生氨及胺类等碱性含氮物质,这些物质在碱性环境中具有挥发性,故称之为挥发性盐基氮。

在半微量凯氏定氮器的反应室内放入样品提取液,利用弱碱氧化镁,使碱性含氮物质游离而被蒸馏出来。被接收瓶中的硼酸所吸收。然后用标准盐酸溶液滴定,根据滴定用去的酸液量,计算出样品中总挥发性盐基氮的含量。

②器材与试剂:半微量凯氏定氮器;微量滴定管(最小分度 0.01 mL);1%氧化镁混悬液;2%硼酸溶液。

甲基红指示剂:0.2%甲基红乙醇溶液,0.1%次甲基蓝水溶液,临用时将两种液体等量混合为混合指示液。

0.01 mol/L 盐酸标准溶液或 0.01 mol/L 硫酸标准溶液。

③操作方法。

A. 样品肉浸液的制备:将样品剔除脂肪、筋腱和骨后,绞碎搅匀,称取 10.0 g 置于锥形瓶中,加 100 mL 蒸馏水,不断摇动,浸渍 30 min 后过滤,滤液放入冰箱备用。

B. 测定:预先将盛有 10 mL 吸收液并加入 5~6 滴混合指示液的锥形瓶置于冷凝管下端,并使其下端插入锥形瓶内吸收液的液面下。

吸取 5 mL 样品肉浸液加入蒸馏器反应室内,加入 1%氧化镁混悬液 5 mL,迅速盖塞,并加水于小玻璃杯中,用水作封闭以防漏气,待蒸汽充满蒸馏器内时,即关闭蒸汽出口管,由冷凝管出现第一滴冷凝水开始计时,蒸馏 5 min 即停止。

吸收液用 0.01 mol/L 盐酸标准溶液滴定,滴定终点至蓝紫色。同时用无氨蒸馏水代替样品液作试剂空白对照试验。

④计算。

$$总挥发性盐基氮(TVB-N\ mg/100\ g) = \frac{(V_1 - V_2) \times 14 \times c}{m \times \frac{5}{100}} \times 100$$

式中:$V_1$ 为测定用样品液消耗的盐酸标准溶液体积(mL);$V_2$ 为空白试剂液消耗的盐酸标准溶液体积(mL);$c$ 为盐酸标准溶液的当量浓度;$m$ 为样品的质量(g);14 为 1 mol/L 1 mL 盐酸标准溶液相当于氮的毫克数。

计算结果保留三位有效数字。

⑤注意事项。

A. 空白试验稳定后才能进行正式试验。每个样品测定之间应用蒸馏水洗涤 2～3 次,滴定终点观察时空白试验与正式试验色调应一致。

B. 该方法灵敏度为 0.005 mg 氮,标准回收率为 99.6%,挥发完全,重复性良好。

(2)微量扩散法。

①基本原理:在康维氏微量扩散皿的外室放入样品提取液,挥发性含氮物质在碱性溶液中释出,利用弱碱试剂(饱和碳酸钾溶液)使含氮物质在 37℃ 游离扩散,扩散到扩散皿的密闭空间中,逐渐被内室硼酸溶液吸收,然后用标准酸液滴定,根据滴定消耗的酸液量,计算出肉样品中的含量。

②器材与试剂:微量扩散皿(标准型):玻璃质,内外室总直径 61 mm,内室直径 35 mm,外室深度 10 mm,内室深度 5 mm,外室壁厚 3 mm,内室壁厚 2.5 mm,加磨砂厚玻璃盖。

微量滴定管,恒温培养箱。

饱和碳酸钾液:称取 50 g 碳酸钾,加 50 mL 水,微加热助溶,使用时取上清液。

水溶性胶:称取 10 g 阿拉伯胶,加 10 mL 水,再加 5 mL 甘油及 5 g 无水碳酸钾(或无水碳酸钠),研匀。

吸收液、混合指示液、0.01 mol/L 盐酸或硫酸标准溶液,同半微量定氮法。

③操作方法。

样品肉浸液的制备:同半微量定氮法。

测定:将水溶性胶涂于扩散皿的边缘,在皿中央内室加入 1 mL 吸收液和 1 滴混合指示液;在皿外室一侧加入 1 mL 样品液体,另一侧加入 1 mL 饱和碳酸钾溶液,注意勿使两液接触,立即盖好;密封后将皿于桌面上轻轻转动,使样液与碱液混合。

将扩散皿置于 37℃ 温箱内放置 2 h,取盖,用 0.01 mol/L 盐酸标准溶液滴定,滴定终点为蓝紫色,记录标准盐酸的用量。同时作试剂空白对照试验。

④计算。

$$总挥发性盐基氮(TVB-N\ mg/100\ g) = \frac{(V_1 - V_2) \times 14 \times c}{m \times \frac{1}{100}} \times 100$$

式中:$V_1$ 为样品液消耗的盐酸标准溶液体积(mL);$V_2$ 为空白试剂消耗盐酸标准溶液体积(mL);$c$ 为标准盐酸溶液浓(mol/L);$m$ 为样品质量(g)。

计算结果保留三位有效数字。

⑤注意事项。

A.扩散皿应洁净,干燥,不带酸碱性;加碳酸钾时应小心加入,不可溅入内室。

B.本方法须用标准液作回收试验;样品测定与空白试验均需各作 2 份平行试验。

⑥判定标准:见表 4-4。

表 4-4　肉品新鲜度的判定指标　　　　　　　　　　　　　　　　　mg/100 g

| 项目 | 一级鲜肉 | 二级鲜肉 | 三级鲜肉 |
| --- | --- | --- | --- |
| 各种鲜肉 | ≤15 | ≤25 | >25 |
| 咸猪肉 | ≤20 | ≤45 | >45 |

**2.pH 的测定**

肉品的 pH 值是判定肉品新鲜度的重要参考指标之一。肉品 pH 的测定方法主要有比色法、pH 试纸法和酸度计测定法(GB/T 9695—2008)。

(1)基本原理:畜禽生前肌肉的 pH 为 7.1～7.2,宰后由于缺氧,肌肉中的肌糖原无氧酵解,产生大量乳酸,三磷酸腺苷迅速分解,产生磷酸,致使乳酸和磷酸聚积,使肉中 pH 下降。如宰后 1 h 的热鲜肉,其 pH 可降至 6.2～6.3,经 24 h 后降至 5.6～6.0,在肉品工业中称为"排酸值",可以一直维持到肉品发生腐败分解前期。所以新鲜肉的 pH 一般在 5.6～6.4。

肉品腐败时,肉中蛋白质在细菌酶的作用下,被分解为氨和胺类化合物等碱性物质,因而使肉趋于碱性,pH 显著增高,可以达到 6.5 以上。另外宰前过度疲劳、虚弱的患病动物,由于生前能量消耗过大,肌肉中贮存的肌糖原较少,因而宰后蓄积于肌肉中的乳酸量也较低,肉pH 也显得较高。因此测定肉的 pH,不仅有助于判定肉的新鲜度,而且在一定条件下也有助于了解屠畜宰前的健康状况。

(2)器材与试剂。

器材:天平,量筒,烧杯,锥形瓶,刻度吸管,剪刀,pH 精密试纸,酸度计,pH 比色箱,比色管。

试剂:磷酸二氢钾-氢氧化钠混合液(pH 5.8～8.0),溴麝香草酚蓝指示液(pH 6.0～6.7),酚红指示液(pH 6.8～8.0)。

(3)测定方法。

①肉浸液的制备:同前制备 1∶10 肉浸液,过滤备用。

②pH 试纸法:将 pH 精密试纸条的一端浸入被检肉浸液中,或直接贴在被检肉的新鲜切面上,数秒钟后取出,与标准比色板对照,直接读取 pH 的近似数值。

③酸度计测定法:将酸度计调零、校正、定位,然后将玻璃电极和参比电极插入烧杯内肉浸液中,按下读数开关,观察指针移动所指 pH,直接读出测定结果。

④比色法:将肉浸液置于比色管中,分别加入指示剂混匀,插入比色箱,与标准比色管进行比色对照,判定试验结果。

(4)判定标准:新鲜肉:pH 5.8～6.2;次鲜肉:pH 6.3～6.6;变质肉:pH 6.7 以上。

### 3. 肉中粗氨的测定

肉中粗氨的测定一般采用纳氏试剂(Nessler)法。纳氏试剂无论对肉中的游离氨或结合氨都能起反应,是测定氨的专用试剂。

(1)基本原理:肉类腐败时,蛋白质分解生成氨和铵盐等物质,称为粗氨。肉中的粗氨随着腐败程度的加深而相应增多,因此测定粗氨可以判定肉类腐败变质的程度。氨是肉腐败分解时蓄积于肉中的特征性产物之一,Nesser 氏试剂无论是对游离氨或结合胺均能起反应,在碱性环境下与氨和铵盐形成碘化二亚汞铵的黄色或橙色沉淀,使肉浸液染成黄色,颜色深浅及沉淀量的多少与粗氨的含量和肉的腐败程度成正比,从而判定肉的新鲜度。

(2)器材与试剂:试管,吸管,试管架,烧杯。

纳氏(Nesser)试剂:称取 10 g 碘化钾溶于 10 mL 热蒸馏水中,再加入热的升汞饱和溶液至出现红色沉淀,过滤。向滤液中加入碱溶液(30 g 氢氧化钾溶于 80 mL 水中),并加入 1.5 mL 上述升汞饱和溶液,待溶液冷却后,加无氨蒸馏水稀释至 200 mL,贮于棕色玻璃瓶内,置暗处密闭保存,使用时取其上清液。

(3)操作方法。

①肉浸液的制备:同前制备 1:10 肉浸液,过滤备用。

②测定:取 2 支试管,一支加肉浸液 1 mL,另一支加入 1 mL 煮沸 2 次冷却的无氨蒸馏水作为对照,然后轮流在 2 只试管中滴加 Nesser 氏试剂,每加 1 滴振摇数次,同时观察试管溶液颜色的变化,直至加到 10 滴为止。

(4)判定标准:见表 4-5。

**表 4-5　粗氨含量与肉品新鲜度判定标准**

| 纳氏试剂滴数 | 肉浸液变化 | 粗氨含量/( mg/100 g) | 肉的新鲜度评价 |
| --- | --- | --- | --- |
| 10 | 透明无变化 | <16 | 一级鲜肉 |
| 10 | 黄色透明 | 16~20 | 二级鲜肉 |
| 10 | 淡黄色浑浊有少量悬浮物 | 21~30 | 腐败初期迅速利用 |
| 6~9 | 黄色浑浊,稍有沉淀 | 31~45 | 腐败肉处理后可使用 |
| 1~5 | 大量黄色或棕色沉淀 | >46 | 完全腐败不能使用 |

### 4. 球蛋白沉淀反应

(1)基本原理:肌肉中的球蛋白在碱性环境中呈可溶解状态,而在酸性条件下则不溶解。新鲜肉呈酸性反应,因此新鲜肉的肉浸液中无球蛋白存在。而肉在腐败过程中,由于大量有机碱的生成而呈碱性,其肉浸液中溶解有球蛋白,肉腐败越严重,则肉浸液中球蛋白的含量就越多。因此,可以根据肉浸液中有无球蛋白和球蛋白的多少来检验肉品的新鲜度。但是,宰前患病或过度疲劳的畜禽,其新鲜肉亦呈碱性反应,可使球蛋白试验显阳性结果。根据蛋白质在碱性溶液中能与重金属离子结合形成沉淀的性质,采用重金属离子沉淀法测定肉浸液中的球蛋白,常选用 10%硫酸铜作蛋白质沉淀剂进行试验。

(2)器材与试剂:试管,试管架,吸管,水浴锅。

10%硫酸铜溶液:称取 $CuSO_4 \cdot 5H_2O$ 15.64 g,先以少量蒸馏水使其溶解,然后加蒸馏水稀释至 100 mL。

（3）操作方法。

①肉浸液的制备：同前制备 1∶10 肉浸液，过滤备用。

②测定：取 2 支 5 mL 试管，一支试管加入肉浸液 2 mL，另一支试管加入 2 mL 蒸馏水作空白对照。然后向 2 支试管中滴加 10％硫酸铜溶液 5 滴，充分振荡后，静置 5 min 观察试管溶液颜色的变化。

（4）判定标准。

新鲜肉：肉浸液透明，液体呈淡蓝色；次鲜肉：肉浸液出现轻度混浊或絮状沉淀；变质肉：肉浸液混浊并有白色沉淀。

**5. 肉中硫化氢的测定**

（1）基本原理：在组成肉类的氨基酸中，有一些含有巯基的氨基酸，在肉类腐败分解过程中，在细菌产生的脱巯基酶作用下发生分解，能放出硫化氢。硫化氢在碱性环境中与可溶性醋酸铅碱性溶液发生反应，产生黑色的硫化铅沉淀。因此测定肉中硫化氢与醋酸铅反应呈色的深浅，可以判定肉的新鲜度。

（2）器材与试剂：100 mL 具塞锥形瓶，烧杯，定性滤纸。

醋酸铅碱性溶液：10％醋酸铅溶液中加入 10％氢氧化钠溶液，至析出白色沉淀时为止。

碱性醋酸铅滤纸：将滤纸条放入上述醋酸铅碱性溶液中浸泡后，取出晾干，备用。

（3）操作方法：将被检肉样剪成黄豆大小的碎块装入 100 mL 具塞锥形瓶中，至瓶容积的 1/3，并尽量使其平铺于瓶底。取一张碱性醋酸铅滤纸条，悬挂于瓶口与瓶盖之间，盖上瓶塞，纸条与肉块表面略接近（而又不接触肉面），室温下静置 30 min 后，观察瓶内滤纸条的颜色变化。必要时可将锥形瓶浸入 60℃温水中，以加快反应。

（4）判定标准。

新鲜肉：滤纸条无变化；次鲜肉：滤纸条边缘变成淡褐色；变质肉：滤纸条下部变为褐色或黑褐色。

**6. 过氧化物酶的测定**

（1）基本原理：健康畜禽新鲜肉中含有过氧化酶，而不新鲜肉及病畜肉、衰弱牲畜肉中都缺乏过氧化酶，因而测定肉中过氧化物酶的含量，有助于判定肉的新鲜度和宰前的健康状况。

根据过氧化酶能从过氧化氢中裂解出氧的特性，在肉浸液中加入过氧化氢和某种易被氧化的指示剂后，肉浸液中的过氧化酶从过氧化氢中裂解出氧，将指示剂氧化而改变颜色，根据显色时间判定肉品的新鲜度。测定时一般选用联苯胺作指示剂，联苯胺被氧化为二酰亚胺代对苯醌氨兰，二酰亚胺代对苯醌和未氧化的联苯胺形成淡蓝绿色的混合物，经一定时间后变成褐色，一般不超过 3 min。

（2）器材与试剂：试管，试管架，移液管，锥形瓶，滤纸，玻璃棒，量筒。

1％过氧化氢溶液：取 30％过氧化氢液 1 mL，用蒸馏水稀释至 30 mL 即可，现配现用。

0.2％联苯胺酒精溶液：称取 0.2 g 联苯胺，溶于 100 mL95％酒精中即成，贮存于棕色瓶内，有效保存期不得超过 1 个月。

（3）操作方法。

①肉浸液的制备：同前制备 1∶10 肉浸液，过滤备用。

②测定：取 2 支 5 mL 试管，一支试管加入肉浸液 2 mL，另一支试管加入 2 mL 蒸馏水作空白对照。在 2 支试管中分别加入 0.2％联苯胺酒精溶液 5 滴，充分振荡，再加入 1％过氧化

氢溶液 2 滴,立即观察 3 min 内试管溶液颜色变化的速度和程度,判定结果。

(4)判定标准。

健畜新鲜肉:肉浸液 30~90 s 呈蓝绿色(后变为褐色),呈阳性反应。说明肉中有过氧化物酶存在。

病死、过劳或处于濒死期急宰的动物肉:肉浸液 2~3 min 后出现淡青绿色或无色,呈阴性反应,说明肉中没有过氧化酶。

市场检验不能制备肉浸液时,在肉的切面上加 1%过氧化氢溶液 2 滴和 0.2%联苯胺酒精溶液 5 滴,此时出现蓝绿色斑点,继而变为褐色者,为阳性反应,无色斑者为阴性反应。

### (三)肉品的细菌学检验

引起肉类腐败变质的原因很多,如加工过程中的卫生条件,保存中的温度及宰前屠畜的健康状况等,主要原因是腐败微生物作用的结果。细菌污染肉品的途径有两个方面,一是内源性感染,是指细菌在宰前就已随血液和淋巴循环侵入肌肉组织;另一是外源性感染,是指在屠宰加工过程中或肉类保藏运输中,细菌落在肉表面,在适宜的温度条件下生长发育,随即向肉的深处侵入。肉品的细菌学检验主要包括菌落总数的测定、大肠菌群的测定和致病菌的检测,均需按照国家标准的检测方法进行。

#### 1.测定方法

菌落总数的测定按 GB/T 4789.2—2010 方法进行;大肠菌群的测定按 GB/T 4789.3—2010 方法进行;沙门氏菌的检验按 GB/T 4789.4—2010 方法进行;志贺氏菌的检验按 GB/T 4789.5—2010 方法进行;金黄色葡萄球菌的检验:按 GB/T 4789.10—2010 方法进行。

#### 2.细菌学标准

目前我国尚未制定普通畜禽肉的细菌学指标,因此一般参考《无公害畜禽肉产品安全要求》(GB18406.3—2001)中的规定(表 4-6)。

表 4-6 无公害畜禽肉细菌学指标

| 项目 | 指标 | |
| --- | --- | --- |
| | 鲜畜禽肉产品 | 冻畜禽肉产品 |
| 菌落总数/(cfu/g) | $\leqslant 1 \times 10^6$ | $\leqslant 5 \times 10^5$ |
| 大肠菌群/(MPN/100 g) | $\leqslant 1 \times 10^4$ | $\leqslant 1 \times 10^3$ |
| 沙门氏菌 | 不得检出 | |
| 致泻大肠埃希氏菌 | 不得检出 | |

注:兔肉(NY 5129—2002)、猪肝(NY 5146—2002)规定不得检出志贺氏菌、金黄色葡萄球菌、溶血性链球菌;禽与禽副产品(NY 5034—2005)、羊肉(NY 5147—2008)、猪肉(NY 5029—2008)、牛肉(NY 5044—2008)规定不得检出沙门氏菌。

## 三、肉制品的卫生检验

肉制品主要包括腌腊肉品、熟肉制品和肉类罐头 3 大类。肉制品的卫生检验以感官检查为主,主要从肉制品色泽、形态、弹性、组织结构状态、外表坚实度和气味等方面进行检验,必要时进行理化指标的检验和细菌学检验。腌腊制品、熟肉制品和肉类罐头具有不同的卫生检验程序和方法。

### (一)腌腊肉品的感官检验

腌腊肉品的感官检查,主要判定腌腊肉品外表和切面的色泽、弹性、气味和组织状态。检验时,取出代表性的肉样,观察肉样表面和切面的色泽、弹性、组织状态,嗅其气味;同时取盐水检查,判定盐水的状态。

#### 1.腌肉、腊肉和火腿的感官检验

对于腌腊肉品进行感官检验,一般采用简便易行、效果确实的看、扦、斩三步检验法。看是从表面和切面观察其色泽和硬度,以鉴别其质量好坏;扦是探测腌肉深部的气味;斩是在看和扦的基础上,对肉品内部质量发生疑问时所采用的辅助方法。

进行具体检验时,先从腌肉桶(池)内取出上、中、下3层有代表性的肉,察看其表面和切面的色泽和组织状况,然后探刺、嗅察深部气味。肉的深层常由于腌制前冷却不充分,残留余热或因开切刀口不确实和用盐不当,食盐未渗透到该部,加之骨骼和关节处,即使胴体发生僵直和成熟,其 pH 也常偏高,故骨骼、关节周围较其他部位易于变质腐败,因此深部扦签具有重要意义,深部扦签的部位多在骨骼、关节附近。

一般整片腌肉通常为五签。扦签的部位和方法为:第一签从股内侧透过膝关节后方的肌肉打入膝关节;第二签由后腿肌肉打入髋关节及肌肉深处;第三签从胸腔脊椎骨下面打入背部肌肉;第四签从胸腔肌肉打入肘关节;第五签从颈部通过脊椎骨下打入胸腔的肩关节。猪头可在耳根部和颌骨之间及咬肌外面打签。

一般火腿为三签。扦签的部位和方法为:第一签在蹄膀部分膝盖骨附近,打入髋关节;第二签在商品规格中方段,髋骨部分、髋关节附近;第三签在中方与油头交界处,打入髋骨与荐椎间。

扦签时,将特制竹签刺入肉品深部,拔出后立即嗅察气味,评定是否有异味和臭味。在第二次扦签前,必须擦去签上前一次沾染的气味或另行换签。当连续多次嗅检后,嗅觉可能对气味变得不敏感,故经过一定操作后要有适当的间隙,以免误判。

当扦签发现某处有腐败气味时,应立即换签。扦签后用油脂封闭签孔,以利保存。使用过的竹签应用碱水煮沸消毒。

当看和扦发现质量可疑时,可用刀斩开肉品,进一步检查内部情况,或选肉层最厚的部位切开,检查断面肌肉与肥膘的状况,必要时还可试煮,品评熟腌肉的气味和滋味。

腌腊肉品的判定标准:

(1)良质腌肉:外表清洁,没有霉菌、生虫和黏液,呈暗红色或鲜红色,切面呈红色,没有斑点,色泽均匀,结实而具有弹性,具有新鲜腌肉特有的令人愉快的气味。

(2)次质腌肉:外表较暗,有时轻度发黏、生虫,切面色泽均匀,但在外缘可以明显地看到暗色的圈,弹性稍弱,具有轻度的酸酵气味或霉败气味,脂肪轻度发黄。

(3)变质腌肉:外表呈暗红色,发黏,有时覆盖霉层,生虫,切面色泽不均,呈灰色或暗红色、褐色,弹性差,具有明显酸酵、腐败的氨臭气味,脂肪发黄。

#### 2.盐水的感官检验

从腌肉桶内取出 200 mL 盐水,观察盐水的色泽、透明度和气味,判定其质量好坏。

盐水的判定标准:

(1)良质腌肉的盐水呈红色,透明,无泡沫,不含絮状物,没有发酵、霉烂和腐败气味,具有良质腌肉的固有气味。

(2)变质腌肉的盐水呈血红色或污浊的褐红色,混浊不清,具有泡沫,有时含有絮状物,具有腐败的或强酸的气味。

### 3.香肠、香肚的感官检验

香肠、香肚的感官检验,主要是观察外表有无变色、发霉、破裂及虫蚀等情况,再用手触检有无表面黏糊、内部松软与臊气等情况,然后纵向切开,使之暴露最大面积,观察内部肉馅色泽、肥肉分布情况以及有无变质等现象,必要时剥去外皮检查,进一步了解组织状况,可以试煮,品评其气味和滋味。如数量过多时,一般可抽样10%,先行外表感官检验,然后再从中抽样10%进行详细检验。

### 4.食品害虫的检查

各种腌腊肉品,特别是较干的或回潮黏糊的制品,在保藏期间,容易出现各种害虫。腌腊肉品常见的害虫有酪蝇(*Piophila casei*)、火腿甲虫(*Necrobia rufipes*)、红带皮蠹(*Dermestes lardarius*)、白腹皮蠹(*Dermestes maculatus*)、火腿螨(*Ham mite*)和齿蠊螨(*Blattisoclus dentriticus*)等,应注意检查。

### (二)腌腊肉品的实验室检验

腌腊肉品中微生物不易生存和繁殖,但在生产实践中,腌腊肉品可能出现的质量问题主要是亚硝酸盐的残留量过高、食盐含量过高或某些品种的肉品含水量过高,以及在保藏过程中发生的脂肪氧化酸败和霉变。因此腌腊肉品的实验室测定项目主要有亚硝酸盐含量的测定、食盐含量的测定、酸价的测定和水分含量的测定等。

### 1.亚硝酸盐含量的测定

肉制品中亚硝酸盐含量的测定一般采用分光光度法盐酸萘乙二胺法(GB/5009.33—2010)进行测定。本标准适用于所有食品中亚硝酸盐含量的测定,本方法的检出限为1 mg/kg亚硝酸盐。

(1)基本原理:样品经沉淀蛋白质、除去脂肪后,在弱酸性条件下亚硝酸盐能与Griess氏试剂中的对氨基苯磺酸重氮化作用,再与试剂中的盐酸萘乙二胺偶合,生成紫红色的偶氮化合物。由于颜色的深浅与浓度之间存在对应关系,故可以与已知量的亚硝酸盐标准溶液比较定量。

(2)器材与试剂。

①小型绞肉机:分光光度计。

②0.4%对氨基苯磺酸溶液:称取0.4 g对氨基苯磺酸,溶于100 mL 20%的盐酸溶液中,避光保存。

③0.2%盐酸萘乙二胺溶液:称取0.2 g盐酸萘乙二胺,溶于100 mL水中,避光保存。

④亚铁氰化钾溶液:称取106 g亚铁氰化钾,溶于一定量的水中,并稀释至1 000 mL。

⑤乙酸锌溶液:称取220 g乙酸锌,加30 mL冰乙酸溶于水,并稀释至1 000 mL。

⑥饱和硼砂溶液:称取5 g硼砂钠,溶于100 mL热水中,冷却后备用。

⑦亚硝酸钠标准溶液:精密称取0.100 0 g于硅胶干燥器中干燥2 h的亚硝酸钠,加水溶解移入500 mL容量瓶内,并稀释至刻度。此溶液每毫升相当于200 μg亚硝酸钠。

⑧亚硝酸钠标准使用液:临用前,吸取亚硝酸钠标准溶液5.00 mL,置于200 mL容量瓶内,加水稀释至刻度。此溶液每毫升相当于5 μg亚硝酸钠。

（3）操作方法。

①样品处理：称取 5 g 样品绞碎，混匀，置于 500 mL 烧杯中，加硼砂饱和溶液 12.5 mL，搅拌均匀，以 70℃左右的水约 300 mL，将样品全部洗入 500 mL 容量瓶内，置沸水浴中加热 15 min，混匀，取出冷却至室温，然后边转动边加入亚铁氰化钾溶液 5 mL，摇匀，再加入乙酸锌溶液 5 mL 以沉淀蛋白质，加水至刻度，混匀，放置 0.5 h，除去上层脂肪，上清液用滤纸过滤，弃去初滤液 30 mL，滤液备用。

②测定：取上述滤液 40 mL 加入 50 mL 比色管中，混匀，另吸取亚硝酸钠标准使用液 0.00 mL、0.20 mL、0.40 mL、0.60 mL、0.80 mL、1.00 mL、1.50 mL、2.00 mL、2.50 mL（相当于亚硝酸钠 0 μg、1 μg、2 μg、3 μg、4 μg、5 μg、7.5 μg、10 μg、12.5 μg）分别置于 50 mL 比色管中，在标准管与样品管中分别加入 0.4% 对氨基苯磺酸溶液 2 mL，混匀，静置 3～5 min 后加入 0.2% 盐酸萘乙二胺溶液 1 mL，加水至刻度，混匀，静置 15 min。用 2 cm 比色杯，以零管调节零点，于 538 μm 波长处测其吸光度，并绘制出标准曲线进行比较。

（4）计算。

$$X = \frac{A \times 1\,000}{m \times \dfrac{V_1}{V_0} \times 1\,000}$$

式中：$X$ 为样品中亚硝酸盐的含量（mg/kg）；$m$ 为样品的质量（g）$A$ 为测定用样液中亚硝酸盐的含量（μg）；$m$ 为样品的质量（g）；$V_1$ 为测定用样液的体积（mL）；$V_0$ 为试样处理液的总体积（mL）。

计算结果保留两位有效数字。

（5）判定标准：腌腊肉品不得高于 30 mg/kg。

**2. 食盐含量的测定**

腌腊肉品中食盐含量的测定一般采用硝酸银滴定法（GB/T 12457—2008）。本标准适用于腌腊食品中食盐含量的测定。

（1）基本原理：用浸出法将腌腊肉品中的食盐浸出，以铬酸钾为指示剂，用硝酸银标准溶液进行滴定，则氯化物与硝酸银作用，生成难溶于水的白色氯化银沉淀。当溶液中氯离子的沉淀作用结束后，过量的硝酸银即与指示剂铬酸钾发生作用，生成橘红色的铬酸银沉淀，表示反应到达终点，根据硝酸银溶液消耗量，计算氯化钠的含量。

（2）器材与试剂。

①高温炉，烧杯，锥形瓶，10 mL 微量滴定管，滴定管架。

②5% 铬酸钾指示液：称取 5 g 铬酸钾，溶于 100 mL 蒸馏水中。

③0.1 mol/L 硝酸银标准溶液：精密称取 17.5 g 硝酸银，加入适量水使之溶解，并稀释至 1 000 mL，混匀，避光保存。

（3）操作方法：称取切碎的肉样 10 g，加蒸馏水 100 mL，加热煮沸 10 min，冷却至室温，移至 250 mL 容量瓶中，用蒸馏水洗涤烧杯数次，再加蒸馏水至刻度，混匀，过滤后备用。

精密吸取上述滤液 25 mL，放在 150 mL 锥形瓶中，加 5% 铬酸钾指示剂 1 mL，混匀，用 0.1 mol/L 硝酸银标准溶液滴定至出现橘红色为终点。同时用 25 mL 蒸馏水代替样品滤液作空白对照试验。

（4）计算。

$$X = \frac{(V_1 - V_2) \times c \times 0.058\ 45}{m \times \dfrac{25}{250}} \times 100$$

式中：$X$ 为样品中食盐的含量（以 NaCl 计）（%）；$V_1$ 为样品滴定消耗的硝酸银标准溶液的体积（mL）；$V_2$ 为空白试验消耗的硝酸银标准溶液的体积（mL）；$c$ 为硝酸银溶液的摩尔浓度（mol/L）；$m$ 为样品的质量（g）；0.058 45 为 1 mL 0.1 mol/L 硝酸银标准液相当氯化钠的克数。

（5）判定标准：腌腊肉品中食盐含量不超过 10%。

**3. 酸价的测定**

酸价是脂肪分子分解程度的指标，脂肪水解后酸值升高是腌腊肉品腐败初期的表现。动物油脂中酸价的测定一般采用中和滴定法（GB/T 5009.44—2003）。

（1）基本原理：酸价是指中和 1 g 脂肪中所含的游离脂肪酸所需氢氧化钾的毫克数。试样中游离脂肪酸用氢氧化钾标准溶液进行滴定，每克试样消耗的氢氧化钾的毫克数，即为酸价。

（2）器材与试剂。

①碱式微量滴定管，100 mL 具塞锥形瓶，烧杯。

②1% 酚酞酒精指示液：取 1 g 酚酞溶于 95% 酒精 100 mL 中，贮存于棕色试剂瓶中保存。

③中性醇醚混合液：1 份 95% 酒精加 1 份乙醚，每 100 mL 混合液加酚酞指示液 0.5 mL，用 0.1 mol/L 氢氧化钾标准溶液中和至淡粉红色。

④0.1 mol/L 氢氧化钾标准溶液：称取 6 g 氢氧化钾，加入新煮沸过的冷蒸馏水溶解，并稀释至 1 000 mL 混匀，标定。

（3）操作方法：称取 3～5 g（精确到 0.01 g）肉样中的脂肪，剪碎，在 80℃ 以上的水浴上溶解，获得均匀的油脂试样，加入中性酒精乙醚混合液 50 mL，加热振摇，使油脂溶解，混匀后，再加入 1% 酚酞酒精溶液 3～5 滴，用 0.1 mol/L 氢氧化钾标准溶液迅速滴定，至出现浅微红色在 1 min 内不消失为终点。

（4）计算

$$X = \frac{V \times c \times 56.11}{m}$$

式中：$X$ 为试样的酸价（以 KOH 计）（mg/g）；$V$ 为试样滴定消耗的氢氧化钾标准溶液的体积（mL）；$c$ 为氢氧化钾标准滴定溶液的浓度（mol/L）；$m$ 为试样的质量（g）；56.11 为 1 mL 氢氧化钾标准溶液相当于氢氧化钾的毫克数。

（5）判定标准：腌腊肉品（以脂肪计）不得超过 4 mg/g。

**4. 水分含量的测定**

腌腊肉品中水分含量的测定可以采用直接干燥法和蒸馏法（GB/T 5009.3—2010）。这里主要介绍蒸馏法。

（1）基本原理：一般采用甲苯蒸馏法。根据甲苯高沸点、轻比重的特性，利用食品中水分的物理化学性质，将肉品中的水分分离出来，甲苯沸点为 111℃，当其达到沸点时水分早已蒸发，同甲苯一起冷却而收集于接收器中，同时由于水与甲苯是两种互不溶解的液体，甲苯密度为 0.866 9，小于水的比重，因此甲苯浮于水上，与水分分成明显的两层液体。根据接收的水的体积计算出试样中水分的含量。

(2)器材与试剂

①水分测定器。

②甲苯或二甲苯:取甲苯或二甲苯,先以水饱和后,分取水层,进行蒸馏,收集馏出液备用。

(3)操作方法:称取5～10 g样品,剪碎,置于蒸馏瓶中,加甲苯75 mL浸没样品,然后连接收集器及冷却管,以冷凝管顶端注入甲苯,装满收集器的管部,加热蒸馏3～4 h,慢慢蒸馏,每秒钟得馏出液2滴,当接收管内水的体积不再增加时即可,再将冷凝管顶端加少量甲苯,以洗净冷凝管壁及接收器管壁。再蒸馏几分钟,然后读取收集器内水层的容积。

(4)计算。

$$X=\frac{V}{m}\times 100$$

式中:$X$为腌腊肉品样品中水分的含量(mL/100g);$V$为收集管内水的体积(mL);$m$为样品的质量(g)。

(5)判定标准:腌腊肉品水分含量不超过25%。

### (三)熟肉制品的感官检验

1.熟肉制品的感官检验

主要检查熟肉制品外表的清洁情况和切面的色泽、坚实度和弹性、气味、滋味,以及有无黏液、霉斑等。夏秋季节还要注意有无苍蝇停留的痕迹及蝇蛆,苍蝇常产卵于整只鸡、鸭的肛门、口、腿、耳等部位,蝇卵孵化后蝇蛆进入体腔或深部,此时制品外观色泽和气味往往正常,但内部已被蝇蛆所带的微生物污染,故应特别注意检查。

2.香肠、香肚的感官指标

主要观察香肠、香肚外表有无变色、发霉、破裂及虫蚀等情况,然后用手触检表面有无粘手、内部松软与臌气等。再纵向切开,观察肉馅色泽、肥肉分布以及有无变质等现象,必要时可剥去外皮检查,也可加热品尝滋味和气味,见表4-7。

表4-7 香肠、香肚的感官标准

| 项目 | 一级鲜度 | 二级鲜度 |
|---|---|---|
| 外观 | 肠衣(或肚皮)干燥且紧贴肉馅,无黏液及霉点,坚实或有弹性 | 肠衣(或肚皮)稍有湿润或发黏,易与肉馅分离,但不易撕裂,表面稍有霉点,但抹后无痕迹,发软而无韧性 |
| 组织状态 | 切面坚实 | 切面整齐,有裂隙,周缘部分有软化现象 |
| 色泽 | 切面肉馅有光泽,肌肉灰红色至玫瑰红色,脂肪白色或微带红色 | 部分肉馅有光泽,肌肉深灰或咖啡色,脂肪发黄 |
| 气味 | 具有香肠固有的气味 | 脂肪有轻度酸味,有时肉馅带有酸味 |

3.酱卤肉的感官指标

酱卤肉类指酱肉、卤肉、熟熏肉、熟禽、兔肉以及熟畜禽内脏等熟肉类食品。要求酱卤肉类肉质新鲜,无异物附着,无异味,无异臭。

4.烧烤肉的感官指标

烧烤肉是指用经兽医卫生检验合格的猪肉、禽肉加入调味料经烧烤而成的熟肉制品,其感官标准见表4-8。

表 4-8　烧烤肉的感官标准

| 品种 | 色泽 | 组织状态 | 气味 |
|---|---|---|---|
| 烧烤猪、鹅、鸭类叉烧类 | 肌肉切面鲜艳、有光泽,微红色。脂肪呈浅乳白色(鹅、鸭浅黄色) | 肌肉压之无血水,皮脆 | 无异味、无异臭 |
| | 肌肉切面微赤红色,脂肪白而有光泽 | 肌肉切面紧密,脂肪结实 | 无异味、无异臭 |

### 5. 肉松的感官指标

肉松是指以畜禽为主要原料,加以调味辅料,经高温烧煮并脱水复制而成的绒絮状、微粒状的熟肉制品,其感官标准见表 4-9。

表 4-9　肉松的感官标准

| 项目 | 太仓式肉松 | 福建式肉松 |
|---|---|---|
| 色泽 | 浅黄色、浅黄褐色或深黄色 | 黄色、红褐色 |
| 形态 | 绒絮状,无杂质、焦斑和霉斑 | 微粒状或稍带绒絮,无杂质、焦斑和霉斑 |
| 气味 | 具有肉松固有的香味,无焦味、无哈喇等异味 | |
| 滋味 | 咸甜适口,无油涩味 | |

### 6. 火腿的感官指标

火腿是指用鲜猪后腿肉经过干腌、洗、晒、发酵(或不经过洗、晒、发酵)而加工成的肉制品,其感官标准见表 4-10。

表 4-10　火腿的感官标准

| 项　目 | 一级鲜度 | 二级鲜度 |
|---|---|---|
| 色泽 | 肌肉切面呈深玫瑰红色或桃红色脂肪切面呈白色或微红色,有光泽 | 肌肉切面呈暗红色或深玫瑰红色脂肪切面呈白色或淡黄色,光泽较差 |
| 组织状态 | 致密而结实,切面平整 | 较致密而稍软,切面平整 |
| 气味和煮熟尝味 | 具有火腿特有香味或香味平淡,尝味时盐味适度,无其他异味 | 稍有酱味、豆豉味或酸味,尝味时允许有轻度酸味或涩味 |

### 7. 板鸭(咸鸭)的感官指标

板鸭是指用健康肥鸭宰杀、去毛、净膛,经盐腌、复卤、晾晒而成的腌制品,其感官标准见表 4-11。

表 4-11　板鸭(咸鸭)的感官标准

| 项目 | 一级鲜度 | 二级鲜度 |
|---|---|---|
| 外观 | 体表光洁,白色或乳白色,咸鸭有时为灰白色,腹腔内壁干燥有盐霜,肌肉切面呈玫瑰红色 | 体表呈淡红色或淡黄色,有少量油脂,腹腔潮润有霉点,肌肉切面呈暗红色 |
| 组织状态 | 切面紧密,有光泽 | 切面稀松,无光泽 |
| 气味 | 具有板鸭固有的气味 | 皮下及腹内脂肪有哈喇味,腹腔有腥味或轻度霉味 |
| 煮沸后肉汤及肉味 | 芳香,液面有大片团聚的脂肪,肉嫩味鲜 | 鲜味较差,有轻度哈喇味 |

### （四）熟肉制品的实验室检验

熟肉制品是直接进食的肉制品，其卫生质量直接关系到广大消费者的身体健康和食肉安全性。因此，对这类肉制品的卫生检验提出了更高的要求，除进行感官检验外，必须进行理化指标检验和微生物学检验，特别是对致病菌的检验。因此熟肉制品的实验室测定项目主要有总挥发性盐基氮(TVB-N)的测定、亚硝酸盐含量的测定、食盐含量的测定、酸价的测定和水分含量的测定和细菌学检查等。

（1）总挥发性盐基氮(TVB-N)的测定：同肉新鲜度的卫生检验。

（2）亚硝酸盐含量的测定：同腌腊肉品的实验室检验。一般采用分光光度法盐酸萘乙二胺法(GB/5009.33—2010)进行测定。

（3）食盐含量的测定：同腌腊肉品的实验室检验。食盐含量的测定一般采用硝酸银滴定法(GB/T 12457—2008)。

（4）酸价的测定：同腌腊肉品的实验室检验。熟肉制品中酸价的测定一般采用中和滴定法(GB/T 5009.44—2003)。

（5）水分含量的测定：同腌腊肉品的实验室检验。熟肉制品中水分含量的测定可以采用直接干燥法和蒸馏法(GB/T 5009.3—2010)。

（6）熟肉制品的理化指标：理化指标见表4-12。

**表4-12　熟肉制品的理化指标**

| 项目 | 指标 |
|---|---|
| 水分/(g/100g) | |
| 　肉干、肉松、其他熟肉干制品 | ≤20.0 |
| 　肉脯、肉糜脯 | ≤16.0 |
| 　油酥肉松、肉粉松 | ≤4.0 |
| 总挥发性盐基氮/(g/100g) | ≤20.0 |
| 亚硝酸盐/(mg/kg) | ≤30.0 |
| 酸价/(mg/g脂肪) | ≤4.0 |
| 食盐/% | ≤9.0 |

### （五）熟肉制品的细菌学检验

（1）采样与送检。

①烧烤肉制品：用灭菌棉拭子揩拭肉品表面 20 cm²，背面 10 cm²，四边各 5 cm²，共 50 cm²。用板孔 5 cm² 的金属制规格板压在检样上，将灭菌棉拭子稍沾湿，在板孔 5 cm² 的范围内揩抹 10 次，然后换另一个揩抹点，每个规格板揩 1 个点，每支棉拭子揩抹 2 个点（即 10 cm²），一个检样用 5 支棉拭子，每支棉拭子揩后立即剪断，均投入盛有 50 mL 灭菌水的三角瓶或大试管中立即送检。

②其他熟肉制品（包括酱卤、肴肉、灌肠、香肚及肉松等）：一般可采取 200 g，做重量法检验（整根灌肠可根据检验需要，采取一定数量的检样）。

（2）样品处理。

①熟肉、灌肠类、香肚及肉松：不用消毒表面，直接称取 25 g 样品，放入灭菌乳钵内，用灭

菌剪刀剪碎后,加灭菌海砂或玻璃砂研磨,磨碎后置入装有 225 mL 灭菌生理盐水的锥形瓶中,混匀后即为 1∶10 稀释液。

②烧烤肉制品:用棉拭子采取的检样,经充分振摇后,作为原液,再按检验要求进行 10 倍递增稀释。

(3)检验方法:菌落总数的测定按 GB/T 4789.2—2010 方法进行;大肠菌群的测定按 GB/T 4789.3—2010 方法进行;沙门氏菌的检验按 GB/T 4789.4—2010 方法进行;志贺氏菌的检验按 GB/T 4789.5—2010 方法进行;金黄色葡萄球菌的检验按 GB/T 4789.10—2010 方法进行。

(4)熟肉制品的细菌学指标:见表 4-13。

表 4-13　熟肉制品的细菌学指标

| 项目 | 指标 |
| --- | --- |
| 菌落总数/(cfu/g) | |
| 　烧烤肉、肴肉、肉灌肠 | ≤50 000 |
| 　酱卤肉 | ≤80 000 |
| 　熏煮火腿、其他熟肉制品 | ≤30 000 |
| 　肉松、油酥肉松、肉粉松 | ≤30 000 |
| 　肉干、肉脯、肉糜脯、其他熟肉干制品 | ≤10 000 |
| 大肠菌群/(MPN/100 g) | |
| 　肉灌肠 | ≤30 |
| 　烧烤肉、熏煮火腿、其他熟肉制品 | ≤90 |
| 　肴肉、酱卤肉 | ≤150 |
| 　肉松、油酥肉松、肉粉松 | ≤40 |
| 　肉干、肉脯、肉糜脯、其他熟肉干制品 | ≤30 |
| 致病菌(沙门氏菌、金黄色葡萄球菌、志贺氏菌) | 不得检出 |

### (六)肉类罐头的常规性检验

#### 1.容器外观的检查

容器外观检查时,先将被检罐头编号,并记录其品名、种类、产地、产期、每罐净重、罐头的来源和去处,以及采样时罐头的包装情况等,并核对发货单或送检书的内容是否和实际所见相符合,如有出入应查明其原因,然后检验容器外观。

(1)商标纸和罐盖硬印的检查:仔细观察商标纸和罐盖硬印是否符合规定,商标必须与内容一致。再查看罐头的生产日期,判定罐头的保质期或是否已经过期。法规规定罐盖硬印全国统一采用生产日期直接打印法,便于消费者直接观察罐头的保质期。另外观察底盖有无膨胀现象,外表是否清洁。

(2)罐盒情况的检查:撕下商标纸,观察接缝和卷边是否正常,焊锡是否完整均匀,卷边有无铁舌、切角、裂隙或流胶现象,罐身及底盖有无棱角和凹瘪变形、有无锈蚀现象,以及铁锈的扩展程度。如有锈斑,应以小刀轻轻地刮去锈层,仔细观察有无细小的穿孔,必要时可用放大镜观察并以针尖探测,以便发现被食品碎块堵塞的细微小孔。

（3）用量罐卡尺检查卷边是否均匀一致，用游标卡尺检查罐径和罐高是否符合规定。

（4）检查玻璃罐罐身是否透明，有无气泡，铁盖有无膨胀现象，封口是否严密完整，罐口橡皮圈有无熔化或龟裂现象。

## 2. 敲打试验

敲打试验是用特制的金属棒或木棒敲击罐盖或罐底，以发出的音响和传给手上的感觉来判定罐头的真空度的高低及其质量的好坏。良好的罐头面应凹陷，发出清脆实音，不良罐头表面膨胀，发音不清脆，有浊音或鼓音。

## 3. 密闭性试验

密闭性试验前，先仔细观察罐身有无液汁渗漏，并作敲打检验；如发现有浊音或有可疑的地方，通过温水试漏方法检验其中有无漏气情况，再做正式试验。

试验时，将罐头标签撕掉，把罐身洗净擦干，然后浸没于水中，水量不少于罐重的 4 倍，水面应高出罐头 3～5 cm，将水温加热到 85℃ 以上，放置在水中的时间为 5～7 min，细心观察罐头表面有无成串的小气泡逸出。玻璃瓶罐头试验时，应预先浸入不高于 40℃ 温水中，然后再放入 85℃ 以上的热水中，以免骤热爆裂。

密封良好的罐头，煮沸数分钟后底盖突起。如果罐头密闭性不良，在罐头表面漏气的地方出现一连串的小气泡；若仅有 2～3 个气泡出自卷边和接缝部分（或附着在这些部分上），这可能是卷边或接缝内原来含有的空气，而不是漏气。

密封不良的罐头不得继续保存，应立即开罐检验其内容物，如内容物尚无感官变化，经高温处理后可供食用；如已发生感官变化，则不得食用，应作工业用。

## 4. 真空度的测定

罐头内的真空度是指罐内气压和罐外气压的差。如罐外压力为 760 mmHg，罐内压力为 500 mmHg，真空度即为 260 mmHg。制造罐头的过程中，排气和密封时的温度越高，则罐头在杀菌、冷却后的真空度也越高。当罐内食品被细菌分解产生气体或罐内铁皮被酸腐蚀产生气体时，则真空度显著降低，有时甚至发生膨听现象。因此测定罐头的真空度不仅能鉴定罐头的优劣，而且也可检验排气和密封两道工序的技术操作是否符合规定的要求。

罐头的真空度使用罐头真空测定器进行测定。方法是用右手紧握测定器的上部，把测定器基部的橡皮座平面紧贴在罐盖上面，用力向下猛压，使橡皮座里的空心针穿通罐盖而插入罐内，立即观察并记录测定器指针所指的刻度。在未看清刻度之前，切勿放松向下的压力，以免外界空气进入罐内，影响测定结果的准确性。

一般情况下，在室温下检查的罐头真空度要求在 220～260 mmHg。出口罐头和各种型号罐头的真空度依据国家规定进行判定。

## 5. 保温试验

（1）原理：保温试验是把罐头食品放置在最适于微生物繁殖的条件下，经过一定时间后，如果有微生物生长，则罐内有产气压力升高的现象，使罐头出现体积增大、外形改变的现象，即膨听。因此通过观察其是否发生"膨听"现象，可以判定罐头的灭菌效果。

（2）操作方法：取密闭性检验后的罐头，罐内温度尚保持在 40℃ 左右时，擦干，在罐筒上粘贴注有编号与送检日期的标签，然后放置在 37℃ 温箱中 5 昼夜；取出后，放置冷却到室温，按压罐头两端的底和盖，检验有无膨胀现象发生，是否有鼓音。

（3）判定：正常罐头无变化，或当冷却到室温时膨胀自行消退。如果罐头底、盖同时鼓起，或仅盖(或底)鼓起,用手指强压时不能恢复原状,或恢复原状但抬手后仍鼓起,即为膨听现象。发生膨听现象的罐头不能保藏,应立即剔除。

**6. 容器内壁的检查**

将罐头内容物取出,空罐用温水洗净,轻轻擦干后,观察罐身及底盖内部的镀锡层是否完整,是否有脱落和露铁情况;涂料保护层有无脱落;有无铁锈,或硫化铁斑点;罐内有无锡粒和内流胶现象等。

**7. 内容物的感官检验**

(1)器材:开罐刀、白瓷盘、玻璃棒、匙、金属丝筛子、500 mL 烧杯、500 mL 量筒、大口漏斗、100 mL 量筒、水浴锅、游标卡尺和 1/10 g 天平。

(2)组织和形态的检查:先把被检罐头放入 80～90℃ 的热水中,加热到汤汁融化(有些罐头如凤尾鱼等可不经加热),然后用开罐刀打开罐盖,把内容物轻轻倒入白瓷盘中,观察罐头组织块形态、结构、并用玻璃棒轻轻拨动,检查其组织是否完整、块形大小和块数是否符合规定。仔细观察内容物中有无毛根、碎骨、血管、血块、淋巴结、草、木、砂及其他杂质等存在。

鱼类和肉类罐头,在倒入白瓷盘前须先检验其排列情况。鱼类罐头检查脊骨有无外露现象(指段装鱼类罐头,其脊椎突出于鱼肉断面),骨肉是否连接,鱼皮是否附着在鱼体上,有无粘罐现象等。

(3)色泽的鉴定:在进行组织和形态鉴定的同时,观察内容物中固形物的色泽,鉴定其是否符合标准要求。同时收集刚做完组织和形态检查的肉、禽类罐头的汤汁,注入 500 mL 量筒中,静置 3 min 后,观察其色泽和澄清程度。并计算其质量。

(4)滋味和气味的检查:用匙盛取固形物和汤汁,先闻闻有无异味,然后进行尝味,鉴定其是否具有产品应有的风味。

肉禽类及水产类罐头须鉴定其是否具有烹调(西红柿汁、五香、红烧、油炸等)和辅助材料应有的滋味,有无“哈喇味”和异臭味,肉质软硬度是否合适。

鉴定人员须有正常的味觉和嗅觉,评尝前须漱口;评味前 4 h 不能吃刺激性食物和烟酒,整个鉴定时间不得超过 2 h。

(5)重量计算:擦净罐头外壁,倒出内容物,将空罐清洗干净后称重。将固形物和汤汁用金属筛分开,称取肉重,收集汤汁,汤汁重量,计算结果。

$$内容物净重＝总重量－空罐重＝肉重＋汤汁重$$
$$固形物重＝内容物净重－汤汁重$$

**（七）肉类罐头的实验室检验**

肉类罐头种类较多,所需原料和加工工艺差别较大,因此实验室检验项目不尽相同。肉类罐头的实验室检验一般包括总挥发性盐基氮的测定、亚硝酸盐含量的测定、重金属含量的测定、烧烤类苯并(a)芘含量的测定、海鱼类多氯联苯含量的测定和细菌学检查。

(1)总挥发性盐基氮(TVB-N)的测定:同肉新鲜度的卫生检验。但样品处理稍有不同。称取 10 g 用乳钵研碎混匀的样品,置于 100 mL 烧杯中,加 50 mL 蒸馏水充分混合,浸泡 30 min,然后加 20% 过氯酸或三氯乙酸溶液 10 mL,使蛋白质沉淀,10 min 后过滤上清液,再用 2% 过氯酸 10 mL 洗净并转移残渣,过滤,最后用少量 2% 过氯酸洗涤残渣并过滤,合并滤液于 100 mL 容量瓶内,加水至刻度,混匀。

(2)亚硝酸盐含量的测定:同腌腊肉品的实验室检验。一般采用分光光度法盐酸萘乙二胺法(GB/5009.33—2010)进行测定。

(3)重金属含量的测定:罐头食品在加工制造和贮存过程中,由于和金属相接触而被重金属污染。溶入罐头食品中的重金属,主要是砷、铅、锡和汞。这类金属的存在往往引起食品质量的改变,如色泽,风味,甚至食用后引起生理反常或中毒,因此,对肉类罐头中的重金属含量要加以限制。砷、铅、锡、汞的测定方法同动物性食品中有害元素的检验技术。

(4)烧烤类苯并(a)芘含量的测定:同动物性食品中致癌物质残留的检验技术。

(5)海鱼类多氯联苯含量的测定:同动物性食品中致癌物质残留的检验技术。

(6)肉类罐头的理化指标:见表4-14。

**表 4-14　肉类罐头的理化指标**

| 项目 | 指标 |
| --- | --- |
| 无机砷(As)/(mg/kg) | ≤0.05 |
| 铅(Pb)(mg/kg) | ≤0.5 |
| 锡(Sn)/(mg/kg) | |
| 　镀锡罐头 | ≤250 |
| 总汞(以 Hg 计)/(mg/kg) | ≤0.05 |
| 镉(Cd)/(mg/kg) | ≤0.1 |
| 锌(Zn)/(mg/kg) | ≤100 |
| 亚硝酸盐(以 NaNO₂ 计)/( mg/kg) | |
| 　西式火腿罐头 | ≤70 |
| 　其他腌制类罐头 | ≤50 |
| 苯并(a)芘[①]/(μg/kg) | ≤5 |

①苯并(a)芘仅适用于烧烤和烟熏肉罐头。

(7) 鱼类罐头的理化指标:见表4-15。

**表 4-15　鱼类罐头理化指标**

| 项目 | 指标 |
| --- | --- |
| 苯并(a)芘[①]/(μg/kg) | ≤5 |
| 组胺[②]/(mg/100g) | ≤100 |
| 铅(Pb)/(mg/kg) | ≤1.0 |
| 无机砷(As)/(mg/kg) | ≤0.1 |
| 甲基汞/(mg/kg) | |
| 　食肉鱼(鲨鱼、旗鱼、金枪鱼、梭子鱼及其他) | ≤1.0 |
| 　非食肉鱼 | ≤0.5 |
| 锡(Sn)/(mg/kg) | |
| 　镀锡罐头 | ≤250 |
| 锌(Zn)/(mg/kg) | ≤50 |
| 镉(Cd)/(mg/kg) | ≤0.1 |
| 多氯联苯[c]/(mg/kg) | ≤2.0 |

①仅适用于烟熏鱼罐头。

②仅适用于鲐鱼罐头。

③仅适用于海水鱼罐头,且以 PCB28、PCB52、PCB101、PCB118、PCB138、PCB153 和 PCB180 总和计。

（8）细菌学检验。

①样品准备和处理：采样之前应预先进行适当处理，以防止罐头外部污染内部食品，而影响检验的结果。方法是将罐头编号，先用 5% 石炭酸纱布将罐身擦干净，再倒一层酒精，用火点燃，待火焰熄灭后可立即开罐。开罐应在无菌室内进行，用灭菌的开听器，在罐盖中央部开孔，直径为 3～4 cm，过大则易污染，开孔不要损害边缝，以免影响空罐边缝的检验。在罐头中心部位取样，然后进行接种，培养，取样时不要取盖面的食品料。

②检验方法：按要求对肉类罐头进行菌落总数、大肠菌群、致病菌检验。致病菌主要检查沙门氏菌属、志贺氏菌属、葡萄球菌及链球菌、肉毒梭菌、魏氏梭菌等能引起食物中毒的病原菌。

菌落总数的测定按 GB/T 4789.2—2010 方法进行；大肠菌群的测定按 GB/T 4789.3—2010 方法进行。沙门氏菌的检验按 GB/T 4789.4—2010 方法进行；志贺氏菌的检验按 GB/T 4789.5—2010 方法进行；金黄色葡萄球菌的检验按 GB/T 4789.10—2010 方法进行。肉毒梭菌、魏氏梭菌的检验按 GB/T 4789.26—2010 方法进行。

③细菌学指标：应符合罐头食品商业无菌的要求（GB/T 4789.26—2010）。

④细菌学检验的卫生评定：良质肉类罐头中不得含有致病菌，不得有细菌性腐败现象；当肉类罐头中发现肉毒梭菌、致病性球菌、链球菌、沙门氏菌和志贺氏菌等，不得投入市场，禁止食用。

## 四、病死畜禽肉的卫生检验

兽医卫生检验人员对市场肉品进行检验时，应重点检查被检肉品是否来自患病的、濒死期急宰的或死亡的畜禽。因此必须对病死畜禽肉进行严格的卫生检验。病死畜禽肉的检验包括感官检查和实验室检查。

### （一）病死畜禽肉的感官检查

病死畜禽肉的感官检查主要有放血程度的检查、杀口状态的检查、血液坠积情况的检查、病理变化和淋巴结变化的检查等。

1. 放血程度的检查

观察放血程度，应以肌肉和脂肪组织的色泽、大小血管充血程度和肌肉新鲜切面状态为依据。若带有内脏，还要观察其色泽和肠系膜血管的充盈状况。观察时应在自然光线下进行，必要时可以进行滤纸条浸润试验。

健康畜禽肉：放血良好，肌肉呈红色或深红色，脂肪呈白色或略带黄色，肌肉和血管紧密，断面无小血珠流出，小血管不显露。

病死畜禽肉：无论急宰，冷宰或横死畜禽的肉和脏器，都有放血不良的特征，肌肉呈黑红色甚至蓝紫色，肌肉切面可见到血液浸润区，并有血滴外溢，脂肪、结缔组织中和胸腹膜下血管显露，有时脂肪染成淡红色，剥皮肉尸的表面常有渗出的血液形成的血株。冷宰的肉上述现象尤为明显，如果尸体一侧有血液沉积和血液浸润的现象时，说明冷宰是在死亡数小时后才进行的，这种肉被胃肠道细菌污染的可能性很大。必须重视。

2. 杀口状况的检查

主要观察杀口切面的状态及其周围组织的血液浸润程度。

健康畜禽肉：屠宰的健康畜禽放血部位由于组织血管收缩，宰杀口切面外翻，粗糙不平，其周围组织血液浸染区很大，该处组织被血红染深达 0.5～1.0 cm。

病死畜禽肉：病畜急宰或冷宰病畜肉尸，其杀口切面平整而不外翻，无血液浸染现象，血液浸润程度与其他部位一样。

### 3. 血液坠积情况的检查

血液坠积的发生是畜禽死亡后血液状态改变和血液再分配的结果。检查时，注意观察胴体和脏器的低体部位，尤其是卧地一侧的皮下组织、胸腹膜、肺脏、肾脏、肠，以及其他器官有无血液坠积情况。

急宰的病死畜禽，在一侧的皮下组织、肌肉及浆膜，呈明显的坠积性瘀血，可见血管怒张，血液浸润的组织呈大片紫红色区。濒死急宰或死后冷宰的畜禽在尸体侧卧部位的皮肤上有瘀血斑，又称尸斑。切开瘀血斑，流出血样液体。

### 4. 病理变化的检查

主要观察胴体皮肤、皮下脂肪、肌肉组织、胸腹膜等处有无异常，并注意病变的性质、大小、形态和色泽等。对于脏器，应仔细观察其形态、色泽、大小和实质等有无异常，同时观察相关淋巴结的变化。病死畜禽大多在体表、皮下组织和脏器等有不同的病理变化，有些疾病具有特征性的病变。皮下组织和脏器的颜色自鲜红色到黑红色，肋间与肠系膜的血管显露，末梢血管充血，致使剥皮肉尸的表面常有渗出的血液或流血。

病死禽类的皮肤呈不同程度的紫红色、暗红色和铁青色，皮肤干枯，毛孔突起，拔毛不净；翼下或腹下小血管瘀血，胴体倒地一侧或腹下有大片的血液坠积；胴体极度消瘦。病死禽类的冠和肉髯呈紫红色或青紫色，有的全部呈紫黑色，以边缘部较重，眼部污秽不洁，眼多全闭，眼球下陷。嗉囊发青紫，空虚瘪缩或有液体或气体，肛门松弛或污秽不洁。

### 5. 淋巴结变化的检查

主要观察具有剖检意义的淋巴结的大小、色泽和切面状态有无异常，并注意是局部性还是全身性变化。

健康家畜的淋巴结具有正常的色泽和大小。急宰后的病死畜淋巴结都有显著的病理变化。大多数病死家畜的淋巴结肿大，切面呈紫玫瑰色，主要是由于淋巴窦血液浸润，继而缺氧，引起组织发绀的结果。另外，由于各种家畜疫病的不同，淋巴结的病理变化有多种特征性表现，应加以鉴别。

### （二）病死畜禽肉的实验室检验

病死畜禽肉的实验室检验包括细菌学检查和理化学检查。其中细菌学检查非常重要，对于发现传染病病原，控制病原菌扩大污染具有重要意义；理化学检验在病死畜禽肉的鉴别上具有重要作用，但由于对检验的干扰因素很多，结果不够稳定和灵敏，因此应严格控制条件，多做几个项目，进行综合判定。病死畜禽肉的理化学检验项目主要有放血程度的检验、pH 的测定、过氧化物酶的检验、硫酸铜肉汤实验、细菌内毒素的检测等。

### 1. 细菌学检验

细菌学检验应在感官检验及理化学检验之前进行。细菌学检验，应先进行镜检，同时应查明肌肉、淋巴结和器官的细菌污染程度。采取涂片镜检的方法可以初步鉴定病原菌。结果判定如下。

（1）炭疽杆菌：见于牛羊马等家畜的检样，呈革兰氏阳性，竹节状、短链或单在排列，有荚膜。猪触片检查发现,常呈弯曲的线状、豆状或膨大的退化型杆菌,有时菌体小时,只见"菌影"。

(2)气肿疽杆菌:为革兰氏阳性、两端钝圆的大杆菌,单在或成对排列。在家畜体内能形成芽孢,芽孢在菌体的中央或末端,肌肉中细菌检出率较高,脏器中较低。

(3)猪丹毒杆菌:为革兰氏阳性、菌体微弯的细小杆菌,单个、成对或呈小堆,无芽孢和荚膜。

(4)巴氏杆菌:为革兰氏阴性、圆形的细小杆菌,两极浓染,猪常常发现;但牛羊肉内不易找到。另外,涂片内发现有多数一致的革兰氏阴性小杆菌时,则可能是沙门氏菌或其他能引起细菌性食物中毒的细菌(大肠杆菌、变形杆菌等)。

如果有可疑,不能确诊,进一步进行细菌培养鉴定。

**2. 放血程度的检验**

(1)滤纸浸润法。

①操作方法:取干滤纸条(长 5 cm,宽 0.5 cm),将其插入被检畜禽肉样的新鲜切口处 1～2 cm 深,经 2～3 min 后,观察滤纸条浸润情况。

②结果判定:滤纸条被血样液浸润并超过插入部分 2～3 mm,表明为放血不良;滤纸条被血样液严重浸润并超过插入部分 5 mm 以上,表明为严重放血不良。

(2)愈创木脂酊反应法。

①操作方法:检验者用镊子固定肉,用检验刀切取前肢或后肢瘦肉片 1～2 g,置于小瓷皿中,用吸管吸取愈创木脂酊溶液(5 g 愈创木脂溶于 75% 乙醇 100 mL 中)5～10 mL,注入瓷皿中,此时肌肉不发生任何变化;再加入 3% 过氧化氢溶液数滴,此时肉片周围产生泡沫。

②结果判定:肉片不变颜色,周围溶液呈淡蓝色环,或无变化,表明放血良好;数秒钟内肉片变为深蓝色,全部溶液也呈深蓝色,表明放血不良。

**3. pH 的测定**

测定方法和肉浸出液的制备同肉新鲜度的卫生检验。

**4. 过氧化物酶的检验**

(1)基本原理:过氧化物酶一般存在于健康动物的新鲜肉中,患病或死亡的动物肉一般无过氧化物酶或含量甚微。当肉浸液中存在过氧化物酶时,可以使过氧化氢分解,产生新生态氧,将指示剂联苯胺氧化成为蓝绿色化合物,经过一定时间变成褐色。

(2)操作方法。

①称取精肉样品 10 g,绞碎,置于 200 mL 烧杯内,加入蒸馏水 100 mL,浸泡 15～30 min,振摇数次,然后过滤,获得肉浸液备用。

②取 2 支试管,1 支加入 2 mL 肉浸液样品,另 1 支加入蒸馏水作为对照。

③用滴管向各试管中分别加入 0.2% 联苯胺酒精溶液 5 滴,充分振荡。

④用滴管吸取 1% 过氧化氢溶液向上述试管中分别滴加 2 滴,立即观察在 3 min 内试管溶液颜色变化的速度与程度。

(3)结果判定:肉浸液在 0.5～1.5 min 内呈蓝绿色,以后变成褐色,为健康新鲜肉;肉浸液颜色不发生变化,或有时较晚出现淡蓝色,但很快变成褐色,为病死畜禽肉。

**5. 硫酸铜肉汤实验**

(1)基本原理:患病动物的肉,由于动物生前体内组织蛋白质已发生不同程度的分解,形成初期分解产物——蛋白胨及多肽类,在加热被检的肉汤中,蛋白质发生凝固,可用滤纸过滤清除,其分解产物仍留在滤液中。蛋白质分解产物可与硫酸铜试剂中的 $Cu^{2+}$ 结合生成难溶于水的蛋白盐而沉淀,依此可以判定是否为患病动物肉。

(2)器材与试剂:具塞锥形瓶、水浴锅、试管、吸管、试管架、5%硫酸铜溶液(称取7.82 g $CuSO_4 \cdot 5H_2O$ 溶解于 100 mL 蒸馏水中)。

(3)操作方法。

①肉汤的制备:称取 20 g 精肉样品,绞碎后置于 250 mL 锥形瓶中,加入 60 mL 蒸馏水,混合后加塞置沸水浴中 10 min,取出,冷却后将肉汤用滤纸过滤,备用。

②方法:取 2 mL 肉汤滤液于试管中,加入 3 滴 5%硫酸铜溶液,用力振荡 2~3 次,置试管架上,5 min 后观察结果,同时做蒸馏水空白对照实验。

(4)结果判定:肉汤澄清透明、无絮状沉淀者为阴性反应,表明为健康新鲜肉;出现絮状沉淀或肉汤呈胶冻状,为阳性反应,表明为病死畜禽肉。

**6.细菌内毒素的检测**

(1)基本原理:在患病动物肉和变质肉中,多数病原微生物具有内毒素。这些内毒素都具有降低肉浸液的氧化还原的势能。根据这种特性,用呈色氧化反应可以检出畜禽肉中食物中毒性的细菌,比细菌学检验简便易行。如果在除去蛋白质的肉浸液中(含半抗原),加入硝酸银溶液,则形成毒素的氧化型,这种氧化型毒素具有阻止氧化还原指示剂褪色的特性。本方法用甲酚兰作为氧化还原指示剂,其氧化型为蓝色,还原型为无色,当肉浸液中有毒素存在时,加入硝酸银使毒素成氧化型,这种氧化型的毒素能将加入的高锰酸钾红色褪掉,呈现蓝色,表明畜禽肉中存在细菌内毒素;如果肉浸液中没有毒素存在,指示剂就被加入的高锰酸钾褪色,呈现红色,表明是健康新鲜肉。

本方法能检出畜禽肉中沙门氏菌、大肠杆菌、变形杆菌、结核杆菌和炭疽杆菌荚膜型的内毒素物质,呈色反应为阳性结果。当存在猪丹毒杆菌和炭疽杆菌(芽孢型)时,呈色反为阴性结果。

(2)实验器材:乳钵、镊子与剪刀、玻璃棒、三角烧瓶、玻璃漏斗、吸管等均需灭菌。

(3)实验试剂。

①1%甲酚兰酒精溶液:称取 1.0g 甲酚兰(或亮甲酚兰)溶于 95%酒精 100 mL 中,置于 37℃培养箱中 2 d 后,用滤纸滤过即成。

②盐酸溶液(2+3):取 2 份浓盐酸放入 3 份的蒸馏水中,混合即可。

③0.5%硝酸银溶液:称取 0.5 g 硝酸银溶于 100 mL 蒸馏水中。

④5%草酸溶液:称取 7 g 草酸溶于 100 mL 蒸馏水中。

⑤0.1 mol/L 氢氧化钠溶液。

⑥灭菌生理盐水。

(4)操作方法。

①毒素的提取:称取剔除脂肪、结缔组织的肌肉 10 g,绞碎,放入乳钵内,加 10 mL 灭菌生理盐水和 0.1 mol/L 氢氧化钠溶液 10 滴,混匀,使肉彻底研碎成粥状,移入 100 mL 三角瓶中,在水浴中加热,使蛋白质凝固沉淀,置冷水中冷却,然后再加入 5%草酸溶液 5 滴,以中和内容物,用滤纸过滤备用,滤液要求透明。

②操作方法:取灭菌试管 3 支,编号,依次按下列顺序进行操作。

| 溶液 | 试验管 | 对照管 1 | 对照管 2 |
| --- | --- | --- | --- |
| 肉样提取液/mL | 2.0 | — | — |
| 已知毒素提取液/mL | — | — | 2.0 |
| 灭菌生理盐水/mL | — | 2.0 | — |
| 1%甲苯酚兰酒精溶液/滴 | 1.0 | 1.0 | 1.0 |
| 0.5%硝酸银溶液/滴 | 3.0 | 3.0 | 3.0 |
| 40%盐酸/滴 | 1.0 | 1.0 | 1.0 |
| 1%高锰酸钾溶液/mL | 0.15 | 0.15 | 0.15 |

反应在白色背景上观察两次。混匀后立即观察 1 次，做出初步判定。经过 10～15 min 后再观察反应 1 次，做最终结果判定。

(5)结果判定。

①健康畜禽新鲜肉：呈阴性反应(一)，即反应体系呈玫瑰红色或红褐色，经 30～40 min 后变为无色，表明提取液中无细菌毒素存在。

②病、死畜禽肉或变质肉：呈阳性反应(十)，即反应体系呈蓝色或蓝绿色，表明提取液含有细菌内毒素。肉样提取液中细菌毒素含量少时，初步判定往往不显色，最终判定时才出现阳性，呈蓝色或黄绿色。

### (三)病死畜禽肉的处理

农贸市场上一旦检出发现病死畜禽肉，必须按照《病害动物和病害动物产品生物安全处理规程》(GB 16548—2006)进行处理。

## 五、食用动物油脂的卫生检验

食用动物油脂是我国广大人民群众喜爱食用的一种油脂，具有独特的风味，具有很高的营养价值。但是，来自患病动物的脂肪对消费者的身体健康有很大的危害；动物油脂保藏不当或保藏时间过长，油脂则会发生酸败变质，分解生成各种醛、醛酸、酮、酮酸及羟酸等有毒有害化合物，食用变质油脂也会对食用者的健康产生重要的影响。因此，必须对动物油脂进行严格卫生检验。食用动物油脂的卫生检验包括食用动物油脂的感官检验和食用动物油脂的理化检验两部分。

### (一)食用动物油脂的感官检验

食用动物油脂的感官检验包括生脂肪的感官检验和动物炼制油质的感官检验。

### 1. 生脂肪的感官检验

生脂肪的感官检验项目包括颜色、气味、组织状态和表面污染程度。发生坏死病变的生脂肪，不得作为炼制食用油脂的原料。寄生有细颈囊尾蚴的肠系膜脂肪，摘除虫体后，脂肪可不受限制利用。各种动物生脂肪的感官指标见表 4-16。

**表 4-16　生脂肪的感官指标**

| 项目 | 良质生脂肪 | | | 次质生脂肪 | 变质生脂肪 |
|------|------|------|------|------|------|
| | 猪脂肪 | 牛脂肪 | 羊脂肪 | | |
| 颜色 | 白色 | 淡黄色 | 白色 | 灰色或黄色 | 灰绿色或黄绿色 |
| 气味 | 正常 | 正常 | 正常 | 有轻度不愉快味 | 有明显酸臭味 |
| 组织状态 | 质地较软 切面均匀 | 质地坚实 切面均匀 | 质地坚硬 切面均匀 | 质地、结构 异常 | 质地、结构 异常 |
| 表面污染度 | 表面清洁干燥,无粪便及泥土污染 | | | 表面有轻度污染 | 表面发黏,污染严重 |

### 2.炼制油脂的感官检验

炼制油脂的感官检查项目主要包括色泽、透明度、气味、滋味和组织状态等方面。操作方法如下:

(1)色泽:将测定透明度的油脂样品试管置于冷水内,使之恢复原来的组织情况,当油脂温度为15~20℃时,置于白色背景上借反射光线,观察油脂的色泽。

(2)透明度:将油脂置于水浴上熔化后,注入无色、透明、干燥而洁净的试管中,先向着光线观察,然后置于白色背景上借反射光线观察,如无悬浮物及混浊物,认为透明。

(3)气味和滋味:在室温下(15~20℃),将油脂用压舌板或竹片在洁净的玻璃片上涂成薄层,测定其气味、滋味和组织状态。如有可疑时,将油脂熔化后,再嗅其气味,辨尝油脂的滋味。

### 3.炼制油脂的感官指标

感官指标见表 4-17 和表 4-18。

**表 4-17　食用猪油的感官特征(GB 8937—2006)**

| 项目 | 状态 | 一级 | 二级 |
|------|------|------|------|
| 性状和色泽 | 凝固态 | 白色,有光泽,细腻,呈半软膏状 | 白色或带微黄色,稍有光泽,细腻,呈软膏状 |
| | 融化态 | 微黄色,澄清透明,不允许有沉淀物 | 微黄色,澄清透明 |
| 气味和滋味 | 凝固态 | 具有猪油固有的气味及滋味,无异常气味和味道 | |

**表 4-18　食用牛油脂和羊油脂感官指标**

| 项目 | 牛油 | | 羊油 | |
|------|------|------|------|------|
| | 一级 | 二级 | 一级 | 二级 |
| 15~20℃时凝固态的色泽 | 黄色或淡黄色 | 黄色或淡黄色,略带淡绿色暗影 | 白色或淡白色 | 白色或微黄色,或许有淡绿色暗影 |
| 15~20℃时的性状 | 有光泽,细腻,坚实 | 稍有光泽,较细腻,坚实 | 有光泽,细腻,坚实 | 稍有光泽,较细腻,坚实 |
| 融化时透明度 | 透明 | 透明 | 透明 | 透明 |
| 气味和滋味 | 正常,无杂味和异味 | 正常,略带轻微焦味 | 正常,无异味和异臭 | 正常,略带轻微焦味 |

### （二）食用动物油脂的理化检验

食用动物油脂的理化检验项目主要包括水分的测定、酸价的测定、过氧化物值的测定、丙二醛的测定、环氧丙醛的测定、过氧化物反应、席夫氏醛反应、中性红染色试验等。

**1. 水分的测定**

油脂中的水分是油脂发生水解的基础，所以油脂中水分含量决定油脂品质的优劣和储藏性能。油脂中水分的测定，一般采用直接干燥法。

（1）基本原理：食用动物油脂样品于（103±2）℃加热，直至水分和挥发性物质完全排除，然后测定油脂质量损失。

（2）器材：分析天平、带手柄平底瓷平皿、电炉、温度计、干燥器。

（3）操作方法：精密称取 20 g（精确到 0.001 g）油脂样品，置于已事先干燥恒重的平皿中，然后与温度计一起称量。在沙浴或电炉上，将盛有油脂检样的平皿加热，使温度以每分钟 10℃的速度升至 90℃，并缓缓地用温度计搅拌，提高加热速度，观察从皿底升起的气泡速度，使温度升至（103±2）℃，继续搅动，刮擦皿底直至气泡完全放出为止。

为了保证水分的排除，反复加热至（103±2）℃数次，加热间隔时，冷至 95℃，然后使平皿和温度计在干燥器中冷至室温，精确称量，直至两次连续称量结果之差不超过 2 mg 为止。

（4）计算

$$X = \frac{m_2 - m_3}{m_2 - m_1} \times 100$$

式中：$X$ 为水分和挥发物的含量，以百分率表示（%）；$m_1$ 为平皿和温度计的质量（g）；$m_2$ 为加热前平皿、温度计和样品的质量（g）；$m_3$ 为加热后干皿、温度计和样品质量（g）。

（5）注意事项：本法适用于所有油脂中水分的测定。要求加热温度不要超过 105℃。

**2. 酸价的测定**

酸价是指中和 1 g 脂肪中所含游离脂肪酸所需氢氧化钾的毫克数。油脂中酸价的测定一般采用中和滴定法（GB/T 5009.44—2003）。

（1）基本原理。食用动物油脂中游离脂肪酸含量的多少，是油脂品质好坏的重要标志之一。动物性油脂常因水分和其他杂质的存在和其他理化因素的作用，会逐渐水解、氧化而酸败，使脂肪中的游离脂肪酸增加，酸价增高。利用游离脂肪酸能溶于有机溶剂的特性，提取油脂中的游离脂肪酸，然后用已知浓度的氢氧化钾标准溶液滴定中和，根据所消耗的氢氧化钾标准溶液的毫升数，计算出油脂的酸价。

（2）器材与试剂。

①天平，恒温水浴锅，碱式滴定管，100 mL 锥形瓶。

②乙醚-乙醇混合液（中性醇醚混合液）：将两 2 份乙醚与 1 份乙醇混合即可。

③10 g/L 酚酞乙醇溶液：用 0.100 0 mol/L 氢氧化钾溶液中和酚酞指示液呈中性。

④0.100 mol/L 氢氧化钾标准滴定液。

（3）操作方法。将样品置于烧杯内，在80℃以上水浴中溶化，精确称取熔化油脂10 g，加到100 mL 具塞锥形瓶中，加入 50 mL 中性醇醚混合液，在 40℃水浴中不断振摇，使油脂溶化至透明，冷至室温，加入酚酞指示液 2～3 滴，用 0.100 mol/L 氢氧化钾标准溶液滴定至初呈微红色,且在0.5 min 内不褪色为终点。重复测定一次。

（4）计算

$$X = \frac{V \times c \times 56.11}{m}$$

式中：$X$ 为油脂样品酸价(mg/g)；$V$ 为样品消耗氢氧化钾标准溶液体积(mL)；$c$ 为氢氧化钾标准溶液的浓度(mol/L)；$m$ 为油脂样品的重量(g)；56.1l 为 1.0 mL 氢氧化钾标准溶液相当的氢氧化钾毫克数。

3.过氧化物值的测定

过氧化值是指 100 g 油脂中所含的过氧化物从碘化钾中析出的碘的克数。油脂中过氧化物值的测定一般采用间接碘量法(GB/T 5009.37—2003)。

（1）基本原理：过氧化物值是动物性油脂腐败变质的定量检验指标之一。过氧化物值作为动物性油脂变质初期的指标,常在油脂尚未出现酸败现象时,已有较多的过氧化物产生,表示油脂已开始变质。油脂在氧化过程中产生过氧化物,与碘化钾作用,生成游离碘,用硫代硫酸钠标准溶液滴定,根据消耗硫代硫酸钠标准溶液的量,可以计算油脂的过氧化物值。

（2）器材与试剂。

①滴定管,碘瓶。

②饱和碘化钾溶液：称取 14 g 碘化钾,加 10 mL 水溶解,必要时微热使其溶解后,冷却后储于棕色瓶中。

③三氯甲烷-冰乙酸混合液：量取 40 mL 三氯甲烷,加 60 mL 冰乙酸,混匀。

④0.001 mol/L 硫代硫酸钠标准溶液。

⑤淀粉指示剂(10 g/L)：称取可溶性淀粉 0.5 g,加少许水,调成糊状,倒入 50 mL 沸水中调匀,煮沸。临用时现配。

（3）操作方法：精密称取 2.00～3.00 g 混匀(必要时过滤)的油脂样品,置于 250 mL 碘瓶中,加 30 mL 三氯甲烷-冰乙酸混合液,使样品完全溶解。加入 1.00 mL 饱和碘化钾溶液,紧密塞好瓶盖,并轻轻振摇 0.5 min,然后在暗处放置 3 min。取出加 100 mL 水,摇匀,立即用 0.001 mol/L 硫代硫酸钠标准溶液滴定,至淡黄色时,加 1 mL 淀粉指示剂,继续滴定至蓝色消失为终点,取相同量的三氯甲烷-冰乙酸溶液、碘化钾溶液、水,按同样方法,做试剂空白对照试验,计算含量。

（4）计算。

$$X = \frac{(V_1 - V_2) \times c \times 0.126\,9}{m} \times 100$$

式中：$X$ 为油脂样品的过氧化值(g/100 g)；$V_1$ 为样品消耗硫代硫酸钠标准滴定溶液的体积(mL)；$V_2$ 为试剂空白对照消耗硫代硫酸钠标准滴定溶液的体积(mL)；$c$ 为硫代硫酸钠标准滴定溶液的浓度(mol/L)；$m$ 为样品质量(g)；0.126 9 为 1.00 mL 硫代硫酸钠标准滴定溶液相当的碘的质量(mg)。

4.丙二醛的测定

丙二醛的测定,又称硫代巴比妥酸(TBA)试验,是动物性油脂腐败变质的定量检验指标之一,能准确地反映动物性油脂酸败变质的程度。油脂中丙二醛的测定主要采用硫代巴比妥酸分光光度法(GB/T 5009.181—2003)。

(1)基本原理:丙二醛值是油脂氧化酸败的重要指标。动物性油脂受到光、热、空气中氧的作用,发生酸败反应,分解出醛、酸之类的化合物。丙二醛就是分解产物的一种,能与TBA(硫代巴比妥酸)作用生成粉红色化合物,在538 mm波长处有吸收高峰,利用此性质即能测定丙二醛含量,从而推导出油脂酸败的程度。

(2)器材与试剂。

①分析天平、恒温水浴锅、离心机、分光光度计、具塞锥形瓶、纳氏比色管、分液漏斗。

②TBA水溶液:准确称取TBA 0.288 g,溶于水中,并稀释至100 mL(如TBA不易溶解,可加热至全溶澄清,然后稀释至100 mL),相当于0.02 mol/L。

③三氯乙酸混合液:准确称取三氯乙酸(分析纯)7.5 g及乙二胺四乙酸二钠0.1 g,用水溶解,稀释至100 mL。

④丙二醛标准储备液:精确称取1,1,3,3-四乙氧基丙烷0.315 g,溶解后稀释至1 000 mL(每毫升相当于丙二醛含量为100 μg/mL),置冰箱保存。

⑤丙二醛标准使用液:精确称取上述储备液10 mL,稀释至100 mL(每毫升相当于丙二醛含量为10 μg/mL),置冰箱保存备用。

⑥三氯甲烷。

(3)操作方法。

①样品处理:准确称取在70℃水浴上融化均匀的油液样品10 g,置于100 mL带塞锥形瓶中,加入50 mL三氯乙酸混合液,振摇30 min(保持融溶状态,如冷结即在70℃水浴上略微加热使之融化后继续振摇),用双层滤纸过滤,除去粗脂,滤液重复用双层滤纸过滤一次。

②测定:准确称取上述滤液5 mL,置于25 mL纳氏比色管内,加入5 mL TBA水溶液,混匀,加塞,置于90℃水浴内保温40 min,取出,冷却1 h,移入小试管内,离心5 min,上清液倾入25 mL纳氏比色管内,加入5 mL三氯甲烷,摇匀,静止,分层,吸出上清液,于538 nm波长处比色定量(同时做空白对照试验)。

③标准曲线的绘制:用浓度分别为1.0 μg,2.0 μg,3.0 μg,4.0 μg,5.0 μg标准丙二醛溶液处理,比色定量,根据测出的吸光度值制作标准曲线。

(4)计算。

$$X=\frac{(A_1-A_2)\times100}{m\times\frac{5}{50}\times1\ 000}\times100$$

式中:$X$为油脂样品中丙二醛含量(mg/100 g);$m$为油脂样品的质量(g);$A_1$为从标准曲线中查得的样液中丙二醛含量(μg);$A_2$为从标准曲线查得的试剂空白中丙二醛含量(μg)。

5.环氧丙醛反应

(1)基本原理:环氧丙醛反应是动物性油脂腐败变质的定性检验指标。环氧丙醛常存在于酸败初期的动物油脂中,呈不游离状态的缩醛,在盐酸作用下可逐渐释出,呈游离状态,并且能与间苯三酚发生缩合反应,形成红色的环氧丙醛-间苯三酚凝聚物。

(2)器材与试剂。

①恒温水浴锅、试管、试管架、橡皮塞。

②0.1%间苯三酚乙醚溶液。

③浓盐酸(比重为 1.19)。

(3)操作方法:取在水浴中加热熔化的油脂约 0.2 mL,注入试管内,加入化学纯浓盐酸 1 mL 和 0.1%间苯三酚乙醚溶液 2 mL,振摇混匀,静置,待溶液分成上下两层时,观察盐酸层的呈色反应,接着置于 30~40℃水浴中加温 3~5 min。

(4)结果判定:良质油脂为阴性反应,即下层液体无颜色变化;变质油脂为阳性反应,下层液体呈现明显的桃红色至红色。

6. 席夫氏醛反应

(1)基本原理:席夫(Scheiff)氏醛反应是动物性油脂腐败变质的定性检验指标。油脂酸败所产生的醛与席夫氏试剂(品红亚硫酸试剂)发生反应,生成有醌型结构的紫色色素,使溶液显紫红色。本反应相当灵敏,在油脂酸败的感官特征显现以前,即能发现醛。

(2)器材与试剂。

①石油醚。

②席夫氏试剂(品红亚硫酸试剂):称取 0.1 克碱性品红于 60 mL 热蒸馏水中使之溶解,冷却后,加入 1%的干燥亚硫酸钠的水溶液 10 mL,浓盐酸 1 mL,加蒸馏水稀释成 100 mL,静置 1 h 以上即成,此溶液呈无色。

③恒温水浴锅、试管、试管架、橡皮塞。

(3)操作方法:取油脂样品 1 mL(固体脂肪应先熔化)于试管中,加入 1 mL 石油醚(分析纯)混匀,加入席夫氏试剂 2 mL,继续混匀,静置于试管架上,使溶液分成上下两层,如油样中存在醛,则下层液体于数分钟至 1 h 内,出现紫红色。

(4)结果判定:良质油脂呈阴性反应(一),即下层液体不出现紫红色;次质油脂呈阳性反应(十),即下层液体出现紫红色,但缺乏油脂酸败的感官变化,迅速销售利用;变质油脂呈阳性反应(十),即下层液体出现紫红色,且感官指标有明显酸败变化,不得食用。

7. 过氧化物反应

(1)基本原理:过氧化物反应是动物性油脂腐败变质的定性检验指标,在检查油脂早期酸败方面具有实际意义。动物油脂氧化酸败的最初阶段可以形成过氧化物,在过氧化物酶的作用下,过氧化物可以释放出氧,使指示剂愈创树脂氧化而呈现蓝色反应。

(2)器材与试剂。

①氯仿。

②5%愈创树脂酒精溶液:取 5 g 愈创树脂溶于 75%的酒精 100 mL 中,临用时现配。

③3%血红蛋白水溶液或 5%鲜血水溶液。

(3)操作方法:取 5 mL 熔化的油脂,注入清洁干燥的试管中;加入 5 mL 氯仿混匀,再加入 3%血红蛋白水溶液或 5%鲜血水溶液 0.5 mL、5%愈创树脂 0.5 mL 和 5 mL 温蒸馏水,振摇均匀,经 1~2 min 观察颜色反应。

(4)结果判定:良质油脂呈阴性反应(一),无颜色变化;次质油脂呈阳性反应(十),即呈淡蓝色或蓝色,但缺乏油脂酸败的感官特征,迅速销售利用;变质油脂呈阳性反应(十),即出现蓝色,且感官指标有明显酸败变化,不得食用。

8. 中性红反应

(1)基本原理:中性红反应是动物性油脂腐败变质的定性检验指标。中性红是一种酸碱指示剂,脂肪对中性红溶液的受染性决定于脂肪中低级脂肪酸的含量,当油脂在保存过程中由于水解和氧化而蓄积大量低分子脂肪酸时,油脂可以被中性红溶液染成红色。低分子脂肪酸含量多时则染成红色,含量少,则成黄色。

（2）器材与试剂。

①白瓷蒸发皿、吸管、玻璃棒。

②0.01%中性红溶液:称取 0.1 g 中性红溶于 1 000 mL 蒸馏水中即成。

（3）操作方法:用玻璃棒取约 1 g 油脂于白瓷蒸发皿中,加 1 mL 新配制的 0.01%中性红溶液,仔细研磨 1 min,使油脂与染液充分混合,倒出染色水,再用蒸馏水冲洗 2~3 次,洗去残留染色液,观察色泽。

（4）结果判定。

良质油脂:呈现黄色或暗黄色;次质油脂:呈现褐色或玫瑰色;变质油脂:呈现玫瑰红色或红色。

9. 食用动物油脂的理化指标

理化指标见表 4-19。

**表 4-19　食用动物油脂的理化指标**

| 项目 | 指标 |
|------|------|
| 酸价(KOH)/(mg/g) | |
| 　猪油 | ≤1.5 |
| 　牛油、羊油 | ≤2.5 |
| 过氧化值/(g/100 g) | ≤0.20 |
| 丙二醛/(mg/100 g) | ≤0.25 |
| 铅(Pb)/(mg/kg) | ≤0.2 |
| 总砷(以 As 计)/(mg/kg) | ≤0.1 |

# 第二节　蛋与蛋制品的卫生检验

## 一、概述

禽蛋含有人体所需要的优质蛋白质、脂类、碳水化合物、矿物质和维生素等营养物质,是人类重要的营养食品之一。鲜蛋具有鲜活的特点,不停地进行着生理活动,在温度和湿度等周围环境因素的作用下,鲜蛋本身会发生物理化学性质的变化,使蛋的质量降低,而且有利于微生物的生长繁殖,导致鲜蛋发生腐败变质,完全失去其营养价值。蛋制品主要包括再制蛋、冰蛋品和干蛋品,能增加风味,易于消化吸收,除冰蛋品和咸蛋在食用前需加热烹调外,其他蛋制品一般为直接食用的食品,蛋制品的卫生质量直接关系着广大消费者的健康,因此,必须对鲜蛋和蛋制品进行严格的卫生检验和卫生监督。蛋与蛋制品的卫生检验一般包括感官检验、理化指标的检验和微生物学检验 3 个方面。下面详细叙述蛋与蛋制品的卫生检验方法。

### 二、鲜蛋的卫生检验

由于经营鲜蛋的环节多,数量大,常常来不及一一检验,因此一般采用抽样的方法进行检验,对于长期冷藏的鲜蛋,也应经常进行抽检。鲜蛋的卫生检验主要包括感官检验、灯光透视检验、气室高度的测定、比重的测定、蛋黄指数的测定、荧光检验、哈夫单位的测定、蛋内容物pH的测定和有毒有害物质的检验等。

#### (一)鲜蛋的感官检验

鲜蛋的感官检验主要凭借检验人员的感觉器官来鉴定蛋的质量,通过眼看、手摸、耳听、鼻嗅等,进行综合判定。主要方法是逐个拿出待检蛋,先仔细观察鲜蛋形态、大小、色泽、蛋壳的完整性和清洁度等情况;然后仔细检查蛋壳表面有无裂纹和破损等;用手指摸蛋的表面和掂重,必要时可把蛋握在手中,使其互相碰撞以听其响声;最后嗅检蛋壳的表面有无异常气味。蛋新鲜度的判定标准如下:

**1.新鲜蛋**

蛋壳表面常有一层粉状物,蛋壳完整而清洁,无粪污、无斑点;蛋壳无凹凸而平滑,壳壁坚实,相碰时发清脆音而不发哑声;手感发沉。

**2.破蛋类**

主要有如下几种。

(1)裂纹蛋:鲜蛋受压或震动使蛋壳破裂而壳内膜未破,将蛋握在手中相碰发出哑声。

(2)格窝蛋:鲜蛋受挤压或震动使鲜蛋蛋壳局部破裂凹下而壳内膜未破。

(3)流清蛋:鲜蛋受挤压、碰撞而破损,蛋壳和壳内膜破裂而蛋白液外流。

**3.陈旧蛋**

蛋表皮粉状物脱落,皮色乌灰或油亮,相碰时声音空洞,在手中掂动时有轻飘感。

**4.劣质蛋**

在形态、色泽、清洁度、完整性等方面有一定的缺陷。如腐败蛋外壳常呈乌灰色;受潮发霉蛋外壳多污秽不洁,常有大理石样斑纹;经孵化或漂洗的蛋,外壳异常光滑,气孔较显露。腐败变质的蛋可嗅到腐败气味。

#### (二)灯光透视检验

利用照蛋器的灯光来透视检样蛋,可以观察蛋壳表面的状态、气室的大小、内容物的透光程度、蛋白的浓稠、蛋黄移动的阴影及蛋内有无污斑、黑点和异物等。灯光照蛋方法简便易行,对鲜蛋的质量有决定性作用。

**1.检验方法**

(1)照蛋:检验是在暗室里或弱光的环境中进行,方法是将蛋的大头紧贴照蛋器的洞口上,使蛋的纵轴与照蛋器约呈30°倾斜,先观察气室大小和内容物的透光程度,然后上下左右轻轻转动,根据蛋内容物移动情况,来判断气室的稳定状态和蛋黄、胚盘的稳定程度,以及蛋内有无污斑、黑点和游动物等,同时观察蛋壳表面有无细小裂纹等。

(2)气室高度的测定:鲜蛋在贮存过程中,由于蛋内水分不断蒸发,外界空气不断进入,致使鲜蛋的气室空间日益增大。因此,测定气室的高度,有助于判定蛋的新鲜程度。

气室高度的测定是用特制的气室测量规尺测量后,加以计算来完成。测量时,先将气室测量规尺固定在照蛋孔上缘,将蛋的大头端向上正直地嵌入半圆形的切口内,在照蛋的同时即可

测出气室的高度与气室的直径。读取气室左右两端落在规尺刻线上的数值(即气室左边、右边的高度),按下式计算:

$$气室高度 = \frac{气室左边的高度 + 气室右边的高度}{2}$$

**2.判定标准**

(1)最新鲜蛋:灯光透视全蛋呈橘红色,蛋黄不显现,内容物不流动,气室高度在 4 mm 以内。

(2)新鲜蛋:蛋壳清洁完整,灯光透视时,整个蛋呈橘黄色至橙红色,蛋黄不见或略见阴影,气室高度不超过 7 mm。打开蛋壳后蛋黄凸起、完整、有韧性,蛋白澄清、透明、稀稠分明。无异味。

(3)普通蛋:内容物呈红黄色,蛋黄阴影清楚,能够转动,且位置上移,不再居于中央。气室高度 10 mm 以内,且能移动。应速销售,不宜储存。

(4)可食蛋:因浓厚蛋白完全水解,蛋黄显见,易摇动,且上浮而接近蛋壳(靠黄蛋)。气室移动,气室高度达 10 mm 以上。

(5)次品蛋:主要有如下几种。

①热伤蛋:鲜蛋因受热时间较长,胚珠变大,但胚胎不发育。照蛋时可见胚珠增大,但无血管。

②早期胚胎发育蛋:受精蛋因受热或孵化而使胚胎发育。照蛋时,蛋黄上有黑影,气室较大,将蛋打开后,蛋黄边缘有血丝,蛋白稀薄。

③红贴壳蛋:蛋在贮存时未翻动或受潮所致。照蛋时见气室增大,贴壳处呈红色,称红贴壳蛋。打开后蛋壳内壁可见蛋黄粘连痕迹,蛋黄与蛋白界限分明,无异味,蛋白变稀,系带松弛。因蛋黄比重小于蛋白,故蛋黄上浮,且靠边贴于蛋壳上。

④轻度黑贴壳蛋:照蛋时蛋黄贴壳部分呈黑色阴影,但黑色面积占整个蛋黄面积 1/2 以下,其余部分蛋黄仍呈深红色。打开后可见贴壳处有黄中带黑的粘连痕迹,蛋黄与蛋白界限分明,无异味。

⑤散黄蛋:蛋受剧烈震动或蛋贮存时空气不流通,受潮受热,蛋白变稀,蛋黄膜破裂。照蛋时蛋黄不完整或呈不规则云雾状。打开后黄白相混,但无异味。

⑥轻度霉蛋:蛋壳外表稍有霉迹。照蛋时见壳膜内壁有霉点,打开后蛋液内无霉点,蛋黄蛋白分明,无异味。

(6)变质蛋:主要有如下几种。

①重度黑贴壳蛋:由轻度黑贴壳蛋发展而成。其粘贴着的黑色部分超过蛋黄面积 1/2 以上,蛋液有异味。

②重度霉蛋:外表霉迹明显。照蛋时见内部有较大黑点或黑斑。打开后蛋膜及蛋液内均有霉斑,蛋白液呈胶冻样霉变,并带有严重霉味。

③泻黄蛋:蛋贮存条件不良,微生物进入蛋内并大量繁殖,在微生物作用下,导致蛋黄膜破裂,蛋黄与蛋白相混。照蛋时黄白混杂不清,呈灰黄色。打开后蛋液呈灰黄色,变稀,浑浊,有不愉快气味。

④黑腐蛋:又称臭蛋,是上述各种劣质蛋继续变质而成。蛋壳呈乌灰色,甚至因蛋内产生的大量硫化氢气体而膨胀破裂。照蛋时全蛋不透光,呈灰黑色。打开后蛋黄、蛋白分不清,呈暗黄色、灰绿色或黑色水样弥漫状,并有恶臭味或严重霉味。

⑤晚期胚胎发育蛋(孵化蛋):照蛋时,在较大的胚胎周围有树枝状血丝、血点,或者已能观察到小雏的眼睛,或者已有成形的死雏。

**(三)蛋比重的测定**

1.基本原理

鲜鸡蛋的平均比重为1.084 5。蛋在贮存过程中,由于蛋内水分不断蒸发和$CO_2$的逸出,外界空气不断进入蛋内,使蛋的气室逐渐增大,因而比重降低。所以通过测定蛋的比重,可以推知蛋的新鲜程度。利用不同比重的盐水,观察蛋在其中沉浮情况,推知蛋的比重。本法不适合于检查种蛋。

2.操作方法

先把鲜蛋放在比重1.073(约含食盐10%)的食盐水中,观察其沉浮情况;若沉入食盐水中,再移入比重1.080(约含食盐11%)的食盐水中,观察其沉浮情况;若在比重1.073的食盐水中漂浮,则移入比重1.060(约含食盐8%)的食盐水中,观察沉浮情况。

3.判定标准

在比重1.073的食盐水中下沉的蛋,为新鲜蛋;当移入比重1.080的食盐水中仍下沉的蛋,为最新鲜蛋。在比重1.073和1.080的食盐水中都悬浮不沉,而只在比重1.060食盐水中下沉的蛋介于新陈之间,为次鲜蛋;如在上述3种食盐水中都悬浮不沉,则为过陈蛋或腐败蛋。

**(四)蛋黄指数的测定**

(1)基本原理:蛋黄指数是指蛋黄高度与蛋黄横径的比值。蛋越新鲜,蛋黄膜包得越紧,蛋黄指数就越高;反之,蛋黄指数就越低。蛋黄的品质和变化可以作为蛋的品质与新鲜度的指标。因此,通过测定蛋黄指数可以判定蛋的新鲜程度。

(2)操作方法:将被测蛋小心破壳,将蛋内容物放到在蛋质分析仪的水平玻璃测试台上,用蛋质分析仪的垂直测微器量取蛋黄最高点的高度,用游标卡尺量取蛋黄最宽的横径,测量时注意不要弄破蛋黄膜(本试验也可用蛋黄指数测定仪进行)。

(3)结果计算:

$$蛋黄指数 = \frac{蛋黄高度(cm)}{蛋黄宽度(cm)}$$

(4)判定标准:新鲜蛋为0.36~0.44,次鲜蛋为0.25~0.36,陈旧蛋在0.25以下。

**(五)荧光检验法**

(1)基本原理:用紫外光照射,观察蛋壳光谱的变化,来鉴别蛋的新鲜度。这种荧光灯发射的紫外线照在蛋上,由于鲜蛋内容物的变化(腐败、产生氨类物质等),将会引起光谱的变化。鲜蛋的内容物吸收紫外光后发射出红光;不新鲜蛋的内容物吸收紫外光,发出比紫外光波长稍长的紫光。由于蛋的新鲜度不同,其发射光就在红光与紫光之间变化。

(2)操作方法:将荧光灯置于暗室内,将鲜蛋放于灯下,观察鲜蛋的颜色。

(3)结果判定:鲜蛋呈鲜红色;次鲜蛋呈橘红色或淡红色;变质蛋呈紫青色或淡紫色。

**(六)哈夫单位的测定**

(1)基本原理:哈夫单位是指蛋白高度对蛋重的比例指数,即蛋白品质和蛋白高度的对数有直接的关系,以此来衡量鲜蛋品质的好坏。哈夫单位愈高,表示蛋白黏稠度愈大,鲜蛋的品质越好。

(2)操作方法:先将鲜蛋称重,然后把蛋打开,倒在水平的玻璃台上。用蛋质分析仪的垂直测微器测定浓蛋白最宽部位的高度,测定时将垂直测微器的轴慢慢地下降到和蛋白表面接触,读取读数,精确到 0.1 mm,依次选取 3 个点,测出 3 个高度值,取其平均数为蛋白高度。最后代入公式计算。

(3)结果计算。

$$Hu = 100 \log(H - 1.7 W^{0.37} + 7.6)$$

式中:$Hu$ 为哈夫单位;$H$ 为蛋白高度(mm);$W$ 为蛋的重量(g)。

(4)判定标准:以 100 为最好,30 以下为最劣。

特级(AA)鲜蛋哈夫单位 72 以上;甲级(A)哈夫单位为 60~72;乙级(B)哈夫单位为 30~59;丙级(C)哈夫单位在 29 以下。

(5)哈夫单位表:根据蛋重和浓蛋白高度,计算并制定哈夫单位检索表或哈夫单位计算尺。应用时只需测得蛋重和浓蛋白高度,查检索表或使用计算尺,对准其蛋重和浓蛋白高度,查表 4-20 即可得出蛋的哈夫单位。

表 4-20 哈夫单位与蛋白高度的相互关系

| 蛋白高度/mm | 蛋重/g | | | | |
| --- | --- | --- | --- | --- | --- |
| | 49.6 | 53.2 | 56.7 | 60.2 | 63.8 |
| | 哈 夫 单 位 | | | | |
| 10 | 102 | 101 | 100 | 99 | 98 |
| 9 | 97 | 96 | 95 | 95 | 94 |
| 8 | 92 | 91 | 90 | 89 | 88 |
| 7 | 87 | 86 | 84 | 83 | 82 |
| 6 | 80 | 79 | 78 | 77 | 75 |
| 5 | 73 | 71 | 70 | 68 | 67 |
| 4 | 64 | 62 | 60 | 58 | 56 |
| 3 | 53 | 50 | 48 | 45 | 42 |
| 2 | 37 | 34 | 30 | 26 | 22 |
| 哈夫单位 | 蛋白高度/mm | | | | |
| 100 | 9.6 | 9.8 | 10.0 | 10.2 | 10.3 |
| 90 | 7.6 | 7.8 | 7.9 | 8.1 | 8.3 |
| 80 | 5.9 | 6.1 | 6.5 | 6.5 | 6.7 |
| 70 | 4.6 | 4.8 | 5.0 | 5.2 | 5.4 |
| 60 | 3.6 | 3.8 | 4.0 | 4.2 | 4.2 |
| 50 | 2.8 | 3.0 | 3.2 | 3.3 | 4.3 |
| 40 | 2.2 | 2.3 | 2.5 | 2.7 | 2.8 |
| 30 | 1.6 | 1.8 | 2.0 | 2.2 | 2.3 |
| 20 | 1.2 | 1.4 | 1.6 | 1.8 | 1.9 |

**（七）蛋内容物 pH 的测定**

（1）基本原理：蛋在贮存过程中，由于蛋内 $CO_2$ 向外逸出，加之蛋白质在微生物和自溶酶的作用下不断分解，产生氨及氨态化合物，使蛋内 pH 向碱性方向变化。因此，测定蛋白或全蛋的 pH，有助于蛋新鲜度的鉴定。

（2）操作方法：将蛋打开，取 1 份蛋白（全蛋或蛋黄）与 9 份蒸馏水混匀，用酸度计或 pH 试纸条测定全蛋、蛋白、蛋黄的 pH。

（3）判定标准：新鲜鸡蛋的 pH 为：蛋白 7.2～7.6，蛋黄 5.8～6.0，全蛋 6.5～6.8。

**（八）有毒有害物质的检验**

鲜蛋中含有的有毒有害的化学物质主要是重金属、农药、兽药等。我国现行《鲜蛋卫生标准》（GB2748—2003）规定，鲜蛋中应测定的有毒有害物质包括无机砷、铅、镉、总汞、六六六、滴滴涕等。

**（九）鲜蛋的卫生标准**

卫生标准见表 4-21 和表 4-22。

**表 4-21　鲜蛋的感官指标**

| 项目 | 指标 |
| --- | --- |
| 色泽 | 具有禽蛋固有的色泽 |
| 组织状态 | 蛋壳清洁、无破裂，打开后蛋黄凸起、完整、有韧性，蛋白澄清透明、稀稠分明 |
| 气味 | 具有产品固有的气味，无异味 |
| 杂质 | 无杂质，内容物不得有血块及其他鸡组织异物 |

**表 4-22　鲜蛋的理化指标**　　　　　　　　　　　　　　　　　mg/kg

| 项目 | 指标 |
| --- | --- |
| 无机砷 | ≤0.05 |
| 铅（Pb） | ≤0.2 |
| 镉（Cd） | ≤0.05 |
| 总汞（以 Hg 计） | ≤0.05 |
| 六六六、滴滴涕 | ≤0.1（每种） |

## 三、蛋制品的卫生检验

蛋制品包括冰蛋品、干蛋品和再制蛋 3 大类。蛋制品的卫生检验包括冰蛋品、干蛋品和再制蛋的感官检验和实验室检查。

**（一）蛋制品的感官检验**

**1. 干蛋品的感官检查**

干蛋品包括全鸡蛋粉、巴氏消毒全鸡蛋粉、蛋黄粉和鸡蛋白片等。

（1）检查方法：主要检查干蛋品的形态、色泽、气味和杂质等项目。必要时借助放大镜检查干蛋品的杂质状况，过筛称量，测定碎屑含量。

（2）感官指标。

①鸡全蛋粉和巴氏消毒鸡全蛋粉：为粉末状或极易松散的块状，均匀淡黄色，具有鸡全蛋

粉的正常气味,无异味和杂质。

②鸡蛋黄粉:为粉末状及极易松散的块状,均匀黄色,具有鸡蛋黄粉的正常气味,无异味和杂质。

③鸡蛋白片:片状及碎屑状,呈均匀浅黄色,具有鸡蛋白片的正常气味,无异味和杂质。

### 2.冰蛋品的感官检查

冰蛋品包括冰全蛋、冰蛋白和冰蛋黄。冰全蛋包括巴氏消毒冰鸡全蛋、高温复制冰鸡全蛋、巴氏消毒次冰鸡全蛋。

(1)检查方法:主要检查冰蛋品的形态、色泽、气味和杂质等项目。

①形态:用餐刀在产品的表面用力紧压,冰冻良好的冰蛋品,用刀不能切入蛋品内部,即为冰冻坚硬。样品解冻后,肉眼观察冰全蛋、冰蛋白全部为均匀液体,冰蛋黄为稠密均匀的膏状体。

②色泽:解冻前先观察蛋品冷冻状态的色泽,解冻后将蛋液注入 50 mL 无色烧杯中,放在白纸上观察蛋品的色泽。

③气味:在冰冻状态和融化后,分别以嗅觉检验,应具有蛋品应有的气味而无其他异味,必要时可结合下列试验进行检查,取 20 g 样品于 100 mL 烧杯中,加入 50 mL 沸水,趁热立即嗅闻其气味。

④杂质:取解冻后的蛋液 100 mL,置于白搪瓷盘中,缓缓加入清水 100～200 mL,使成稀释液,然后观察其有无杂质。倘有可疑杂质及未融解的蛋块时,即用镊子取出,再将所余的蛋液注入筛孔为 1 mm 的筛内,过滤,筛去残留杂质,用水冲洗一次,与以上所检出者一并用放大镜进行检查。

(2)感官指标。

①巴氏消毒冰鸡全蛋:蛋品坚实、清洁、均匀,黄色或淡黄色,具有冰鸡全蛋的正常气味,无异味和杂质。

②高温复制冰鸡全蛋:蛋品坚实、清洁、均匀,黄色或淡黄色,具有冰鸡全蛋的正常气味,允许有轻度的异味,无臭味和杂质。

③巴氏消毒次冰鸡全蛋:黄色或淡黄色,具有冰鸡全蛋的正常气味,无臭味和杂质。

④冰蛋黄:坚实、清洁、均匀,呈黄色,具有冰蛋黄的正常气味,无异味和杂质。

⑤冰蛋白:坚实、清洁、均匀,白色或乳白色,具有正常冰蛋白的正常气味,无异味和杂质。

### 3.再制蛋的感官检查

再制蛋中最常见的是咸蛋和皮蛋。

(1)咸蛋的检查方法:仔细观察咸蛋的包泥,除去咸蛋的灰泥,再观察咸蛋的外表、大小是否均匀。灯光透视检查时,重点观察咸蛋气室的大小、内容物的移动状态、蛋黄和蛋白的色泽和状态等。必要时打开蛋壳,鉴别蛋的内容物,也可将蛋煮熟后观察其色泽、状态并品尝其滋味。

(2)咸蛋的感官指标。

①良质咸蛋:蛋的包泥松紧适度,无露白和凹凸不平现象。蛋壳完整,无裂纹和发霉现象,轻微摇动时有轻微水荡声。灯光透视时,蛋白透明,蛋黄缩小。打开蛋壳,可见蛋白稀薄,浓厚蛋白层消失;蛋黄呈红色或淡红色,浓缩,黏度增强但不硬固。煮熟后,蛋白白嫩,咸味适度,蛋黄一般有两圈,外圈淡黄色,内圈金黄色,富有油露。食用时有沙感,有咸蛋固有的香味。

②次质咸蛋:灯光透视,蛋清尚清晰透明,蛋黄凝结呈现黑色。打开后蛋清清晰或为白色水样,蛋黄发黑黏固,略有异味。煮熟后蛋清略带灰色,蛋黄变黑,有轻度的异味。

③劣质咸蛋:灯光透视,蛋清混浊,蛋黄变黑,转动蛋时蛋黄黏滞,更低劣者,蛋清蛋黄都发黑或全部溶解成水样。打开后蛋清浑浊,蛋黄大部分融化,蛋清蛋黄全部呈黑色,有恶臭味。煮熟后蛋清灰暗或黄色,蛋黄变黑或散成糊状,严重者全部呈黑色,有臭味。

(3)皮蛋的检查方法:先仔细观察皮蛋外观(包泥,形态)有无发霉、破损,也可用手掂动,感觉其弹性,或握蛋摇晃听其声音,检验时注意颤动及响水声。皮蛋刮泥后,观察蛋壳的完整性。灯光透视观察蛋内颜色、凝固状态、气室大小等。然后剥开蛋壳,注意蛋体的完整性,检查有无铅斑、霉斑、异物、松花花纹。剖开后,检查蛋白的透明度、色泽、弹性、气味、滋味,检查蛋黄的形态、色泽、气味、滋味等。

(4)皮蛋的感官指标。

①良质皮蛋:外表泥状包料完整、无霉斑,有弹性感,摇晃时无动荡声,蛋壳无裂纹。灯光透视全蛋呈玳瑁色,蛋内容物凝固不动,气室较小。打开蛋壳,整个蛋凝固、不粘壳、清洁而有弹性,呈半透明的青褐、棕褐或棕黄色,有松花样纹理。将蛋纵剖可见蛋黄呈浅褐色或浅黄色,中心较稀,咸味适中,清凉爽口,具有皮蛋应有的滋味和气味,无异味。

②劣质皮蛋:包料破损不全或发霉,剥去包料后,蛋壳有斑点或破、漏现象,有的内容物已被污染,摇晃后,有水荡声或感觉轻飘。灯光透视检查蛋内容物不凝固,呈水样,气室很大。打开蛋壳,蛋清黏滑,蛋黄呈灰色糊状,严重者大部或全部液化呈黑色,有刺鼻恶臭味或霉味。

### (二)蛋制品的理化检验

蛋制品的理化检验项目主要包括冰蛋品和干蛋品中水分的测定、脂肪含量的测定、游离脂肪酸的测定、汞含量的测定和皮蛋 pH 的测定、皮蛋总碱度的测定、皮蛋中铅含量的测定等。

**1. 冰蛋品和干蛋品中水分的测定**

冰蛋品和干蛋品中水分含量的测定:同腌腊肉品的实验室检验。冰蛋品和干蛋品中水分含量的测定可以采用直接干燥法和蒸馏法(GB/T 5009.3—2010)。

**2. 冰蛋品和干蛋品中脂肪的测定**

冰蛋品和干蛋品中脂肪的测定一般采用三氯甲烷冷浸法。

(1)基本原理:冰蛋品和干蛋品中的脂肪易溶于三氯甲烷,用三氯甲烷浸取脂肪,将浸出物蒸除溶剂,即可得到脂肪含量。

(2)器材与试剂。

①脂肪浸抽管:玻璃质,管长 150 mm,内径 18 mm,缩口部填脱脂棉。

②脂肪瓶:标准磨口,容量约 150 mL。

③恒温真空干燥箱。

④中性三氯甲烷(内含 1% 无水乙醇):取三氯甲烷,以等量的水洗 1 次,同时按三氯甲烷体积的 20∶1 的比例加入 10% 氢氧化钠溶液,洗涤 2 次,静置分层,倾出洗涤液,再用等量的水洗涤 2～3 次,至呈中性。将三氯甲烷用无水氯化钙脱水后,于 80℃ 水浴上进行蒸馏,接取中间馏出液并检查是否为中性。于每 100 mL 三氯甲烷中加入无水乙醇 1 mL,贮于棕色瓶中备用。

⑤无水硫酸钠。

(3)操作方法:精密称取 2.00～2.50 g 均匀样品于 100 mL 烧杯中,加约 15 g 无水硫酸钠粉末,以玻璃棒搅匀,充分研细,小心移入脂肪浸抽管中,用少许脱脂棉拭净烧杯及玻璃棒上附着的样品,将脱脂棉一并移入脂肪浸抽管内。用 100 mL 中性三氯甲烷分 10 次浸洗管内样品,使脂肪洗净为止,将三氯甲烷滤入已知质量的脂肪瓶中,移脂肪瓶于水浴上并接冷凝器回收三氯甲烷。将脂肪瓶置于 70~75℃ 恒温真空干燥箱内干燥 4 h(在开始 30 min 内抽气至真空度 53.3 kPa,以后至少间隔抽 3 次,每次至真空度 93.3 kPa 以下),取出,移入干燥器内放置 30 min,称量,以后每干燥 1 h(抽气 2 次)称 1 次,至先后两次称量相差不超过 2 mg。

或按以上方法取样,浸抽,回收三氯甲烷。然后将脂肪瓶于 78~80℃ 干燥 2 h,取出放干燥器内 30 min,称量,以后每干燥 1 h 称量一次,至先后两次称量相差不超过 2 mg。

(4)计算。

$$X = \frac{m_1 - m_2}{m} \times 100$$

式中:$X$ 为样品中脂肪含量(%);$m$ 为样品质量(g);$m_1$ 为脂肪瓶加脂肪质量(g);$m_2$ 为脂肪瓶质量(g)。

(5)判定标准:巴氏杀菌冰鸡全蛋≥10;冰鸡蛋黄≥26;巴氏杀菌鸡全蛋粉≥42;鸡蛋黄粉≥60。

(6)注意事项。

①三氯甲烷中加入 1% 的无水乙醇,可使蛋品中的脂肪浸抽得更加完全。

②无水硫酸钠脱去冰蛋中的水分时,要用较粗的玻璃棒搅拌均匀,充分研细,不得有粗颗粒存在,称好即拌。无水硫酸钠要一匙匙添加,边加边拌,拌匀拌干为止,无损地移入脂肪浸抽管中,用玻璃棒将管内混合物稍微推紧,取脱脂棉拭净烧杯和玻璃棒上附着的样品,一并放入管内。

③在将三氯甲烷注入浸抽管时,须将附着在管壁的试样冲到管底,务必使全部试样浸透,防止样品上浮,每次加入三氯甲烷时,必须严格掌握。管中液体完全滤净后,再加第二次,否则结果偏低。

④平行样品测定结果允许误差为冰鸡全蛋为 0.20%;冰鸡蛋黄为 0.30%。

**3. 冰蛋品和干蛋品中游离脂肪酸的测定**

冰蛋品和蛋粉中游离脂肪酸的测定一般采用乙醇钠滴定法。

(1)基本原理:蛋制品中游离脂肪酸的含量是一定的,超过指标表明蛋制品质量不佳。蛋中的游离脂肪酸易溶解在中性三氯甲烷中,用乙醇钠标准滴定溶液进行滴定,即可测定蛋品中游离脂肪酸的含量(以油酸计)。

(2)器材与试剂。

①蒸馏装置。

②中性三氯甲烷。

③酚酞指示液:酚酞乙醇溶液(10 g/L)。

④乙醇钠标准滴定溶液(0.05 mol/L):量取 800 mL 无水乙醇,置于锥形瓶中,将 1 g 金属钠切成碎片,分次加入无水乙醇中,待作用完毕后,摇匀,密塞,静置过夜,将澄清液倾入棕色瓶中。并按下述方法标定。

准确称取约 0.2 g 在 105~110℃ 干燥至恒量的基准邻苯二甲酸氢钾,加 50 mL 新煮沸过的冷水,振摇使溶解,加 3 滴酚酞指示液,用上述配制的乙醇钠溶液滴定至初现粉红色,半分钟不褪色为止,同时做试剂空白试验。

$$c=\frac{m}{(V_1-V_2)\times0.204\ 22}$$

式中:$c$ 为乙醇钠标准溶液的实际浓度(mol/L);$m$ 为邻苯二甲酸氢钾的质量(g);$V_1$ 为邻苯二甲酸氢钾消耗乙醇钠溶液的体积(mL);$V_2$ 为试剂空白消耗乙醇钠溶液的体积(mL);0.204 22 为 1.00 mL 乙醇钠标准滴定溶液(1.000 mol/L)相当的邻苯二甲酸氢钾的质量(g)。

(3)操作方法:将测定脂肪后所得的干燥浸出物,以 30 mL 中性三氯甲烷溶解,加 3 滴酚酞指示液,用乙醇钠标准滴定溶液(0.05 mol/L)滴定,至溶液呈现粉红色,0.5 min 不褪色为终点。

(4)计算。

$$X=\frac{V\times c\times0.282\ 0}{m}\times100\%$$

式中:$X$ 为样品中游离脂肪酸的含量(以油酸计)(g/100g);$V$ 为样品消耗乙醇钠标准滴定溶液的体积(mL);$c$ 为乙醇钠标准滴定溶液的实际浓度(mol/L);$m$ 为测定脂肪时所得干燥浸出物的质量(g);0.282 0 为 1.00 mL 乙醇钠标准滴定溶液相当的油酸质量(g)。

(5)注意事项。

①配制乙醇钠溶液时,钠与乙醇作用放出氢气,故应远离火源。金属钠与切下的表面碎片应放回原煤油液中保存,切勿接触水,以免着火,配制时戴上眼镜与手套,做好防护。

②上述方法为甲法,也可通过测定酸价,间接测定游离脂肪酸。

$$游离脂肪酸(以油酸计)=酸价\times0.503$$

式中,酸价为蛋品中 1 g 油脂所含游离脂肪酸所需氢氧化钾的毫克数;0.503 为经验值。

(6)判定标准:冰鸡全蛋、巴氏杀菌冰鸡全蛋、冰蛋白片≤4.0%;巴氏杀菌全蛋粉、鸡蛋黄粉≤4.5%。

**4.冰蛋品和干蛋品中汞含量的测定**

冰蛋品和干蛋品中汞含量的测定:同动物性食品中有害元素的检验技术。

**5.皮蛋 pH 的测定**

(1)基本原理:皮蛋 pH 直接关系到皮蛋的质量,pH 较低时,外界侵入的细菌和皮蛋内残存的细菌会大量繁殖,使皮蛋蛋白质分解,蛋白、蛋黄的凝胶液化,导致皮蛋质量下降,有害人体健康。皮蛋溶液中氢离子与玻璃电极的膜电位呈一定的函数变化关系,可以直接从酸度计上读取被测皮蛋溶液的 pH。

(2)器材与试剂。

①酸度计;甘汞电极;玻璃电极(以锂玻璃电极最好)。

②磁力搅拌器;组织捣碎机。

③各种 pH 的缓冲液(酸度计附带)。

(3)操作方法。

①样品处理:将 5 个皮蛋洗净、去壳。按皮蛋、水比例为 2∶1 的比例加入水,在组织捣碎

机中捣成匀浆。

②测定:称取 15.00 g 匀浆(相当于 10.00 g 样品),加水搅匀,稀释至 150 mL,用双层纱布过滤,量取 50 mL 滤过液,测定溶液 pH。

(4)判定标准:皮蛋 pH≥9.5。

**6. 皮蛋总碱度的测定**

(1)基本原理:皮蛋总碱度是指皮蛋样品灰分中能与强酸(如盐酸、硫酸等)相作用的所有物质的含量(以氢氧化钠计)。皮蛋样品经消化后,用过量的酸处理其中的碱,然后用氢氧化钠标准溶液滴定剩余的酸。按 100 g 皮蛋消耗盐酸(1.0 mol/L)量,计算皮蛋的总碱度。

(2)器材与试剂。

①高速组织捣碎机;马弗炉及坩埚;恒温水浴锅;表面皿;电炉;碱式滴定管。

②氢氧化钠标准滴定溶液(0.1 mol/L)。

③盐酸标准滴定溶液(0.1 mol/L)。

④氯化钙溶液(400 g/L):称取无水氯化钙 40 g,溶于 100 mL 水中,加酚酞指示液 3 滴,用盐酸(0.1 mol/L)中和后过滤备用。

⑤酚酞指示剂(10 g/L):称取 1 g 酚酞,加少量乙醇溶解并稀释至 100 mL。

(3)操作方法:称取 10.00 g 或 15.00 g 制备好的皮蛋匀浆,置于坩埚中,先于 120℃ 加热 3 h,再以小火炭化至无烟,再置马弗炉中于 550℃ 灰化 1~2 h,取出放冷(如灰化不完全,加 2 mL 水,用玻璃棒搅碎,置水浴上蒸干,再灰化 1 h)。用热水将灰分洗于烧杯中,充分洗涤坩埚,洗液并入烧杯中,加入 50.0 mL 盐酸标准溶液(0.10 mol/L),烧杯上盖以表面皿,小心加热煮沸至微沸 5 min,放冷。加 30 mL 氯化钙溶液(400 g/L)及酚酞指示液 10 滴,以氢氧化钠标准滴定溶液(0.10 mol/L)滴定至溶液初现微红色,0.5 min 不褪色为终点。

(4)计算。

$$X = \frac{(c_1 \times V_1 - c_2 \times V_2) \times 40}{m} \times 100$$

式中:$X$ 为皮蛋样品的总碱度(以氢氧化钠计)(mg/100 g);$c_1$ 为盐酸标准滴定溶液的实际浓度,(mol/L);$c_2$ 为氢氧化钠标准滴定溶液的实际浓度(mol/L);$V_1$ 为加入盐酸标准滴定溶液的体积(mL);$V_2$ 为样品消耗氢氧化钠标准滴定溶液的体积(mL);$m$ 为样品质量(g);40 为 1.0 mL 盐酸标准滴定溶液相当的氢氧化钠的质量(mg)。

(5)判定标准:硬心皮蛋总碱度不超过 15 mg/100 g;汤心皮蛋总碱度不超过 10 mg/100 g。

**7. 皮蛋中铅含量的测定**

皮蛋中铅含量的测定:同动物性食品中有害元素的检验技术。皮蛋中铅含量的测定可以采用二硫腙比色法(GB/T 5009.12—2010)。

**(三)蛋制品的细菌学检验**

按要求对蛋制品进行菌落总数、大肠菌群、致病菌检验。致病菌主要检查沙门氏菌、志贺氏菌等。菌落总数的测定按 GB/T 4789.2—2010 方法进行;大肠菌群的测定按 GB/T 4789.3—2010 方法进行。沙门氏菌的检验按 GB/T 4789.4—2010 方法进行;志贺氏菌的检验按 GB/T 4789.5—2010 方法进行。

## （四）蛋制品的卫生标准

卫生标准见表 4-23，表 4-24 和表 4-25。

表 4-23 蛋制品的感官指标（GB 2749—2003）

| 品 种 | 指 标 |
|---|---|
| 巴氏杀菌冰全蛋 | 坚洁均匀，呈黄色或淡黄色，具有冰全蛋的正常气味，无异味，无杂质 |
| 冰蛋黄 | 坚洁均匀，呈黄色，具有冰蛋黄的正常气味，无异味，无杂质 |
| 冰蛋白 | 坚洁均匀，白色或乳白色，具有冰蛋白正常的气味，无异味，无杂质 |
| 巴氏杀菌全蛋粉 | 呈粉末状或极易松散之块状，均匀淡黄色，具有全蛋粉的正常气味，无异味，无杂质 |
| 蛋黄粉 | 呈粉末状或极易松散之块状，均匀黄色，具有蛋黄粉的正常气味，无异味，无杂质 |
| 蛋白片 | 呈晶片状，均匀浅黄色，具有蛋白片的正常气味，无异味，无杂质 |
| 皮蛋 | 外壳包泥或涂料均匀洁净，蛋壳完整，无霉变，敲摇时无水响声；剖检时蛋体完整，蛋白呈青褐、棕褐或棕黄色，呈半透明状，有弹性，一般有松花花纹。蛋黄呈深浅不同的墨绿色或黄色，略带溏心或凝心。具有皮蛋应有的滋味和气味，无异味 |
| 咸蛋 | 外壳包泥（灰）等涂料洁净均匀，去泥后蛋壳完整，无霉斑，灯光透视时可见蛋黄阴影；剖检时蛋白液化，澄清，蛋黄呈橘红色或黄色环状凝胶体。具有咸蛋正常气味，无异味 |
| 糟蛋 | 蛋形完整，蛋膜无破裂，蛋壳脱落或不脱落。蛋白呈乳白色、浅黄色，色泽均匀一致，呈糊状或凝固状。蛋黄完整，呈黄色或橘红色，半凝固状。具有糟蛋正常的醇香味，无异味 |

表 4-24 蛋制品的理化指标（GB 2749—2003）

| 项 目 | 指 标 |
|---|---|
| 水分/（g/100 g） | |
| 巴氏杀菌冰全蛋 | ≤76.0 |
| 冰蛋黄 | ≤55.0 |
| 冰蛋白 | ≤88.5 |
| 巴氏杀菌全蛋粉 | ≤4.5 |
| 蛋黄粉 | ≤4.0 |
| 蛋白粉 | ≤16.0 |
| 脂肪/（g/100 g） | |
| 巴氏杀菌冰全蛋 | ≥10 |
| 冰蛋黄 | ≥26 |
| 巴氏杀菌全蛋粉 | ≥42 |
| 蛋黄粉 | ≥60 |

续表 4-24

| 项目 | 指标 |
|------|------|
| 游离脂肪酸/(g/100 g) | |
| 　巴氏杀菌冰全蛋 | ≤4.0 |
| 　冰蛋黄 | ≤4.0 |
| 　巴氏杀菌全蛋粉 | ≤4.5 |
| 　蛋黄粉 | ≤4.5 |
| 挥发性盐基氮/(g/100 g) | |
| 　咸蛋 | ≤10.0 |
| 酸度(以乳酸计)/(g/100 g) | |
| 　蛋白片 | ≤1.2 |
| 铅(Pb)/(mg/kg) | |
| 　皮蛋 | ≤2.0 |
| 　糟蛋 | ≤1.0 |
| 　其他蛋制品 | ≤0.2 |
| 锌(Zn)/(mg/kg) | ≤50.0 |
| 无机砷/(mg/kg) | ≤0.05 |
| 汞(以 Hg 计)/(mg/kg) | ≤0.05 |
| 六六六/(mg/kg)(按鲜蛋折算) | ≤0.1 |
| 滴滴涕/(mg/kg)(按鲜蛋折算) | ≤0.1 |

**表 4-25　蛋制品的微生物指标(GB 2749—2003)**

| 项目 | 指标 | | | | | |
|------|------|------|------|------|------|------|
| | 巴氏杀菌<br>冰全蛋 | 冰蛋黄<br>冰蛋白 | 巴氏杀菌<br>全蛋粉 | 蛋黄粉 | 糟蛋 | 皮蛋 |
| 菌落总数/(cfu/g) | ≤5 000 | ≤1 000 000 | ≤10 000 | ≤50 000 | ≤100 | ≤500 |
| 大肠菌群/(MPN/100 g) | ≤1 000 | ≤1 000 000 | ≤90 | ≤40 | ≤30 | ≤30 |
| 致病菌（沙门氏菌，志贺<br>氏菌） | 不得检出 | | | | | |

# 第三节　乳与乳制品的卫生检验

## 一、概述

乳与乳制品含有丰富的营养,是人类获取各类营养成分的良好食物,但同时也是各种微生物生长的理想培养基。从原料乳生产到消费者食用,乳与乳制品要经过许多环节,若处理不当,任何一个环节都有可能影响到乳品的质量安全,使其营养价值降低、感官性质改变,甚至不能食用;同时少数乳品生产者为了牟取利益,不顾法律法规和职业道德,在乳品中掺入有毒有害物质,不但降低乳品的营养价值和风味,影响乳的加工性能和乳品的品质,使消费者经济受到损失,而且许多掺假物质可以损害食用者的健康,严重时可造成食物中毒,甚至危及人的生命,导致死亡。因此为了适应乳品工业的快速发展,提高乳品的质量,确保消费者的食用安全,必须加强和规范乳与乳制品的卫生检验和安全监督管理工作。乳与乳制品的卫生检验一般包括感官检验、理化指标的检验和微生物学检验3个方面。下面详细叙述乳与乳制品的卫生检验方法。

## 二、鲜乳的卫生检验

鲜乳的卫生检验包括感官检验、乳密度的测定、乳脂肪含量的测定、乳蛋白质含量的测定、乳新鲜度的检验、鲜乳消毒效果的检验、掺假掺杂乳检验、乳腺炎乳检验、乳中抗生素残留检验、乳中三聚氰胺的快速检验以及鲜乳的细菌学检验等。

### (一)感官检验

在进行感官检验时,将检样乳保温到15~20℃,充分摇匀,主要检查鲜乳色泽、黏稠度、气味、滋味、组织状态、有无杂质等内容。

(1)色泽检查:将少量鲜乳倒入白瓷皿或白色背景的小烧杯中,观察鲜乳颜色。

(2)气味、滋味检查:将乳加热后,取少量鲜乳用口品尝其滋味,并闻其气味。

(3)组织状态检查:将乳倒入小烧杯内静置1 h后,再小心倒入另一个小烧杯内,仔细观察第一个小烧杯内底部有无沉淀或絮状物,再取一小滴乳于大拇指上,检查黏滑度。

(4)评定标准:正常生鲜牛乳呈乳白色或稍带微黄色,组织状态呈均匀的胶态流体,无沉淀,无凝块,无肉眼可见的杂质和异物,具有新鲜牛乳固有的香味,无其他异味。

### (二)乳密度的测定

鲜乳密度的测定一般采用乳稠计法进行测定。

#### 1.基本原理

乳的密度是指乳在20℃时的质量与同体积的水在4℃时的质量之比。一般多利用20℃/4℃乳稠计在乳中取得浮力与重力相平衡的原理,测定鲜乳的密度。乳的密度随温度而变化,在10~25℃范围内,温度每变化1℃,乳的密度相差0.000 2。

#### 2.器材与试剂

(1)20℃/4℃或15℃/15℃乳稠计(前者较后者测得的结果低2°)。

(2)0~100℃温度计。

(3)200~250 mL量筒或玻璃圆筒。

#### 3.操作方法

将温度为10~25℃的乳样混匀,小心倒入量筒容积的2/3处,勿使发生泡沫,同时测定乳样中心温度。再小心将乳稠计沉入乳样中,至刻度1.030处,然后让其自然浮动,切勿与量筒内壁接触。乳稠计静置2~3 min后,眼睛对准量筒内乳样表面层与乳稠计刻度接触处,即在牛乳新月面上缘读取乳稠计刻度数,同时读取温度计度数。

4. 计算

(1)根据乳稠计读数,按相对密度与乳稠计刻度的关系式,将乳稠计读数换算成 20℃时的度数。代入下列公式计算出密度。

$$X_1 = (d-1.000) \times 1\,000$$

式中:$X_1$ 为乳稠计读数;$d$ 为样品乳的相对密度。

(2)测定值的校正:由于乳的密度随乳的温度升高而减小,随温度降低而增大。因此,如果乳的温度不是 20℃(或 15℃)时,应对乳稠计上的读数进行校正。测定值校正的方法可以使用计算法。

$$计算公式:d = X_1 - [0.000\,2 \times (20-t)]$$

式中:$X_1$ 为乳稠计读数;$d$ 为乳样品的相对密度;$t$ 为实际测得温度(℃);20 为乳稠计标准温度(℃);0.000 2 为温度每升高或降低 1℃,乳的密度在乳稠计刻度上减小或增加 0.000 2。

例:样品乳温度为 18℃,使用 20℃/4℃乳稠计,读数为 1.034,求乳的密度。

$$d = 1.034 - [0.000\,2 \times (20-18)] = 1.034 - (0.000\,2 \times 2) = 1.033\,6$$

结果:20℃时该乳样的相对密度为 1.033 6。

5. 评定标准

正常生鲜牛乳的相对密度(20℃/4℃)≥1.028;消毒鲜牛乳的相对密度为(20℃/4℃)1.028~1.032。

6. 注意事项

(1)量筒的选取需要根据密度计的长度确定;测定时量筒应放在水平台面上。

(2)使用密度计时必须轻拿轻放,非垂直状态下或倒立时不能手持尾部,以免折断密度计。

(3)注意按密度计顺序读取密度计度数。

**(三)乳脂肪含量的测定**

乳脂肪含量的测定方法主要有哥特里-罗紫法、盖勃氏法、巴勃科克法、伊尼霍夫氏法等,都是测定乳脂肪含量的标准方法,适用于鲜乳和乳制品脂肪含量的测定。这里主要介绍哥特里-罗紫法、盖勃氏法和伊尼霍夫氏法(GB/T 5009.46—2003)。

1. 哥特里-罗紫法(碱性乙醚抽取法)

(1)基本原理:利用氨溶液使乳中酪蛋白钙盐成为可溶性钙盐,使结合的脂肪游离,随后用乙醚抽出乳中脂肪,挥去乙醚后称其脂肪质量,计算乳样品中脂肪的含量。通过加入乙醇,可以消除乙醚提取的醇溶解物,加入石油醚可以降低水分在乙醚中的溶解度,使分层清晰。

(2)器材与试剂。

①氢氧化铵(25%氨水),95%乙醇,乙醚(不含过氧化物);石油醚(沸程 30~60℃)。

②抽脂瓶(内径 2.0~2.5 cm、容积 100 mL)。

③电热恒温烘箱,电热恒温水浴箱(锅)。

(3)操作方法:吸取 10.0 mL 乳样品于抽脂瓶中,加入 1.25 mL 氨水,充分摇匀,置于 60℃水浴中加热 5 min,再振摇 2 min,加入 10 mL 乙醇,充分摇匀,于冷水中冷却后,加入 25 mL 乙醚,振摇 0.5 min,加入 25 mL 石油醚,再振摇 0.5 min,静置 30 min,待上层液澄清时,读取醚层体积。放出醚层至一已恒量的烧瓶中,记录放出醚层的体积。蒸馏回收乙醚后,置脂肪烧瓶于98～100℃干燥1 h后冷却称量,再置于98～100℃干燥0.5 h后,冷却称量,至前后两次质量相差不超过1 mg。

(4)计算。

$$X = \frac{m_1 - m_0}{m_2 \times \dfrac{V_1}{V_0}} \times 100$$

式中:$X$为乳样品中脂肪的含量(g/100g);$m_1$为烧瓶和样品脂肪的质量(g);$m_0$为烧瓶质量(g);$m_2$为乳样品的质量(吸取体积乘以牛乳的比重)(g);$V_0$为读取乙醚层总体积(mL);$V_1$为放出乙醚层体积(mL)。

计算结果保留两位数字。

(5)评定标准:正常生鲜牛乳含脂率 ≥3.1%;全脂巴氏杀菌牛乳含脂率 ≥3.1%;全脂灭菌牛乳含脂率 ≥3.1%。

### 2. 盖勃(Gerber)氏法

(1)基本原理:应用酸解的方法使牛乳中脂肪分离、聚合,然后测定其体积。在牛乳中加入一定浓度的硫酸,使乳脂肪球周围包围的一层蛋白膜破坏,脂肪游离出来,在加热和离心的作用下,使游离的脂肪聚合在一起。同时,硫酸与乳中酪蛋白作用,生成重硫酸酪蛋白化合物,有促进脂肪结合的作用。异戊醇有很强的吸附作用,可以促进硫酸对脂肪的破坏作用,异戊醇与硫酸反应生成异戊醇硫酸酯,能降低脂肪球的表面张力,从而促进脂肪球的结合。异戊醇又是一种消泡剂,可以减少或消除泡沫,以便读数。

(2)器材与试剂。

①硫酸:比重1.820～1.825;

②异戊醇:比重0.811～0.812,沸程128～132℃。

③盖勃氏乳脂计,最小刻度为0.1%。

④乳脂计架,11 mL特制牛乳吸管,1 mL、10 mL吸管。

⑤乳脂离心机,电热恒温水浴箱(锅)。

(3)操作方法:将盖勃氏乳脂计置于乳脂计架上,吸取10 mL硫酸于乳脂计中,再沿管壁小心准确加入11 mL乳样,使硫酸与乳样不要混合,然后加入1 mL异戊醇,塞上橡皮塞,使瓶口向下,同时,用湿毛巾包好乳脂计,以防橡皮塞冲出,用力振摇,使呈均匀棕色液体,瓶口向下静置数分钟后,置于65～70℃水浴中5 min,取出后,放入乳脂离心机中,以1 000 r/min的转速离心5 min,再置于65～70℃水浴中5 min,注意水浴面应高于乳脂计脂肪层,取出后立即读数,即为乳脂肪的百分数。

(4)评定标准:同哥特里-罗紫法。

(5)注意事项:水浴箱内的水面必须高于乳脂计的脂肪层。如果脂肪柱不在颈部刻度处,可调节橡胶塞或补加适量硫酸,重新离心水浴,再进行读数。

### 3. 伊尼霍夫氏碱法

(1)基本原理:同盖勃(Gerber)氏法。

(2)器材与试剂。

①碱溶液:称取 15 g 氢氧化钠,加水 150 mL 使溶解。另称取 20 g 无水碳酸钠,加 200 mL 水使溶解。再称取 37.5 g 氯化钠溶于水中,将三液混合并加水稀释至 500 mL,以脱脂棉过滤,贮存于带橡皮塞的玻璃瓶中。

②异戊醇-乙醇混合液(65+105)。

③盖勃氏乳脂计,11 mL 特制牛乳吸管。

(3)操作方法:取盖勃氏乳脂计置于乳脂计架上,吸取 10 mL 碱溶液于乳脂计中,再沿管壁小心加入 11 mL 乳样,与 1 mL 异戊醇-乙醇混合,塞上橡皮塞,小心摇匀,至产生泡沫为止。将塞向上,置于 70~73℃ 水浴中加温 5 min 后,取出小心振摇一次,再水浴加温 5 min,取出,将其反转使塞向下,再于 70~73℃ 水浴中加温 10~15 min(时间长短取决于泡沫消失的速度),然后取出,读取脂肪层读数,即为乳脂肪的百分数。

(4)评定标准:同哥特里-罗紫法。

**(四)乳蛋白质含量的测定**

(1)基本原理、器材与试剂、测定方法同乳制品中乳蛋白质含量的测定。

(2)评定标准:生鲜牛乳蛋白质≥2.95%;全脂巴氏杀菌牛乳蛋白质 ≥2.9;全脂灭菌牛乳蛋白质 ≥2.9%。

**(五)乳新鲜度的检验**

乳新鲜度的检验方法主要有乳酸度的测定、酒精试验、煮沸试验和还原酶试验。乳酸度的测定一般采用中和滴定法,是乳新鲜度检验的国家标准方法(GB/T 5009.46—2003),其他方法为辅助检验方法。

**1. 中和滴定试验**

(1)基本原理:牛乳的酸度是指以酚酞作指示剂,中和 100 mL 牛乳所需 0.100 mol/L 氢氧化钠标准溶液的毫升数。正常新鲜牛乳的酸度在 16~18°T。乳的酸度由于微生物的作用而增高。

(2)器材与试剂。

①0.5%酚酞指示剂,0.100 mol/L 氢氧化钠标准溶液。

②微量碱式滴定管,滴定架。

③1 mL 刻度吸管,10 ~20 mL 吸管,50 mL 量筒,250 mL 锥形瓶。

(3)操作方法:精密吸取 10 mL 牛乳样品于 250 mL 的锥形瓶中,加 20 mL 经煮沸冷却后的水及酚酞指示剂 0.5 mL,混匀。然后用 0.100 mol/L 氢氧化钠标准溶液滴定至初现粉红色,并在 0.5 min 内不褪色为止。记录其消耗的氢氧化钠标准溶液毫升数。

(4)计算。

$$洁尔涅尔度(°T) = V \times 10$$

式中:V 为乳样品消耗的 0.100 mol/L 氢氧化钠标准溶液毫升数。

(5)评定标准:生鲜牛乳的酸度(°T)≤ 16.0;巴氏杀菌牛乳的酸度(°T)≤ 18.0;巴氏杀菌羊乳的酸度(°T)≤16.0;灭菌牛乳酸度(°T)≤ 18.0。

**2. 酒精试验**

(1)基本原理:一定浓度的酒精溶液能使一定酸度的牛乳蛋白质产生沉淀。乳中蛋白质遇到同一浓度的酒精,其凝固现象与乳的酸度成正比,即凝固现象愈明显,酸度越大,以此断定乳的酸度和新鲜度。应用酒精试验检查新鲜牛乳酸度是一种快速而简单的方法,尤其适合于奶牛生产场的现场检测。

(2)器材与试剂。

①1～2 mL 吸管,试管。

②试剂:68°、70°、72°中性酒精(向酒精溶液中加入1‰酚酞指示剂2～3滴,用0.100 mol/L氢氧化钠标准溶液中和至显粉红色)。

(3)操作方法:取试管3支,编号,分别加入相同鲜乳样品1～2 mL,1号管加入与乳样等容积的68°酒精,2号管加入与乳样等容积的70°酒精,3号加入与乳样等容积的72°酒精,充分摇匀,仔细观察试管中有无絮状沉淀。

(4)判定标准:出现絮状沉淀的牛乳为试验阳性,表明其酸度较高,分别高于相应标准;不出现絮状沉淀的牛乳为试验阴性者,其酸度在标准以下。具体标准见表4-26。

表 4-26　酒精试验判定标准

| 酒精浓度/° | 不出现絮片的酸度/(°T) |
|---|---|
| 68 | 20 以下 |
| 70 | 19 以下 |
| 72 | 18 以下 |

**3. 煮沸试验**

(1)基本原理:鲜乳的酸度愈高,乳中的蛋白质对热的稳定性愈低,愈易凝固。根据乳中蛋白质在不同温度状态凝固的特征,判定鲜乳的酸度和新鲜度。该方法快速、简单易行,不需要试剂,很适合生产和销售现场的检测使用。

(2)器材:10 mL 吸管,试管(或小烧杯),水浴箱(或电炉)。

(3)操作方法:取10 mL鲜乳于试管(或小烧杯)中,置沸水浴(或电炉)中加热3～5 min,取出,观察试管内有无絮片出现或发生凝固现象。

(4)判定标准:出现絮片状沉淀或发生凝固,则表明酸度大于26°T,表示乳样不新鲜。

**4. 乳还原酶试验(美兰试验)**

(1)基本原理:细菌在鲜乳中生长繁殖时,能产生还原酶,还原酶能使有机染料美兰褪色。鲜乳中污染的细菌越多,产生的还原酶越多,美兰褪色越快。因此根据美兰褪色时间的长短,可以判定鲜乳被细菌污染的程度。

(2)器材与试剂。

①2.5‰美兰溶液(取2.5 mL美兰乙醇饱和溶液加97.5 mL水,充分混匀备用)。

②灭菌试管,刻度吸管,水浴锅(恒温箱),干燥箱。

(3)操作方法:吸取新鲜乳样5 mL于灭菌试管中,加入美兰溶液0.25 mL,塞紧棉塞,混匀,置于37.5℃水浴或恒温箱中,记录保温时间。每隔10～15 min,仔细观察试管内容物的褪色情况。

(4)结果判定:根据褪色时间,可以将牛乳分为如下4个等级(表4-27)。

表 4-27　美兰试验牛乳新鲜度判定标准

| 美兰褪色时间 | 细菌数量/mL | 乳品质 |
| --- | --- | --- |
| >5.5 h | <500 000 | 良好 |
| 2～5.5 h | 500 000～4 000 000 | 合格 |
| 20 min 至 2 h | 4 000 000～20 000 000 | 差 |
| <20 min | >20 000 000 | 劣 |

注:本实验所用试管、吸管等均需事先进行干热灭菌。

### (六)鲜乳消毒效果的检验

鲜乳消毒效果的检验一般采用磷酸酶测定法。

#### 1. 基本原理

生鲜牛乳中含有磷酸酶,能分解有机磷化合物。当生鲜牛乳消毒后,磷酸酶失活,在同样的条件下不能分解有机磷化合物。利用苯基磷酸双钠在碱性缓冲液中被磷酸酶分解产生苯酚,苯酚在 $Na_2CO_3$ 情况下再与 2,6-双溴醌氯酰胺作用呈蓝色反应,其蓝色深浅与苯酚含量多少成正比,与消毒效果成反比。本方法可以检验鲜乳消毒是否完全,还可以检验经巴氏杀菌处理的乳中混入的生鲜牛乳。

#### 2. 器材与试剂

(1)中性丁醇:沸点115～118℃。

(2)吉勃(Gibb)氏酚试剂:称取 2,6-双溴醌氯酰胺 0.04 g,溶于 100 mL 乙醇中,置棕色瓶中,于冰箱内保存,临用时配制。

(3)硼酸盐缓冲液:精密称取硼酸钠28.427 g,溶于 900 mL 的水中,加氢氧化钠 3.72 g,加水稀释至1 000 mL。

(4)缓冲基质溶液:称取苯基磷酸双钠结晶 0.05 g,溶于 10 mL 硼酸盐缓冲溶液中,加水稀释至 100 mL,临用时配制。

(5)试管,水浴箱,5 mL 吸管,0.5 mL 吸管。

#### 3. 操作方法

吸取鲜乳样品 0.5 mL,置于带塞试管中,加入 5 mL 缓冲基质溶液,稍振荡后置于 36～44℃水浴箱保温 10 min。然后在试管内加入吉勃氏酚试剂 6 滴,立即摇匀,静置 5 min,观察试管溶液颜色变化。同时,用经过杀菌的鲜乳做空白对照试验。

#### 4. 评定标准

溶液无颜色变化,表明磷酸酶已破坏,鲜乳经过 80℃以上的巴氏杀菌消毒;溶液有蓝色变化,说明磷酸酶未破坏,乳未经过巴氏杀菌或杀菌后又混入生乳。

#### 5. 注意事项

为了增强反应的灵敏度,可以加中性丁醇 2 mL,反复颠倒试管,每次颠倒后稍停片刻,使气泡破裂,放置,待中性丁醇分层,再观察结果。

### （七）掺假掺杂乳检验

乳品生产和经营者在乳中加入各种物质，以假乱真、以杂当真或以伪当真，最终目的是获取非法利润。牛乳掺假情况极其复杂，掺假物种类繁多，有时难以检出。掺假物有50余种，其中以掺水、碱、盐、糖、淀粉、豆浆、尿素等物质较为常见，并且以混合物掺假现象较为普遍。乳中掺入其他物质，不但降低乳的营养价值和风味，影响乳的加工性能和产品的品质，使消费者经济受到损失，而且许多掺假物质可以损害食用者的健康，严重时可造成食物中毒，甚至危及人的生命，导致死亡。因此生产经营单位和检验部门应严格把关，加强原料乳和乳产品的掺假杂乳检验。

#### 1. 掺水乳的检验

掺水乳的检验方法很多，一般可以采用感官检验、乳相对密度的测定、联苯胺法、硝酸银法以及阿贝折光仪法进行检验。

（1）感官检验：新鲜牛奶呈乳白色或稍带黄色的均匀胶态液体，无沉淀、无凝块、无杂质，具有新鲜牛奶固有的香味；感官检验发现掺水奶乳色淡，呈稀薄状态，香味降低，不易挂杯，乳滴不成行，易流散。

（2）乳相对密度的测定：正常新鲜牛奶的相对密度为 1.028～1.032。相对密度低于1.028，即可视为掺水可疑；相对密度低于 1.026，即可认为掺水。注意应设新鲜牛乳对照。另外，测定牛乳清的相对密度是检验牛乳是否掺水的好方法，乳清的相对密度较全乳的相对密度更稳定。乳清的正常相对密度为 1.027～1.030。相对密度低于 1.027，即可判定为掺水。

（3）联苯胺法。

①基本原理：正常牛乳中完全不含硝酸盐，而一般水（包括井水、河水）中所含的硝酸盐与硫酸作用后生成硝酸，硝酸可以使联苯胺氧化而呈蓝色。

②试剂：联苯胺硫酸溶液（取 20 mg 联苯胺溶解于 20 mL 稀硫酸（1∶3）中，再用硫酸稀释至 100 mL）。

③器材：锥形瓶，量筒，酒精灯，白瓷皿。

④操作方法：取 20 mL 被检乳样，注入 100 mL 锥形瓶中，加入 0.5 mL 20%氯化钙溶液，在酒精灯上加热至凝固，冷却、过滤。在白瓷皿内加入 2 mL 联苯胺硫酸溶液，再沿白瓷皿边缘滴入滤液 2～3 滴，观察颜色反应。

⑤判定标准：若在两液体接触处呈蓝色，说明乳中有硝酸盐存在，判定为掺水乳。

（4）硝酸银法。

①正常牛乳中氯化物含量很低，但各种天然水中含有较多的氯化物。检验时，先在被检乳中滴加重铬酸钾溶液，硝酸银与乳中氯化物反应完毕后，剩余的硝酸银便与重铬酸钾反应，生成黄色的重铬酸银。根据颜色深浅，可以鉴别乳中是否掺水。

②试剂：重铬酸钾溶液（100 g/L）；硝酸银溶液（5 g/L）。

③器材：吸管，试管。

④操作方法：取 20 mL 被检乳样放入试管中，加入 2 滴重铬酸钾溶液，摇匀，再加入硝酸银溶液，摇匀，观察试管溶液颜色变化，同时用新鲜牛乳作对照。

⑤判定标准：正常牛乳呈柠檬黄色；掺水乳呈不同程度的砖红色。

（5）阿贝折光仪法。

①基本原理：测定牛乳的折射率，可以判定牛乳的纯度和掺水情况。正常牛乳乳清的折射

率为 1.341 99～1.342 75。若折射率在 1.341 28 以下,即可判定为掺水乳。

②试剂:250 g/L 醋酸溶液。

③器材:阿贝折光仪,恒温水浴锅。

④操作方法:取 100 mL 被检乳样,置于洁净的烧杯中,加入 2 mL 醋酸溶液,用玻璃棒搅匀,加盖,在 70℃ 水浴中保温 20 min,使蛋白质凝固,然后置于冰水中冷却 10 min,乳清用定量滤纸过滤分离,滤液备用。

校正折光仪,然后滴加 1～2 滴乳清液于下面棱镜上,由目镜观察,转动棱镜旋钮,使视野分为明暗两部分,旋动补偿器旋钮,使明暗分界线在十字线交叉点,通过放大镜在刻度尺上读取读数即可。

⑤判定标准:折射率<1.341 28,判定为掺水乳。

**2. 掺淀粉乳和米汤乳的检验**

(1)基本原理:一般淀粉中都存在着直链淀粉与支链淀粉两种,其中直链淀粉可以与碘生成稳定的络合物,呈现深蓝色,以此对乳中加入的淀粉或米汁进行检验。

(2)试剂:碘溶液(称取碘化钾 4 g,加少量水溶解,加碘 2 g,待全部溶解后,加水稀释至 100 mL 混匀)。

(3)器材:1 mL 吸管,5 mL 吸管,中试管。

(4)操作方法。

①取被检乳 5 mL 于试管中,加碘溶液 1～3 滴,观察溶液颜色反应。同时作正常牛乳对照试验。本方法适用于加入淀粉或米汁较多的情况。

②取被检乳 5 mL 于试管中,加入 20% 醋酸 0.5 mL,充分混匀,过滤于另一试管中,煮沸,滴加碘溶液 1～3 滴,观察溶液颜色变化,同时作正常乳对照试验。本方法适用于加入淀粉或米汁较少的情况。

(5)判定标准:乳中加有淀粉、米汁存在,出现蓝色或蓝青色;乳中加有糊精,则出现红紫色;正常乳为淡黄色。

**3. 掺豆浆乳的检验**

(1)基本原理:由于豆浆中含有皂角素,溶于热水或酒精,与氢氧化钾或氢氧化钠溶液作用,生成黄色化合物,以此对乳中加入的豆浆进行检验。

(2)试剂:25% 氢氧化钾(钠)溶液 100 mL,乙醇、乙醚等容积混合液(1:1)100 mL。

(3)器材:5 mL 吸管,2 mL 吸管,20 mL 试管。

(4)操作方法:取被检乳 2 mL 于试管中,加 3 mL 乙醇、乙醚混合液,再加 25% 氢氧化钾溶液 2 mL,摇匀,在 5～10 min 内观察颜色变化,同时作正常牛乳对照试验。

(5)判定标准:正常牛乳为乳白色;掺有豆浆的乳呈黄色(掺少量豆浆,此种反应不明显,水浴加温有助于反应)。

**4. 掺碱乳的检验**

掺碱乳的检验方法主要有溴麝香草酚蓝法和灰分碱度滴定法。

(1)溴麝香草酚蓝法(GB/T 5009.46—2003)。

①基本原理:鲜乳中掺碱(如碳酸钠或碳酸氢钠)后,可使溴麝香草酚蓝指示剂在 pH 6.0～7.6 的范围内从黄色变成蓝色。根据颜色的不同变化,可以判断加碱量的多少。

②试剂:0.04% 溴麝香草酚蓝乙醇溶液。

③器材:吸管、试管、滴管。

④操作方法:取被检乳样 5 mL,置于试管中,将试管保持倾斜位置,沿管壁小心加入 0.04%溴麝香草酚蓝乙醇溶液 5 滴,并轻轻转动试管 2~3 转,使其更好地相互接触,但切忌液体相互混合,然后将试管垂直放置,2 min 后根据两液界面的环层指示剂颜色变化进行判定。同时已知用未掺碱乳作对照试验。

⑤结果判定:根据环层指示剂颜色变化界限,判定结果(表 4-28)。

表 4-28　溴麝香草酚蓝法掺碱乳检验判定标准　　　　　　　　　%

| 鲜乳中碳酸氢钠浓度 | 界面环层颜色特征 | 鲜乳中碳酸氢钠浓度 | 界面环层颜色特征 |
| --- | --- | --- | --- |
| 无 | 黄色 | 0.50 | 青绿色 |
| 0.03 | 黄绿色 | 0.70 | 淡青色 |
| 0.05 | 淡绿色 | 1.00 | 青色 |
| 0.10 | 绿色 | 1.50 | 深青色 |
| 0.30 | 深绿色 | | |

注:当被检乳样的 pH 为>8 时,则不能用本方法,而改用灰分碱度滴定法。

(2)灰分碱度滴定法。

①基本原理:牛乳乳样中加入的碳酸钠和有机酸钠盐经高温灼烧后,均能转换为氧化钠,溶于水后形成氢氧化钠,其含量可以用标准酸滴定而求出。

②试剂:1%酚酞指示剂;0.100 mol/L 盐酸标准溶液。

③器材:高温电炉(1 000℃),电热恒温水浴锅,镍坩埚,锥形瓶,玻璃漏斗等。

④操作方法:取 20 mL 被检乳样于坩埚中,置水浴上蒸干,然后在电炉上灼烧成灰。灰分用 50 mL 热水分数次浸渍,并用玻璃棒捣碎灰块,过滤,滤纸及灰分残块用热水冲洗。滤液中加入 3~5 滴酚酞指示剂,用 0.100 mol/L 盐酸标准溶液滴定至初现粉红色,在 0.5 min 内不褪色为止。

⑤计算。

$$X = V_1 \times \frac{0.053}{V_2} \times 1.030 \times 100$$

式中:$X$ 为被检牛乳中碳酸钠的含量(g/100 g);$V_1$ 为滴定所消耗的 0.100 mol/L 盐酸标准溶液的体积(mL);$V_2$ 为试样的体积(mL);0.053 为 1 mL 0.100 mol/L 盐酸标准溶液相当于碳酸钠的质量(g);1.030 为正常牛乳的平均相对密度(20℃/4℃)。

⑥判定标准:正常牛乳中灰分碱度(以碳酸钠计)≤0.012%,超过该值为掺碱乳。

5.掺甲醛乳的检验

掺甲醛乳的检验方法主要有变色酸法和溴化钾法。

(1)变色酸法。

①基本原理:甲醛是一种防腐剂,禁止用于新鲜牛乳中。在硫酸溶液中,牛乳中的甲醛与变色酸作用,生成紫红色化合物。本方法灵敏度为 0.1 mg/kg。

②试剂:浓硫酸;变色酸(称取 2.5 g 1,8-二羟基萘-3,6-二碘酸溶于水中,稀释成 25 mL。如有沉淀,过滤除去)。

③操作方法:取 1 mL 被检乳样于试管中,加入 0.5 mL 变色酸溶液和 6 mL 浓硫酸,充分混匀,于沸水浴上放置 30 min,冷却,观察颜色变化,同时做空白对照试验。

④判定标准:若乳中有甲醛,则呈现紫红色;正常牛乳呈橙黄色或淡黄色。

(2)溴化钾法。

①试剂:稀硫酸(5∶1);溴化钾结晶。

②操作方法:取 3 mL 稀硫酸于试管中,加溴化钾结晶 1 粒,摇匀,立即沿管壁加入牛乳 1 mL,观察颜色变化,同时做空白对照试验。

③判定标准:若乳中有甲醛存在,则呈现紫色环带。

### 6.掺过氧化氢乳的检验

(1)基本原理:过氧化氢($H_2O_2$)是一种防腐剂,禁止用于食用牛乳中。牛乳检样中如有过氧化氢存在,能与五氧化二钒作用,生成粉红色或红色物质。

(2)试剂:五氧化二钒试剂(取 1 g 五氧化二钒溶解于 100 mL 的稀硫酸(6+94)中,贮存于试剂瓶中,放于阴暗处保存)。

(3)器材:20 mL 试管、滴管。

(4)操作方法:取被检牛乳样 10 mL 于试管中,加入 10~20 滴五氧化二钒试剂,立即观察颜色变化,然后混匀,再观察试管中液体的颜色变化,同时作正常牛乳对照试验。

(5)判定标准:若乳样中有过氧化氢,呈粉红色或红色;正常牛乳无颜色变化。

### 7.掺尿素乳的检验

(1)基本原理:在酸性条件下,牛乳样品中的尿素与亚硝酸钠作用,呈黄色反应。而当乳样中无尿素时,则亚硝酸钠与对氨基苯磺酸发生重氮化反应,其产物与 α-萘胺起偶氮化作用,生成紫红色化合物。

(2)器材与试剂。

①1% 亚硝酸钠溶液;浓硫酸。

②格里斯(Griess)试剂:称取酒石酸 89 g、对氨基苯磺酸 10 g、α-萘胺 1 g,混合研磨成粉末,贮存于棕色试剂瓶中,置暗处保存。

③5 mL 吸管,1 mL 吸管,试管。

(3)操作方法:取被检乳样 3 mL 注入试管中,加入 1% 亚硝酸钠溶液及浓硫酸各 1 mL,摇匀后,放置 5 min。待泡沫消失后,再加入 0.5 g 格里斯试剂,摇匀,观察试管中液体颜色的变化,同时作正常牛乳对照试验。

(4)判定标准:若牛乳中有尿素存在,乳样液体颜色呈黄色;正常牛乳呈紫红色。

### 8.掺芒硝乳的检验

(1)基本原理:掺入芒硝($Na_2SO_4 \cdot 10H_2O$)的牛乳中含有较多的 $SO_4^{2-}$ 离子,与氯化钡作用,生成硫酸钡沉淀,不与玫瑰红酸钠作用呈粉红色。

(2)试剂:1% 氯化钡溶液;1% 玫瑰红酸钠乙醇溶液;20% 醋酸溶液。

(3)器材:5 mL 吸管,1 mL 吸管,试管。

(4)操作方法:取被检乳样 5 mL 于试管中,加 20% 醋酸 2 滴,1% 氯化钡 5 滴,1% 玫瑰红酸钠 2 滴,摇匀,静置,观察溶液颜色变化,同时作正常牛乳对照试验。

(5)判定标准:掺芒硝乳溶液呈黄色;正常牛乳呈粉红色。

### (八)乳腺炎乳的检验

乳腺炎乳属于异常乳,由于牛乳中可能含有溶血性链球菌、金黄色葡萄球菌、绿脓杆菌和大肠埃希氏菌等多种致病菌,以及微球菌、芽孢菌等腐败菌,严重影响乳的质量安全。奶牛乳房发生炎症,引起上皮细胞坏死、脱落,进入乳汁中,白细胞数量也会增加,甚至有血和脓。因此对于新鲜牛乳,必须加强乳腺炎乳的检验。

鲜牛乳中乳腺炎乳的检验方法主要包括体细胞计数、氯糖数的测定、凝乳检验法、血与脓的检验等。

#### 1.体细胞计数

乳中细胞含量的多少是衡量乳房健康状况及鲜乳卫生质量的标志之一。正常牛乳中体细胞含量一般不超过 50 万个/mL,平均 26 万个/mL。当奶牛患有乳腺炎时,乳中体细胞数超过 50 万个/mL。

为了防止乳腺炎乳混入原料乳中,我国和很多发达国家都采用体细胞计数的方法检验乳腺炎乳。

#### 2.氯糖数的测定

(1)基本原理:氯糖数是指乳中氯离子的百分含量与乳糖的百分含量之比。正常牛乳中氯离子与乳糖的含量有一定的比例关系,健康牛乳中氯糖数不超过 4,而乳腺炎乳由于氯离子含量增加,而乳糖含量被消耗减少,导致氯糖数增高,因此可以对乳腺炎乳,尤其是隐形乳腺炎乳进行检测。

(2)器材与试剂。

①硫酸铝溶液(200 mol/L);氢氧化钠溶液(2 mol/L);铬酸钾溶液(100 mol/L)。

②硝酸银溶液(0.028 17 mol/L):取 4.788 g 硝酸银,溶解后,用水定容至 1 000 mL。此溶液每毫升相当于 1 mg 氯。

③酸式滴定管;200 mL 容量瓶;250 mL 锥形瓶;吸管。

(3)操作方法。

①乳糖含量的测定:测定方法同动物性食品中糖类的测定。

②氯化物的测定:吸取 20 mL 乳样,注入 200 mL 容量瓶中,加入 10 mL 硫酸铝溶液和 8 mL 氢氧化钠溶液,混合均匀,加水至刻度,均匀过滤。取 100 mL 滤液,注入 250 mL 锥形瓶中,加入 10 mL 铬酸钾溶液,用硝酸银溶液滴定至砖红色。

滴定前,一般用石蕊试纸测定将要滴定的混合液体的酸碱性,如果呈酸性,则需用氢氧化钠溶液中和至中性后再滴定。

(4)计算。

①乳中氯的含量按下式计算。

$$X_1 = V_1 \times \frac{10}{1.030} \times 100$$

式中:$X_1$ 为乳中氯的含量(g/100g);$V_1$ 为滴定时消耗的硝酸银溶液的体积(mL);1.030 为正常牛乳的相对密度;10 为把滴定时的乳样量换算成 100 mL 所需系数。

②乳糖数按下式计算。

$$X = X_1 \times \frac{100}{L}$$

式中:$X$ 为氯糖数;$X_1$ 为乳样中氯的含量(g/100 g);$L$ 为乳样中乳糖的含量(g/100 g);100 为把氯离子含量校正成与乳糖含量相当时所需系数。

(5)结果判定:氯糖数大于 6 时,表明该乳属于乳腺炎乳。

**3. 凝乳检验法**

(1)基本原理:乳腺炎乳中蛋白质含量增多,在碱性条件下能出现沉淀。

(2)器材与试剂。

①试液:称取 60 g 碳酸钠($Na_2CO_3 \cdot 10H_2O$,化学纯)溶解于 100 mL 蒸馏水中,称取 40 g 无水氯化钙溶解于 300 mL 蒸馏水中,将两种溶液分别搅拌、加温、过滤,然后将两滤液混合在一起,再搅拌、加温、过滤,于第二次滤液中加入等量 15％的氢氧化钠溶液,继续搅拌、加温、过滤,即为试液。在该试液中加入溴甲酚紫,有助于结果的观察。该试液应贮存于棕色瓶中。

②白色平皿,吸管。

(3)操作方法:吸取 3 mL 乳样于白色平皿中,加入 0.5 mL 试液,立即回转混合,约 10 s 后观察结果。

(4)判定标准:见表 4-29。

**表 4-29　凝乳法检验乳腺炎乳判定标准**

| 现　象 | 结　果 |
| --- | --- |
| 无沉淀及絮片 | 阴性(一) |
| 有少量沉淀发生 | 可疑(±) |
| 有片条状沉淀 | 阳性(＋) |
| 发生黏稠性团块并继而分为薄片 | 强阳性(＋＋) |
| 有持续性的黏稠性团块(凝胶) | 强阳性(＋＋＋) |

**4. 乳中血与脓的检验**

(1)试剂:用小刀尖取少量二氨基联苯,将其溶解在盛有 2 mL 96％乙醇的试管内,加入 2 mL 3％过氧化氢溶液,摇匀后再加入 3～4 滴冰乙酸。

(2)操作方法:在上述试剂溶液中,加入 4～5 mL 乳样,在 20～30 s 后,观察溶液颜色变化。

(3)结果判定:溶液呈深蓝色,表明乳中有血与脓存在。

**(九)乳中抗生素残留的检验**

鲜乳中抗生素残留的检验一般采用氯化三苯四氮唑法(GB/T 4789.27—2003)。

**1. 基本原理**

将嗜热乳酸链球菌接种在鲜乳培养基中,所产生的代谢产物可以使 TTC(2,3,5-氯化三苯基四氮唑)还原变成红色,其红色的深浅与乳中嗜热乳酸链球菌数成正比。如果乳样中残留的抗生素足以抑制嗜热乳酸链球菌的生长,则乳样颜色不变(氧化型 TTC);如果乳样中无抗生素残留或残留量不足以抑制嗜热乳酸链球菌的生长繁殖,则乳样变为红色或微红色(还原型 TTC)。因此根据检测乳样的呈色状态,可以判定乳中有无抗生素残留存在。

**2. 菌种、培养基、试剂与器材**

(1)菌种:嗜热乳酸链球菌。

（2）无抗生素脱脂乳（或用10％脱脂乳粉）：经113℃灭菌20 min。

（3）含抗生素乳：已知不含抗生素乳加入抗生素，用于阳性对照试验。

（4）4％TTC指示剂：称取2,3,5-氯化三苯基四氮唑1 g，溶解于5 mL灭菌蒸馏水中，装棕色瓶内，于7℃冰箱保存（最好现用现配）。临用时用灭菌蒸馏水稀释至5倍。如遇溶液已经着色，则不能再用。

（5）器材：温箱，水浴锅，100℃温度计，试管架，10 mL、1 mL灭菌吸管（每份检样需2支），灭菌试管（每份检样需4支）15 mm×150 mm。

### 3.检验程序

鲜乳中抗生素残留的检测程序见图4-1。

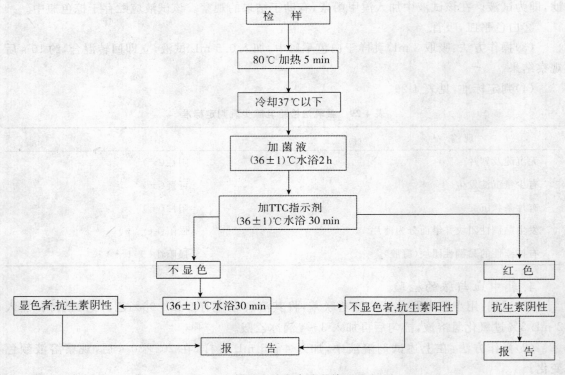

**图4-1 鲜乳中抗生素残留检测程序**

### 4.操作方法

（1）菌液制备：将嗜热乳酸链球菌菌种接种于脱脂乳中，经（36±1）℃培养12～15 h后，以灭菌脱脂乳1∶1稀释待用。

（2）取乳样9 mL，置于15 mm×150 mm试管中，置于80℃水浴中加热5 min，冷却至37℃以下，加入菌液1 mL，经（36±1）℃水浴培养2 h，加入TTC指示剂0.3 mL，经（36±1）℃水浴30 min，观察乳样颜色变化。如为阳性（不显色），再于水浴中培养30 min，进行第二次观察。每份乳样作2份，另外再作阳性和阴性对照各1份，阳性对照管用含抗生素乳8 mL，加菌液和TTC指示剂；阴性对照管用无抗生素乳9 mL，加菌液和TTC指示剂。

### 5.判定方法

乳样准确培养30 min，观察结果，如为阳性，再继续培养30 min，作第二次观察。观察时要迅速,避免光照过久,发生干扰。乳中有抗生素存在,则检样中虽加入菌液培养物,但因细菌的繁殖受到抑制,因此 TTC 指示剂不还原,不显色。如果没有抗生素存在,则加入菌液即行增殖,TTC 指示剂被还原而显红色。

6.判定标准

见表 4-30。

**表 4-30　TTC 试验判定标准**

| 现象 | 结果 |
| --- | --- |
| 未显色 | 阳性(＋) |
| 微红色 | 可疑(±) |
| 桃红色、红色 | 阴性(一) |

### (十)乳中三聚氰胺的快速检验

原料乳中三聚氰胺的快速检测一般采用液相色谱法(GB/T 22400—2008)。

1.基本原理

用乙腈作为原料乳中的蛋白质沉淀剂和三聚氰胺提取剂,强阳离子交换色谱柱分离,高效液相色谱-紫外检测器/二极管阵列检测器检测,外标法定量。

2.试剂和材料

(1)所有试剂均为分析纯,水为一级水。

(2)乙腈:色谱纯,磷酸,磷酸二氢钾。

(3)三聚氰胺标准贮备液$(1.00×10^3 \text{ mg/L})$:称取 100.0 mg 三聚氰胺标准物质,用水完全溶解后,在 100 mL 容量瓶中定容至刻度,4℃条件下避光保存,有效期为 1 个月。

(4)三聚氰胺标准工作液:使用时配制。

①标准溶液 A$(2.00×10^2 \text{ mg/L})$:准确吸取 20.0 mL 三聚氰胺标准贮备液,置入 100 mL 容量瓶中,用水稀释至刻度,混匀。按表 4-31 分别吸取不同体积的标准溶液 A 于容量瓶中,用水稀释至刻度,混匀。

**表 4-31　标准工作溶液配制(高浓度)**

| 标准溶液 A 体积/mL | 0.10 | 0.25 | 1.00 | 1.25 | 5.00 | 12.5 |
| --- | --- | --- | --- | --- | --- | --- |
| 定容体积/mL | 100 | 100 | 100 | 50.0 | 50.0 | 50.0 |
| 标准工作溶液浓度/(mg/L) | 0.20 | 0.50 | 2.00 | 5.00 | 20.0 | 50.0 |

②标准溶液 B(0.50 mg／L):准确吸取 0.25 mL 三聚氰胺标准贮备液,置入 100 mL 容量瓶中,用水稀释至刻度,混匀。按表 4-32 分别吸取不同体积的标准溶液 B 于容量瓶中,用水稀释至刻度,混匀。

**表 4-32　标准工作溶液配制(低浓度)**

| 标准溶液 B 体积/mL | 1.00 | 2.00 | 4.00 | 20.0 | 40.0 |
| --- | --- | --- | --- | --- | --- |
| 定容体积/mL | 100 | 100 | 100 | 100 | 100 |
| 标准工作溶液浓度/(mg/L) | 0.005 | 0.01 | 0.02 | 0.10 | 0.20 |

(5)磷酸盐缓冲液(0.05 mol/L):称取 6.8 g 磷酸二氢钾(准确至 0.01 g),加水 800 mL 完全溶解后,用磷酸调节 pH 至 3.0,用水稀释至 1 L,用滤膜过滤后备用。

(6)滤膜:水相,0.45 $\mu$m;针式过滤器:有机相,0.45 $\mu$m。

(7)一次性注射器:2 mL;具塞刻度试管:50 mL。

### 3.仪器与设备

(1)液相色谱仪:配有紫外检测器/二极管阵列检测器。

(2)pH 计:测量精度±0.02。

(3)分析天平:感量 0.000 1 g 和 0.001 g。

(4)溶剂过滤器。

### 4.操作方法

(1)试样的制备:称取混合均匀的原料乳样品 15 g(准确至 0.01 g),置于 50 mL 具塞刻度试管中,加入 30 mL 乙腈,剧烈振荡 6 min,加水定容至刻度,充分混匀后静置 3 min,用一次性注射器吸取上清液,用针式过滤器过滤后,作为高效液相色谱分析用试样。

(2)高效液相色谱测定。

①色谱条件:色谱柱:强阳离子交换色谱柱,SCX,250 mm×4.6 mm(i.d.),5 $\mu$m,或性能相当;流动相:磷酸盐缓冲液-乙腈(70+30,体积比),混匀;流速:1.5 mL/min;柱温:室温;检测波长:240 nm;进样量:20 $\mu$L。

②液相色谱分析测定。

仪器的准备:开机,用流动相平衡色谱柱,待基线稳定后开始进样。

定性分析:依据保留时间一致性进行定性识别的方法。根据三聚氰胺标准物质的保留时间,确定样品中三聚氰胺的色谱峰,必要时采用其他方法进一步定性确证。

定量分析:校准方法为外标法。

校准曲线的制作:根据检验需要,使用标准工作液分别进样,以标准工作溶液浓度为横坐标,以峰面积为纵坐标,绘制校准曲线。

试样测定:使用试样分别进样,获得目标峰面积,根据校准曲线,计算被测样品中三聚氰胺的含量(mg/kg)。

### 5.计算

$$X = c \times \frac{V \times 1\ 000}{m \times 1\ 000}$$

式中:X 为原料乳中三聚氰胺的含量(mg/kg);m 为样品称量质量(g);c 为从校准曲线得到的三聚氰胺溶液的浓度(mg/L);V 为试样定容体积(mL)。

计算结果保留 3 位有效数字;结果在 0.1~1.0 mg/kg 时,保留两位有效数字;结果小于0.1 mg/kg 时,保留 1 位有效数字。

### (十一)鲜乳的细菌学检验

鲜乳、消毒乳和灭菌乳的细菌学检验包括菌落总数、大肠菌群和致病菌的检验。致病菌主要检查沙门氏菌、志贺氏菌和金黄色葡萄球菌等。菌落总数的测定按 GB/T 4789.2—2010 方法进行;大肠菌群的测定按 GB/T 4789.3—2010 方法进行。沙门氏菌的检验按 GB/T 4789.4—2010 方法进行;志贺氏菌的检验按 GB/T 4789.5—2010 方法进行;金黄色葡萄球菌的检验按GB/T 4789.10—2010方法进行。

（十二）乳的卫生标准

我国乳的卫生标准包括鲜乳卫生标准（GB 19301—2003）和巴氏消毒乳、灭菌乳卫生标准（GB 19645—2005）。

1. 鲜乳的卫生标准

(1)鲜乳的感官指标：见表4-33。

表4-33　鲜乳的感官指标

| 项目 | 指标 |
| --- | --- |
| 色泽 | 呈乳白色或微黄色 |
| 滋味、气味 | 具有乳固有的香味，无异味 |
| 组织状态 | 呈均匀一致的胶态液体，无凝块、无沉淀、无肉眼可见异物 |

(2)鲜乳的理化指标：见表4-34。

表4-34　鲜乳的理化指标

| 项目 | 指标 |
| --- | --- |
| 相对密度/(20℃/4℃) | ≥1.028 |
| 蛋白质/(g/100 g) | ≥2.95 |
| 脂肪/(g/100 g) | ≥3.1 |
| 非脂乳固体/(g/100 g) | ≥8.1 |
| 酸度/(°T) | |
| 　牛乳 | ≤18 |
| 　羊乳 | ≤16 |
| 杂质度/(mg/kg) | ≤4.0 |

(3)鲜乳中有毒有害物质的残留限量：见表4-35。

表4-35　鲜乳中有毒有害物质残留限量

| 项目 | 指标 |
| --- | --- |
| 铅(Pb)/(mg/kg) | ≤0.05 |
| 无机砷/(mg/kg) | ≤0.05 |
| 黄曲霉毒素 $M_1$/(μg/kg) | ≤0.5 |
| 六六六/(mg/kg) | ≤0.02 |
| 滴滴涕/(mg/kg) | ≤0.02 |
| 兽药残留 | 应符合国家有关标准规定 |

(4)鲜乳的细菌学指标：见表4-36。

表 4-36　鲜乳的细菌学指标

| 项目 | 指标 |
|---|---|
| 菌落总数/(cfu/g) | $\leqslant 5 \times 10^5$ |
| 致病菌(金黄色葡萄球菌、沙门氏菌、志贺氏菌) | 不得检出 |

### 2.巴氏消毒乳、灭菌乳的卫生标准

(1)巴氏消毒乳、灭菌乳的感官指标:见表 4-37。

表 4-37　巴氏消毒乳、灭菌乳的感官指标

| 项目 | 指标 |
|---|---|
| 色泽 | 呈乳白色或微黄色 |
| 滋味、气味 | 具有乳固有的香味,无异味 |
| 组织状态 | 呈均匀一致的胶态液体,无凝块、无沉淀、无肉眼可见异物 |

(2)巴氏消毒乳、灭菌乳的理化指标:见表 4-38。

表 4-38　巴氏消毒乳、灭菌乳的理化指标

| 项　目 | | 指标 | |
|---|---|---|---|
| | | 巴氏杀菌、灭菌纯乳 | 巴氏杀菌、灭菌调味乳 |
| 脂肪/(g/100 g) | $\geqslant$ | 按 GB 5408.1、GB 5408.2 的规定执行 | |
| 蛋白质/(g/100 g) | $\geqslant$ | | |
| 非脂乳固体/(g/100 g) | $\geqslant$ | | |
| 酸度/(°T) | | | |
| 　牛乳 | $\leqslant$ | 18 | — |
| 　羊乳 | $\leqslant$ | 16 | — |
| 铅(Pb)/(mg/kg) | $\leqslant$ | 0.05 | |
| 无机砷/(mg/kg) | $\leqslant$ | 0.05 | |
| 黄曲霉毒素 $M_1$/($\mu$g/kg) | $\leqslant$ | 0.5 | |

(3)巴氏消毒乳、灭菌乳的细菌学指标:见表 4-39。

表 4-39　巴氏消毒乳、灭菌乳的细菌学指标

| 项目 | | 指标 | |
|---|---|---|---|
| | | 巴氏杀菌乳 | 灭菌乳 |
| 菌落总数/(cfu/g) | $\leqslant$ | $3 \times 10^4$ | 10 |
| 大肠菌群/(MPN/100 g) | $\leqslant$ | 90 | 3 |
| 致病菌(沙门氏菌、金黄色葡萄球菌) | | 不得检出 | |

### 三、乳制品的卫生检验

乳制品是指以鲜牛乳或羊乳为主要原料,采用不同的加工方法而制成的产品,主要包括酸牛乳、乳粉、奶油、炼乳、干酪、干酪素、乳糖、奶片、冰淇淋、乳酸饮料等制品。在乳制品的加工、包装、贮藏及运输等环节中,乳品生产企业必须采用 HACCP、GMP 和 SSOP 等食品安全管理体系,从原料乳到产品实行全过程质量安全监控,制定和完善乳品生产技术规范,严格遵守卫生制度,产品必须符合卫生标准;同时必须对乳制品进行严格的卫生检验,以保证消费者的食用安全。

乳制品的卫生检验主要包括乳制品的感官检验、乳制品水分含量的测定、脂肪含量的测定、蛋白质含量的测定、乳粉溶解度的测定、乳制品酸度的检验以及乳制品的细菌学检验等。这里主要介绍酸牛乳、乳粉、奶油、炼乳的卫生检验。

#### (一)乳制品的感官检验

**1.乳粉的感官检验**

(1)器材与样品:200 mL、250 mL、500 mL 烧杯,100 mL 量筒,玻璃棒,牛角勺,盛样盘(平皿或瓷盘);全脂加糖乳粉、全脂乳粉、脱脂乳粉。

(2)操作方法:将乳粉放入盛样盘中,在自然光线下,仔细观察奶粉颜色、结构等有无变化,有无凝块、杂物或生虫等异常状态;嗅其气味,看有无酸味、霉味;然后取少许乳粉放入烧杯中,加温水(约 40℃)溶解,调成复原乳,尝其滋味,并观察杯底有无沉淀。

(3)感官指标:见表 4-40。

表 4-40　乳粉感官指标

| 项目 | 全脂乳粉 | 脱脂乳粉 | 全脂加糖乳粉 | 调味乳 |
|---|---|---|---|---|
| 色泽 | 呈均匀一致的乳黄色 | | | 具有调味乳粉应有的色泽 |
| 气味和滋味 | 具有纯正的乳香味 | | | 具有调味乳粉应有气味和滋味 |
| 组织状态 | 干燥、均匀的粉末 | | | |
| 冲调性 | 经搅拌可迅速溶解于水中,不凝块 | | | |

**2.酸乳的感官检验**

(1)器材与样品:50～100 mL 烧杯,牛角勺,各类酸乳。

(2)操作方法。

①色泽/组织状态检查:首先观察酸乳表层有无乳清析出,取少量酸乳倒入白色背景的小烧杯中,观察颜色,再将其混匀后,仔细观察有无异常;并取 1 滴酸乳于大拇指上,检查组织状态是否细腻。

②滋味/气味检查:取少量酸乳品尝,并闻其气味。

(3)感官指标:见表 4-41。

表 4-41　酸乳的感官指标

| 项目 | 指标 | |
|---|---|---|
| | 纯酸乳 | 风味酸乳 |
| 色泽 | 色泽均匀一致,呈乳白色或微黄色 | 呈均匀一致的乳白色,或风味酸乳特有的色泽 |
| 滋味和气味 | 具有纯乳发酵特有的滋味、气味 | 除有发酵乳味外,并含有添加成分特有的滋味和气味 |
| 组织状态 | 组织细腻、均匀,允许有少量乳清析出;果料酸乳有果块或果粒 | |

**3. 奶油的感官检验**

(1)器材与样品:50～100 mL 烧杯,牛角勺,磁盘,小刀,细金属丝,各类奶油。

(2)操作方法。

①首先评定奶油外包装,然后按照滋味、气味、组织状态、色泽顺序逐项检查评定。

②观察奶油表层,再用刀切开奶油,评定组织状态(有无粘刀、疏松脆弱等)。

③用细金属丝切开奶油,检查奶油水分分布状态及铸型质量(有无缝隙)。

④取少量奶油品尝,并闻其气味,观察色泽是否正常。

(3)感官指标:见表 4-42。

表 4-42　奶油的感官指标

| 项目 | 奶油 | 稀奶油 | 无水奶油 |
| --- | --- | --- | --- |
| 色泽 | 呈均匀一致的乳白色或乳黄色 | | |
| 滋味和气味 | 具有奶油的醇香味 | | |
| 组织状态 | 组织柔软、细嫩、无孔隙、无析水现象 | | |

**4. 炼乳的感官检验**

(1)器材与样品:250～300 mL 烧杯,牛角勺或匙,玻棒,开罐器,各类炼乳。

(2)操作方法。

①气味和滋味评定:直接或用水冲调后,嗅闻、品尝炼乳的气味和滋味。

②组织状态评定:首先观察炼乳黏盖情况,估测罐盖内侧黏附炼乳的厚度,然后将炼乳加温至 24℃,往外倾倒,观察倒出的炼乳表面起堆的情况。

③乳糖结晶与沉淀评定:先观察炼乳质地是否均匀、细腻,有无可见的乳糖结晶块;然后将罐内炼乳倒出,观察罐底部有无沉淀;最后取少量炼乳放入口中检查有无沙状舌感。

(3)感官指标:见表 4-43。

表 4-43　炼乳的感官指标

| 项目 | 全脂无糖炼乳 | 全脂加糖炼乳 |
| --- | --- | --- |
| 色泽 | 呈均匀一致的乳白色或乳黄色,有光泽 | |
| 滋味和气味 | 具有牛乳的滋味和气味 | 具有牛乳的香味,甜味纯正 |
| 组织状态 | 组织细腻、质地均匀,黏度适中 | |

**(二)乳制品中水分含量的测定**

乳制品中水分含量的测定一般采用直接干燥法。

**1. 基本原理**

乳制品试样经加热干燥,水分挥发,当达到恒重时,所减轻的重量即为乳制品样品中水分的含量。

**2. 器材与试剂**

(1)盐酸(1∶1);氢氧化钠溶液(240 g/L)。

(2)海沙:洗去泥土的海沙或河沙,用盐酸(1+1)煮沸 0.5 h,用水洗至中性,再用氢氧化钠溶液（240 g/L）煮沸 0.5 h，用水洗至中性，经（100±5）℃干燥备用。

（3）分析天平（0.1 mg）；电热恒温干燥箱，蒸发皿，玻璃干燥器。

### 3.操作方法

（1）固体样品。将称量瓶置于（100±2）℃的干燥箱内，烘至恒重（两次烘干称量，两次的质量差不超过 2 mg）。粗称试样 3～5 g 于已烘至恒重的称量瓶中，加盖，精密称量后，置于（100±2）℃干燥箱中，瓶盖斜支于瓶边，加热烘干 1～2 h，移于玻璃干燥器中冷却，精确称重。接着每隔 1 h 再烘干一次，精确称至恒重。

（2）液体和半固体样品。将蒸发皿（内放 5.0～10.0 g 海沙）及一根小玻棒置于（100±2）℃的干燥箱内，烘至恒重。粗称试样 10 g 于已烘至恒重的蒸发皿中，精密称量后，置于沸水浴蒸干 30 min，并不断搅拌，擦去皿底部水分，然后移置（102±2）℃干燥箱，加热烘干 1～2 h，移于玻璃干燥器中冷却，精确称重。接着每隔 1 h 再烘干一次，精确称至恒重。

### 4.计算

$$X = \frac{M_1 - M_2}{M_1 - M_0} \times 100$$

式中：$X$ 为乳制品样品中水分的含量（％）；$M_0$ 为称量瓶（或蒸发皿、海沙及玻棒）的质量（g）；$M_1$ 为称量瓶（或蒸发皿、海沙及玻棒）和样品质量（g）；$M_2$ 为称量瓶（或蒸发皿、海沙及玻棒）和样品烘干后的质量（g）。

### 5.注意事项

干燥箱温度由被测乳制品样品的不同而调整，易分解或焦化的样品可以适当降低温度或缩短烘干时间。

### （三）乳制品种脂肪含量的测定

### 1.基本原理

使用乙醚和石油醚抽提乳粉样品的脂肪，通过蒸馏或蒸发除去溶剂，测定溶于醚中的抽提物的质量即为脂肪的质量。

### 2.试剂

（1）淀粉酶、氨溶液（质量分数约为 25％）、乙醇。

（2）刚果红溶液：称取 1 g 刚果红，溶解于水中，稀释至 100 mL。

（3）乙醚：不含过氧化物，不含抗氧化剂，或抗氧化剂含量小于 2 mg/kg，并满足空白试验的要求。

（4）石油醚：沸程 30～60℃。

（5）混合溶剂：等体积混合乙醚和石油醚，使用前制备。

### 3.器材

（1）分析天平：0.1 mg。

（2）离心机：可以安放抽脂瓶或管，转数为 500～600 r/min，可以在抽脂瓶外端产生 80～90 g 的重力场。

（3）蒸馏器或蒸发器：在不超过 100℃情况下，蒸馏除掉脂肪收集瓶中的溶剂和乙醇，或蒸发除掉烧杯或平皿中的溶剂和乙醇。

（4）电热烘箱：工作区域温度控制在（120±2）℃。

(5)水浴箱:温度控制在(65±5)℃。

(6)毛氏抽脂瓶:配有支架和优质软木塞(或硅胶瓶塞,或聚四氟乙烯瓶塞)。软木塞使用前应浸泡在乙醚中,然后放入60℃或60℃以上水中至少保持15 min,再于水中冷却,使用时木塞已经呈饱和状态。平时应将软木塞浸泡在水中,每天换水一次。

(7)洗瓶:适合装混合溶剂,但不能用塑料洗瓶。

(8)脂肪收集瓶:125～250 mL的平底烧瓶或锥形瓶。

(9)毛氏抽脂瓶摇混器:可以夹放毛氏抽脂瓶,摆动频率为(100±10)次/min。

(10)沸石:无脂肪、无气孔的瓷片或碳化硅或玻璃珠。

**4. 操作方法**

(1)样品制备:反复转动样品容器,使样品充分混合,立即取样,直接放在抽脂瓶或其他容器中,精确至1 mg。取样量为高脂乳粉、全脂乳粉、全脂加糖乳粉、配方乳粉约1 g;部分脱脂乳粉、乳清粉、酪乳粉约1.5 g。

(2)空白试验:用10 mL水代替已经稀释的样品,其余步骤和试剂均与样品测定相同,并与样品测定试验同时进行。

(3)脂肪收集瓶的准备:于干燥的收集瓶中加入几粒沸石,放入烘箱中,于(120±2)℃干燥1 h,使收集瓶冷却(不要放在干燥器中,但要防尘)至天平室的温度。用夹钳将收集瓶放到天平上称量,精确至0.1 mg。

(4)样品预处理:对不含淀粉样品,直接加入10 mL(65±5)℃的水,将试样洗入抽脂瓶的小球中,充分混合,直到样品完全分散,放入流动水中冷却。

对含淀粉样品,将样品放入毛氏抽脂瓶中,加入约0.1 g的淀粉酶和一小磁性搅拌棒,混合均匀后,再加入8～10 mL 45℃的蒸馏水,注意液面不要太高。盖上瓶塞,于搅拌状态下,置于65℃水浴中2 h,每隔10 min摇混一次。检验淀粉是否水解完全:加入2滴约0.1 mol/L的碘溶液,无蓝色出现。否则将抽脂瓶重新置于水浴中,直至无蓝色产生。冷却毛氏抽脂瓶。

(5)测定方法。

①加入2 mL氨溶液或同体积的浓氨溶液,在小球中与已溶解的样品充分混合。将抽脂瓶放入(65±5)℃水浴中,加热15～20 min,随时振荡一次,取出,冷却至室温。含淀粉样品不需水浴,静止30 s后,加入10 mL乙醇,轻轻使内容物在小球和柱体间来回流动,和缓但彻底地混合,避免液体太接近瓶颈。如果需要,可以加入2滴刚果红溶液。

②加入25 mL乙醚,塞上木塞或其他瓶塞,将抽脂瓶保持在水平位置,小球延伸部分朝上夹到摇混器上,按约100次/min振荡烧瓶1 min,不要过度。在此期间,使液体由大球冲入小球。必要时将抽脂瓶放在流水中冷却,然后小心打开瓶塞,用少量的混合洗剂冲洗瓶塞和瓶颈,使冲洗液流入抽脂瓶或已准备好的脂肪收集瓶中。

③加入25 mL石油醚,塞上重新润湿的塞子,轻轻振荡30 s。将加塞的抽脂瓶放入离心机中,在500～600 r/min下离心1～5 min。如果无离心机,则将抽脂瓶放到支架上,静止至少30 min,直到上层液澄清,并明显与水分离。必要时放在流水中冷却抽脂瓶。

④小心打开瓶塞,用少量混合溶剂冲洗塞子和瓶颈内壁,使冲洗液流入抽脂瓶或脂肪收集瓶中。如果两相界面低于小球与瓶身相接处,则沿瓶壁边缘慢慢地加水,使液面高于小球和瓶身相接处,以便于倾倒。持抽脂瓶小球部,小心地将上层液尽可能地倒入已准备好的含有沸石

的脂肪收集瓶中,避免倒出水层。

⑤用少量混合溶剂冲洗瓶颈外部,并小心将冲洗液收集在脂肪收集瓶中。或者采用蒸馏或蒸发的方法,除去脂肪收集瓶中的溶剂或部分溶剂。

⑥重复操作,进行第二次抽提,但只用 15 mL 乙醚和 15 mL 石油醚,用混合溶剂冲洗瓶颈内壁。再重复操作,进行第三次抽提,只用 15 mL 乙醚和 15 mL 石油醚,用混合溶剂冲洗瓶颈内壁。

⑦将脂肪收集瓶放入烘箱中,于(120±2)℃加热 1 h,取出收集瓶,冷却至天平室的温度(不要放在干燥器中,但要防尘,玻璃容器冷却至少 1 h,金属容器冷却至少 0.5 h)。用夹钳将收集瓶放在天平上称量,精确至 0.1 mg。重复操作,直到收集瓶两次连续称量不超过0.5 mg,记录收集瓶和提取物的最低质量。

⑧为验证提取物是否全部溶解,向收集瓶中加入 25 mL 石油醚,微热,振摇,直到脂肪全部溶解。

如果提取物全部溶解于石油醚中,则含提取物的收集瓶的最终质量和最初质量之差,即为脂肪含量。若提取物未全部溶于石油醚中,或怀疑抽提物是否全部为脂肪,则用热的石油醚洗提。

⑨重复此操作 3 次以上,再用石油醚冲洗收集瓶口的内部。最后,用混合溶剂冲洗收集瓶口的外壁,将脂肪收集瓶放入烘箱中,于(120±2)℃加热 1 h,按上述方法去除石油醚,冷却,称量。

**5.计算**

$$X=\frac{(m_1-m_2)-(m_3-m_4)}{m_0}\times100$$

式中:$X$ 为样品中脂肪的含量(g/100 g);$m_0$ 为样品的质量(g);$m_1$ 为测得的脂肪收集瓶和提取物的质量(g);$m_2$ 为脂肪收集瓶的质量(g);$m_3$ 为空白试验中,脂肪收集瓶的质量和提取物的质量(g);$m_4$ 为空白试验中,脂肪收集瓶的质量(g)。

**(四)乳制品中蛋白质含量的测定**

乳制品中蛋白质含量的测定一般采用微量凯氏定氮法。

**1.基本原理**

样品与硫酸和催化剂一起加热消化,使蛋白质分解,分解出的氨与硫酸作用,生成硫酸铵,在碱性条件下氨游离,随水蒸气蒸出,被硼酸吸收。然后用盐酸标准溶液滴定生成的硼酸铵。根据盐酸标准溶液的用量,计算含氮量,乘以蛋白质系数,即为样品中蛋白质的含量。

**2.器材与试剂**

(1)浓硫酸(A.R);10%硫酸铜(A.R);硫酸钾(A.R);2%硼酸溶液。

(2)40%氢氧化钠溶液。

(3)0.01 mol/L 盐酸标准溶液(标定后使用)。

(4)混合指示剂:1 份 0.1%甲基红乙醇溶液与 5 份 0.1%溴甲酚绿乙醇溶液,临用时混合。也可用 2 份 0.1%甲基红乙醇溶液与 1 份 0.1%次甲基蓝乙醇溶液,临用时混合。

(5)分析天平,消化炉,凯氏定氮蒸馏装置,凯氏烧瓶,酸式微量滴定管。

3. 操作方法

(1) 样品处理：精密称取样品 1～5 g，用温水稀释到 500 mL，取 10 mL 于凯氏烧瓶中（勿黏附在瓶壁）。向瓶内加入硫酸钾 10 g，硫酸铜 0.5 g，硫酸 5～20 mL，斜置烧瓶于消化炉上。先小火加热，待内容物完全炭化，大量泡沫消失后，加大火力，消化至溶液透明呈蓝绿色，再继续加热 30 min，取下，冷却至室温，移入 100 mL 容量瓶中，用无氨水定容至刻度。

(2) 蒸馏与滴定。

① 装好凯氏定氮蒸馏装置，在水蒸气发生瓶内装水至瓶的 2/3 处，加入甲基红指示计数滴及数毫升硫酸，以保持水呈酸性，并在瓶内加入数粒玻璃珠，以防暴沸。加热煮沸水蒸气发生瓶内的水。

② 准确吸取定溶液 10.0 mL，加入凯氏定氮蒸馏装置的进样口中，再加入 40％氢氧化钠溶液 10 mL，用少量水洗进样口，然后关闭进样口，并用水密封进样口。

③ 将冷凝管末端插入盛有 10 mL 2％硼酸溶液（内含混合指示剂 2 滴）的锥形瓶的溶液中，通入蒸汽蒸馏，当第一滴蒸汽滴入锥形瓶后，开始计时，蒸馏 5 min。移动锥形瓶，使冷凝管下端离开液面，再蒸馏 1 min。然后用洗瓶水冲洗冷凝管下端外部，一并收集于锥形瓶中。

④ 取下锥形瓶，用 0.01 mol/L 盐酸标准溶液滴定至蓝色或蓝紫色。记录标准盐酸溶液消耗的体积（mL）。

⑤ 吸取 10 mL 水做试剂空白试验，按照上述程序操作，记录标准盐酸溶液消耗体积（mL）。

4. 计算

$$X = \frac{(V_1 - V_2) \times c \times 0.014}{m \times \frac{10}{100}} \times F \times 100$$

式中：$X$ 为样品中蛋白质的含量（g/100 g 或 g/100 mL）；$V_1$ 为样品消耗盐酸标准溶液的体积（mL）；$V_2$ 为试剂空白消耗盐酸标准溶液的体积（mL）；$c$ 为盐酸标准溶液的浓度（mol/L）；0.014 为 1 mL 盐酸（$c = 1.000$ mol/L）标准溶液中相当于氮的质量（g）；$m$ 为样品的质量（或体积）（g 或 mL）；$F$ 为氮换算为蛋白质的系数，乳制品为 6.38。

计算结果保留 3 位有效数字。

5. 注意事项

由于乳与乳制品的蛋白质含量不同，故取样量各不相同，其中鲜乳、奶油、淡炼乳均为 5 g，奶粉、脱脂奶粉为 1 g，甜炼乳为 100 g，干酪为 2 g。

**(五) 乳粉溶解度的测定**

1. 基本原理

乳粉样品溶于水后，称取不溶物质量，计算溶解度。

2. 器材

50 mL 离心管，离心机（1 000 r/min），电热恒温水箱，电热干燥箱。

3. 操作方法

(1) 精密称取乳粉样品约 5 g（0.01 g），置于 50 mL 烧杯中，用 25～30 ℃水 38 mL，分数次将样品溶解，移入离心管中，加塞，将离心管放于 30 ℃水浴中，保温 5 min 后取出，上下振摇 3 min，使样品充分溶解。

（2）置于离心机中，以 1 000 r/min 速度离心 10 min，使不溶物沉淀，倾去上清液，并用棉栓子拭清管壁。再加入 30℃ 的水 38 mL，加塞，上下充分振摇 3 min，使沉淀物悬浮，再置于离心机中，以同样速度离心 10 min，倾去上清液，并用棉栓子拭清管壁。

（3）用少量水将沉淀物洗入已称量的称量皿中，先在水浴上蒸干，再于 100℃ 干燥 1 h，置干燥器中冷却 30 min，称量。再于 100 ℃ 干燥 30 min 后，取出冷却，称量，至前后两次质量差不超过 1 mg。

4. 计算

$$乳粉溶解度 = 100 - \frac{(m_2 - m_1) \times 100}{m \times (100 - B)} \times 100\%$$

式中：$m$ 为样品质量（g）；$m_1$ 为称量皿质量（g）；$m_2$ 为称量皿加不溶物质量（g）；$B$ 为水分含量（g /100g）。

**（六）乳制品酸度的检验**

乳制品酸度的检验一般采用中和滴定法，测定方法同鲜乳的卫生检验。

**（七）乳制品的细菌学检验**

乳制品的细菌学检验包括菌落总数、大肠菌群和致病菌的检验。致病菌主要检查沙门氏菌、志贺氏菌和金黄色葡萄球菌等。菌落总数的测定按 GB/T 4789.2—2010 方法进行；大肠菌群的测定按 GB/T 4789.3—2010 方法进行。沙门氏菌的检验按 GB/T 4789.4—2010 方法进行；志贺氏菌的检验按 GB/T 4789.5—2010 方法进行；金黄色葡萄球菌的检验按 GB/T 4789.10—2010 方法进行。

**（八）乳制品的卫生标准**

（1）乳制品的感官指标：见表 4-40 至表 4-43。

（2）酸乳的理化指标：见表 4-44。

表 4-44　酸乳的理化指标

| 项目 | 指标 | |
|---|---|---|
| | 纯酸乳 | 风味酸乳 |
| 脂肪/(g/100g) | | |
| 　全脂 | ≥3.0 | ≥2.5 |
| 　部分脱脂 | >0.5 至<3.0 | >0.5 至<2.5 |
| 　脱脂 | ≤0.5 | ≤0.5 |
| 非脂乳固体/(g/100 g) | ≥8.1 | ≥6.5 |
| 总固形物/(g/100 g) | — | ≥17.0 |
| 蛋白质/(g/100 g) | ≥2.9 | ≥2.3 |
| 酸度/(°T) | ≥70.0 | |
| 铅(Pb)/(mg/kg) | ≤0.05 | |
| 无机砷(As)/(mg/kg) | ≤0.05 | |
| 黄曲霉毒素 $M_1$/(μg/kg) | ≤0.5 | |

（3）酸牛乳的细菌学指标：见表 4-45。

**表 4-45　酸牛乳的微生物指标**

| 项　目 | 指标 |
|---|---|
| 大肠菌群/（MPN/100 g） | ≤90 |
| 酵母/（cfu/g） | ≤100 |
| 霉菌/（cfu/g） | ≤30 |
| 致病菌（沙门氏菌、金黄色葡萄球菌、志贺氏菌） | 不得检出 |

（4）乳粉的理化指标：见表 4-46。

**表 4-46　乳粉的理化指标**

| 项目 | 指标 | | | | |
|---|---|---|---|---|---|
| | 全脂乳粉 | 脱脂乳粉 | 脱脂乳粉 | 加糖乳粉 | 调味乳粉 |
| 蛋白质/% | 非脂乳固体的≥34 | | | ≥18.5 | ≥16.5 |
| 脂肪（X）/% | X≥26.0 | 1.5＜X＞26.0 | X＜1.5 | ≥20.0 | — |
| 蔗糖/% | — | — | | ≤20.0 | — |
| 复原乳酸度/（°T） | ≤18.0 | ≤20.0 | ≤20.0 | ≤16.0 | — |
| 水分/（g/100g） | ≤5.0 | | | | |
| 铅（Pb）/（mg/kg） | ≤0.5 | | | | |
| 无机砷（As）/（mg/kg） | ≤0.25 | | | | |
| 亚硝酸盐（NaNO₂）/（mg/kg） | ≤2 | | | | |
| 黄曲霉毒素 M₁/（μg/kg） | ≤0.5 | | | | |

（5）乳粉的细菌学指标：见表 4-47。

**表 4-47　乳粉的细菌学指标**

| 项　目 | 指标 |
|---|---|
| 菌落总数/（cfu/g） | ≤5×10⁴ |
| 大肠菌群/（MPN/100 g） | ≤90 |
| 致病菌（沙门氏菌、金黄色葡萄球菌） | 不得检出 |

（6）奶油的理化指标：见表 4-48。

**表 4-48　奶油的理化指标**

| 项目 | 指标 | | |
|---|---|---|---|
| | 奶油 | 稀奶油 | 无水奶油 |
| 水分 | 按 GB 5415 规定 | | |
| 脂肪 | 按 GB 5415 规定 | | |
| 酸度/（°T） | ≤20.0 | — | — |
| 铅（Pb）/（mg/kg） | ≤0.05 | | |
| 六六六（以脂肪计）/（mg/kg） | ≤0.5 | | |
| 滴滴涕（以脂肪计）/（mg/kg） | ≤0.5 | | |

(7)奶油的细菌学指标:见表 4-49。

**表 4-49 奶油的细菌学指标**

| 项目 | 指标 |
|------|------|
| 菌落总数/(cfu/g) | $\leqslant 5 \times 10^4$ |
| 大肠菌群/(MPN/100g) | $\leqslant 90$ |
| 霉菌/(cfu/g) | $\leqslant 90$ |
| 致病菌(沙门氏菌、金黄色葡萄球菌) | 不得检出 |

(8)炼乳的理化指标:见表 4-50。

**表 4-50 炼乳的理化指标**

| 项目 | 淡炼乳 | | | | 加糖炼乳 | | | | 调制炼乳 | |
|------|------|------|------|------|------|------|------|------|------|------|
| | 高脂 | 全脂 | 部分脱脂 | 脱脂 | 高脂 | 全脂 | 部分脱脂 | 脱脂 | 淡炼乳 | 加糖炼乳 |
| 蛋白质/% | 非脂乳固体的 $\geqslant 34.0$ | | | | | | | | $\geqslant 4.1$ | $\geqslant 4.6$ |
| 脂肪(X)/% | $X \geqslant 15.0$ | $7.5 \leqslant X < 15.0$ | $1.0 < X < 7.5$ | $X \leqslant 1.0$ | $X \geqslant 16.0$ | $7.5 \leqslant X < 15.0$ | $1.0 < X < 8.0$ | $X \leqslant 1.0$ | $X \geqslant 7.5$ | $X \geqslant 8.0$ |
| 全乳固体/% $\geqslant$ | — | 25.0 | 20.0 | 20.0 | — | 28.0 | 24.0 | 24.0 | — | — |
| 蔗糖/% $\leqslant$ | — | | | | 45.0 | | | | — | 48.0 |
| 酸度/(°T) | $\leqslant 48.0$ | | | | | | | | | |
| 铅(Pb)/(mg/kg) | $\leqslant 0.3$ | | | | | | | | | |
| 无机砷(As)/(mg/kg) | $\leqslant 0.25$ | | | | | | | | | |
| 锡(Sn)/(mg/kg) | $\leqslant 10.0$ | | | | | | | | | |
| 黄曲霉毒素 $M_1$(折算为鲜乳汁)/(μg/kg) | $\leqslant 0.5$ | | | | | | | | | |

(9)炼乳的细菌学指标:见表 4-51。

**表 4-51 炼乳的细菌学指标**

| 项目 | 指标 | | |
|------|------|------|------|
| | 淡炼乳 | 加糖炼乳 | 食品工业用加糖炼乳 |
| 菌落总数/(cfu/g) | $\leqslant 10$ | $\leqslant 3 \times 10^4$ | $\leqslant 1 \times 10^5$ |
| 大肠菌群/(MPN/100 g) | $\leqslant 3$ | $\leqslant 90$ | $\leqslant 150$ |
| 致病菌(沙门氏菌、金黄色葡萄球菌、志贺氏菌) | 不得检出 | | |

(10)乳制品中三聚氰胺的限量指标:见表 4-52。

**表 4-52 乳制品中三聚氰胺的限量指标**

| 食品 | 限量(MLs)/(mg/kg) |
|------|------|
| 婴幼儿配方乳粉 | 1 |
| 液态奶(包括原料乳)、奶粉、其他配方乳粉 | 2.5 |
| 含乳 15% 以上的其他食品 | 2.5 |

# 第四节 水产食品的卫生检验

## 一、概述

动物性水产食品包括鱼类、贝壳类、甲壳类和海兽类,是动物性食品的重要组成部分。动物性水产食品按生长水域的不同可分为海产和淡水产两大类。海产品中较为常见而具经济意义的鱼类有 200 多种,其中黄鱼、带鱼最为著称;淡水鱼类经济价值较大的约 50 种,其中鲢鱼、鳙鱼、青鱼、草鱼闻名世界。甲壳纲中的毛虾、对虾、黄虾和多种海白虾、海红虾都是我国产量较大的虾类。此外,我国还盛产各种贝类,如蚶、蛤、蛏、牡蛎、贻贝以及黄蚬、河蚌、螺蛳等。

动物性水产食品是优质蛋白质的主要来源,但是鱼类等水产食品很容易腐败变质,同时容易受到致病菌的污染。因此为了保证动物性水产食品的质量安全,保障消费者的健康,必须对水产食品生产加工过程进行卫生监督,对水产食品的卫生质量实施严格的卫生检验。水产食品的卫生检验主要包括鲜鱼的卫生检验和贝甲类的卫生检验。

## 二、鲜鱼的卫生检验

鲜鱼的卫生检验主要包括鲜鱼的感官检验、鲜鱼挥发性盐基氮的测定、三甲胺的测定、组胺的测定、吲哚的测定、有毒有害物质残留量的测定以及细菌学检验等。

### (一)鲜鱼的感官检验

### 1.鲜鱼的感官检验方法

鲜鱼的感官检查须遵循一定的方法和次序。首先观察鲜鱼眼角膜透明度、眼球凸陷状况,眼球周围是否有发红现象。再揭开鳃盖,观察鳃片色泽及黏液性状,并嗅其气味;用手掌托住鱼体上举,观察是否挺直、水平或下垂。然后用手指按压鱼体背侧肌肉最厚处,触其硬度和弹性;观察鱼鳞的色泽、完整状况,以及是否易剥离;观察黏液、性状及气味;注意肛门周围有无污染,肛门是否凸出。直接嗅闻鱼体表、鳃、肌肉或内脏的气味,也可用竹签刺入肌肉深层,拔出后立即嗅闻;最后用剪刀从腹部一侧切开体表,使全部内脏暴露,检查内脏有无溶解吸收及胆汁印染现象;然后横断脊柱,观察有无脊柱旁红染现象。

### 2.感官指标

(1)海水鱼的感官指标。

①体表:鳞片完整或较完整,不易脱落,体表黏液透明无异臭味,具有固有色泽。

②鳃:鳃丝较清晰,色鲜红或暗红,黏液不混浊,无异臭味。

③眼球:眼球饱满,角膜透明或稍混浊。

④肌肉:肌肉组织有弹性,切面有光泽,肌纤维清晰。

(2)淡水鱼的感官指标。

①体表:淡水鱼体表有光泽,鳞片较完整;不易脱落,黏液无浑浊,肌肉致密有弹性。

②鳃:鳃丝清晰,色鲜红或暗红,无异臭味。

③眼睛:眼球饱满,角膜透明或稍有浑浊。

④肛门：紧缩或稍有凸出。

### 3.不同新鲜度鱼类的感官特征

不同新鲜度鱼类的感官特征见表4-53。

**表 4-53 不同新鲜度鱼类的感官特征**

| 项目 | | 新鲜鱼 | 次鲜鱼 | 不新鲜鱼 |
|------|------|------|------|------|
| 体表 | | 具有鲜鱼固有的体色与光泽，黏液透明 | 体色较暗淡，光泽差，黏液透明度较差 | 体色暗淡无光，黏液浑浊或污秽并有腥臭味 |
| 鳞片 | | 鳞片完整，紧贴鱼体不易剥落 | 鳞片不完整，较易剥落，光泽较差 | 鳞片不完整，松弛，极易剥落 |
| 鳃部 | | 鳃盖紧闭，鳃丝鲜红或紫红色，结构清晰，黏液透明，无异味 | 鳃盖较松，鳃丝呈紫红、淡红或暗红色，黏液有酸味或较重的腥味 | 鳃盖松弛，鳃丝粘连，呈淡红、暗红或灰红色，黏液混浊并有显著腥臭味 |
| 眼睛 | | 眼睛饱满，角膜光亮透明，有弹性 | 眼球平坦或稍凹陷，角膜起皱、暗淡或微浑浊，或有溢血 | 眼球凹陷，角膜浑浊或发黏 |
| 肌肉 | | 肌肉坚实，富有弹性，手指压后凹陷立即消失，无异味，肌纤维清晰有光泽 | 肌肉组织结构紧密、有弹性，压陷能较快恢复，但肌纤维光泽较差，稍有腥味 | 肌肉松弛，弹性差，压陷恢复较慢。肌纤维无光泽。有霉味和酸臭味，撕裂时骨与肉易分离 |
| 腹部 | | 正常不膨胀，肛门凹陷 | 膨胀不明显，肛门稍凸出 | 膨胀或变软，表面有暗色或淡绿色斑点，肛门凸出 |

### （二）挥发性盐基氮的测定

鲜鱼中挥发性盐基氮的测定方法同肉新鲜度的卫生检验（GB/T 5009.44－2003）。

### （三）三甲胺的测定

鲜鱼中三甲胺的测定方法主要有微量扩散法、苦味酸盐法、无水顺式丙烯二羧酸法、气相色谱法等。这里主要介绍苦味酸盐法。

#### 1.基本原理

鲜鱼组织经去除蛋白后，样液中的三甲胺在碱性介质中被甲苯提取，溶于甲苯溶液中，加显色剂苦味酸甲苯液，生成黄色的苦味酸三甲胺盐。与标准系列比较定量。

#### 2.器材和试剂

(1)分光光度计。

(2)7.5％三氯乙酸；无水硫酸钠(A.R.)。

(3)甲苯(A.R.)：用无水硫酸钠脱水，再用 0.5 mol/L 硫酸溶液振摇，除去干扰物质，最后再用无水硫酸钠脱水。

(4)苦味酸甲苯溶液。

①2％标准贮备液：准确称取 2 g 干燥的苦味酸，溶于 100 mL 无水甲苯中。

②0.02％标准应用液：准确吸取标准贮备液 1 mL，以甲苯稀释至 100 mL。

(5)1：1碳酸钾溶液：准确称取 100 g 碳酸钾，溶于 100 mL 水中。

(6)20％甲醛溶液：吸取 100 mL 甲醛溶液（40％左右）与 10 g 碳酸镁，振摇至接近无色，并进行过滤。然后取 50 mL 滤液，用水稀释至 100 mL。

(7)三甲胺-氮(TMA-N)标准贮存溶液（100 μg/mL）：准确称取 0.682 g 三甲胺盐酸盐，加 1：3 盐酸 1 mL，溶解后，以水定容至 100 mL。

含氮量的校正：用半微量凯氏定氮法，取 5 mL 定容溶液，加 6 mL 10%氢氧化钠液蒸馏，测定三甲胺-氮量，求其校正系数。

(8)三甲胺-氮标准应用液(10 μg/mL)：准确吸取 10 mL 三甲胺-氮标准贮存液于 100 mL 容量瓶中，以水稀释定容至刻度。

**3.操作方法**

(1)样品处理：样品前处理同挥发性盐基氮的测定。取鱼肉糜 10 g 于具塞锥形瓶中，加 7.5%三氯乙酸溶液 200 mL，振荡过滤。取滤液 5 mL(加水补足至 5 mL)于具塞试管中，加 20%甲醛溶液 1 mL，甲苯溶液 10 mL，1：1 碳酸钾溶液 3 mL，振摇 2 min，静置分层。吸取甲苯层 10 mL 于试管中，加无水硫酸钠 0.5 g，振摇，静置分层。

(2)样品测定：准确吸取 5 mL 甲苯层于另一试管中，加 0.02%苦味酸甲苯液 5 mL 混匀，试剂空白对照液调零，比色，在 410 nm 波长处读取吸光度值。

(3)标准曲线的绘制：准确吸取三甲胺-氮标准应用液(10 μg/mL)0.0、1.0、2.0、3.0、4.0、5.0 mL（相当于 0,10,20,30,40,50 μg 三甲胺-氮），按样品处理与测定程序同样操作，以测得的吸光度值绘制标准曲线。

**4.计算**

$$X = \frac{C \times 100}{m \times \dfrac{V_2}{V_1} \times 1\,000}$$

式中：$X$ 为鲜鱼中三甲胺-氮的含量(μg/100 g)；$C$ 为样液的 A 值，查标准曲线得对应含量(μg)；$V_1$ 为样液提取后的总体积(mL)；$V_2$ 为测定用液的体积(mL)；$m$ 为鲜鱼样品的质量(g)。

**5.注意事项**

(1)测定所用水均为无氨水。

(2)取样量视样品新鲜程度而增减。用三氯乙酸沉淀蛋白应彻底，滤液应清晰。

(3)用甲醛甲苯熔液提取样液后分层，吸去下面水层，不要将甲苯层带出。

(4)甲苯提取液加无水硫酸钠脱水要彻底，若仍有水珠时，可以再加无水硫酸钠脱水。

**(四)组胺的测定**

鲜鱼中组胺的测定方法主要有分光光度法、荧光法、高效液相色谱法。其中分光光度法是国家标准检验方法(GB/T 5009.45—2003)。

**1.基本原理**

某些鱼类的肌肉中富含组氨酸，组氨酸在细菌脱羧酶的作用下形成组氨，组织胺用正戊醇提取，在弱碱性溶液中与偶氮试剂进行偶氮反应，生成橙色化合物，与标准系列比较定量。本法最低检出浓度为 5 mg/100g。

**2.器材和试剂**

(1)分光光度计，电热恒温干燥箱。

(2)正戊醇，三氯乙酸溶液(100 g/L)，碳酸钠溶液(50 g/L)，氢氧化钠溶液(250 g/L)；盐酸(1+11)。

(3)组织胺标准溶液(1.0 mg/mL):准确称取 0.276 7g 于(100±)5℃干燥 2 h 的磷酸组织胺,溶于水,移入 100 mL 容量瓶中,再加水稀释至刻度。此溶液每毫升相当于 1.0 mg 组织胺。

(4)磷酸组织胺标准使用液:吸取 1.0 mL 组织胺标准溶液,置于 50 mL 容量瓶中,加水稀释至刻度。此溶液每毫升相当于 20 μg 组织胺。

(5)偶氮试剂。甲液:称取 0.5 g 对硝基苯胺,加 5 mL 盐酸溶液溶解后,再加水稀释至 200 mL,置冰箱中。乙液:亚硝酸钠溶液(5 g/L),临用时现配。甲液 5 mL、乙液 40 mL 混合后立即使用。

3.操作方法

(1)样品处理:称取 5.00~10.00 g 切碎样品,置于具塞锥形瓶中,加入 15~20 mL 三氯乙酸溶液(100 g/L),浸泡 2~3 h,过滤。吸取 2.0 mL 滤液,置于分液漏斗中,加氢氧化钠溶液(250 g/L)使呈碱性,每次加入 3 mL 正戊醇,振摇 5 min,提取 3 次,合并正戊醇并稀释至 10.0 mL。吸取 2.0 mL 正戊醇提取液于分液漏斗中,每次加 3 mL 盐酸(1+11),振摇提取 3 次,合并盐酸提取液并稀释至 10.0 mL,备用。

(2)样品测定:吸取 2.0 mL 盐酸提取液于 10 mL 比色管中。另吸取 0、0.20、0.40、0.60、0.80、1.0 mL 组织胺标准使用液(相当于 0、4、8、12、16、20 μg 组织胺),分别置于 10 mL 比色管中,加水至 1 mL,再各加入 1 mL 盐酸(1+11),样品与标准管各加入 3 mL 碳酸钠溶液、3 mL 偶氮试剂,加水至刻度,混匀,放置 10 min 后,用 1 cm 比色杯以零管调节零点,于 480 nm 波长处测吸光度,绘制标准曲线比较,或与标准系列目测比较。

4.计算

$$X = \frac{A}{m \times \frac{2}{V} \times \frac{2}{10} \times \frac{2}{10} \times 1\ 000} \times 100$$

式中:X 为样品中组织胺的含量( mg/100 g);V 为加入三氯乙酸溶液(100 g/L)的体积(mL);A 为测定时样品中组织胺的质量(μg);m 为样品的质量(g)。

5.判定标准

鲐鱼≤100;其他海水鱼≤30。

**(五)吲哚的测定**

鲜鱼中吲哚的测定方法主要有分光光度法与气相色谱法。这里主要介绍分光光度法。

1.基本原理

鲜鱼组织样品经蒸馏,蒸馏液中的吲哚在酸性条件下,用氯仿萃取后,与显色剂二甲氨基苯甲醛作用,形成有色化合物,与标准系列比较定量。

2.器材和试剂

(1)分光光度计,蒸馏装置。

(2)稀盐酸:5 mL 盐酸加水稀释成 100 mL。

(3)氯仿(A.R.);饱和硫酸钠溶液。

(4)纯乙酸:取 500 mL 乙酸加 25 g 高锰酸钾、硫酸 20 mL,用全玻璃蒸馏器蒸馏。

（5）吲哚标准溶液（0.1 mg/mL）：准确称取吲哚 10 mg，用乙醇溶解后，定容至 100 mL，冰箱中保存两周。

（6）显色剂：称取 0.4 g 对二甲氨基苯甲醛，加 5 mL 纯乙酸溶液，加 85% 正磷酸 92 mL，3 mL 盐酸（相对密度为 1.184），混匀。

（7）对二甲氨基苯甲醛提纯：取 100 g 普通品对二甲氨基苯甲醛于 1∶6 盐酸溶液 600 mL 中，加水 300 mL，并缓缓地加入 10% 氢氧化钠溶液，边加边搅拌，直至沉淀出的醛呈白色时为止，过滤。弃去沉淀物，在滤液中继续加 10% 氢氧化钠溶液，直至所有的醛几乎沉淀析出为止，不可过量（此时溶液应呈微酸性），过滤，用水洗涤沉淀物，直至洗涤液不呈酸性为止。沉淀物置于干燥器中干燥，所得的对二甲氨基苯甲醛应呈白色。

### 3. 操作方法

（1）样品处理：取鱼肉糜 25 g 于研钵中，加水 80 mL，研成匀浆，移入蒸馏瓶中，蒸馏 45 min，收集蒸馏液 350 mL。取馏出液 100 mL 于分液漏斗中，加 5 mL 稀盐酸、5 mL 饱和硫酸钠溶液，混匀。然后加入 25、20、15 mL 氯仿，分次萃取。各振摇 1 min，静置，分层，分别收集氯仿层。

25 mL，20 mL 的氯仿萃取液移入另一分液漏斗中，加 400 mL 水，用 5 mL 饱和硫酸钠溶液、5 mL 稀盐酸洗涤。将氯仿层移入经干燥的 125 mL 分液漏斗中。15 mL 的氯仿萃取液加 5 mL 饱和硫酸钠液、5 mL 稀盐酸洗涤。氯仿层并于 125 mL 分液漏斗中。

（2）样品测定：在氯仿萃取液的 125 mL 分液漏斗中，加显色剂 10 mL，混匀，振摇，静置，分层。取酸层溶液 9 mL 于 50 mL 容量瓶中，加稀乙酸定容至刻度。用分光光度计在波长 560 nm 测定，试剂空白调零比色，记录吸光度 A 值，查相对应的标准曲线含量。

（3）标准曲线的制备：用新配制的吲哚标准系列溶液，按样品测定程序操作，测定各梯度标准液的吸光度值，制作标准曲线。

### 4. 计 算

$$X = \frac{C}{m} \times \frac{V_1}{V}$$

式中：$X$ 为样品中吲哚的含量（mg/100 g）；$C$ 为样液吸光度查标准曲线得对应的含量（mg）；$m$ 为试样的质量（g）；$V_1$ 为样液测定体积（mL）；$V$ 为样液稀释定容总体积（mL）。

### 5. 判定标准

样品中吲哚含量达到 1.5 mg/100g 时，表明样品已开始腐败变质。

### （六）有毒有害物质残留量的测定

水产食品中有毒有害物质主要包括铅、无机砷、甲基汞、镉和多氯联苯等，测定方法同动物性食品中有害元素的检验技术。

### （七）细菌学检验

鱼类的细菌学检验包括菌落总数、大肠菌群和致病菌的检验。致病菌主要检查沙门氏菌、志贺氏菌、副溶血性弧菌和金黄色葡萄球菌等。菌落总数的测定按 GB/T 4789.2—2010 方法进行；大肠菌群的测定按 GB/T 4789.3—2010 方法进行。沙门氏菌的检验按 GB/T 4789.4—2010 方法进行；志贺氏菌的检验按 GB/T 4789.5—2010 方法进行；副溶血性弧菌的检验按 GB/T 4789.7—2010 方法进行；金黄色葡萄球菌的检验按 GB/T 4789.10—2010 方法进行。

### （八）鲜（冻）鱼的卫生标准

（1）鲜（冻）鱼的感官指标：见表4-53。

（2）鲜（冻）鱼的理化指标：见表4-54。

**表4-54　鲜（冻）鱼的理化指标**

| 项目 | 指标 |
| --- | --- |
| 挥发性盐基氮/（mg/100g） | |
| 　海水鱼、虾、头足类 | ≤30 |
| 　海蟹 | ≤25 |
| 　淡水鱼、虾 | ≤20 |
| 　海水贝类 | ≤15 |
| 　潢鱼、牡蛎 | ≤10 |
| 组胺/（mg/100g） | |
| 　鲐鱼 | ≤100 |
| 　其他鱼类 | ≤30 |

（3）鲜（冻）鱼中有毒有害物质的残留限量：见表4-55。

**表4-55　鲜（冻）鱼中有毒有害物质残留限量**　　　　　　　　　mg/kg

| 项　目 | 指　标 |
| --- | --- |
| 铅（Pb） | ≤0.5 |
| 无机砷 | ≤0.1（鱼类），≤0.5（其他水产品） |
| 甲基汞 | |
| 　食肉鱼（鲨鱼、旗鱼、金枪鱼、梭子鱼等） | ≤1.0 |
| 　其他动物性水产品 | ≤0.5 |
| 镉（Cd） | ≤0.1（鱼类） |
| 多氯联苯 | ≤2.0 |
| 　PCB 138 | ≤0.5 |
| 　PCB 153 | ≤0.5 |
| 六六六 | ≤1.0 |
| 滴滴涕 | ≤1.0 |

## 三、贝甲类的卫生检验

贝壳类和甲壳类具有很高的经济和食用价值，贝壳类如淡水产的蚌、蚬、田螺和海产的牡蛎（蚝）、蛏、蛤、蚶、贻贝及鲍鱼等，甲壳类如对虾、鹰爪虾、青虾、河虾、龙虾、毛虾、梭子蟹、青蟹、河蟹等，都是富有营养、味鲜可口的动物性水产品。不仅肉可以鲜食，还可以制成各种加工品和调味品（如蚝油、虾油、蛏油等）。贝甲类因其体内组织含水分较多，同时也含相当量的蛋白质,其生活环境又多半不清洁,体表污染带菌的机会很多,加之捕、运、购、销辗转较多,极易发生腐败变质,故贝甲类水产品以鲜活为佳。除对虾、青虾等在捕获离水或死后应及时加冰保藏加工外,其他各种贝类、河蟹、青蟹死后均不得作食用。因此必须做好贝甲类的卫生检验工作。贝甲类的卫生检验,一般以感官检验为主,必要时进行理化检验和微生物检验。

### (一)虾及其制品的卫生检验

**1.生虾的感官指标**

(1)新鲜生虾:体形完整,外壳透明、光亮,体表呈青白色或青绿色,清洁无污秽黏性物质。须足无损,蟠足卷体。头节与躯体紧连,肉体硬实,紧密而有韧性。断面半透明,内脏完整,无异常气味。

(2)不新鲜或变质生虾:外壳暗淡无光泽,体色变红,体质柔软,外表被覆黏腻物质,头节与躯体易脱落,甲壳与虾体分离,肉质松软、黏腐,切面呈暗白色或淡红色。内脏溶解,有腥臭味。严重腐败时,有氨臭味。

**2.冻虾仁的感官指标**

(1)良质虾仁:呈淡青色或乳白色,无异味,肉质清洁完整,无脱落之虾头、虾尾、虾壳及杂质。虾仁冻块中心在-12℃以下,冰衣外表整洁。

(2)劣质虾仁:色变红,有酸臭气味,肉体不整洁,肌肉组织松软。

**3.虾米的感官指标**

(1)良质虾米:外观整洁,呈淡黄色而有光泽,无搭壳现象,虾尾向下盘曲,肉质紧密坚硬,无异味。

(2)变质虾米:碎末多,表面潮润,暗淡无光,呈灰白至灰褐色,搭壳严重,肉质酥软或如石灰状,有霉味。

**4.虾皮的感官指标**

(1)良质虾皮:外壳清洁,淡黄色有光泽,体型完整,尾弯如钩状,虾眼齐全,头部和躯干紧连。以手紧握一把放松后,能自动散开,无异味,无杂质。

(2)变质虾皮:外表污秽,暗淡无光,体形不完整,碎末较多,呈苍白或淡红色,以手紧握后,黏结而不易散开,有严重霉味。

### (二)蟹及其制品的卫生检验

**1.鲜蟹的感官指标**

(1)活鲜蟹:蟹只灵活,好爬行,善于翻身,腹面甲壳较硬,肉多黄足,腹盖与蟹壳之间突起明显。若肉少黄不足,体重较轻者,则不是上品。

(2)垂死蟹:蟹只精神委顿,不愿爬行,如将其仰卧时,不能翻身。

**2.醉蟹和腌蟹的感官指标**

(1)良质醉蟹和腌蟹:外表清亮,甲壳坚硬,螯足和步足僵硬。蟹黄凝结,深黄或淡黄色,鳃丝清晰呈米色。肉质致密,有韧性,咸度均匀适中,并有醉蟹或腌蟹特有之香味和滋味。

(2)变质醉蟹和腌蟹:壳纹浑浊,螯足和步足松弛下垂,甚至经常脱落。蟹黄流动或呈液状。鳃不清洁呈褐色或黑色,肉质发糊,有霉味或臭味。严重者,壳内肉质空虚,重量明显减轻或壳内流出大量发臭卤水,卤水不洁净,甚至飘浮油滴。

### （三）贝蛤类的卫生检验

**1. 贝蛤、牡蛎、蚶、蛏的感官检验**

活的贝蛤，贝壳紧闭，不易揭开。当两壳张开时，稍加触动就立刻闭合，并有清亮的水自壳内流出。如果触动后不闭合，则表示已经死亡。检查文蛤、蚶子时，还可随便取数枚在手掌中抖动或互相撞击，活的发笃笃的实音，死的则发咯咯的虚声。对大批贝蛤类进行检验，可以用脚触动包皮，经触动后能听到因其闭合发出的吱吱声，反之其声微弱或完全没有。剖检时，死贝蛤两壳一揭即开，水汁浑浊而稍带微黄色，肉体干瘪，色变黑或红，有腐败臭味。必要时，可以煮熟后进行感官评定。

**2. 螺的感官检验**

（1）田螺：田螺可抽样检查。将样品放在一定容器内，加水至适量，搅动多次，放置 15 min 后，检出浮水螺和死螺。

（2）咸泥螺：良质的贝壳清晰，色泽光亮，呈乌绿色或灰色，并沉于卤水中，卤水浓厚洁净，有黏性，无泡沫、深黄色或淡黄色，无异味；变质的则贝壳暗淡，肉与壳稍有脱离而使壳略显白色，螺体上浮。卤液浑浊产气，或呈褐色，有酸败刺鼻的气味。

# 第五章 动物性食品中有害元素的检验技术

## 第一节 动物性食品中砷的检验

### 一、概述

砷是一种非金属元素,因其许多性质类似于金属,又将其称为"类金属",元素砷极易氧化为剧毒的三氧化二砷($As_2O_3$,砒霜)等化合物。砷化物有无机砷和有机砷两类,无机砷多为3价和5价砷化物,常见的3价砷化物有三氧化二砷、亚砷酸钠($NaAsO_2$)和三氯化砷($AsCl_3$),5价砷化物有五氧化二砷($As_2O_5$)、砷酸($H_3AsO_4$)。有机砷主要是5价砷,有对氨基苯砷酸和二甲次砷酸等。自然界中多以5价砷形式出现,环境污染的砷多以3价砷形式存在,食品中污染的砷有3价和5价。

砷及砷化合物是常见的环境和食品的污染物之一。砷在自然界中分布很广,正常的食品中均具有砷的本底浓度。砷多以无机砷形态分布于许多矿石中,砷矿的开采和冶炼,煤的燃烧以及砷化物在工业中广泛应用,均可排放含砷的"三废",污染环境、饲料、饮水,通过食物链进入动物体内。含砷农药的过量使用,均会增加作物残留,通过饲料造成动物性食品的污染。在动物养殖中,一些砷化物常用作促生长剂或抗寄生虫药,以促进畜禽生长,提高饲料利用率和防止肠道感染。例如,氨基苯胂酸及其钠盐添加于猪饲料,3-硝基-4-羟基苯胂酸和4-硝基苯胂酸主要用于家禽。在食品加工中,如果使用的食品添加剂、加工助剂和包装材料含砷,则可造成食品污染。因此砷及其化合物在工农业生产中广泛应用,所造成的环境污染是食品中砷的重要来源。

水生动物特别是海产甲壳动物对砷有很强的富集能力,富集系数可达3 300倍,因此,海产动物体内砷的含量较高。我国调查发现,肉类、海产品和淡水鱼中的砷主要以有机砷的形式存在,海产品砷含量较高,甲壳类海蟹总砷含量高达16.47 mg/kg。

### 二、检验意义与卫生标准

砷对环境的污染、毒性和对人体健康的危害仅次于铅。元素砷基本无毒,但砷的氧化物、盐类及有机化合物具有不同毒性,3价砷的毒性强于5价砷,无机砷的毒性大于有机砷,有机砷的毒性随着甲基数的增加而递减。砷可通过饮水、食物经消化道吸收分布到全身,最后蓄积在肝、肺、肾、脾、皮肤、指甲及毛发内,其中以指甲、毛发的蓄积量最高。砷化物易与体内酶的巯基(—SH)结合,形成稳定的复合物,使胃蛋白酶、胰蛋白酶、丙酮酸氧化酶、ATP酶等酶失去活性,阻碍了细胞正常的呼吸与代谢,使细胞变性坏死,从而损害神经系统、肾脏和肝脏,导致毛细血管通透性增强,并对消化道黏膜有腐蚀作用。

砷化物既可以表现为急性毒性,又可以表现为慢性毒性。急性中毒多因误食引起,中毒后表现有恶心、呕吐、腹泻、兴奋、躁动、意识模糊、四肢痉挛等症状,重者意识丧失、昏迷、呼吸麻痹而死亡,如砒霜中毒。而长期少量摄入砷化物主要引起慢性中毒,中毒特征为神经系统功能衰弱症候群和消化机能紊乱,主要表现为感觉异常,进行性虚弱、眩晕、气短、心悸、食欲不振、呕吐、皮膜黏膜病变和多发性神经炎,颜面、四肢色素异常称为砷源性黑皮症和白斑。我国台湾某些地区的居民由于长期饮用含砷过高的水而导致一种地方病称黑脚病(black foot disease),发病者年龄多在 15 岁以上,主要表现为末梢神经炎、皮肤色素沉着、手掌和脚跖皮肤高度角化、皮肤皲裂,并有可能转化为皮肤癌,下肢皮肤变黑,肢体末端坏疽等。

砷及其化合物已被国际癌症研究机构(IARC)确认为致癌物,无机砷是肺癌和皮肤癌的诱因之一。砷化物特别是无机砷有致畸作用和致突变性,有机砷在体内可转化为无机砷及其衍生物而产生相应的毒性作用。

我国食品卫生标准规定动物性食品中总砷、无机砷限量指标,见表 5-1。

表 5-1 动物性食品中砷的限量指标

| | 食品 | 限量/(mg/kg) | 标准号 |
|---|---|---|---|
| 普通食品 | 畜禽肉类、蛋类、鲜乳 | 0.05 | GB 2762—2005 |
| | 乳粉 | 0.25 | |
| | 鱼 | 0.1 | |
| | 贝类及虾蟹类(以鲜重计) | 0.5 | |
| | 贝类及是蟹类(以干重计) | 1.0 | |
| | 其他水产品(以鲜重计) | 0.5 | |
| | 食用动物油脂 | 0.1(总砷) | GB 10146—2005 |
| | 酸乳 | 0.05 | GB 19302—2003 |
| | 巴氏杀菌乳、灭菌乳 | 0.05 | GB 19645—2005 |
| | 干酪 | 0.5 | GB 5420—2003 |
| | 肉类罐头 | 0.5 | GB 13100—2005 |
| | 鱼类罐头 | 0.1 | GB 14939—2005 |
| 无公害食品 | 畜禽肉 | 0.5 | GB 18406.3—2001 |
| | 动物性水产品 | 0.5 | GB 18406.4—2001 |
| | 生鲜牛乳 | 0.05 | NY 5045—2008 |
| | 液态乳、酸牛乳 | 0.2 | NY 5140—2005、5142—2002 |
| | 鲜禽蛋 | 0.5 | NY 5039—2005 |
| | 皮蛋、咸鸭蛋 | 0.5 | NY 5143、5144—2002 |
| | 蜂胶 | 0.3 | NY 5136—2002 |

### 三、动物性食品中砷的检验方法

动物性食品中砷的检验包括总砷的检验和无机砷的检验。我国国家标准规定动物性食品中总砷的测定方法主要有氢化物原子荧光光度法、银盐比色法、砷斑法、硼氢化物还原比色法（GB/T 5009.11—2003）等。这里主要介绍银盐比色法。

#### (一)基本原理

样品经消化后，以碘化钾和氯化亚锡将五价砷还原成三价砷，然后与锌粒和酸作用所产生的新生态氢生成砷化氢气体，用银盐溶液吸收，与二乙氨基二硫代甲酸银反应生成红色胶态物，与标准系列比色定量。

#### (二)试剂

(1)硝酸，盐酸(灰化法)，硫酸，氧化镁(灰化法)。

(2)20％氢氧化钠溶液。

(3)硝酸镁及15％硝酸镁溶液(灰化法)。

(4)10％乙酸铅溶液。

(5)6 mol/L 盐酸溶液(灰化法)。

(6)硝酸-高氯酸混合液(4∶1)：量取 80 mL 硝酸，加 20 mL 高氯酸，混匀。

(7)15％碘化钾溶液：贮于棕色瓶中，临用前配制。

(8)酸性氯化亚锡溶液：取氯化亚锡 4.00 g，加盐酸溶解至 10 mL，加两颗锡粒，贮存于棕色瓶中，放冰箱中保存或临用前配制。

(9)无砷锌粒：15～20 粒/g。

(10)乙酸铅棉花：使用 10％乙酸铅溶液浸透脱脂棉后，压除多余的溶液，并使疏松，在 100℃下干燥后，贮于玻璃瓶中，塞紧瓶口。

(11)10％硫酸：量取 5.7 mL 硫酸加于 80.0 mL 水中，冷却后再加水稀释至 100 mL。

(12)银盐溶液：称取 0.250 0 g 二乙氨基二硫代甲酸银置于乳钵中，加少量氯仿研磨，移入 100 mL 量筒中，加入 1.8 mL 三乙醇胺或加 0.100 0 g 番木鳖碱，再用氯仿稀释至 100 mL，放置过夜。滤入棕色瓶中，冰箱保存。

(13)砷标准溶液(0.1 mg/mL)：精密称取在硫酸干燥器中干燥过的或在 100℃干燥 2 h 的三氧化二砷 0.132 0 g，加 20％氢氧化钠溶液 5.0 mL，溶解后加 25.0 mL 10％硫酸，移入 1 000 mL 容量瓶中，加新煮沸冷却后的水稀释至刻度，混匀，贮于棕色玻璃瓶中。此溶液每毫升相当于 0.1 mg 砷。

(14)砷标准使用液(1 μg/mL)：吸取 1.0 mL 砷标准溶液，置于 100 mL 容量瓶中，加 1.0 mL 10％硫酸，加水稀释至刻度，混匀。此溶液每毫升相当于 1 μg 砷。

#### (三)器材

(1)测砷装置：又称砷化氢发生器(玻璃弯管内径 5～6 mm，一端通过插于橡皮塞的锥形瓶内，靠近塞的上部装入乙酸铅棉花，长约 4 cm，另一端内径渐细至 1.0 mm。橡皮塞应经碱处理后洗净)。

(2)凯氏定氮瓶,分光光度计,马弗炉(灰化法)。

### (四)操作方法

#### 1.样品消化

(1)硝酸-硫酸法:同动物性食品中铅的检验方法。

(2)硝酸-高氯酸-硫酸法:以硝酸-高氯酸混合液代替硝酸进行操作。

(3)灰化法:称取样品 5.000 0 g 于坩埚中,加氧化镁 1.00 g 及 15%硝酸镁溶液 10 mL,混匀;浸泡 4h,于低温或置水浴锅上蒸干。先用小火炭化至无烟后,移入马弗炉中,加热至550℃,灼烧 3~4 h,冷却后取出。加水 5 mL 湿润灰分后,用细玻璃棒搅拌,再用少量水洗玻璃棒上附着的灰分至坩埚内。放水浴上蒸干后移入马弗炉中 550℃灰化 2 h,冷却后取出。加水 5 mL 湿润灰分,慢慢加入 6 mol/L 盐酸 10 mL,将溶液移入 50 mL 容量瓶中。坩埚先使用6 mol/L 盐酸,后用水各洗涤 3 次,每次各 5 mL,洗液并入容量瓶内,加水至刻度,混匀。同时做试剂空白对照试验。

#### 2.测定

(1)精密吸取硝酸-硫酸法制备的消化液 25.0 mL 及同量试剂空白液,分别置于 150 mL锥形瓶中,加硫酸 2.5 mL,加水至总体积为 50 mL。

(2)另精密吸取砷标准使用溶液 0.0、2.0、4.0、6.0、8.0、10.0 mL(相当于砷 0、2、4、6、8、10 μg),分别置于 150 mL 锥形瓶中,加水至 40 mL,再加 1:1 硫酸 10 mL。(如用灰化法消化样品,可取半量消化液 25 mL,加水至 50 mL,另取同量试剂空白对照液,分别移入 150 mL 锥形瓶中,装样品的容量瓶用少量水冲洗后并入锥形瓶中,另精密吸取砷标准使用溶液与上述相同,分别置于 150 mL 锥形瓶中,加水至 43 mL,加盐酸 7.0 mL)。

(3)在样品消化液、试剂空白液及砷标准溶液中各加 15%碘化钾溶液 3.0 mL、酸性氯化亚锡溶液 0.5 mL,混匀,静置 15 min。各加锌粒 3.00g,立即分别塞上装乙酸铅棉花的玻璃弯管,并使管尖端插入盛有银盐溶液 4.0 mL 的离心管中的液面下(即连接砷化氢发生器),在常温下反应 45 min 后,取下离心管,加氯仿补足至 4.0 mL,转入 1 cm 比色杯中,以零管调节零点,于波长 520nm 处测吸光度,绘制标准曲线,比较定量。

### (五)计算

$$X = \frac{(A_1 - A_2) \times V_1}{m \times V_2}$$

式中:$X$ 为样品中砷的含量(mg/kg 或 mg/L);$A_1$ 为测定用样品消化液中的砷含量(μg);$A_2$为试剂空白液中的砷含量(μg);$m$ 为样品质量或体积(g 或 mL);$V_1$ 为样品消化液的总体积(mL);$V_2$ 为测定用样品消化液的体积(mL)。

# 第二节　动物性食品中铅的检验

## 一、概述

铅为灰白色金属,熔点低,性质稳定,延伸性好。铅在自然界分布很广,水、土壤、大气和各种食品中均含有微量的铅。自然界中的铅多数以硫化物存在,极少数为金属态,并常与锌、铜等元素共存。铅及其化合物种类多,应用广,全世界每年消耗约 400 万 t,主要用于蓄电池、汽油防爆剂、建筑材料、电缆外套、弹药、化工、燃料、陶瓷等。大部分以各种形式排放到环境中,难以降解,在环境中长期蓄积,是环境和动物性食品中最常见的重金属污染物之一。

工业"三废"含有大量的铅,可以造成环境污染。煤及含铅汽油的燃烧产生的废水、废气、废渣等是环境中铅的主要来源。环境中的铅污染,是食品中铅的主要来源,工业"三废"可以直接或间接地污染食品。如四乙基铅等烷基铅具有良好的抗震性,曾被加入汽油中作为防爆剂广泛使用,致使汽车通过尾气排放大量铅。含铅农药(如砷酸铅)和化肥的使用污染环境与牧草饲料,通过食物链引起动物性食品中铅的残留。此外,在动物性食品加工、贮藏以及运输中使用含铅的添加剂、包装材料、加工机械和运输管道,均可以使动物性食品受到污染。例如,罐头食品加工中的马口铁焊锡中含铅 40%～60%;传统皮蛋加工中添加的黄丹粉含铅等。陶瓷工业用铅量很大,其中有 1/5 的陶瓷用作食品器具,陶瓷上的釉彩是铅污染的重要来源。

## 二、检验意义与卫生标准

铅及其化合物都具有一定毒性,铅化合物的毒性大小决定于在体内溶解度的大小。一般有机铅比无机铅的毒性大,其中毒性最强的是四乙基铅及其同系物。人体内的铅主要来自食物,铅在人体内蓄积,生物半衰期为 4 年,约有 90% 的铅蓄积于骨骼中,半衰期长达 10 年之久,铅还可沉积于脑、肾和肝组织中,并可通过胎盘从母体向胎儿转移。铅对机体各组织器官均有一定的毒性作用,主要损害神经系统、造血系统和肾脏,还能使免疫功能降低,消化道黏膜坏死,肝脏变性坏死。动物经口服试验证明,铅可以引起精子畸形。

铅的急性中毒最低剂量为 35 mg/kg 体重,主要症状表现为口腔有金属味、出汗、流涎、呕吐、便秘或腹泻、血压升高等,严重时抽搐、瘫痪、昏迷,甚至死亡。慢性中毒以神经系统功能紊乱为主,出现食欲不振、头痛、头昏、失眠、记忆力下降等症状。重者表现为多发性神经炎、肌肉关节疼痛,牙龈有"铅线",贫血,肾功能障碍乃至衰竭,视力模糊,记忆力减退,脑水肿,甚至发生休克或死亡。铅对婴幼儿的危害更大,能损害脑组织,导致儿童发育迟缓、智力低下、烦躁多动、癫痫、行为障碍、心理异常和脑性瘫痪。

我国食品卫生标准规定动物性食品中铅的限量指标,见表 5-2。

**表 5-2 动物性食品中铅的限量指标**

| 食品 | | 限量/(mg/kg) | 标准号 |
|---|---|---|---|
| 普通食品 | 畜禽肉类、鲜蛋 | 0.2 | B 2762—2005 |
| | 可食用畜禽下水、鱼类 | 0.5 | |
| | 食用动物油脂 | 0.2 | GB 10146—2005 |
| | 肉类罐头 | 0.5 | GB 13100—2005 |
| | 鱼类罐头 | 0.1 | GB 14939—2005 |
| | 蛋制品 | 2.0(皮蛋)<br>1.0(糟蛋)<br>0.2(其他) | GB 2749—2003 |
| | 鲜乳 | 0.05 | GB 19301—2003<br>GB 2762—2005 |
| | 酸乳 | 0.05 | GB 19302—2003 |
| | 巴氏杀菌、灭菌乳 | 0.05 | GB 19645—2005 |
| | 乳粉 | 0.5 | GB 19644—2005 |
| | 奶油、稀奶油 | 0.05 | GB 19646—2005 |
| | 干酪 | 0.5 | GB 5420—2003 |
| | 蜂蜜 | 1 | GB 14963—2003 |
| 无公害食品 | 畜禽肉 | 0.1 | GB 18406.3—2001 |
| | 动物性水产品 | 0.5 | GB 18406.4—2001 |
| | 生鲜牛乳 | 0.05 | NY 5045—2008 |
| | 液态乳<br>酸牛乳 | 0.05 | NY 5140—2005<br>NY 5142—2002 |
| | 鲜禽蛋 | 0.2 | NY 5039—2005 |
| | 咸鸭蛋 | 0.1 | NY 5144—2004 |
| | 皮蛋 | 2.0(传统工艺生产)<br>0.5(其他工艺生产) | NY 5143—2002 |
| | 蜂蜜、蜂胶、蜂花粉 | 1.0 | NY 5134、5136、5137—2002 |

## 三、动物性食品中铅的检验方法

我国国家标准规定动物性食品中铅的测定方法主要有原子吸收分光光度法、氢化物原子荧光光谱法、原子吸收光谱法、比色法(GB/T 5009.12—2003)等。这里主要介绍原子吸收分光光度法。

### (一)基本原理

样品经消化后,导入原子吸收分光光度计中,经空气-乙炔火焰原子化后,吸收 283.3nm

波长的共振线,其吸光度值与铅含量成正比,与标准系列比较定量。

**(二)试剂**

(1)硝酸;石油醚。

(2)6 mol/L 硝酸:量取 38 mL 硝酸,加水稀释至 100 mL。

(3)0.5%硝酸:取 1 mL 硝酸,加水稀释至 200 mL。

(4)10%硝酸:量取 10 mL 硝酸,加水稀释至 100 mL。

(5)0.5%硫酸钠溶液;过硫酸铵。

(6)铅标准溶液(1.0 mg/mL):精密称取 1.000 0 g 金属铅(99.99%以上),分数次加入 6 mol/L 硝酸溶解,总量不超过 37 mL,移入 1 000 mL 容量瓶中,加水稀释至刻度。此溶液每毫升相当于 1.0 mg 铅。

(7)铅标准使用液(1 μg/mL):吸取 10 mL 铅标准溶液,置于 100 mL 容量瓶中,加入 0.5%硝酸稀释至刻度。如此多次稀释至每毫升相当于 1.0 μg 铅。

**(三)器材**

(1)原子吸收分光光度计。

(2)所用玻璃仪器均以 10%～20%硝酸浸泡 24 h 以上(如等急用,可用 10%～20%硝酸煮沸 1 h),用水反复冲洗,最后用去离子水冲洗晾干后,方可使用。

**(四)操作方法**

**1. 样品处理**

(1)肉类、水产类:取可食部分捣成匀浆,称取 1.00～5.00 g,置于石英或瓷坩埚中,加 5 mL硝酸,放置 0.5 h,小火蒸干,继续加热炭化,移入高炉温中,500℃灰化 1 h,取出放冷,再加 1 mL 硝酸浸湿灰分,小火蒸干。加 2.00 g 过硫酸铵覆盖灰分,再移入马弗炉中,800℃灰化 20 min,冷却后取出,以 0.5%硫酸钠溶液少量多次洗入 10 mL 容量瓶中,并稀释至刻度,备用。同时做试剂空白对照试验。

(2)乳、炼乳、乳粉:称取 2.00 g 混匀或磨碎的样品,置于瓷坩埚中,加热炭化后,置马弗炉 420℃灰化 3 h,放冷后加水少许,稍加热,然后加 1.0 mL 1∶1 硝酸,加热溶解后移入 100 mL 容量瓶中,加水稀释至刻度,备用。

(3)油脂类:称取 2.00 g 混匀样品,固体油脂先加热熔化,置于 100 mL 锥形瓶中,加 10 mL石油醚,用 10%硝酸提取 2 次,每次 5 mL,振摇 1 min,合并硝酸液于 50 mL 容量瓶中,加水稀释至刻度,混匀备用。

**2. 测定**

(1)吸取 0.0 mL、0.5 mL、1.0 mL、2.0 mL、3.0 mL、4.0 mL 铅标准使用液,分别置于 100 mL容量瓶中,加 0.5%硝酸稀释至刻度,混匀(容量瓶中每毫升分别相当于 0.0 ng、5.0 ng、10.0 ng、20.0 ng、30.0 ng、40.0 ng 铅)。

(2)将处理后的样品溶液、试剂空白对照液和各个铅标准使用溶液分别导入空气-乙炔火焰进行测定。

(3)测定条件:灯电流 7.5 mA,波长 283.3 nm,狭缝 0.2 nm,空气流量 7.5 L/min,乙炔流量 1 L/min,炉头高度 3 mm,氘灯背景校正(也可根据仪器型号,选择最佳条件),以铅含量对应的浓度和吸光度值,绘制标准曲线,比较定量。

## （五）计算

$$X = \frac{(A_1 - A_2) \times V}{m} \times 1\,000$$

式中：$X$ 为样品中铅的含量（mg/kg）；$A_1$ 为测定用样品溶液中铅的含量（ng/mL）；$A_2$ 为试剂空白对照液中铅的含量（ng/mL）；$V$ 为样品处理后的总体积（mL）；$m$ 为样品的质量（体积），（g 或 mL）。

# 第三节　动物性食品中汞的检验

## 一、概述

汞是人类发现并利用最早的金属,有金属汞、无机汞和有机汞 3 种形式。金属汞呈银白色,俗称水银,是唯一一种在常温下呈液态的金属,常温下可以形成汞蒸气。常用的无机汞有硝酸汞、氯化高汞、甘汞、砷酸汞、氰化汞等。汞在环境中可以迁移和转化,金属汞在常温下可以蒸发,气温增高蒸发量加大,从而污染环境和食品。在环境中或生物体内,无机汞可以通过微生物作用形成甲基汞,也可以通过化学作用发生甲基化,使其毒性增强。甲基汞性质稳定,易溶于脂肪,通过食物链富集,鱼对水体中汞的富集系数高达 1 万～10 万倍,甲基汞在鱼贝类体内半衰期长达 400～700 d。

朱砂矿等岩石中含汞,通过风化和雨水冲刷等自然现象向外排出汞,其中 50% 进入环境,污染土壤和水体。汞可以用于 30 多项工业生产,其中绝大部分以“三废”形式进入环境,从废水中流失的汞占工业中汞用量的 30%～50%。用含汞废水灌溉农田,造成饲料饲草污染。20世纪使用有机汞农药（氯化乙基汞、醋酸苯汞、磺胺苯汞等）作杀菌剂,造成了环境和食品的污染。粮食和饲料受汞污染后,被畜禽采食,导致其产品残留有汞。另外鱼体内的汞主要来自水体,也可以通过食物链富集汞,使鱼类可食组织中的甲基汞浓度达到很高水平。1953—1956年日本熊本县水俣湾附近的渔村发生水俣病时,该地区鱼贝类体内甲基汞含量高达 20～40 mg/kg。因此汞中毒已成为世界上最严重公害之一。

## 二、检验意义与卫生标准

各种汞化合物都有毒,但其毒性差别很大,一般有机汞的毒性比无机汞和金属汞为强。其中甲基汞的毒性最强,这是由于它在体内的吸收率高达 90% 以上,通过食品摄入体内的汞主要是甲基汞。

人体内的汞主要来自受污染的食物,特别是鱼、贝类等水产品。吸收的汞分布于全身,以肝、肾和脑等组织器官含量最高。汞蓄积性较大,在人体内半衰期为 70 d 左右,脑组织中长达180～250 d。汞的毒性较大,对局部有刺激作用,可以引起皮肤、黏膜的腐蚀性病变,能与多种酶的巯基结合而抑制其活性。无机汞主要损害肝脏和肾脏,可能是精子的诱变剂,导致畸形精子的比例增高。甲基汞毒性很强,成人中毒剂量为 20 mg/kg 体重,胎儿中毒剂量为 5 mg/kg

体重。甲基汞可以通过血脑屏障、血睾屏障及胎盘屏障,损害中枢神经系统、胎儿,并可损害肝和肾,引起肝、肾细胞变性和坏死。

人体长期食用含汞食品,尤其是含甲基汞的鱼类,由于汞的富集可致甲基汞中毒。甲基汞的中毒主要表现为神经系统损害。急性中毒时有胃肠道和神经症状,患者迅速昏迷、抽搐,死亡。慢性中毒者出现消瘦、视力障碍、听力下降、口唇发麻、震颤、手脚麻痹、步态不稳、言语不清等症状,重者瘫痪、耳聋眼瞎、智力丧失、神经错乱,最后痉挛、窒息而死亡。甲基汞可通过胎盘进入胎儿体内,引起流产、胎儿畸形,可以引起新生儿发生汞中毒,表现发育不良、智力低下、脑瘫痪等"先天性水俣病"病征,甚至死亡。

我国食品卫生标准规定动物性食品中汞的限量指标,见表5-3。

表 5-3　动物性食品中汞的限量指标

| 食品 | | 限量/(mg/kg) | | 标准号 |
| --- | --- | --- | --- | --- |
| | | 总汞(以 Hg 计) | 甲基汞 | |
| 普通食品 | 肉、蛋(去壳) | 0.05 | — | GB 2762—2005 |
| | 鲜乳 | 0.01 | — | |
| | 鱼(不包括食肉鱼类)及其他水产品 | — | 0.5 | |
| | 食肉鱼类(如鲨鱼、金枪鱼及其他) | — | 1.0 | |
| | 肉类罐头 | 0.05 | — | GB 13100—2005 |
| | 鱼类罐头 | | 1.0(食肉鱼) 0.5(非食肉鱼) | GB 14939—2005 |
| 无公害食品 | 畜禽肉 | 0.05 | — | GB 18406.3—2001 |
| | 动物性水产品 | 0.3 | 0.2 | GB 18406.4—2001 |
| | 生鲜牛乳 | 0.01 | — | NY 5045—2008 |
| | 鲜禽蛋 | 0.03 | — | NY 5039—2005 |
| | 皮蛋、咸鸭蛋、蜂胶 | 0.03 | | NY 5143、5144、 5136—2002 |

### 三、动物性食品中汞的检验方法

动物性食品中汞的检验包括总汞的检验和甲基汞的检验。我国国家标准规定动物性食品中总汞的测定方法主要有原子荧光光谱分析法、冷原子吸收法、比色法(GB/T 5009.17—2003)等;甲基汞的测定方法主要有气相色谱法。这里主要介绍冷原子吸收法和气相色谱法。

#### (一)动物性食品中总汞的测定

**1.基本原理**

汞蒸气对波长 253.7 nm 的共振线具有强烈的吸收作用。样品经过硝酸-硫酸或硝酸-硫酸-五氧化二钒消化,使汞转为离子状态,在强酸性介质中被氯化亚锡还原成元素汞,以氮气或干燥清洁空气作为载体,将元素汞吹出,进行冷原子吸收测定。在一定浓度范围内其吸收值与汞含量成正比,与标准系列比较定量。

2. 器材与试剂

(1)浓硝酸,浓硫酸。

(2)5%高锰酸钾溶液:配好后煮沸 10 min,静置过夜,过滤,贮于棕色瓶中。

(3)30%氯化亚锡溶液:称取氯化亚锡 30 g,加少量水,再加硫酸 2 mL,使其溶解后,加水至 100 mL,置冰箱中保存。

(4)混合酸液:硫酸、硝酸各 10 mL,慢慢倒入 50 mL 水内,冷后再加水至 100 mL。

(5)汞标准溶液(1.0 mg/ mL):精密称取于干燥器干燥过的氯化汞 0.135 4 g,加混合酸溶解后移入 100 mL 容量瓶中,并稀释至刻度,混匀。

(6)汞标准使用液(0.1 微克/ mL):吸取 1.0 mL 汞标准溶液,置于 100 mL 容量瓶中,加混合酸稀释至刻度,此溶液每毫升相当于 10 μg 汞。再吸取此溶液 1.0 mL 置于 100 mL 容量瓶中,加混合酸稀释至刻度即可,临用时配制。

(7)20%盐酸羟胺溶液;五氧化二钒。

(8)消化装置:250 mL 或 500 mL 磨口锥形瓶,附磨口球形冷凝管。

(9)汞蒸气发生器(反应器或还原瓶)。

(10)测汞仪:F732 型或其他。

3. 操作方法

(1)样品消化。

①回流消化法。

a. 肉、蛋类:称取 10.00 g 捣碎混匀的样品,置于消化装置锥形瓶中,加玻璃珠数粒及硝酸 30 mL、硫酸 5 mL,转动锥形瓶防止局部炭化。装上冷凝管后,小火加热,待开始发泡即停止加热。发泡停止后,加热回流 2 h(如加热过程中溶液变棕,再加硝酸 5 mL,继续回流 2 h)。放冷后,从冷凝管上端小心加入水 20 mL,继续加热回流 10 min,放冷,用适量水冲洗冷凝管,洗液并入消化液中。将消化液经玻璃棉过滤至 100 mL 容量瓶内,用少量水洗锥形瓶、滤器,洗液并入容量瓶内,加水至刻度,混匀。取与消化样品相同量的硝酸、硫酸,按同一方法做试剂空白对照试验。

b. 乳与乳制品:称取牛乳或酸牛乳 20.00 g,或相当于 20.00 g 牛乳的乳制品(全脂乳粉 2.40 g、甜炼乳 8.00 g、淡炼乳 5.00 g),置于消化装置锥形瓶中,加玻璃珠数粒及硝酸 30 mL;牛乳加硫酸 10 mL,乳制品加硫酸 5 mL,转动锥形瓶防止局部炭化。装上冷凝管后,自"小火加热"起,以下操作与"肉、蛋类"相同。

c. 动物油脂:称取样品 5.00 g 于消化装置锥形瓶中,加玻璃珠数粒,加硫酸 7 mL,小心混匀至溶液颜色变棕,然后加硝酸 40 mL。装上冷凝管,自"小火加热"起,以下操作与"肉、蛋类"相同。

②五氧化二钒消化法:取水产品可食部分,洗净、晾干,切碎混匀。称取 2.50 g 置于 50～100 mL 锥形瓶中,加 50.0 mg 五氧化二钒粉末,再加 8 mL 硝酸,振摇,放置 4 h,加 5 mL 硫酸,混匀,然后移至 140℃砂浴上加热,开始作用较猛烈,以后逐渐缓慢,待瓶口上基本无棕色气体逸出时,用少量水冲洗瓶口,再加热 5 min,放冷,加 5 mL 5%高锰酸钾溶液,放置 4 h(或

过夜），滴加 20％盐酸羟胺溶液使紫色褪去，振摇，放置数分钟，移入 100 mL 容量瓶中，并稀释至刻度。同时做试剂空白对照试验。

(2)标准曲线的绘制。

①用于肉、蛋、乳、油等食品的标准曲线绘制：分别吸取 0.00 mL、0.10 mL、0.20 mL、0.30 mL、0.40 mL、0.50 mL 汞标准使用液(相当 0.00 mg、0.01 mg、0.02 mg、0.03 mg、0.04 mg、0.05 mg 汞)，置于试管中，各加 10 mL 混合酸，置于汞蒸气发生器还原瓶内，沿瓶壁迅速加入 2 mL 30％氯化亚锡溶液，随即加塞，使汞蒸气进入测汞仪中，读取测汞仪上最大读数，绘制标准曲线。

②用于水产品的标准曲线绘制：吸取 0.0、1.0、2.0、3.0、4.0、5.0 mL 汞标准使用液(相当 0.0、0.1、0.2、0.3、0.4、0.5 mg 汞)，置于 6 个 50 mL 容量瓶中，各加 1 mL 1∶1 硫酸、1 mL5％高锰酸钾溶液，加 20 mL 水，混匀，滴加 20％盐酸羟胺溶液使紫色褪去，加水至刻度，混匀。分别吸取 10.00 mL(相当 0.00、0.02、0.04、0.06、0.08、0.10 µg 汞)，以下按"①"中自"置于汞蒸气发生器还原瓶内"起依法操作，绘制标准曲线。

(3)样品测定：吸取 10.0 mL 样品消化液，以下按"①"中自"置于汞蒸气发生器还原瓶内"起依法操作。同时做试剂空白对照试验。

4. 计算

$$X = \frac{(A_1 - A_2) \times V_1}{m \times V_2}$$

式中：$X$ 为样品中汞的含量(mg/kg)；$A_1$ 为测定用样品消化液中的汞的含量(µg)；$A_2$ 为试剂空白对照液中的汞的含量(µg)；$m$ 为样品质量(g)；$V_1$ 为样品消化液的总体积(mL)；$V_2$ 为测定用样品消化液的体积(mL)。

(二)动物性食品中甲基汞的测定

动物性食品中甲基汞的测定一般采用气相色谱法(酸提取巯基棉法)，本方法适用于水产品中甲基汞的测定。

1. 基本原理

样品中的甲基汞，用氯化钠研磨后，加入含有 $Cu^{2+}$ 的 1 mol/L 盐酸($Cu^{2+}$ 与组织中结合的 $CH_3Hg^+$ 交换)，完全萃取后，经离心或过滤，将上清液调至一定的酸度，用巯基棉吸附，再用 2 mol/L 盐酸洗脱，最后以苯萃取甲基汞，用带有电子捕获检测器的气相色谱仪分析。

2. 试剂

(1)2 mol/L 盐酸：取优级纯盐酸，加等体积水，恒沸蒸馏，蒸出的盐酸为 6 mol/L，稀释配制。

(2)苯：色谱上无杂峰，否则应重蒸馏。

(3)无水硫酸钠：用苯提取，浓缩液在色谱上无杂峰。

(4)氯化钠；4.25％氯化铜溶液。

(5)0.1％甲基橙指示液。

(6)1 mol/L 氢氧化钠溶液：称取 40.00 g NaOH，加水稀释至 1 000 mL。

(7)1 mol/L 盐酸：取 83.3 mL 盐酸(优级纯)，加水稀释至 1 000 mL。

(8)淋洗液(pH3～3.5)：用 1 mol/L 盐酸调节水的 pH 为 3～3.5。

(9)巯基棉：在 250 mL 具塞锥形瓶中依次加入 35 mL 乙酸酐、16 mL 冰乙酸、50 mL 硫代乙醇酸、0.15 mL 硫酸、5 mL 水，混匀冷却后，加入 14 g 脱脂棉，不断翻压，使棉花完全浸透，盖好瓶塞，置于恒温培养箱中，在(37±0.5)℃保温 4 d(注意切勿超过 40℃)，取出后用水洗至近中性，除去水分后摊于瓷盘中，再于(37±0.5)℃恒温箱中烘干，成品放入棕色瓶中，置冰箱保存备用(使用前应先测定，巯基棉对甲基汞的吸附效率为 95% 以上方可使用)。

注：所有试剂用苯萃取后，不应在气相色谱上出现甲基汞的峰。

(10)甲基汞标准溶液(1.0 mg/mL)：精密称取 0.125 2 g 氯化甲基汞，用苯溶解于 100 mL 容量瓶中，加苯稀释至刻度，此溶液每毫升相当于 1.0 mg 甲基汞，置于冰箱保存。

(11)甲基汞标准使用液(0.1 μg/mL)：吸取 1.0 mL 甲基汞标准溶液，置于 100 mL 容量瓶中，用苯稀释至刻度，此溶液每毫升相当于 10 μg 甲基汞。吸取此液 1.0 mL，置于 100 mL 容量瓶中，用 2 mol/L 盐酸稀释至刻度，此溶液每毫升相当于 0.1 μg 甲基汞，临用时现配。

3. 仪器

(1)气相色谱仪：附 Ni[63] 电子捕获检测器或氚源电子捕获检测器。

(2)酸度计。

(3)离心机：带 50～80 mL 离心管。

(4)巯基棉管：用内径 6 mm、长度 20 cm，一端拉细(内径 2 mm)的玻璃滴管，内装 0.1～0.15 g 巯基棉，均匀填塞，临用现装。

(5)玻璃仪器：均用 5% 硝酸浸泡 24 h，用水冲洗干净。

4. 操作方法

(1)色谱条件。

①Ni[63]电子捕获检测器：柱温 185℃，检测器温度为 260℃，汽化室温度 215℃。

②氚源电子捕获检测器：柱温 185℃，检测器温度为 190℃，汽化室温度 185℃。

③载气：高纯氮，流量为 70 mL/min(选择仪器的最佳条件)。

④色谱柱：内径 3 mm、长 1.5 m 的玻璃柱，担体为 60～80 目 Chromosorb WAWDMCS，涂有 7% 丁二酸乙二醇聚酯(PEGS)或涂上 1.5%OV-17 和 1.95%QF-1 或 5% 丁二酸二乙二醇酯(DEGS)固定液。

(2)测定。

①样品处理：称取 5.0～10.0 g 样品的可食部分，剁碎混匀，加入等量氯化钠；在乳钵中研成糊状，加入 0.5 mL 4.25%CuCl₂ 溶液，轻轻研匀，用 30 mL 1 mol/L 盐酸分次完全转入 100 mL 具塞锥形瓶中，剧烈振摇 5 min，放置 30 min 以上(也可用振荡器振摇 30 min)，样液全部转入 50 mL 离心管中，使用 5 mL 1 mol/L 盐酸淋洗锥形瓶，洗液与样液合并一起，离心 10 min(2 000 r/min)，将上清液全部转入 100 mL 分液漏斗中，于沉淀中再加 10 mL 1 mol/L 盐酸，用玻璃棒搅匀后再离心，合并两份离心液。

②吸附和洗脱：加入与 1 mol/L 盐酸等量的 1 mol/L NaOH 溶液中和，加 1～2 滴甲基橙指示液，再调至溶液变黄色，然后滴加 1 mol/L 盐酸至溶液从黄色变橙色，此溶液的 pH 在 3～

3.5 范围内(可用 pH 计校正)。

将塞有巯基棉的玻璃滴管接在分液漏斗下面,控制流速为 4～5 mL/ min,然后用 pH 3～3.5 的淋洗液冲洗漏斗和玻璃管,取下玻璃管,用玻璃棒压紧巯基棉,用洗耳球将水尽量吹尽,然后加入 1 mL 的 2 mol/L 盐酸洗脱一次,再加 1 mL 的 2 mol/L 盐酸洗脱一次,用洗耳球将洗脱液吹尽,收集于 10 mL 具塞比色管内。

③萃取和测定:另取两支 10 mL 比色管,各加 2.0 mL 甲基汞标准使用液。于样品及甲基汞标准使用液的比色管中各加 1.0 mL 苯,提取振摇 2 min,分层后吸出苯液,加少许无水硫酸钠,摇匀,静置,吸取一定量进行气相色谱测定,记录峰高,与标准峰高比较定量。

5. 计算

$$X = \frac{A \times h_1 \times V_1}{V_2 \times h_2 \times m}$$

式中:$X$ 为样品中甲基汞的含量(mg/kg);$A$ 为甲基汞标准量($\mu$g);$h_1$ 为样品峰高(mm);$h_2$ 为甲基汞标准峰高(mm);$V_1$ 为样品苯萃取溶剂的总体积($\mu$L);$V_2$ 为测定用样品的体积($\mu$L);$m$ 为样品的质量(g)。

# 第四节　动物性食品中镉的检验

## 一、概述

镉是相对的稀有元素,在自然界中的含量很少,但分布广泛,多以硫镉矿形式存在,主要存在于各种锌、铅和铜矿中。1940 年研究发现镉有慢性毒性,1972 年 FAO/WHO 将其列为第三位优先研究的食品污染物。镉是一种毒性很强的重金属元素,可以造成细胞氧化损伤,引起DNA 断裂,破坏细胞内含物,降低酶的活性。同时,镉在土壤中具有较强的代谢活性,极易被作物吸收而进入食物链,因而容易对人体健康造成威胁。

动物性食品中镉主要来自工业三废。资料表明,甘肃省白银矿区工业废水含有镉、铅、铜、锌等多种金属,造成牧草中镉含量分别是正常值的 680 倍和 9 倍,动物血、毛样中镉、铅已达到或者超过了动物中毒剂量。农业生产中使用的化肥和农药含镉,可以通过施用磷肥进入土壤,被作物吸收,也可以通过硫酸锌等肥料污染环境、饲草饲料和饮水,通过食物链而导致动物性食品的镉残留。农用塑料薄膜生产应用的热稳定剂中含有镉,在大量使用塑料大棚和地膜过程中都可以造成土壤镉的污染。使用含镉的包装材料,特别是金属餐饮具,通过与食品尤其是酸性食品的接触而释放出镉。

食品动物采食含镉饲料,可以通过食物链的富集使其可食组织中镉的残留维持在较高水平。水生生物可以从水中富集镉,富集系数高达 4 500 倍。一般情况下,海产品、动物内脏等动物性食品中镉含量较植物性食品为高,以肝和肾脏中含镉量最高。

## 二、检验意义与卫生标准

镉是一种毒性很强的金属元素,对肾、肺、肝、睾丸、脑、骨骼及血液系统均可产生毒性,而且还有致癌、致畸、致突变作用。人体内的镉主要来源于食物。镉对体内巯基酶有很强的抑制作用,能损害肾脏、骨骼和消化系统,降低免疫功能,干扰 Cu、Fe、Zn、Co 等元素的代谢,抑制骨髓血红蛋白的合成。镉主要损害肾近曲小管上皮细胞,使其重吸收功能障碍,引起蛋白尿、氨基酸尿、糖尿和高钙尿。镉进入骨骼可以置换骨质中的钙,引起钙的负平衡,导致骨质疏松。

镉急性中毒出现流涎、恶心和呕吐等消化道症状,重者因衰竭而死。长期食用被镉污染的食品即可引起慢性镉中毒,表现骨质疏松症、骨质软化、骨骼疼痛、容易骨折,出现高钙尿、肾绞痛、高血压、贫血。日本富山县发生的"痛痛病",就是由镉污染引起的公害病之一。动物试验表明,镉及其化合物还有致癌、致畸和致突变作用。

我国食品卫生标准规定动物性食品中镉的限量指标,见表 5-4。

表 5-4　动物性食品中镉的限量指标

| 食品 | | 限量/(mg/kg) | 标准号 |
| --- | --- | --- | --- |
| 普通食品 | 畜禽肉类、鱼 | 0.1 | GB 2762—2005 |
| | 畜禽肝脏 | 0.5 | |
| | 畜禽肾脏 | 1.0 | |
| | 鲜蛋 | 0.05 | |
| 无公害食品 | 畜禽肉 | 0.1 | GB 18406.3—2001 |
| | 动物性水产品 | 0.1 | GB 18406.4—2001 |
| | 鲜禽蛋 | 0.05 | NY 5039—2005 |
| | 皮蛋、咸鸭蛋 | 0.05 | NY 5143、5144—2002 |

### 三、动物性食品中镉的检验方法

我国国家标准规定动物性食品中镉的测定方法主要有石墨炉原子吸收光谱法、原子吸收分光光度法、火焰原子化法、比色法、原子荧光法(GB/T 5009.15—2003)等。这里主要介绍石墨炉原子吸收光谱法。

#### (一)基本原理

试样经灰化或酸消解后,注入原子吸收分光光度计石墨炉中,电热原子化后吸收 228.8 nm 共振线,在一定浓度范围,其吸光度值与镉含量成正比,与标准系列比较定量。

#### (二)器材与试剂

(1)硝酸,硫酸,过氧化氢(30%),高氯酸。

(2)硝酸(1+1):取 50 mL 硝酸慢慢加入 50 mL 水中。

(3)硝酸(0.5 mol/L):取 3.2 mL 硝酸加入 50 mL 水中,稀释至 100 mL。

(4)盐酸(1+1):取 50 mL 盐酸慢慢加入 50 mL 水中。

(5)磷酸铵溶液(20 g/L):称取 2.0g 磷酸铵,以水溶解稀释至 100 mL。

(6)混合酸:硝酸+高氯酸(4+1),取 4 份硝酸与 1 份高氯酸混合。

(7)镉标准储备液:准确称取 1.000 0 g 金属镉(99.99%),分次加 20 mL 盐酸(1+1)溶解,加 2 滴硝酸,移入 1 000 mL 容量瓶中,加水至刻度,混匀。此溶液镉含量为 1.0 mg/mL。

(8)镉标准使用液:每次吸取镉标准储备液 10.0 mL 于 100 mL 容量瓶中,加硝酸(0.5 mol/L)至刻度。如此经多次稀释成每毫升含 100.0 ng 镉的标准使用液。

(9)所用玻璃仪器均需以硝酸(1+5)浸泡过夜,用水反复冲洗,最后用去离子水冲洗干净。

(10)原子吸收分光光度计(附石墨炉及铅空心阴极灯)。

(11)马弗炉,恒温干燥箱,瓷坩埚。

(12)压力消解器、压力消解罐或压力溶弹。

(13)可调式电热板、可调式电炉。

**(三)操作方法**

**1.试样预处理**

鱼类、肉类及蛋类等水分含量高的鲜样,用食品加工机或匀浆机打成匀浆,储于塑料瓶中,保存备用。

**2.试样消解(根据实验室条件选用以下任何一种方法消解)**

(1)压力消解罐消解法:称取 1.00～2.00 g 试样(干样、含脂肪高的试样<1.00 g,鲜样<2.00 g或按压力消解罐使用说明书称取试样)于聚四氟乙烯罐内,加硝酸 2～4 mL 浸泡过夜。再加过氧化氢 2～3 mL(总量不能超过罐容积的 1/3)。盖好内盖,旋紧不锈钢外套,放入恒温干燥箱,120～140℃保持 3～4 h,在箱内自然冷却至室温,用滴管将消化液洗入或过滤入(视消化液有无沉淀而定)10～25 mL 容量瓶中,用水少量多次洗涤罐,洗液合并于容量瓶中并定容至刻度,混匀备用;同时作试剂空白对照。

(2)灰化法:称取 1.00～5.00 g(根据镉含量而定)试样于瓷坩埚中,先小火在可调式电炉上炭化至无烟,移入马弗炉 500℃灰化 6～8 h,冷却。若个别试样灰化不彻底,则加 1 mL 混合酸在可调式电炉上小火加热,反复多次直到消化完全,放冷,用硝酸(0.5 mol/L)将灰分溶解,从"用滴管将试样消化液洗入……"同(1)依次操作。

(3)过硫酸铵灰化法:称取 1.00～5.00 g 试样于瓷坩埚中,加 2～4 mL 硝酸浸泡 1 h 以上,先小火炭化,冷却后加 2.00～3.00 g 过硫酸铵盖于上面,继续炭化至不冒烟,转入马弗炉 500℃恒温 2 L,再升至 800℃,保持 20 min,冷却,加 2～3 mL 硝酸(1.0 mol/L),从"用滴管将试样消化液洗入……"同(1)依次操作。

(4)湿式消解法:称取试样 1.00～5.00 g 于三角瓶或高脚烧杯中,放数粒玻璃珠,加 10 mL 混合酸,加盖浸泡过夜,加一小漏斗电炉上消解,若变棕黑色,再加混合酸,直至冒白烟,消化液呈无色透明或略带黄色,放冷,从"用滴管将试样消化液洗入……"同(1)依次操作。

**3.测定**

(1)仪器条件:根据各自仪器性能调至最佳状态,参考条件为波长 228.8 nm,狭缝 0.5～1.0 nm,灯电流 8～10 mA,干燥温度 120℃,20 s;灰化温度 350℃,15～20 s,原子化温度 1 700～2 300℃,4～5 s,背景校正为氘灯或塞曼效应。

(2)标准曲线绘制:吸取镉标准使用液 0.0 mL、1.0 mL、3.0 mL、5.0 mL、7.0 mL、10.0 mL 于 100 mL 容量瓶中,稀释至刻度,相当于 0.0ng/mL、1.0 ng/mL、3.0 ng/mL、5.0 ng/mL、7.0 ng/mL、10.0 ng/mL,各吸取 10 μL 注入石墨炉,测得其吸光度值,求得吸光

值与浓度关系的一元线性回归方程。

（3）试样测定：吸取样液和试剂空白对照液各 1 μL，注入石墨炉，测得其吸光度值，代入一元线性回归方程中，求得样液中镉的含量。

（4）基体改进剂的使用：对有干扰的试样，则注入适量的基体改进剂-磷酸铁溶液（20 g/L）（一般为<5 μL），消除干扰。绘制镉标准曲线时，也要加入与试样测定时等量的基体改进剂。

**（四）计算**

$$X = \frac{(A_1 - A_2) \times V}{m}$$

式中：$X$ 为试样中镉的含量（μg/kg 或 μ g/L）；$A_1$ 为测定试样消化液中镉的含量（ng/mL）；$A_2$ 为空白对照液中镉的含量（ng/mL）；$V$ 为试样消化液的总体积（mL）；$m$ 为试样的质量或体积（g 或 mL）。

**（五）说明**

（1）本法的检出限为 0.1 pg/kg，计算结果保留两位有效数字。

（2）在重复性条件下获得的两次独立测定结果的绝对差值不得超过算术平均值的 20%。

# 第五节　动物性食品中氟的检验

## 一、概述

氟为气态的非金属元素，是地球上分布最为广泛的元素之一，在常温下为淡黄色气体，具有强烈的刺激性臭味，几乎能与所有的元素化合，在自然界以化合物的形式存在。氟化物存在于空气、水、土壤和一切有生命的物质中。氟化物在环境中迁移和蓄积，目前是一种极为普遍的污染物，由此而引发人、畜的氟中毒广泛存在于世界各地。

在我国一些地区的土壤和水中存在着大量的氟，使生长在这些地区的牧草和农作物氟含量增加，特别在一些干旱、半干旱、风大雨水少的盐渍土地区，氟化物高度浓缩，致使饮水、饲料和牧草含氟量较高，是动物性食品中氟的主要来源，这些地区人、畜有不同程度的地方性氟中毒病流行。

造成氟污染食品的主要来源是工业废水、废气、废渣，如矿石开采、有色金属冶炼、煤炭燃烧、磷肥及磷酸盐生产等，通过三废污染大气、土壤、水源等，使牧草、饲料和农作物含氟量增高；另外，含氟肥料和杀虫剂、含氟饲料添加剂的使用等，往往引起动物慢性氟中毒，导致其可食组织中氟的残留。这些因素不仅造成畜禽等动物性食品的污染，严重时还可以造成动物中毒、死亡。

## 二、检验意义与卫生标准

氟是维持正常生命活动不可缺少的必需微量元素，参与机体的正常代谢，促进牙齿和骨骼的钙化，提高神经兴奋的传导。机体摄入量不足，会诱发龋齿的形成，但过量摄入又会发生中毒。各种氟化物均有一定的毒性，但毒性差别很大，一般在水中溶解度越大则毒性越大。有机氟的毒性均比无机氟大,如有机氟醋酸盐的毒性比无机氟大 550 倍,氟乙酰胺为剧毒类。

吸收进入机体体内的氟主要分布和贮存于骨组织及牙齿中。若食品和饮水中含氟量高,人体摄入量过多,氟在体内蓄积,可以导致氟中毒。急性氟中毒时,主要表现有流涎、恶心、呕吐、腹痛、腹泻、呼吸困难、肌肉震颤、痉挛、瞳孔散大,重者抽搐、虚脱而死亡。慢性氟中毒常呈地方性流行,轻者表现为氟斑牙,重者发生氟骨症,主要表现为牙齿的釉质失去正常的光泽,出现黄褐色的条纹,形成凹痕,硬度减弱,质脆易碎裂或断裂,常早期脱落。骨骼变性,容易骨折,行走困难,跛行,甚至丧失劳动能力。氟化物还可损害肝脏和肾脏,导致机体各组织器官结构和功能的改变,影响内分泌功能,抑制酶的活性,使细胞免疫和体液免疫异常,并可影响胎儿的正常发育。

我国食品卫生标准规定动物性食品中氟的限量指标,见表 5-5。

表 5-5　动物性食品中氟的限量指标

| 食品 | | 限量/(mg/kg) | 标准号 |
|---|---|---|---|
| 普通食品 | 肉类 | 2.0 | GB 2762—2005 |
| | 鱼类(淡水) | 2.0 | |
| | 蛋类 | 1.0 | |
| 无公害食品 | 畜禽肉 | 2.0 | GB 18406.3—2001 |
| | 淡水鱼 | 2.0 | GB 18406.4—2001 |

### 三、动物性食品中氟的检验方法

我国国家标准规定动物性食品中氟的测定方法主要有氟试剂比色法(扩散法)、氟试剂比色法(灰化蒸馏法)、氟离子选择电极法(GB/T 5009.18—2003)等。这里主要介绍氟试剂比色法(扩散法)。

#### (一)基本原理

动物性食品中氟化物在扩散盒内与酸作用,产生氟化氢气体,经扩散后被氢氧化钠吸收。氟离子与镧(Ⅲ)、氟试剂(茜素氨羧络合剂)在适宜 pH 下生成蓝色三元络合物,其颜色深浅与样品中氟离子浓度成正比,用含胺类有机溶剂提取,与标准比较定量(扩散单色法);或不用含胺类有机溶剂提取,直接与标准系列比较定量(扩散复色法)。

#### (二)器材与试剂

试验所用水均为不含氟的去离子水,全部试剂贮于聚乙烯塑料瓶中。

(1)丙酮;25%乙酸溶液;10%硝酸镁溶液。

(2)1 mol/L 乙酸:取 3 mL 冰乙酸,加水稀释至 50 mL。

(3)2%硫酸银-硫酸溶液:称取 2.0 g 硫酸银,溶于 100 mL 硫酸(3:1)中。

(4)1 mol/L 氢氧化钠乙醇溶液:取 4.000 0 g 氢氧化钠,溶于乙醇并稀释至 100 mL。

(5)氟试剂(茜素氨羧络合剂溶液):称取 0.190 0 g 茜素氨羧络合剂,加少量水及 1 mol/L 氢氧化钠溶液使其溶解,加 0.125 0 g 乙酸钠,用 1 mol/L 乙酸调节至红色(pH 5.0),加水稀释至 500 mL,置冰箱内保存。

(6)硝酸镧溶液:称取 0.220 0 g 硝酸镧,用少量 1 mol/L 乙酸溶解,加水至约 450 mL,用 25%乙酸钠溶液调节 pH 为 5.0,再加水稀释至 500 mL,置冰箱内保存。

(7)缓冲液(pH 4.7):称取 30.00 g 无水乙酸钠,溶于 400 mL 水中,加 22 mL 冰乙酸,再缓缓加冰乙酸调节 pH 为 4.7,然后加水稀释至 500 mL。

(8)二乙基苯胺-异戊醇溶液(5:100):取 25 mL 二乙基苯胺,溶于 500 mL 异戊醇中。

(9)1 mol/L 氢氧化钠溶液:取 4.000 0 g 氢氧化钠,溶于水并稀释至 100 mL。

(10)氟标准溶液(1.0 mg/mL):精密称取 0.221 0g 经 100℃干燥 4 h 冷却的氟化钠,溶于水,移入 100 mL 容量瓶中,加水至刻度,混匀,置冰箱中保存

(11)氟标准使用液(5 $\mu$g/mL):吸取 1.0 mL 氟标准溶液,置于 200 mL 容量瓶中,加水至刻度,混匀。

(12)塑料扩散盒:内径 4.5 cm,深 2 cm,盖内壁顶部光滑,并带有凸起的圈(盛放氢氧化钠吸收液用),盖紧后不漏气。其他类型塑料盒亦可使用。

(13)恒温箱:(55±1)℃。

(14)分光光度计,酸度计,高温电炉。

**(三)操作方法**

**1.扩散单色法**

(1)样品处理:取样品 1.00 g 于坩埚(镍、银、瓷等)内,加 4 mL 10%硝酸镁溶液,加 10% NaOH 溶液使呈碱性,混匀后浸泡 30 min,将样品中的氟固定。然后在水浴上挥干,再加热炭化至不冒烟,再于 600℃马弗炉内灰化 6 h,待灰化完全,取出放冷,备用。

(2)测定。

①取塑料盒若干个,分别于盒盖中央加 0.2 mL 1 mol/L 氢氧化钠乙醇溶液,在圈内均匀涂布,于 55℃温箱中烘干,形成一层薄膜,取出备用。

②将样品经灰化处理后的灰分全部移入塑料盒内,用 4 mL 水分数次将坩埚洗净,洗液均倒入塑料盒内,并使灰分均匀分散,如坩埚还未完全洗净,可加 4 mL 2%硫酸银-硫酸溶液于坩埚内继续洗涤,将洗液倒入塑料盒内,立即盖紧,轻轻摇匀,然后置(55±1)℃恒温箱内保温 20 h。

③分别于 6 个塑料盒内加 0.00 mL、0.40 mL、0.80 mL、1.20 mL、1.60 mL、2.00 mL 氟标准使用液(相当 0 $\mu$g、2 $\mu$g、4 $\mu$g、6 $\mu$g、8 $\mu$g、10 $\mu$g 氟),补加水至 4 mL,各加 2%硫酸银-硫酸溶液 4 mL,立即盖紧,轻轻摇匀(切勿将酸溅在盖上),置恒温箱内保温 20 h。

④将盒(样品盒与标准氟溶液盒)取出,取下盒盖,分别用 20 mL 水少量多次地将盒盖内氢氧化钠薄膜溶解,用滴管小心完全地移入 100 mL 分液漏斗中。

⑤分别于分液漏斗中加 3 mL 茜素氨羧络合剂溶液、3 mL 缓冲液、8 mL 丙酮、3 mL 硝酸镧溶液、13 mL 水,混匀,放置 10 min。各加入 10 mL 5%二乙基苯胺-异戊醇溶液,振摇 2 min,待分层后,弃去水层,分出有机层,并用滤纸过滤于 10 mL 具塞比色管中。

⑥用 1 cm 比色杯于 580 nm 波长处,以零管调节零点,测吸光度值并绘制标准曲线比较。

**2.扩散复色法**

(1)样品处理:同扩散单色法。

（2）测定。

①～③同扩散单色法①～③。

④将盒取出，取下盒盖，分别用 10 mL 水分次将盒盖内的氢氧化钠薄膜溶解，用滴管小心完全地移入 25 mL 具塞比色管中。

⑤分别于比色管中加 2 mL 茜素氨羧络合剂溶液、3 mL 缓冲液、6 mL 丙酮、2 mL 硝酸镧溶液，再加水至刻度，混匀，放置 20 min，以 3 cm 比色杯，用零管调节零点，于波长 580 nm 处测各管吸光度值，绘制氟标准曲线，比较定量。

### （四）计算

$$X = \frac{A}{m}$$

式中：$X$ 为样品中氟的含量（mg/kg）；$A$ 为测定用样品中氟的含量（μg）；$m$ 为样品的质量（g）。

# 第六章　动物性食品中农药残留的检验技术

## 第一节　动物性食品中有机氯农药残留的检验

### 一、概述

有机氯农药是一类应用最早的高效广谱杀虫剂,主要是含一个或几个苯环的氯素衍生物,主要品种有滴滴涕(DDT)和六六六(BHC),其次是艾氏剂、异艾氏剂、狄氏剂、异狄氏剂、毒杀芬(氯化莰烯)、氯丹、七氯、开蓬、林丹(丙体六六六)等。20世纪60年代发现这类农药具有污染、高残留和毒性问题后,70年代在一些国家和地区相继限制使用和禁止使用有机氯农药。我国自1983年已停止生产六六六和滴滴涕,1999年规定在动物养殖中禁用六六六、滴滴涕、林丹、毒杀芬及制剂作杀虫剂。虽然有机氯农药被禁用或限用,但由于有机氯农药性质相当稳定,易溶于多种有机溶剂,对酸稳定而极易被碱破坏,在环境中残留时间长,不易分解,并不断地迁移和循环,从而波及全球的每个角落。有机氯农药一旦污染土壤,长期滞留,半衰期长达数年,最长达30年之久。土壤中有机氯农药进入大气,通过气流进行远距离扩散,进一步污染环境。水中有机氯污染沿岸的土壤和生物,进入海洋后,浓度逐渐增加。

食品动物体内有机氯农药主要来源于被污染的饲料、饲草、饮水以及环境;非法使用有机氯农药治疗体内外寄生虫(如使用毒杀芬),经皮肤吸收或被动物舔食,或误食拌过有机氯农药的种子,也可引起动物性食品有机氯农药残留。由于有机氯农药是脂溶性的,具有高度选择性,进入体内后,多蓄积于脂肪或含脂肪多的组织,不易排出。一般动物性食品残留量高于植物性食品,含脂肪多的食品高于脂肪少的食品,猪肉高于牛肉、羊肉和兔肉,淡水鱼高于海产鱼类。20世纪70年代至80年代初,我国食品中有机氯农药残留较为普遍和严重。1984年全面禁止使用后,这类农药的残留量逐渐降低。因此目前有机氯农药仍是一类重要的环境污染物,是动物性食品中重要的农药残留物,也是全球的检测目标。

### 二、检验意义与卫生标准

有机氯农药以其蓄积性强和慢性危害备受人们的关注。有机氯农药通过食物进入人体后,代谢缓慢,主要蓄积于脂肪组织,其次为肝、肾、脾和脑组织,并能通过胎盘,对人体产生各种影响。人中毒后出现四肢无力,头痛,头晕,食欲不振,抽搐,肌肉震颤和麻痹等症状。DDT有较强的蓄积性,能损伤肝、肾和神经系统,引起肝肿大,肝中心小叶坏死,同时活化微粒体单氧酶,改变免疫功能,降低抗体的产生,抑制脾、胸腺、淋巴结中胚胎生发中心,引起贫血、白细胞增多,而且对免疫系统、生殖系统和内分泌系统也有显著影响。研究表明,用大剂量 DDT 饲喂大鼠可以诱发肝癌,对小鼠的致癌性较强。据报道,人群中六六六的蓄积量与男性肝癌、肺癌、肠癌以及女性肠癌的发病率相关。艾氏剂、狄氏剂、异艾氏剂、异狄氏剂、七氯和林丹等氯化环二烯类化合物具有很强的急性毒性,能损害中枢神经系统和肝脏,导致神经中毒、肝脏肿大和坏死,慢性毒性主要在于影响造血功能。开蓬能引起脑及末梢神经和肌肉的综合征。氯丹可能影响人类免疫系统,对于人类的影响主要通过空气传播。氯丹和林丹是人类癌症的诱发剂,氯丹已在许多国家禁止或严格控制使用。灭蚁灵(mirex)有雌激素(estrogenic)作用和致畸性,且对大、小鼠有致癌性,毒杀芬对小鼠致癌,对大鼠可能致癌。艾氏剂、狄氏剂和异狄氏剂可以引起食管癌、胃癌和肠癌,通过食用奶制品与肉类,人类是艾氏剂最为严重的受害者。FAO/WHO 将异狄氏剂列为极度危险性农药,美国 FDA 将异狄氏剂和异艾氏剂列为重要的监控农药。

我国食品卫生标准规定动物性食品中六六六和 DDT 的再残留限量指标,见表 6-1。

**表 6-1　动物性食品中有机氯农药的再残留限量指标**

| 食品 | | 再残留限量/(mg/kg) | | 标准号 |
| --- | --- | --- | --- | --- |
| | | 六六六 | 滴滴涕 | |
| 普通食品 | 肉及肉制品 | | | GB 2763—2005 |
| | 　脂肪含量 10% 以下(以原样计) | ≤0.1 | ≤0.2 | |
| | 　脂肪含量 10% 及以上(以脂肪计) | ≤1.0 | ≤0.2 | |
| | 水产品 | ≤0.1 | ≤0.5 | |
| | 蛋品 | ≤0.1 | ≤0.1 | |
| | 牛乳 | ≤0.02 | ≤0.02 | |
| | 乳制品 | | | |
| | 　脂肪含量 2% 以下(以原样计) | ≤0.01 | ≤0.01 | |
| | 　脂肪含量 10% 及以上(以脂肪计) | ≤0.5 | ≤0.5 | |
| 无公害食品 | 畜禽肉 | ≤0.20 | ≤0.20 | GB 18406.3—2001 |
| | 水产品 | ≤2.0 | ≤1.0 | GB 18406.4—2001 |
| | 生鲜牛乳 | ≤0.05 | ≤0.02 | NY 5045—2001 |
| | 酸牛乳 | ≤0.01 | ≤0.02 | NY 5142—2002 |
| | 皮蛋、咸鸭蛋 | ≤0.2 | ≤0.1 | NY 5143、5144—2002 |
| | 鹌鹑蛋 | ≤0.1 | ≤0.1 | NY 5270—2004 |
| | 蜂胶、蜂花粉 | ≤0.05 | ≤0.05 | NY 5136、5137—2002 |

注:再残留限量是指一些残留持久性农药虽已禁用,但已造成对环境的污染,从而再次在食品中形成残留,为控制这类农药残留物对食品的污染而制定其在食品中的残留限量。

### 三、动物性食品中有机氯农药残留的检验方法

我国国家标准规定动物性食品中有机氯农药残留量的测定方法主要有气相色谱法、薄层色谱法(GB/T 5009.162—2003)等。这里主要介绍气相色谱法。

#### (一)基本原理

食品试样经与无水硫酸钠一起研磨干燥后,用丙酮-石油醚提取残留有机氯农药,提取液经氟罗里硅土柱净化,净化后样液用配有电子俘获检测器的气相色谱仪测定,通过外标法进行定量。

#### (二)试剂

(1)丙酮:重蒸馏。

(2)石油醚:沸程 60～90℃。经氧化铝柱净化后,用全玻璃蒸馏器蒸馏,收集 60～90℃馏分。

(3)乙醚:重蒸馏。

(4)乙醚-石油醚淋洗溶液:15＋85。

(5)无水硫酸钠:650℃灼烧 4 h,冷却后,储于密闭容器中。

(6)氧化铝:层析用,中性,100～200 目,800℃灼烧 4 h,冷却至室温,储于密闭容器中备用。使用前,应在 130℃干燥 2 h。

(7)氟罗里硅土:60～100 目,650℃灼烧 4 h,冷却后储于密闭容器内备用。使用前于130℃烘 1 h(注:每批氟罗里硅土用前应做淋洗曲线)。

(8)有机氯农药标准品:a-BHC、p-BHC、r-BHC、&-BHC、六氯苯、七氯、环氧七氯、艾氏剂、狄氏剂、异狄氏剂、o,p-DDT、p,p-DDT、p,p-DDD、p,p-DDE 标准品,要求纯度均≥99％。

(9)14 种有机氯农药标准溶液:准确称取适量的每种农药标准品,分别用少量苯溶解,然后用石油醚配成浓度分别为 100 mg/mL 的标准储备溶液。根据需要再以石油醚配制成使用浓度的混合标准工作溶液。

#### (三)仪器

(1)气相色谱仪:配有电子俘获检测器。

(2)氧化铝净化柱:300 mm×20 mm(内径)玻璃柱,装入氧化铝 40 g,上端装入 10 g 无水硫酸钠,干法装柱,流量为 2 mL/min(注:该柱可连续净化处理石油醚 1 000 mL)。

(3)氟罗里硅土净化柱:200 mm×20 mm(内径)玻璃柱,装入氟罗里硅土 13 g,上端装入5 g无水硫酸钠,干法装柱,使用前用 40 mL 石油醚淋洗。

(4)索氏提取器:250 mL。

(5)绞肉机。

(6)全玻璃重蒸馏装置。

(7)玻璃研钵:口径 11.5 cm。

(8)旋转蒸发器或氮气流浓缩装置:配有 250 mL 蒸发瓶。

(9)微量注射器:10 μL。

(10)脱脂棉:经过丙酮-石油醚(2＋8)混合液抽提 6 h 处理过。

（四）操作方法

1. 样品提取

称取试样 10.0 g（精确至 0.1 g）于研钵中，加 15 g 无水硫酸钠研磨几分钟，将试样制成干松粉末。装入滤纸筒内，放入索氏提取器中。在提取器的瓶中加入 100 mL 丙酮-石油醚（2＋8）混合液，水浴提取 6 h（回流速度每小时 10～12 次）。将提取液减压浓缩至约 5 mL。

2. 净化

将提取液全部移入氟罗里硅土净化柱中，弃去流出液，注入 200 mL 乙醚-石油醚淋洗液进行洗脱。开始时，取部分乙醚-石油醚混合液反复清洗提取瓶，并把洗液注入净化柱中。洗脱流速为 2～3 mL/min，收集流出液于 250 mL 蒸发瓶中。在减压或氮气流中浓缩并定容至 10 mL，供气相色谱测定。

3. 测定

（1）色谱条件。

①色谱柱：SGE 毛细管柱（或等效的色谱柱），25 m×0.53 mm（内径），膜厚 0.15 $\mu$m。固定相为 HT5（非极性）键合相。

②载气：氮气（纯度≥99.99％），10 mL/min。

③助气：氮气（纯度≥99.99％），40 mL/min。

④柱温：程序升温如下。

$$100℃，2 \text{ min} \xrightarrow{4℃ \text{ min}} 140℃ \xrightarrow{10℃ \text{ min}} 200℃ \xrightarrow{150℃/\text{min}} 230℃，5 \text{ min}$$

⑤进样口温度：200℃。

⑥检测器温度：300℃。

⑦进样方式：柱头进样方式。

（2）色谱测定：根据样液中有机氯农药种类和含量情况，选定峰高相近的相应标准工作混合液。标准工作混合液和样液中各有机氯农药响应值均应在仪器检测线性范围内。对标准工作混合液和样液等体积掺插进样测定。在上述色谱条件下，各有机氯农药出峰顺序和保留时间见表 6-2。

表 6-2　14 种有机氯农药出峰顺序和保留时间

| 农药名称 | 保留时间/min |
| --- | --- |
| $\alpha$-BHC | 10.55 |
| HCB | 10.76 |
| $\beta$-BHC | 11.75 |
| $\gamma$-BHC | 12.10 |
| $\delta$-BHC | 12.90 |
| 七氟 | 13.08 |
| 艾氏剂 | 13.97 |

续表 6-2

| 农药名称 | 保留时间/min |
| --- | --- |
| 环氧七氯 | 15.04 |
| 狄氏剂 | 16.28 |
| p,p-DDE | 16.44 |
| 异狄剂 | 16.75 |
| o,p-DDT | 17.12 |
| p,p-DDD | 17.44 |
| p,p-DDT | 17.92 |

(3)空白对照试验:除不加试样外,其余均按上述测定步骤进行。

**(五)计算**

$$X = \frac{h_i \times c \times V}{h_{is} \times m}$$

式中:$X$ 为试样中各有机氯农药的残留量(mg/kg);$h_i$ 为样液中各有机氯农药的峰高(mm);$h_{is}$ 为标准工作溶液中各有机氯农药的峰高(mm);$c$ 为标准工作溶液中各有机氯农药的浓度(μg/mL);$V$ 为最终样液的体积(mL);$m$ 为称取试样的质量(g)。计算结果需扣除空白值。

# 第二节　动物性食品中有机磷农药残留的检验

## 一、概述

有机磷农药是五价磷、磷酸、硫代磷酸或相关酸的酯类,广泛应用于农作物的杀虫、杀菌和除草,主要作用机理是抑制昆虫体内神经组织中胆碱酯酶的活性,破坏神经系统,导致死亡。按经口的急性毒性,将有机磷农药分为高毒、中毒、低毒 3 类。有机磷农药的主要品种有敌敌畏、敌百虫、对硫磷、倍硫磷、杀螟硫磷、苯腈磷、甲拌磷、马拉硫磷、辛硫磷、甲胺磷、双硫磷、皮蝇磷、毒死蜱、二嗪农、乐果等。在我国,有机磷农药用量占全部农药用量的 80%～90%,有些在兽医临床上也被用作体外杀虫药。有机磷农药大部分是磷酸酯类或酰胺类化合物,多为油状,难溶于水,易溶于有机溶剂,在碱性溶液中易水解破坏。有机磷农药的化学性质不稳定,分解快,在土壤中持续时间仅数天,个别长达数月。其生物半衰期短,不易在作物、动物和人体内蓄积残留,食物经洗涤、烹调加工后,残留的有机磷农药均有不同程度削减。

在农业生产中,有机磷农药的数量已超过 250 种,农药的用量越来越大,而且反复多次用于农作物,因此对植物性食品的污染较严重。将有机磷农药作为动物杀虫药使用、畜禽采食拌过有机磷的种子、蜜蜂采集被污染的蜜粉源植物、动物饮用被有机磷污染的水,有机磷农药均可残留于动物体内。由于有机磷农药的广泛使用,不管是有目的使用还是无意间污染,它们极易与环境、人类、动物接触,其危害可能是急性的也可能是慢性的。因此有机磷农药造成的中毒事件比其他农药都严重,它们的持久性及在环境中的迁移特性决定了它们对人类健康有较大的影响和危害。

## 二、检验意义与卫生标准

有机磷农药经皮肤、黏膜、呼吸道或随食物进入人体后,分布于全身各器官组织,以肝脏最多,其次为肾脏、骨骼、肌肉和脑组织。有机磷农药属于神经毒物,进入体内后主要抑制血液和组织中胆碱酯酶活性,导致乙酰胆碱大量蓄积,引起胆碱能神经功能紊乱,而出现中毒症状。大量接触或摄入后可以导致人的急性中毒,出现毒蕈碱型、烟碱型和中枢神经系统中毒症状。轻者有头痛、头晕、恶心、呕吐、无力、胸闷、视力模糊等,中度中毒时有神经衰弱、皮炎、失眠、出汗、肌肉震颤、运动障碍、语言失常、瞳孔缩小等症状,重者神经错乱、肌肉抽搐、痉挛、昏迷、血压升高、呼吸困难,并能影响心脏功能,因呼吸麻痹而死亡。人群流行病学调查和动物试验资料显示,有机磷农药具有慢性毒性和特殊毒性作用,导致心脏、肝脏、肾和其他器官的损害,能引起肝功能障碍、糖代谢紊乱、白细胞吞噬能力减退。慢性中毒者可以出现神经衰弱症候群,如腹胀、多汗等,同时有肌肉震颤和瞳孔缩小等症状。动物实验证明,有机磷农药还具有致突变作用和致癌作用。

我国规定无公害和绿色动物性食品中有机磷农药的最高残留限量指标,见表 6-3。

表 6-3　无公害和绿色动物性食品中有机磷农药的最高残留限量指标　　　mg/kg

| 农药 | 无公害畜禽肉 (GB 18406.3—2001) | 无公害酸牛乳 (NY 5142—2002) | 绿色乳制品 (NY/T 657—2007) |
|---|---|---|---|
| 蝇毒磷 | 0.5 | — | — |
| 敌百虫 | 0.1 | — | — |
| 敌敌畏 | 0.05 | — | — |
| 马拉硫磷 | — | — | — |
| 倍硫磷 | — | 0.05 | — |
| 甲胺磷 | — | 0.01 | 不得检(<0.005 7) |
| 久效磷 | — | 0.002 | — |
| 甲拌磷 | — | — | 不得检出(<0.01) |
| 杀扑磷 | — | — | — |
| 对硫磷 | — | — | 不得检出(<0.01) |
| 乐果 | — | — | 0.01 |

我国农业部 2002 年第 235 号公告中"已批准的动物性食品中最高残留限量规定",部分有机磷农药在动物性食品中的 MRL(≤$\mu$g/kg)为:

(1)敌百虫:牛肌肉、脂肪、肝、肾、奶 50。

(2)敌敌畏:牛、羊、马肌肉、脂肪副产品 20;猪肌肉、脂肪 100,副产品 200。

(3)倍硫磷:牛、猪、禽肌肉、脂肪、副产品 100。

（4）辛硫磷：牛、猪、羊肌肉、肝、肾 50，脂肪 400；牛奶 10。

（5）二嗪农：牛、羊奶 20；牛、羊、猪肌肉、肝、肾 20，脂肪 700。

## 三、动物性食品中有机磷农药残留的检验方法

我国国家标准规定动物性食品中有机磷农药残留量的测定方法主要有气相色谱法、高效液相色谱-质谱法、薄层色谱法、酶抑制法（GB/T 5009.161—2003）等。这里主要介绍气相色谱法。

### （一）基本原理

食品试样经提取、净化、浓缩、定容，用毛细管柱气相色谱分离，火焰光度检测器检测，以保留时间定性，通过外标法进行定量。有机磷农药出峰顺序为甲胺磷、敌敌畏、乙酰甲胺磷、久效磷、乐果、乙拌磷、甲基对硫磷、杀螟硫磷、甲基嘧啶磷、马拉硫磷、倍硫磷、对硫磷、乙硫磷。

### （二）试剂

（1）丙酮：重蒸；二氯甲烷：重蒸；乙酸乙酯：重蒸；环己烷：重蒸。

（2）氯化钠；无水硫酸钠。

（3）凝胶：Bio-Beads S-X$_3$，200～400 目。

（4）有机磷农药标准品：甲胺磷等有机磷农药标准品，要求纯度在 99％以上。

（5）有机磷农药标准溶液的配制：

①单体有机磷农药标准储备液：准确称取各有机磷农药标准品 0.010 0 g，分别置于 25 mL 容量瓶中，用乙酸乙酯溶解，定容（浓度各为 400 μg/mL）。

②混合有机磷农药标准应用液：测定前，量取不同体积的各单体有机磷农药储备液于 10 mL 容量瓶中，用氮气吹尽溶剂，经操作方法中 2(1)"加水 5 mL"起提取及操作方法中 3 净化处理、定容。此混合标准应用液中各有机磷农药浓度（μg/mL）为甲胺磷 16、敌敌畏 80、乙酰甲胺磷 24、久效磷 80、乐果 16、乙拌磷 24、甲基对硫磷 16、杀螟硫磷 16、甲基嘧啶磷 16、马拉硫磷 16、倍硫磷 24、对硫磷 16、乙硫磷 8。

### （三）仪器

（1）气相色谱仪：具火焰光度检测器，毛细管色谱柱。

（2）旋转蒸发仪。

（3）凝胶净化柱：长 30 cm、内径 2.5 cm 的具活塞玻璃层析柱，柱底垫少许玻璃棉。用洗脱液乙酸乙酯-环己烷（1+1）浸泡的凝胶以湿法装入柱中，柱床高约 26 cm，胶床始终保持在洗脱液中。

### （四）操作方法

#### 1. 食品试样制备

蛋品去壳，制成匀浆；肉品去筋后，切成小块，制成肉糜；乳品混匀，待用。

#### 2. 提取与分配

（1）称取蛋类试样 20 g（精确到 0.01 g）于 100 mL 具塞三角瓶中，加水 5 mL（视试样水分含量加水，使总量约 20 g），加 40 mL 丙酮，振摇 30 min，加氯化钠 6 g，充分摇匀，再加 30 mL 二氯甲烷，振摇 30 min。取 35 mL 上清液，经无水硫酸钠滤于旋转蒸发瓶中，浓缩至约 1 mL，

加 2 mL 乙酸乙酯-环己烷(1+1)溶液再浓缩,如此重复 3 次,浓缩至约 1 mL。

(2)称取肉类试样 20 g(精确到 0.01 g),加水 6 mL(视试样水分含量加水,使总水量约 20 g),以下按照(1)蛋类试样的提取、分配步骤处理。

(3)称取乳类试样 20 g(精确到 0.01 g),以下按照(1)蛋类试样的提取与分配步骤依次处理。

3.净化

将此浓缩液经凝胶柱,以乙酸乙酯-环己烷(1+1)溶液洗脱,弃去 0~35 mL 流分,收集 35~70 mL 流分。将其旋转蒸发浓缩至约 1 mL,再经凝胶柱净化收集 35~70 mL 流分,旋转蒸发浓缩,用氮气吹至约 1 mL,以乙酸乙酯定容至 1 mL,留待气相色谱分析。

4.气相色谱测定

(1)色谱条件。

①色谱柱:涂以 SE-54,0.25 $\mu$m,3.0 m×0.32 mm(内径)石英弹性毛细管柱。

②柱温:按下列程序升温:

$$60℃,1\ min \xrightarrow{40℃/min} 110℃ \xrightarrow{5℃/min} 235℃ \xrightarrow{40℃/min} 265℃$$

③进样口温度:270℃。

④检测器:火焰光度检测器(FPD-P)。

⑤气体流速:氮气(载气)为 1 mL/min;尾吹为 50 mL/min;氢气为 50 mL/min;空气为 500 mL/min。

(2)色谱分析:分别量取 1 $\mu$L 混合标准液及试样净化液注入色谱仪中,以保留时间定性,以试样和标准液的峰高或峰面积比较定量。

(五)计算

$$X = \frac{m_1 \times V_2 \times 1\ 000}{m \times V_1 \times 1\ 000}$$

式中:X 为试样中各种有机磷农药的含量(mg/kg);$m_1$ 为被测样液中各农药的含量(ng);m 为试样的质量(g);$V_1$ 为样液进样的体积($\mu$L);$V_2$ 为试样最后定容的体积(mL)。

计算结果保留两位有效数字。

(六)说明

(1)精密度:在重复性条件下获得的两次独立测定结果的绝对差值不得超过算术平均值的 15%。

(2)本法为国家标准检测方法(GB/T 5009.161—2003)。本方法对各种有机磷农药检出限($\mu$g/kg)为甲胺磷 5.7、敌敌畏 3.5、乙酰甲胺磷 10.0、久效磷 12.0、乐果 2.6、乙拌磷 1.2、甲基对硫磷 2.6、杀螟硫磷 2.9、甲基嘧啶磷 2.5、马拉硫磷 2.8、倍硫磷 2.1、对硫磷 2.6、乙硫磷 1.7。

# 第三节　动物性食品中氨基甲酸酯类农药残留的检验

## 一、概述

氨基甲酸酯类农药为无味、白色的晶状固体,水溶性差,易溶于极性有机溶剂,如甲醇、丙酮、乙醇等,广泛用于杀虫、杀螨、杀线虫、杀菌和除草等方面。这类农药分为 6 大类,主要品种有西维因、叶蝉散、涕灭威、呋喃丹、异索威、草克等。除少数品种如呋喃丹等毒性较高外,大多数属中、低毒性,如用于杀虫的西维因、速灭威、叶蝉散、呋喃丹等,用于杀菌的多菌灵,用于除草的灭草灵等。这类农药中多数品种是高效、低毒、低残留的,对环境的危害较小,被认为是取代六六六、滴滴涕的优良农药品种。

氨基甲酸酯类农药遇碱易分解失效,在环境和生物体内易分解,土壤中半衰期 8～14 d。这类农药不易在生物体内蓄积,在农作物中残留时间短,如在谷类中半衰期为 3～4 d,畜禽肌肉和脂肪中残留量低,残留时间为 7 d 左右。但呋喃丹(克百威)、涕灭威等具有较高毒性,呋喃丹等还用作兽药,由此引起动物中毒较为常见,农业部发布的《食品动物禁用的兽药及其他化合物清单》规定,禁止在所有食品动物中使用呋喃丹。尽管氨基甲酸酯农药的残留较有机磷农药为轻,但随着这类农药用量和使用范围的不断增大,动物性食品中残留问题也逐渐突出。

## 二、检验意义与卫生标准

氨基甲酸酯类农药可以经呼吸道、消化道侵入机体,主要分布在肝、肾、脂肪和肌肉组织中。大多数氨基甲酸酯农药对温血动物、鱼类和人的毒性较低。氨基甲酸酯类农药中毒作用机理与有机磷农药相似,主要是抑制胆碱酯酶活性,使酶活性中心丝氨酸的羟基被氨基甲酰化,因而失去酶对乙酰胆碱的水解能力。但它对胆碱酯酶的抑制作用是可逆的,水解后的酶活性可以不同程度恢复,且无迟发性神经毒性,故其毒性作用较有机磷农药中毒为轻,中毒恢复较快。

不同种类的氨基甲酸酯类农药毒性有所差异,涕灭威和克百威急性毒性较强,WHO 将涕灭威列为极危险的有害农药。试验表明,氨基甲酸酯类农药除具有抗胆碱酯酶活性外,对造血系统、肝、肾功能有不同程度影响。急性中毒时会出现精神沉郁、流泪、肌肉无力、震颤、痉挛、低血压、瞳孔缩小,甚至呼吸困难等胆碱酯酶抑制症状,重者心功能障碍,甚至死亡。中毒轻时表现头痛、呕吐、腹痛、腹泻、视力模糊、抽搐、流涎,记忆力下降。在我国,因误食、误用此类农药引起的急性中毒事件时有发生。

氨基甲酸酯类农药具有氨基,在环境中或胃内酸性条件下与亚硝酸盐反应易生成亚硝基化合物,致使氨基甲酸酯农药具有潜在的致癌性、致突变性。但人群流行病学调查显示,至今未见氨基甲酸酯农药具有直接致癌性的有关报告。

## 三、动物性食品中氨基甲酸酯类农药残留的检验方法

我国国家标准规定动物性食品中氨基甲酸酯类农药残留量的测定方法主要有气相色谱

法、高效液相色谱法(GB/T 5009.163－2003)等。这里主要介绍气相色谱法。

(一)基本原理

氨基甲酸酯类农药残留量的气相色谱检测方法中,多数以毛细管气相色谱及选择性检测器为主要手段。常用的色谱柱有:固定液为 50%苯基-50%甲基聚硅氧烷的 HP-17、OV-17、DB-17 等;5%苯基-95%甲基聚硅氧烷的 HP-5、BP-5、DB-5、SE-52 等;100%甲基聚硅氧烷的 OV-101、SE-30、HP-1 等。检测器多采用电子捕获检测器(ECD)和氮磷检测器(NPD)。对于热稳定性较差的氨基甲酸酯类农药的检测,需要对样品进行衍生化或采取如冷柱头进样的其他技术改进。常用的衍生化试剂有七氟丁酸酐(HFBA)、氢氧化四甲铵(TMAH)、甲基碘/乙基碘或三甲基氢氧化硫(TMSH)等。

(二)试剂

(1)氨基甲酸酯类农药标准储备液:准确称取 5～10 mg(精确至 0.1 mg)各农药标准品,分别放入 10 mL 容量瓶中,根据标准物的溶解性和测定需要选甲苯、甲苯＋丙酮混合液、二氯甲烷等溶剂溶解并定容至刻度。

(2)混合标准溶液:根据各农药标准储备液的浓度,吸取一定量的单个农药标准储备液于 100 mL 容量瓶中,用甲苯定容至刻度。混合标准液中各农药浓度见表6-4。

(3)内标液:准确称取 3.5 mg 环氧七氯于 100 mL 容量瓶中,用甲苯定容至刻度。

(4)基质混合标准工作液:准确吸取内标液 40 μL 和一定体积的混合标准溶液,分别加入到 1.0 mL 的样品空白提取液中,混匀,配成基质混合标准工作液。基质混合标准工作液应现用现配。

(5)无水硫酸钠,环己烷,乙酸乙酯。

(三)仪器

(1)均质器;旋转蒸发器。

(2)凝胶渗透色谱仪。

(3)GC-MS 仪。

(四)操作方法

1.试样制备

抽取的样品用绞肉机绞碎,充分混匀,用四分法缩分至不少于 500 g,作为试样,装入清洁容器内,密封后标记。将试样于－18℃冷冻保存。

2.提取

称取 10 g 试样(精确至 0.01 g),放入盛有 20 g 无水硫酸钠的 50 mL 离心管中,加入 35 mL 环己烷-乙酸乙酯(1＋1)溶剂。用均质器在 15 000 r/min 均质提取 1.5 min,把离心管放入离心机中,3 000 r/min 离心 3 min。上清液通过装有无水硫酸钠的筒形漏斗收集于 100 mL鸡心瓶中,残留用 35 mL 环己烷-乙酸乙酯(1＋1)溶剂重复提取 1 次,经离心过滤后,合并两次提取液。将提取液于 40℃水浴用旋转蒸发器旋转蒸发至约 5 mL,待净化。若以脂肪计,将提取液收集于已称量的鸡心瓶中,用旋转蒸发器在 40℃水浴蒸发至 5 mL,然后再用氮气吹干仪吹干残存的溶剂,鸡心瓶称量后,记下脂肪质量,待净化。

### 3.凝胶渗透色谱净化

(1)净化条件。

①净化柱:400 mm×25 mm,内装 Bio-Beads S-X3 填料或相当者。

②检测波长:254 nm。

③流动相:乙酸乙酯-环己烷(1+1)。

④流速:5 mL/min。

⑤进样量:5 mL。

⑥开始收集时间为 22 min;结束收集时间为 40 min。

(2)净化:将浓缩的提取液或脂肪用乙酸乙酯-环己烷(1+1)混合溶剂溶解转移至 10 mL 容量瓶中,用 5 mL 环己烷-乙酸乙酯(1+1)混合溶剂分两次洗涤鸡心瓶,并瓶转移至上述 10 mL 容量瓶中,再用环己烷-乙酸乙酯(1+1)混合溶剂定容至刻度,摇匀。用 0.45 μm 滤膜,将样液过滤入 10 mL 试管中,用凝胶色谱仪净化,收集 22~40 min 的馏分于 100 mL 鸡心瓶中,并在 40℃水浴旋转蒸发至约 0.5 mL。加入 2×5 mL 正己烷,在 40℃水浴用旋转蒸发仪进行溶剂交换两次,使最终样液的体积为 1.0 mL,加入 40 μL 内标溶液,混匀,供气相色谱-质谱仪测定。

同时取不含农药的食品样品,按上述步骤制备样品空白对照提取液,用于配制基质混合标准工作液。

### 4.气相色谱-质谱测定

(1)色谱条件。

①色谱柱:DB-1701(30 m×0.25 mm×0.25 μm)石英毛细管柱或相当者。

②柱温:40℃保持 1 min,然后以 30℃/min 程序升温至 130℃,再以 5℃/min 升温至 250℃,再以 10℃/min 升温至 300℃,保持 5 min。

③载气:氮气,纯度≥99.999%。

④流速:1.2 mL/min。

⑤进样口温度:290℃。

⑥进样量:1 μL。

⑦进样方式:无分流进样,1.5 min 后打开分流阀和隔垫吹扫阀。

⑧电子轰击源:70 eV。

⑨离子源温度:230℃。

⑩GC-MS 接口温度:280℃。

(2)选择离子监测:每种化合物分别选择一个定量离子,2~3 个定性离子。按照出峰顺序分时段分别检测。

(3)定性测定:进行样品测定时,如果检出的色谱峰保留时间与标准品一致,并且在扣除背景后的样品质谱图中,所选择的离子(表 6-4)均出现,且所选择的离子丰度比与标准离子丰度比相一致(相对丰度>50%,允许±10%偏差;相对丰度>20%~50%,允许±15%偏差;相对丰度>(10%~20%),允许±20%偏差;相对丰度≤10%,允许±50%偏差),则可判断样品中存在这种农药。如果不能确证,应重新进样,以扫描方式(有足够灵敏度)或采用增加其他确证离子的方式,或用其他灵敏度更高的分析仪器来确证。

表 6-4　部分氨基甲酸酯类农药 GC-MS 检测参数

| 名称 | 定量离子/(m/z) | 定性离子/(m/z) | LOD/(μg/kg) | 混合标准溶液浓度/(m g/L) |
|---|---|---|---|---|
| 仲丁威 | 121 | 150/107 | 25 | 5.0 |
| 抗蚜威 | 166 | 72/238 | 0.8 | 1.5 |
| 禾草丹 | 100 | 257/259 | 50 | 5.0 |
| 仲丁威 | 121 | 150/107 | 25 | 5.0 |
| 乙霉威 | 267 | 225/151 | 150 | 15.0 |
| 苯氧威 | 255 | 186/116 | 75 | 15.0 |
| 苄草丹 | 251 | 252/162 | 25 | 2.5 |

(4)定量测定:本方法采用内标法单离子定量测定,内标物为环氧七氯。为减少基质的影响,定量用标准应采用空白样品液配制混合标准工作溶液。标准溶液的浓度应与待测化合物的浓度相近。

按以上步骤对同一试样进行平行试验测定。空白对照试验除不称取试样外,均按上述步骤依次进行。

(五)计算

$$X = c_s \times \frac{A}{A_s} \times \frac{c_i}{c_{si}} \times \frac{A_{si}}{A_i} \times \frac{V}{m}$$

式中:X 为试样中氨基酯类农药被测物的残留量(mg/kg);$c_s$ 为基质标准工作液中被测物的浓度(μg/mL);A 为试样溶液中被测物的色谱峰面积;$A_s$ 为基质标准工作液中被测物的色谱峰面积;$c_i$ 为试样溶液中内标物的浓度(μg/mL);$c_{si}$ 为基质标准工作液中内标物的浓度(μg/mL);$A_{si}$ 为基质标准工作液中内标物的峰面积;$A_i$ 为试样溶液中内标物的峰面积;V 为样液最终定容体积(mL);m 为试样溶液所代表试样的质量(g)。

注:计算结果应扣除空白值。

(六)说明

本方法为国家标准检验方法(GB/T 19650—2006)。该方法对大多数氨基酯类农药及代谢物的回收率均大于 70%,LOD 在 0.4~150 μg/kg,显示出较好的检测灵敏度。

# 第四节　动物性食品中拟除虫菊酯类农药残留的检验

## 一、概述

拟除虫菊酯类农药是一类模拟天然除虫菊酯的化学结构而化学合成的杀虫剂和杀螨剂,具有高效、广谱、低毒、低残留的特点,广泛应用于蔬菜、水果、粮食、棉花和烟草等农作物,也可以用于防治家畜和蜜蜂体外寄生虫和杀灭家庭害虫。目前常用的品种主要有氯氰菊酯、溴氰菊酯(敌杀死)、氰戊菊酯、甲氰菊酯、二氯苯醚菊酯、三氟氯氰菊酯等。这类农药不溶或微溶于水,易溶于有机溶剂,在碱性条件下易分解,在自然环境中降解快,但对水生生物,如鱼类毒性大。

拟除虫菊酯类农药半衰期短,不易在生物体内残留,农作物中残留期通常为 7～30 d。农产品中的拟除虫菊酯类主要来自喷施时直接污染,常残留于果皮。此类杀虫剂对人、畜毒性一般比有机磷和氨基甲酸酯类杀虫剂毒性低,同时由于其用量少,使用比较安全。但个别品种毒性较高,特别是一些品种对呼吸道及眼睛有刺激作用,同时拟除虫菊酯类农药多数品种对鱼、虾、蟹、贝等水生生物毒性高,故不能在水稻田、河流、池塘及其周围地区使用此类杀虫剂,否则容易对水产食品及其环境产生污染。

## 二、检验意义与卫生标准

拟除虫菊酯类农药属于中毒或低毒类农药,在生物体内不产生蓄积效应。因其用量低,一般对人的毒性不强。拟除虫菊酯类农药主要作用于神经系统,使神经传导受阻,出现痉挛和共济失调等症状,但对胆碱酯酶无抑制作用。动物试验表明,大剂量氰戊菊酯饲喂动物,具有诱变性和胚胎毒性。人的急性中毒多因误食或在农药生产和使用中接触所致,中毒后会出现恶心、呕吐、流涎、口吐白沫、多汗、运动障碍、言语不清、意识障碍、反应迟钝、视力模糊、肌肉震颤、呼吸困难等症状,严重时抽搐、昏迷、血压下降、心动过速、瞳孔缩小、对光反射消失、大小便失禁,最后因衰竭而死亡。

我国国家标准规定无公害和绿色动物性食品中拟除虫菊酯类农药的最高残留限量指标,见表 6-5。

**表 6-5  无公害和绿色动物性食品中拟除虫菊酯农药的最高残留限量指标**

| 食品 | | 最高残留限量/(mg/kg) | | | | 标准号 |
|---|---|---|---|---|---|---|
| | | 氟胺氰菊酯 | 溴氰菊酯 | 氰戊菊酯 | 氯氰菊酯 | |
| 无公害食品 | 蜂蜜 | 0.05 | — | — | — | NY 5134—2008 |
| | 蜂胶 | 0.05 | — | — | — | NY 5136—2002 |
| 绿色食品 | 乳制品 | — | 0.001 | 0.003 | 0.002 | NY/T 657—2007 |

我国农业部 2002 年第 235 号公告"已批准的动物性食品中最高残留限量规定"中,部分拟除虫菊酯类农药在动物性食品中的 MRL($\leqslant \mu g/kg$)为:

(1)氟胺氰菊酯:所有动物肌肉、脂肪、副产品 10;蜂蜜 50。

(2)溴氰菊酯:牛、羊肌肉 30,脂肪 500,肝、肾 50;牛奶 30;鸡肌肉 30,皮＋脂 500,肝、肾50,蛋 30;鱼肌肉 30。

(3)氰戊菊酯:牛、羊、猪肌肉、脂肪 1 000,副产品 20;牛奶 100。

(4)氟氯苯氰菊酯:牛肌肉、肾 10,脂肪 150,肝 20,奶 10;羊肌肉 10,脂肪 150。

## 三、动物性食品中拟除虫菊酯类农药残留的检验方法

我国国家标准规定动物性食品中拟除虫菊酯类农药残留量的测定方法主要有气相色谱法、高效液相色谱法(GB/T 19650—2006)等。

(1)对于拟除虫菊酯类农药残留量的检测,GC 方法是首先考虑采用的分析方法。含有卤素元素的拟除虫菊酯类,GC-ECD 可以很灵敏地检测这些农药的残留量,检测限可以达到纳克甚至皮克级水平。对于分子结构中不含卤素原子的胺菊酯、苄呋菊酯等,也可以通过衍生化反应,然后采用 GC-ECD 检测。氰戊菊酯、氯氰菊酯等分子结构中有氮原子的,可以用 GC-NPD 检测。质谱检测器提供化合物的结构信息,是目前主要的确证分析方法。电子轰击(EI)和化学电离(EI)是质谱检测常用的离子化方式。对于未知物的检测,可以用质谱图与标准 NIST 质谱图库检索对比,也可以利用碎片离子确定分子结构。GC-MS 联用尤其适合于拟除虫菊酯类农药的多残留分析。现行的国家标准(GB/T 19650—2006)中,GC-MS 方法可以同时检测有机磷农药和拟除虫菊酯类农药的残留量。

我国国家标准(GB/T 19650—2006)中动物性食品中拟除虫菊酯类农药的 GC-MS 检测方法中,有关试样的制备、标准溶液配制、样品提取及净化方法同动物性食品中氨基甲酸酯类农药的检测,不同点主要在于质谱的检测参数。表 6-6 归纳了动物性食品中拟除虫菊酯类农药残留量测定的 GC-MS 检测的主要参数。

表 6-6 动物性食品中拟除虫菊酯类农药残留检测的 GC-MS 参数

| 名称 | LOD/(mg/kg) | 定量离子 | 定性离子 1 | 定性离子 2 |
|---|---|---|---|---|
| 胺菊酯 | 0.025 | 164 | 135 | 232 |
| 氯菊酯 | 0.012 5 | 183 | 184 | 255 |
| 甲氰菊酯 | 0.025 | 265 | 181 | 349 |
| 氯氰菊酯 | 0.037 5 | 181 | 152 | 180 |
| 氰戊菊酯 | 0.050 | 167 | 225 | 419 |
| 溴氰菊酯 | 0.075 | 181 | 172 | 174 |
| 氟氯氰菊酯 | 0.150 | 206 | 199 | 226 |
| 生物烯丙菊酯 | 0.050 | 123 | 134 | 127 |
| 苄呋菊酯 | 0.025 | 171 | 143 | 338 |
| 苯醚菊酯 | 0.012 5 | 123 | 183 | 350 |
| 四氟菊酯 | 0.012 5 | 163 | 165 | 335 |
| 醚菊酯 | 0.037 5 | 163 | 376 | 183 |
| 右旋炔丙菊酯 | 0.0375 | 123 | 205 | 234 |

(2)HPLC 方法在农药残留分析中已十分普遍,大多数采用 $C_{18}$、$C_8$ 键合相的反相液相色谱。HPLC 在拟除虫菊酯类农药残留分析中,常用紫外 200~350 nm 检测,也可用荧光检测器及 LC-MS 联用。此外,HPLC 在拟除虫菊酯立体异构体分析中有着重要应用。拟除虫菊酯类农药多数存在手性碳原子、烯键、三烯环、顺反异构体,其立体构型与生物活性联系密切,对用药剂量、对作物和生态环境安全性有着很大影响。现行的国家标准测定动物性食品中拟除虫菊酯类农药残留量的 LC-MS-MS(GB/T 20772—2006)主要技术参数见表 6-7。

表 6-7　动物性食品中拟除虫菊酯类农药残留量测定的 LC－MS－MS 参数

| 名　称 | 选择离子/(m/z) | LOD/(μg/kg) | 去簇电压/V | 碰撞气能量/V | 碰撞室出口电压/V |
|---|---|---|---|---|---|
| 胺菊酯 | 332.2/164.1,332.2/135.1 | 1.20 | 18 | 3：23 | 2：2 |
| 除虫菊素 | 329.1/133.1,329.1/143.1 | 40.0 | 59 | 25：26 | 2：5 |
| 甲氰菊酯 | 350.2/125.1,350.2/97.1 | 20.0 | 35 | 23：42 | 2：2 |
| 烯丙菊酯 | 303.2/135.1,303.2/123.2 | 3.0 | 40 | 19：15 | 2：2 |
| 生物烯丙菊酯 | 303.1/135.1,303.1/123.1 | 2.0 | 35 | 20：25 | 2：2 |
| 生物苄呋菊酯 | 339.2/171.1,339,2/143.1 | 2.0 | 33 | 21：35 | 2：2 |
| 苯醚菊酯 | 351.1/183.2,351.1/333.2 | 20.0 | 45 | 30：14 | 3：5 |
| 噻恩菊酯 | 397.1/171.1,397.1/143.1 | 0.10 | 33 | 19：35 | 3：1.5 |
| 吡唑醚菊酯 | 388.0/194.0,388.0/163.0 | 0.40 | 6 | 19：29 | 7：7 |
| 醚菊酯 | 394.2/135.2,394.2/359.2 | 20.0 | 11 | 35：14 | 2：6 |
| 炔丙菊酯 | 301.1/195.1,301.1/133.1 | 0.80 | 27 | 29：17 | 2：2 |
| 甲醚菊酯 | 320.2/123.1,320.2/135.1 | 400.0 | 23 | 20：25 | 2：2 |

# 第七章 动物性食品中兽药残留的检验技术

动物性食品中兽药残留是指动物使用药物后蓄积或贮存在细胞、组织或器官内的药物原形、代谢产物和药物杂质。动物性食品中经常使用的兽药主要有抗微生物药物、抗寄生虫药物和生长促进剂等。这里主要介绍抗微生物药物。

抗微生物药物包括抗生素和合成抗菌药物，主要种类有青霉素类、头孢菌素类、氨基糖苷类、四环素类、氯霉素类、磺胺类、喹诺酮类药物等，在防治畜禽传染病中起着非常重要的作用，但随之而来的问题是造成抗微生物药物在动物性食品中残留，对人类健康构成了很大的威胁，动物性食品中的抗微生物药物残留对人体健康的影响，主要表现为过敏与变态反应、毒性作用、细菌耐药性及致畸、致突变和致癌作用等多个方面。在我国，近年来在畜禽和水产养殖过程中滥用抗微生物药物的现象十分普遍，动物性食品中的抗微生物药物残留非常严重，不但严重地损害了我国广大人民群众的身体健康，而且也是影响我国动物性食品出口的重要原因之一。因此为了保障广大消费者的身体健康，必须对抗微生物药物的使用进行规范的管理和严格的卫生检验。

## 第一节 动物性食品中四环素类抗生素残留的测定

### 一、概述

四环素类抗生素在化学结构上为氢化并四苯环衍生物，故称四环素类，由放线菌属产生。四环素类抗生素主要包括四环素、土霉素（即氧四环素）、金霉素（即氯四环素）、去甲基金霉素，以及半合成脱氧土霉素（即强力霉素）、甲烯土霉素和二甲胺四环素等。四环素类抗生素在水中溶解度很低，易与强酸、强碱形成盐类。临床上一般用其盐酸盐，具有较好的水溶性和稳定性。四环素类为广谱抗生素，对革兰阳性和阴性菌、立克次体等均有抑菌作用，其作用机理主要是与30S核糖体亚基的末端结合，干扰细菌蛋白质的合成。在畜禽生产中，四环素类被广泛作为药物添加剂，用于防治肠道感染和促生长，容易诱导耐药菌株和在动物性产品中残留。

### 二、检验意义与卫生标准

目前我国众多畜禽饲料和鱼饲料中含有亚治疗剂量的四环素类药物（如金霉素和土霉素）。四环素类抗生素残留量为 1 mg/kg 时，对人不产生毒性作用，残留量为 5～7 mg/kg 时则表现毒性，土霉素可以在乳中排出，在用药后 48 h 仍可检出。强力霉素和二甲胺四环素等在组织中残留时间长，应限制其对食用动物的使用。四环素类药物能够与骨骼中的钙等结合，抑制骨骼和牙齿的发育,同时四环素的降解产物具有更强的溶血或肝毒作用。这类抗生素可以使肠道菌群的正常平衡失调,形成二重感染,造成中毒性胃肠炎,并对肝脏有一定的损害。另外,治疗剂量的四环素类药物可能具有致畸作用。

我国国家标准规定动物性食品中四环素类药物的最高残留限量指标,见表7-1。

表 7-1　动物性食品中四环素类药物的最高残留限量指标

| 食品 | | 最高残留限量/(mg/kg) | | | 标准号 |
|---|---|---|---|---|---|
| | | 四环素 | 土霉素 | 金霉素 | |
| 普通食品鲜、冻禽产品 | 肌肉 | ≤0.25 | ≤0.25(肌、脂) | ≤1 | GB 16869—2000 |
| | 肝 | ≤0.3 | ≤0.3 | ≤1 | |
| | 肾 | ≤0.6 | ≤0.6 | ≤1 | |
| 无公害食品 | 畜禽肉 | ≤0.1 | ≤0.1(肌、脂) | — | GB 18406.3—2001 |
| | 畜禽肝 | ≤0.3 | ≤0.3 | — | |
| | 畜禽肾 | ≤0.6 | ≤0.6 | — | |
| | 羊肉 | — | ≤0.10 | — | NY 5147—2008 |
| | 水产品 | — | ≤0.1(肌肉) | — | GB 18406.4—2001 |
| | 鲜禽蛋 | ≤0.20 | ≤0.20 | ≤0.20 | NY 5039—2005 |
| | 皮蛋、咸鸭蛋 | — | ≤0.2 | 不得检出 | NY 5143、5144—2002 |
| | 蜂蜜 | | ≤0.05 | | NY 5134—2008 |
| | 液态乳 | | ≤0.1 | | NY 5140—2005 |

WHO/FAO规定,四环素类抗生素允许残留量(≤mg/kg)为盐酸土霉素,牛肉、猪肉0.01;盐酸四环素,牛肉、猪肉0.25;盐酸金霉素,牛肉、猪肉1.0;金霉素,牛肉0.1,牛奶不得检出。美国FDA规定,四环素类抗生素允许残留量(≤mg/kg)为四环素,肉类0.5,蛋品0.3,奶类0.1;土霉素,肉类0.25,蛋品0.3,奶类0.1;金霉素,肉类0.05,蛋品0.05,奶类0.02。

我国农业部2002年第235号公告"已批准的动物性食品中最高残留限量规定"中,部分四环素类药物在动物性食品中的最高残留限量(≤μg/kg)为多西环素:牛(泌乳牛禁用)肌肉100,肝300,肾600;猪肌肉100,皮+脂,肝300,肾600;禽(产蛋鸡禁用)肌肉100,皮+脂,肝300,肾600。

## 三、动物性食品中四环素类抗生素残留的测定方法

我国国家标准规定动物性食品中四环素类抗生素残留量的测定方法主要有液相色谱-质谱法、高效液相色谱法(GB/T 20764—2006)等。这里主要介绍动物性食品中土霉素、四环素、金霉素、强力霉素残留量的测定(高效液相色谱法)。

### (一)基本原理

用 0.1 mol/L $Na_2$EDTA-McIlvaine(pH=4.0±0.05)缓冲溶液提取动物肌肉中四环素类抗生素残留,提取液经离心后,上清液用 Oasis HLB 或相当的固相萃取柱和羧酸型阳离子交

换柱净化,液相色谱-紫外检测器测定,使用外标法进行定量。

（二）器材与试剂

(1)土霉素、四环素、金霉素、强力霉素标准储备溶液(0.1 mg/mL):准确称取适量的土霉素、四环素、金霉素、强力霉素标准物质,分别用甲醇配成 0.1 mg/mL 的标准储备液。－18℃贮存。

(2)土霉素、四环素、金霉素、强力霉素标准工作溶液:用流动相将土霉素、四环素、金霉素、强力霉素标准储备液稀释成 5 ng/mL、10 ng/mL、50 ng/mL、100 ng/mL、200 ng/mL 等不同浓度的混合标准工作溶液,混合标准工作溶液临用时配制。

(3)磷酸氢二钠溶液(0.2 mol/L):称取 28.41 g 磷酸氢二钠,加水溶解至 1 000 mL。

(4)柠檬酸溶液(0.1 mol/L):称取 21.01 g 柠檬酸,加水溶解至 1 000 mL。

(5)Mcllvaine 缓冲溶液:将 1 000 mL 0.1 mol/L 柠檬酸溶液与 625 mL 0.2 mol/L 磷酸氢二钠溶液混合,必要时用 NaOH 或 HCl 调 pH＝4.0±0.05。

(6)$Na_2$EDTA-Mcllvaine 缓冲溶液(0.1 mol/L):称取 60.5 g 乙二胺四乙酸二钠放入 1 625 mL Mcllvaine 缓冲溶液中,使其溶解,摇匀。

(7)甲醇＋水(1＋19):量取 5 mL 甲醇与 95 mL 水,混合。

(8)流动相:乙腈＋甲醇＋0.01 mol/L 草酸溶液(2＋1＋7)。

(9)OasisHLB 固相萃取柱或相当者:500 mg,6 mL,使用前依次用 5 mL 甲醇和 10 mL 水预处理,保持柱体湿润。

(10)阳离子交换柱:羧酸型,500 mg,3 mL。使用前 5 mL 乙酸乙酯预处理,保持柱体湿润。

(11)甲醇、乙腈、乙酸乙酯、磷酸氢二钠、柠檬酸、乙二胺四乙酸二钠、草酸。

(12)液相色谱仪:配有紫外检测器。

（三）操作方法

1.试样的制备与保存

从全部样品中取出有代表性的样品约 1 kg,充分搅碎,混匀,均分成两份,分别装入洁净容器内,密封作为试样,做好标记。在抽样和制样的操作过程中,应防止样品受到污染或发生残留物含量的变化。将试样于－18℃冷冻保存。

2.样品前处理

(1)提取:称取 6 g 试样,精确到 0.01 g,置于 50 mL 具塞聚丙烯离心管中,加入 30 mL 0.1 mol/L $Na_2$EDTA-Mcllvaine 缓冲溶液(pH＝4),于液体混匀器上快速混合 1 min,再用振荡器振荡 10 min,以 10 000 r/min 离心 10 min,上清液倒入另一离心管中,残渣中再加入 20 mL 缓冲溶液,重复提取一次,合并上清液。

(2)净化:将上清液倒入下接 Oasis HLB 固相萃取柱的贮液器中,上清液以≤3 mL/min 的流速通过固相萃取柱,待上清液完全流出后,用 5 mL 甲醇＋水(1＋19)洗柱,弃去全部流出液,在 65 kPa 的负压下,减压抽真空 40 min,最后用 15 mL 乙酸乙酯洗脱,收集洗脱液于 100 mL 平底烧瓶中。将上述洗脱液在减压情况下以≤3 mL/min 的流速通过羧酸型阳离子交换柱,待洗脱液全部流出后,用 5 mL 甲醇洗柱,弃去全部流出液。在 65 kPa 负压下,减压抽真空 5 min,再用 4 mL 流动相洗脱,收集洗脱液于 5 mL 样品管中,定容至 4 mL,供液相色谱-紫外检测器测定。

**3. 液相色谱条件**

(1)色谱柱:Mightsil RP-18 GP,3 $\mu$m,150 mm×4.6 mm 或相当者。

(2)流动相:乙腈＋甲醇＋0.01 mol/L 草酸溶液(2+1+7)。

(3)流速:0.5 mL/min。

(4)柱温:25℃。

(5)检测波长:350 nm。

(6)进样量:60 $\mu$L。

**4. 液相色谱测定**

将混合标准工作溶液分别进样,以浓度为横坐标,峰面积为纵坐标,绘制标准工作曲线,用标准工作曲线对样品进行定量。样品溶液中土霉素、四环素、金霉素、强力霉素的响应值均应在仪器测定的线性范围内。在上述色谱条件下,土霉素、四环素、金霉素、强力霉素的参考保留时间见表 7-2。

**表 7-2　土霉素、四环素、金霉素、强力霉素参考保留时间**

| 药物名称 | 保留时间/min |
| --- | --- |
| 土霉素 | 4.82 |
| 四环素 | 5.42 |
| 金霉素 | 10.32 |
| 强力霉素 | 15.45 |

**(四)计算**

$$X = c \times \frac{V}{m} \times \frac{1\,000}{1\,000}$$

式中:$X$ 为试样中被测组分残留量(mg/kg);$c$ 为从标准工作曲线得到的被测组分溶液浓度($\mu$g/mL);$V$ 为试样溶液定容体积(mL);$m$ 为试样溶液所代表试样的质量(g)。

注:计算结果应扣除空白值。

# 第二节　动物性食品中青霉素类抗生素残留的测定

## 一、概述

以青霉素类和头孢菌素类为代表的 $\beta$-内酰胺类抗生素是历史最为悠久的抗微生物药物,同时也是最重要的一类抗生素。其中,青霉素类抗生素发展迅速,品种很多。尽管在长期使用中已经发现它们存在抗菌谱窄、耐药性、容易引起过敏和稳定性差等问题,但由于人们的不懈努力,近年来已经推出了效能更强、副作用更小的各种半合成青霉素类抗生素,如广谱、耐酶、耐酸、长效的半合成青霉素类抗生素。无论在过去、现在或将来，青霉素类抗生素在抗生素的发展中都具有战略意义。

青霉素类抗生素的应用十分广泛。我国是青霉素使用大国，很多兽医都习惯使用青霉素，不管动物发生了什么传染病或局部感染，首先使用青霉素，直到发现用药后疗效不好或无效时，才更换其他的抗菌药物。尤其是奶牛发生乳腺炎时，兽医习惯单独将青霉素或与其他抗生素一起注入奶牛的乳房内，进行所谓的封闭治疗。如果不遵守休药期的规定，这样的牛乳中就会残留大量的青霉素类抗生素或其他抗生素，被具有过敏体质的人食用后，其后果是非常危险的。

## 二、检验意义与卫生标准

动物性食品中残留的青霉素类抗生素进入人体后，具有一定的危害作用，主要表现为过敏与变态反应。由于青霉素类具有强抗原性，能刺激敏感个体机体内抗体的形成，因此能引起敏感个体的过敏反应，发生荨麻疹、呼吸困难和过敏性休克，甚至死亡；而且由于青霉素类抗生素在人和动物中广泛应用，因而具有最大的潜在危害性。据统计，对青霉素有过敏反应的人为 $0.7\% \sim 10\%$，过敏休克的人为 $0.004\% \sim 0.015\%$，严重者可致死，对神经系统也有很大影响；同时以青霉素为代表的青霉素类抗生素极容易产生耐药性。因此鉴于青霉素类抗生素具有过敏反应和细菌耐药性等原因，许多国家对动物使用青霉素类抗生素和在动物性食品中残留进行了严格的监控和检验。

我国国家标准尚未规定普通食品中青霉素类抗生素的残留限量指标。无公害畜禽肉、乳和绿色食品乳制品中青霉素类抗生素的残留限量标准，见表 7-3。

表 7-3　动物性食品中青霉素类抗生素的残留限量标准

| 食品 | | 最高残留限量/(mg/kg) | 标准号 |
|---|---|---|---|
| | | 青霉素 | |
| 无公害食品 | 牛、羊、猪肌肉 | ≤0.05 | GB 18406.3—2001 |
| | 牛、羊、猪肝 | ≤0.05 | |
| | 牛、羊、猪肾 | ≤0.05 | |
| | 液态乳 | 阴性 | NY 5140—2005 |
| 绿色食品 | 乳制品 | 阴性 | NY/T 657—2007 |

美国 FDA 规定，肉类、蛋品、乳类均不得检出青霉素类抗生素。我国农业部 2002 年第 235 号公告"已批准的动物性食品中最高残留限量规定"中，部分青霉素类抗生素在动物性食品中的最高残留限量($\leqslant \mu g/kg$)为：

(1)阿莫西林：所有食品动物肌肉、脂肪、肝、肾 50，奶 10。

(2)氨苄西林：所有食品动物肌肉、脂肪、肝、肾 50，奶 10。

(3)苄星青霉素/普鲁卡因青霉素：所有食品动物肌肉、脂肪、肝、肾 50，奶 4。

(4)氯唑西林(邻氯青霉素)：所有食品动物肌肉、脂肪、肝、肾 300，奶 30。

(5)苯唑西林(苯唑青霉素):所有食品动物肌肉、脂肪、肝、肾300,奶30。

## 三、动物性食品中青霉素类抗生素残留的测定方法

我国国家标准规定动物性食品中青霉素类抗生素残留量的测定方法主要有高效液相色谱法、高效液相色谱-质谱法(GB/T 21315—2007)等。这里主要介绍动物性食品中青霉素类抗生素残留量的测定(高效液相色谱-串联质谱法)。

### (一)基本原理

动物性食品试样中的青霉素类抗生素用0.15 mol/L磷酸二氢钠(pH=8.5)缓冲溶液提取,经离心,上清液用固相萃取柱净化后,采用液相色谱-质谱仪检测,使用外标法进行定量。

### (二)器材与试剂

(1)甲醇,乙腈,色谱纯;磷酸二氢钠,氢氧化钠,乙酸。

(2)乙腈+水(1+1):量取50 mL乙腈与50 mL水混合。

(3)氢氧化钠溶液(5 mol/L):称取20 g氢氧化钠,用水溶解,定容至1 000 mL。

(4)磷酸二氢钠缓冲溶液(0.15 mol/L):称取18.0 g磷酸二氢钠,用水溶解,定容至1 000 mL,然后用氢氧化钠溶液调节pH=8.5。

(5)阿莫西林、氨苄西林、哌嗪西林、青霉素G、青霉素V、苯唑西林、氯唑西林、萘夫西林、双氯西林等9种青霉素标准物质:纯度≥99%。

(6)9种青霉素标准储备溶液(1.0 mg/mL):称取适量的每种标准物质,分别用水溶解并配制成1.0 mg/mL标准储备液,于-18℃冰柜中保存。

(7)9种青霉素标准工作溶液:根据需要吸取适量的每种1.0 mg/mL青霉素标准储备溶液,用空白样品提取液稀释成适当浓度的基质混合标准工作溶液。

(8)BUND ELUT $C_{18}$固相萃取柱(500 mg,6 mL)或相当者。使用前依次用5 mL甲醇、5 mL水和10 mL磷酸二氢钠缓冲溶液预处理,保持柱体湿润。

(9)液相色谱-串联四极杆质谱仪:配有电喷雾离子源。

### (三)操作方法

#### 1.试样溶液制备

称取3 g试样(精确到0.01 g),置于离心管中,加入25 mL 0.15 mol/L磷酸二氢钠缓冲溶液,于振荡器上振荡10 min,然后以4 000 r/min离心10 min,把上层提取液移至下接BUND ELUT $C_{18}$固相萃取柱的储液器中,以3 mL/min的流速通过固相萃取柱后,用2 mL水洗柱,弃去全部流出液。用3 mL乙腈+水(1+1)洗脱,收集洗脱液于刻度样品管中,用乙腈+水(1+1)定容至3 mL,摇匀后过0.2 μm滤膜,供液相色谱-串联质谱仪测定。按照上述操作步骤制备空白样品提取液。

#### 2.仪器条件

(1)液相色谱条件。

①色谱柱:SunFire TM $C_{18}$,3.5 μm,150 mm×2.1 mm(内径)或相当者。

②柱温:30℃。

③进样量:20 μL。

④流速：200 mL/min。

⑤流动相梯度程序及流速：见表 7-4。

表 7-4　流动相梯度和流速

| 时间/min | 水（含 0.3%乙酸）/% | 乙腈（含 0.3%乙酸）/% |
|---|---|---|
| 0.00 | 95.0 | 5.0 |
| 3.00 | 95.0 | 5.0 |
| 3.01 | 50.0 | 50.0 |
| 13.00 | 50.0 | 50.0 |
| 13.01 | 25.0 | 75.0 |
| 18.00 | 25.0 | 75.0 |
| 18.01 | 95.0 | 5.0 |
| 25.0 | 95.0 | 5.0 |

（2）质谱条件。

①离子源：电喷雾离子源。

②扫描方式：正离子扫描。

③检测方式：多反应监测。

④电喷雾电压：5 500 V。

⑤雾化气压力：0.055 MPa。

⑥气帘气压力：0.079 MPa。

⑦辅助气流速：6 L/min。

⑧离子源温度：400℃。

⑨定性离子对、定量离子对和去簇电压（DP）、聚焦电压（FP）、碰撞气能量（CE）及碰撞室出口电压（CXP），见表 7-5。

表 7-5　9 种青霉素的质谱参考条件

| 名　称 | 定性离子对/(m/z) | 定量离子对/(m/z) | 碰撞气能量/V | 去簇电压/V | 聚焦电压/V | 碰撞室出口电压/V |
|---|---|---|---|---|---|---|
| 阿莫西林 | 366/114 | 366/208 | 30 | 21 | 90 | 10 |
| | 366/208 | | 19 | | | |
| 氨苄西林 | 350/192 | 350/160 | 23 | 20 | 90 | 10 |
| | 350/160 | | 20 | | | |
| 哌嗪西林 | 518/160 | 518/143 | 35 | 25 | 90 | 10 |
| | 518/143 | | 35 | | | |
| 青霉素 G | 335/160 | 335/160 | 20 | 23 | 90 | 10 |
| | 335/176 | | 20 | | | |

续表 7-5

| 名　称 | 定性离子对 /(m/z) | 定量离子对 /(m/z) | 碰撞气能量 /V | 去簇电压 /V | 聚焦电压 /V | 碰撞室出口 电压/V |
|---|---|---|---|---|---|---|
| 青霉素 V | 351/160 | 351/160 | 20 | 40 | 90 | 10 |
|  | 351/192 |  | 15 |  |  |  |
| 苯唑西林 | 402/160 | 402/160 | 20 | 23 | 90 | 10 |
|  | 402/243 |  | 20 |  |  |  |
| 氯唑西林 | 436/160 | 436/160 | 21 | 20 | 90 | 10 |
|  | 436/227 |  | 22 |  |  |  |
| 萘夫西林 | 415/199 | 415/199 | 23 | 23 | 90 | 10 |
|  | 415/171 |  | 52 |  |  |  |
| 双氯西林 | 470/160 | 470/160 | 20 | 20 | 90 | 10 |
|  | 470/311 |  | 22 |  |  |  |

### 3. 液相色谱-串联质谱测定

(1)定性测定:每种被测组分选择 1 个母离子,2 个以上子离子,在相同实验条件下,样品中待测物质的保留时间与混合标准溶液中对应物质的保留时间偏差在±2.5%之内;且样品谱图中各定性离子的相对离子丰度与浓度接近的基质标准溶液色谱图中对应的相对离子丰度进行比较,偏差不超过表 7-6 规定的范围,则可判定样品中存在对应的待检测物质。

表 7-6　液相色谱-串联质谱定性确证时相对离子丰度的最大允许偏差　　　　　　　%

| 相对离子丰度($K$) | $K>50$ | $20<K<50$ | $10<K<20$ | $K\leqslant10$ |
|---|---|---|---|---|
| 允许最大偏差 | ±20 | ±25 | ±30 | ±50 |

(2)定量测定:采用外标法进行定量。在仪器最佳工作条件下,用 9 种青霉素标准储备溶液配制的混合基质标准溶液进样测定,以标准工作溶液浓度为横坐标,以峰面积为纵坐标,绘制标准工作曲线,用标准工作曲线对待测样品进行定量。样品溶液中 9 种青霉素的响应值均应在仪器测定的线性范围内。

### (四)计算

$$X=c\times\frac{V}{m}\times\frac{1\,000}{1\,000}$$

式中:$X$ 为试样中被测组分的残留量(μg/kg);$c$ 为从标准工作曲线得到的被测组分溶液的浓度(ng/mL);$V$ 为样品溶液最终定容的体积(mL);$m$ 为样品溶液所代表最终试样的质量(g)。计算结果应扣除空白值。

# 第三节　动物性食品中氨基糖苷类抗生素残留的测定

## 一、概述

氨基糖苷类抗生素是由氨基糖与氨基环醇形成的苷,按其来源可以分为由链霉菌产生的链霉素族、卡那霉素族和新霉素族、由小单孢菌产生的庆大霉素族。氨基糖苷类抗生素抗菌作用强,在兽医临床中使用很广泛,尤其是一些基层兽医习惯于将青霉素和链霉素合用,作为治疗动物传染病的首选药物,有的兽医喜欢单独使用卡那霉素或庆大霉素,因此氨基糖苷类抗生素在动物性食品中残留的情况较为严重。氨基糖苷类抗生素主要作用于细菌的核糖体,引起tRNA 在翻译 mRNA 的密码时出现错误,合成异常的蛋白质,阻碍易合成蛋白质的释放,从而抑制细菌的生长。氨基糖苷类抗生素属于静止期杀菌剂。

## 二、检验意义与卫生标准

氨基糖苷类抗生素口服不易被吸收,一般注射给药,主要经肾脏排泄,肾组织中浓度较高。耳毒性和肾脏毒性是氨基糖苷类抗生素共有的毒副作用。氨基糖苷类抗生素能选择性地损害第 8 对脑神经,导致前庭和耳蜗神经损伤,前者多见于链霉素、卡那霉素和庆大霉素,后者多见于卡那霉素、丁胺卡那霉素。肾毒性主要表现为近端肾曲管损害,出现蛋白尿、血尿、肾功能减退等。卡那霉素、紫苏霉素和庆大霉素的肾毒性较大。婴幼儿对氨基糖苷类抗生素敏感,氨基糖苷类抗生素能透过胎盘损害胎儿听觉。由于毒副作用和容易产生耐药性,链霉素族已被停用。此外,链霉素具有潜在的致畸作用。

我国国家标准尚未规定普通动物性食品中氨基糖苷类药物的残留限量指标。无公害畜禽肉、乳和绿色食品乳制品中氨基糖苷类药物残留限量,见表 7-7。

表 7-7　动物性食品中氨基糖苷类药物的残留限量标准

| 食品 | | 最高残留限量/(mg/kg) | | 标准号 |
| --- | --- | --- | --- | --- |
| | | 链霉素 | 庆大霉素 | |
| 无公害食品 | 牛、羊、猪、禽肌肉、脂肪 | ≤0.5 | ≤0.1 | GB 18406.3—2001 |
| | 牛、羊、猪、禽肝 | ≤0.5 | ≤0.2 | |
| | 牛、羊、猪、禽肾 | ≤1 | ≤1 | |
| | 液态乳 | 阴性 | | NY 5140—2005 |
| 绿色食品 | 乳制品 | 阴性 | | NY/T 657—2007 |

WHO/FAO 规定,氨基糖苷类药物允许残留量(≤mg/kg)为链霉素、双氢链霉素在肉类0.2,乳品 0.1,蛋品 0.5。美国 FDA 规定,氨基糖苷类药物允许残留量(≤mg/kg)为链霉素、双氢链霉素在肉类 1.0,蛋品 0.5,乳品 0.2。

我国农业部 2002 年第 235 号公告"已批准的动物性食品中最高残留限量规定"中,部分氨基糖苷类药物在动物性食品中的 MRL(≤μg/kg)为新霉素,牛、羊、猪、鸡、火鸡、鸭肌肉、脂肪、肝 500,肾 10 000;牛、羊奶 500;鸡蛋 500。大观霉素(壮观霉素),牛、羊、猪、鸡肌肉 500,脂肪、肝 2 000,肾 5 000;牛奶 200;鸡蛋 2 000。

### 三、动物性食品中氨基糖苷类抗生素残留的测定方法

我国国家标准规定动物性食品中氨基糖苷类抗生素残留量的测定方法主要有高效液相色谱法、高效液相色谱-质谱法(GB/T 22945—2008)等。这里主要介绍动物性食品中链霉素、双氢链霉素和卡那霉素残留量的测定(高效液相色谱-串联质谱法)。

**(一)基本原理**

动物性食品试样中的氨基糖苷类抗生素用磷酸溶液提取,三氯乙酸沉淀蛋白,用苯磺酸型和羧酸型固相萃取柱净化,液相色谱-串联质谱仪(ESI+)检测,使用外标法进行定量。

**(二)器材与试剂**

(1)链霉素、双氢链霉素和卡那霉素标准储备溶液(1.0 mg/mL):称取适量的链霉素、双氢链霉素和卡那霉素标准物质,分别用 0.3%乙酸水溶液溶解并配制成 1.0 mg/mL 标准储备液,避光保存于-18℃冰柜中。

(2)链霉素、双氢链霉素和卡那霉素混合标准溶液(0.1 μg/mL):吸取适量的链霉素、双氢链霉素和卡那霉素标准储备溶液,用 0.3%乙酸溶液稀释成 0.1 μg/mL 的混合标准溶液,避光保存于-18℃冰柜中。

(3)5%磷酸溶液(1+19):取 50 mL 浓磷酸,用水定容至 1 L。

(4)0.2 mol/L 磷酸盐缓冲溶液(pH=8.5)。

(5)50%(质量分数)三氯乙酸溶液。

(6)0.01 mol/L 庚烷磺酸钠溶液。

(7)SPE 洗脱溶液:取 4 mL 甲酸,用 0.01 mol/L 庚烷磺酸钠溶液定容至 100 mL。

(8)25%甲醇溶液(1+3)。

(9)苯磺酸型固相萃取柱(500 mg,3 mL)或相当者。使用前依次用 5 mL 甲醇和 10 mL 水预处理,保持柱体湿润。

(10)羧酸型固相萃取柱(500 mg,3 mL)或相当者。使用前依次用 5 mL 甲醇和 10 mL 水预处理,保持柱体湿润。

(11)甲醇,乙腈(色谱纯),甲酸,浓磷酸,磷酸氢二钾,三氯乙酸,庚烷磺酸钠。

(12)液相色谱-串联四极杆质谱仪:配有电喷雾离子源。

(13)分析天平:感量 0.1 mg 和 0.01 g。

(14)固相萃取装置。

**(三)操作方法**

1.样品前处理

(1)样品提取和初净化:称取食品样品 10 g(精确到 0.01 g),置于 100 mL 离心管中,加入 30 mL 的 5%磷酸溶液,均质 3 min,并用 5%磷酸溶液清洗均质器刀头,合并洗涤液,加入

3 mL三氯乙酸溶液涡旋混合后在 4 000 r/min 下离心 10 min。上清液全部倒入下接苯磺酸型固相萃取柱的贮液器中,在固相萃取装置上使样液以小于 2 mL/min 的流速通过萃取柱,待样液全部通过固相萃取柱后,依次用 5 mL 5%磷酸溶液和 10 mL 水洗涤苯磺酸型固相萃取柱,弃去全部流出液。用 20 mL 磷酸盐缓冲溶液洗脱至 50 mL 离心管中。

(2)样品溶液再净化:上述洗脱液倒入下接羧酸型固相萃取柱的贮液器中,在固相萃取装置上使样品液以小于 2 mL/min 的流速通过萃取柱,待样品液全部通过固相萃取柱后,依次用 10 mL 水和 10 mL 甲醇溶液洗涤羧酸型固相萃取柱,弃去全部流出液。对羧酸型固相萃取柱减压抽真空 30 min。用 2 mLSPE 洗脱液洗脱至 5 mL 刻度离心管中,用 SPE 洗脱液定容至 2.0 mL,混匀后过 0.2 μm 滤膜,供液相色谱-串联质谱测定。

(3)基质混合标准校准溶液的制备:称取 5 个阴性样品 10 g(精确到 0.01 g),分别置于 100 mL 具塞离心管中,加入适量混合标准溶液,制成链霉素、双氢链霉素和卡那霉素含量均为 5.0 μg/kg、10.0 μg/kg、20.0 μg/kg、100.0 μg/kg 和 200.0 μg/kg 的基质标准溶液。其余按以上步骤操作完成。

**2. 测定条件**

(1)液相色谱参考条件。

①色谱柱:AtlantisC$_{18}$,3.5 μm,150 mm×2.1 mm(内径)或相当者。

②柱温:40℃。

③进样量:30 μL。

④流动相:流动相 A 为 0.1%甲酸水溶液,流动相 B 为 0.1%甲酸乙腈溶液,流动相 C 为甲醇。梯度洗脱参考条件见表 7-8。

表 7-8　液相色谱梯度洗脱参考条件

| 时间/min | 流速/(μL/min) | 流动相 A/% | 流动相 B/% | 流动相 C/% |
|---|---|---|---|---|
| 0 | 200 | 85 | 10 | 5 |
| 3.01 | 200 | 60 | 35 | 5 |
| 6.00 | 200 | 60 | 35 | 5 |
| 6.01 | 200 | 85 | 10 | 5 |
| 16.00 | 200 | 85 | 10 | 5 |

(2)质谱参考条件。

①离子源:电喷雾离子源(ESI)。

②扫描方式:正离子扫描。

③检测方式:多反应监测(MRM)。

④电喷雾电压(IS):5 000 V。

⑤辅助气(AUX)流速:7 L/min。

⑥辅助气温度(TEM):550℃。

⑦聚焦电压(FP):150 V。

⑧链霉素、双氢链霉素和卡那霉素的质谱参数见表 7-9。

**表 7-9　链霉素、双氢链霉素和卡那霉素的质谱参数**

| 化合物名称 | 定性离子对/(m/z) | 定量离子对/(m/z) | 去簇电压(DP)/V | 采集时间/ms | 碰撞气能量(CE)/V |
|---|---|---|---|---|---|
| 链霉素 | 582/263 | 582/263 | 110 | 100 | 45 |
|  | 582/246 |  |  |  | 55 |
| 双氢链霉素 | 584/263 | 584/246 | 100 | 100 | 43 |
|  | 584/263 |  |  |  | 55 |
| 卡那霉素 | 485/163 | 485/324 | 50 | 100 | 34 |
|  | 485/163 |  |  |  | 23 |

### 3.液相色谱-串联质谱测定

(1)定性确证：每种被测组分选择 1 个母离子，2 个以上子离子，在相同实验条件下，样品中待测物质的保留时间与混合基质标准校准溶液中对应组分的保留时间偏差在±2.5%之内；且样品谱图中各组分的相对离子丰度与浓度接近的混合基质标准校准溶液谱图中对应的相对离子丰度进行比较，偏差不超过表 7-10 规定的范围，则可判定样品中存在对应的待检测组分物质。

**表 7-10　液相色谱-串联质谱定性确证时相对离子丰度的最大允许偏差　　　　%**

| 相对离子丰度($K$) | $K>50$ | $20<K<50$ | $10<K<20$ | $K\leqslant10$ |
|---|---|---|---|---|
| 允许最大偏差 | ±20 | ±25 | ±30 | ±50 |

(2)定量测定：采用外标法进行定量。在仪器最佳工作条件下，对链霉素、双氢链霉素和卡那霉素的混合基质标准校准溶液进样测定，以混合基质标准校准溶液浓度为横坐标，以峰面积为纵坐标，绘制标准工作曲线，用标准工作曲线对待测样品进行定量。样品溶液中待测物的响应值均应在仪器测定的线性范围内。

### (四)计算

$$X=c\times\frac{V}{m}$$

式中：$X$ 为试样中被测组分的残留量($\mu g/kg$)；$c$ 为从标准工作曲线得到的被测组分溶液的浓度($ng/mL$)；$V$ 为样品溶液最终定容的体积($mL$)；$m$ 为样品溶液所代表最终试样的质量($g$)。计算结果应扣除空白值。

# 第四节　动物性食品中氯霉素类抗生素残留的测定

## 一、概述

氯霉素类抗生素包括氯霉素及其衍生物，又称为胺酰醇类，是由委内瑞拉链霉菌产生的一种广谱抗生素，也是第一种采用化学合成法生产的抗生素。氯霉素为广谱抗生素，能抑制细菌蛋白质的合成，但对革兰阴性菌的作用较强，对各种立克次体、原虫及部分病毒也有一定的抑制作用。氯霉素自 1948 年上市以来，一直是治疗伤寒、副伤寒和沙门氏菌病的首选药物，对乳腺炎有很好的治疗效果。由于氯霉素在治疗动物疾病中有较好的疗效，是兽医临床上常用的抗生素。

### 二、检验意义与卫生标准

氯霉素类药物残留对人体健康的影响，主要表现为毒性作用。氯霉素毒副作用很强，能抑制机体造血机能，导致严重的再生障碍性贫血（粒细胞或全血细胞），并且其发生与使用剂量和频率无关。人体对氯霉素比动物更敏感，婴幼儿的代谢和排泄机能尚不完全，对氯霉素最敏感，可能出现致命的"灰婴综合征"。氯霉素在组织中的残留浓度可以达到 1 mg/kg 以上，对食用者威胁很大。因此 2002 年农业部第 193 号公告中将氯霉素其盐、酯类制剂列为食品动物禁用兽药。取而代之的是氟苯尼考和甲砜霉素，但基层兽医仍在相当范围内使用，应该引起足够注意。

世界上多个国家规定在动物性食品中不得检出氯霉素。美国规定不允许将氯霉素用于食品动物，我国普通食品卫生标准中尚未规定氯霉素类药物的残留限量指标，而无公害畜禽肉产品安全要求（GB 18406.3—2001）和无公害水产品安全要求（GB 18406.4—2001）规定，畜禽肉和水产品中不得检出氯霉素（检出限量 0.01 mg/kg）。

我国农业部 2002 年第 235 号公告"已批准的动物性食品中最高残留限量规定"中，部分氯霉素类药物在动物性食品中的最高残留限量（≤μg/kg）为：

（1）氟苯尼考：牛、羊（泌乳期禁用）肌肉 200，肝 3 000，肾 300；猪肌肉 300，皮＋脂 500，肝 2 000，肾 500；家禽（产蛋鸡禁用）肌肉 100，皮＋脂 200，肝 2 500，肾 750；鱼肌肉＋皮 1 000；其他动物肌肉 100，脂肪 200，肝 2 000，肾 300。

（2）甲砜霉素：牛、羊肌肉、脂肪、肝、肾 50；牛奶 50；猪肌肉、脂肪肝、肾 50；鸡肌肉、皮＋脂、肝、肾 50；鱼肌肉＋皮 50。

### 三、动物性食品中氯霉素类抗生素残留的测定方法

我国国家标准规定动物性食品中氯霉素类抗生素残留量的测定方法主要有液相色谱质谱法、气相色谱-质谱法（GB/T 22338—2008）等。这里主要介绍动物性食品中氯霉素残留量的测定（气相色谱-质谱法）。

#### （一）基本原理

食品试样用水溶解后，用乙酸乙酯提取试样中残留的氯霉素，提取液浓缩后再用水溶解，Oasis HLB 固相萃取柱净化，经硅烷化后用气相色谱-质谱仪测定，使用外标法进行定量。

#### （二）器材与试剂

（1）甲醇：色谱纯；乙腈：色谱纯；乙酸乙酯：色谱纯。

（2）乙腈＋水（1＋7）：量取 20 mL 乙腈与 140 mL 水混合。

（3）Oasis HLB 固相萃取柱或相当者：60 mg，3 mL。使用前依次用 3 mL 甲醇和 5 mL 水

预处理,保持柱体湿润。

(4)硅烷化试剂:将9份吡啶(色谱纯)、3份六甲基二硅氮烷(色谱纯)和1份三甲基氯硅烷(色谱纯)混合。

(5)氯霉素标准储备溶液(0.1 mg/mL):准确称取适量的氯霉素标准物质(纯度≥99%),用甲醇配成0.1 mg/mL的标准储备液。储备液贮存在4℃冰箱中,可以使用2个月。

(6)氯霉素基质标准工作溶液:选择不含氯霉素的食品样品5份,按本方法提取和净化后,制成食品空白样品提取液,用这5份提取液分别配成氯霉素浓度为0.4 ng/ mL、1.0 ng/ mL、3.0 ng/ mL、10 ng/ mL、20 ng/ mL溶液,经硅烷化后配成标准工作溶液。4℃冰箱保存,可以使用1周。

(7)气相色谱-质谱仪:配有化学源。

(8)分析天平:感量0.1 mg和0.01 g各一台。

(9)自动浓缩仪或相当者。

(10)氮气吹干仪。

### (三)操作方法

**1.试样的制备**

对无结晶的食品样品,将其搅拌均匀;对有结晶的样品,在密闭情况下,置于不超过60℃的水浴中温热,振荡,待样品全部熔化后搅匀,迅速冷却至室温。分出0.5 g作为试样,置于样品瓶中,密封,并做上标记,将试样于常温下保存。

**2.提取**

称取5 g试样,精确到0.01 g,置于50 mL具塞离心管中,加入5 mL水,于液体混匀器上快速混合1 min,使试样完全溶解。加入15 mL乙酸乙酯,在振荡器上振荡10 min,3 000 r/min离心10 min,吸取上层乙酸乙酯12 mL,转入自动浓缩仪的蒸发管中,用自动浓缩仪在55℃减压蒸干,加入5 mL水溶解残渣,待净化。

**3.净化**

将提取液移入下接Oasis HLB柱的贮液管中,溶液以≤3 mL/min的流速通过Oasis HLB固相萃取柱,待溶液完全流出后,用2×5 mL水洗蒸发管并过柱,然后再用5 mL乙腈+水(1+7)洗柱,弃去全部淋出液。在65 kPa的负压下,减压抽干10 min,最后用5 mL乙酸乙酯洗脱,收集洗脱液于10 mL具塞试管中,于50℃水浴中用氮气吹干,待硅烷化。

**4.硅烷化**

在上述10 mL具塞试管中加入50 μL硅烷化试剂,混合0.5~1 min,立即用正己烷定容至1 mL,待测定。

**5.测定**

(1)气相色谱-质谱测定条件。

①色谱柱:DB-5MS(30 m×0.25 mm×0.25 μm)石英毛细管柱或相当者。

②载气:氦气,纯度≥99.999%。

③流速:1.0 mL/ min。

④柱温:初始温度70℃,然后以25℃/min程序升温至250℃,保持5 min。

⑤进样量:1 μL;进样方式:五分流进样。

⑥进样口温度:280℃;接口温度:280℃。

⑦负化学源:150 eV。

⑧离子源温度:150℃。

⑨反应气:甲烷,纯度≥99.99%;反应气流量:40%。

⑩选择离子检测:见表7-11。

表 7-11　氯霉素的选择离子表

| 检测离子/(m/z) | 离子比/% | 允许相对偏差/% |
|---|---|---|
| 466 | 100 | |
| 468 | 80 | ±20 |
| 470 | 21 | ±25 |
| 376 | 18 | ±30 |

(2)定性测定:进行样品测定时,如果检出的色谱峰的保留时间与标准样品相一致,并且在扣除背景后的样品质谱图中,所选择的离子均出现,而且所选择的离子比与标准样品衍生物的离子比相一致,则可判断样品中存在氯霉素。如果不能确证,应重新进样,以扫描方式(有足够灵敏度)或采用增加其他确证离子的方式或用 LC/MS/MS 仪器来确证。

(3)定量测定:用配制的基质标准工作溶液分别进样,绘制峰面积对样品浓度的五点标准工作曲线,仪器测定以 m/z 466 为定量离子,用标准工作曲线对样品进行定量,样品溶液中氯霉素衍生物的响应值均应在仪器测定的线性范围内。在上述色谱条件下,氯霉素衍生物参考保留时间约为 12.3 min。

**(四)计算**

$$X = \frac{c \times V \times 1\,000}{m \times 1\,000}$$

式中:X 为试样中被测组分的残留量(μg/kg);c 为从标准工作曲线上得到的被测组分溶液的浓度(ng/mL);V 为样品溶液定容的体积(mL);m 为样品溶液所代表试样的质量(g)。

注:计算结果应扣除空白值。

**(五)说明**

添加量为 0.1 μg/kg 时,回收率为 77.2%;添加量为 0.3 μg/kg 时,回收率为 75.4%;添加量为 1.0 μg/kg 时,回收率为 86.8%;添加量为 4.0 μg/kg 时,回收率为 82.8%。

# 第五节　动物性食品中磺胺类药物残留的测定

## 一、概述

磺胺类药物是指具有对氨基苯磺酰胺结构的人工合成的一类药物的总称。自从 1932 年发现含有磺酰氨基的偶氮染料"百浪多息"对链球菌和葡萄球菌有良好的抑制作用,对溶血性链球菌及其他细菌感染的疾病有明显疗效,并在其后的研究中证明这种基本结构以后,已经人工化学合成了数千种磺胺类药物,其中疗效好、毒副作用小的磺胺类药物有几十种。常用的品种有氨苯磺胺、磺胺嘧啶、磺胺吡啶、磺胺甲嘧啶、磺胺二甲嘧啶、磺胺对甲氧嘧啶、磺胺间甲氧嘧啶、磺胺噻唑、磺胺甲噻二唑、磺胺甲基异噁唑、磺胺二甲异噁唑、磺胺氯哒嗪等。磺胺类药物抑菌作用的主要机理是能干扰细菌的酶系统利用对氨基苯甲酸,而对氨基苯甲酸是叶酸的组成部分,叶酸为微生物生长中的必要物质。磺胺类药物的特点是抗菌谱广,性质稳定,便于保存,制剂多,价格低,常与某些抗生素如金霉素、土霉素等配合使用,作为饲料药物添加剂。磺胺类药物在兽医临床上主要用于治疗畜禽细菌感染性疾病和治疗球虫病,因此造成磺胺类药物在动物性食品中的残留十分普遍。

由于磺胺类药物大部分是以原形由机体排出,而且在环境中不易被生物降解,因此,不仅导致饲喂磺胺类药物添加剂的动物体内残留量超标,甚至未饲喂磺胺药物添加剂,但接触过污染的用具或垫草的动物,其体内磺胺药的残留量也超标。另外,残存于饲料混合机中的磺胺类药物可以污染不加药的饲料,从而造成残留超标。事实上导致磺胺类药物残留超标的原因主要是不遵守休药期、滥用或超量使用、将添加有磺胺类药物的饲料饲喂不适用的动物、垫料污染和低剂量药物污染饲料等方面。

## 二、检验意义与卫生标准

磺胺类药物在动物性食品中残留对人体健康造成的危害,主要是引起过敏、毒性作用和导致耐药性菌株的产生。人体对磺胺类药物过敏反应的表现形式不同,大多数与人的治疗用药相关,也可通过摄入磺胺药物残留的动物性食品而发生过敏反应。磺胺类药物容易引起造血系统障碍,导致机体出现急性溶血性贫血、粒细胞缺乏症、再生障碍性贫血等。部分磺胺类药物还具有"三致"作用,如磺胺二甲基嘧啶等磺胺类药物在连续给药中能够诱发啮齿类动物的甲状腺增生,并具有致肿瘤倾向。

我国国家标准规定动物性食品中磺胺类药物的最高残留限量指标,见表7-12。

表7-12　动物性食品中磺胺类药物的残留限量指标

| 食品 | | 最高残留限量/(mg/kg) | | | 标准号 |
| --- | --- | --- | --- | --- | --- |
| | | 磺胺类总量 | 磺胺类(单种) | 磺胺二甲嘧啶 | |
| 普通食品 | 鲜、冻禽产品 | — | — | ≤0.1 | GB 16869—2000 |
| 无公害食品 | 畜禽可食组织 | ≤0.1 | — | — | GB 18406.3—2001 |
| | 水产品 | — | ≤0.1 | — | GB 18406.4—2001 |
| | 羊肉 | ≤0.1 | — | — | NY 5147—2008 |
| | 鲜禽蛋 | ≤0.1 | — | — | NY 5039—2005 |

欧盟规定,在所有食品动物的肌肉、肝、脂肪中磺胺类药物的最高残留量≤0.1 mg/kg,饲喂磺胺类药物添加剂的食品动物,宰前法定休药期为 15 d。美国 FDA 规定,具有治疗活性的磺胺类药物在肉、蛋、乳中的最高残留量≤0.1 mg/kg。我国农业部 2002 年第 235 号公告"已批准的动物性食品中最高残留限量规定"中,部分磺胺类药物在动物性食品中的最高残留量(≤μg/kg)为:甲氧苄啶在牛肌肉、脂肪、肝、肾、奶 50;猪、禽肌肉、皮＋脂、肝、肾 50;马肌肉、脂肪、肝、肾 100;鱼肌肉＋皮 50。

### 三、动物性食品中磺胺类药物残留的测定方法

我国国家标准规定动物性食品中磺胺类药物残留量的测定方法主要有高效液相色谱法、高效液相色谱-质谱法(GB/T 21316－2007)等。这里主要介绍动物性食品中磺胺类药物残留量的测定(高效液相色谱-质谱法)。

#### (一)基本原理

食品待测样品中加入乙腈,沉淀样品中的蛋白,离心后取上清液用液相色谱-串联质谱仪测定残留在滤液中的磺胺类药物,使用内标法进行定量。

#### (二)器材与试剂

1. 甲醇

色谱纯。

2. 流动相

A 液＋B 液(20＋80)。

(1)A 液(含 0.02%甲酸的乙腈溶液):吸取 0.2 mL 甲酸于 1 000 mL 乙腈(色谱纯)中,充分摇匀,0.45 μm 滤膜(水相,0.45 μm)过滤,备用。

(2)B 液(0.02%甲酸):吸取 0.2 mL 甲酸于 1 000 mL 水中,充分摇匀,0.45 μm 滤膜过滤,备用。

3. 标准物质

磺胺嘧啶标准物质:纯度≥99.5%;磺胺二甲氧基嘧啶标准物质:纯度≥99.5%;磺胺二甲嘧啶标准物质:纯度≥99.5%;磺胺甲基嘧啶标准物质:纯度≥99.5%;磺胺甲氧嘧啶标准物质:纯度≥99.5%;磺胺甲基异噁唑标准物质:纯度≥99.5%;磺胺吡啶标准物质:纯度≥98.0%;磺胺二甲异嘧啶标准物质:纯度≥99.5%;磺胺异噁唑标准物质:纯度≥99.5%。

4. $^{13}C_6$-磺胺甲噁唑储备液

每毫升含$^{13}C_6$-磺胺甲噁唑 100 μg 的乙腈溶液,贮存于 4℃冰箱中,有效期 24 个月。

5. 标准溶液

(1)标准储备液:准确称取上述 9 种磺胺类药物标准物质各 10.0 mg,分别用甲醇(色谱纯)溶解并定容至 100 mL,混合均匀。该溶液每毫升分别含各标准物质 100 μg。贮存于 4℃冰箱中,有效期 3 个月。

(2)混合标准液:准确吸取各标准储备液(100 μg/mL)0.5 mL,用水稀释并定容至50 mL,混合均匀。该溶液每毫升含各标准物质 1.0 μg。贮存于 4℃冰箱中,有效期 1 个月。

（3）标准曲线工作液：准确吸取混合标准液（1.0 μg/mL）0.0 mL、0.1 mL、0.4 mL、0.8 mL、2.0 mL、3.0 mL，分别用阴性样品稀释并定容至 10 mL，混合均匀。该溶液每毫升分别含各标准物质 0 ng、10 ng、40 ng、80 ng、200 ng、300 ng。临用前配制。

（4）内标工作液：准确吸取$^{13}C_6$-磺胺甲噁唑储备液（100 μg/mL）0.1 mL，用乙腈稀释并定容至 100 mL，混合均匀。该溶液每毫升含$^{13}C_6$-磺胺甲噁唑 100 ng。贮存于 4℃的冰箱中，有效期 3 个月。

6.液相色谱-串联四极杆质谱仪

配有电喷雾离子源。

**（三）操作方法**

1.样品制作

贮藏在冰箱中的食品，应在实验前预先取出，与室温平衡后摇匀取样。

2.样品前处理

准确吸取 0.1 mL 样品于洁净聚丙烯塑料管中，加入 0.1 mL 内标工作液，用涡流混合器混合 5 s，以 15 000 r/min 离心 1 min。准确吸取 0.1 mL 上层清液于洁净聚丙烯塑料管中，加入 0.1 mL 乙腈，用涡流混合器混合 5 s，以 15 000 r/min 离心 1 min。准确吸取 0.1 mL 上层清液于洁净聚丙烯塑料管中，加入 0.1 mL 水，用涡流混合器混合 5 s。取上清液，供液相色谱-串联质谱仪测定。

3.液相色谱-串联质谱参考条件

（1）液相色谱条件。

①色谱柱：$C_{18}$，5 μm，100 mm×2.0 mm（内径），或性能相当者。

②预柱：$C_{18}$，4.0 mm×3.0 mm（内径），或性能相当者。

③流动相：按以上方法配制、过滤。

④流速：0.3 mL/min。

⑤进样体积：20 μL。

（2）质谱条件。

①离子源：电喷雾离子源。

②扫描方式：正离子扫描。

③检测方式：多反应监测。

④喷雾口位置：3∶7。

⑤雾化气压力：0.33 MPa；气帘气压力：0.22 MPa；碰撞气压力：0.62 MPa。

⑥辅助气流速：6 L/min。

⑦离子源电压：3 500 V。

⑧离子源温度：400℃。

⑨监测离子对：见表 7-13。

表 7-13　LC-MS/MS 测定 9 种磺胺类药物和内标物监测离子对和保留时间

| 序号 | 名称 | 参考保留时间/min | 定性离子对 1 | 定性离子对 2 | 定量离子对 |
|------|------|------|------|------|------|
| 1 | 磺胺二甲嘧啶 | 1.02 | 279/149 | 279/186 | 279/124 |
| 2 | 磺胺嘧啶 | 2.79 | 251/108 | 251/156 | 251/92 |
| 3 | 磺胺吡啶 | 31.93 | 250/108 | 250/92 | 250/156 |
| 4 | 磺胺甲基嘧啶 | 2.22 | 265/156 | 265/172 | 265/92 |
| 6 | 磺胺二甲异嘧啶 | 2.63 | 279/149 | 279/186 | 279/124 |
| 6 | 磺胺甲氧嘧啶 | 3.08 | 281/108 | 281/92 | 281/156 |
| 7 | 璜胺甲基异噁唑 | 5.78 | 254/108 | 254/92 | 254/156 |
| 8 | 磺胺异噁唑 | 6.93 | 268/113 | 268/108 | 268/156 |
| 9 | 磺胺二甲氧基嘧啶 | 11.07 | 311/108 | 311/92 | 311/156 |
| 内标 | $^{13}C_6$-磺胺甲噁唑 | 5.76 | 260/92 | 260/108 | 260/162 |

**4. 各成分保留时间的确定**

在上述条件下,各磺胺类药物及内标物质的出峰顺序为磺胺二甲嘧啶、磺胺嘧啶、磺胺吡啶、磺胺甲基嘧啶、磺胺二甲异嘧啶、磺胺甲氧嘧啶、$^{13}C_6$-磺胺甲噁唑、磺胺甲基异噁唑、磺胺异噁唑、磺胺二甲氧基嘧啶。

**5. 样品测定**

准确吸取 20 μL 处理后的待测样品溶液进样,得到待测样品溶液中各磺胺类药物和$^{13}C_6$-磺胺甲噁唑的峰面积,用标准工作曲线对样品进行定量。样品溶液中待测磺胺类药物的响应值均应在仪器测定的线性范围内。

**(四)计算**

利用数据处理系统得到标准工作曲线回归方程,见公式:

$$y = bx + a$$

式中,$y$ 为标准工作液中各磺胺类标准物质定量离子峰面积与$^{13}C_6$-磺胺甲噁唑定量离子峰面积的比值;$x$ 为标准工作液中各磺胺类标准物质的浓度(μg/L);$b$ 为标准工作曲线回归方程中的斜率;$a$ 为标准工作曲线回归方程中的截距。

待测样品中各磺胺类药物的残留量,按下列公式计算:

$$X = Y - \frac{a}{b}$$

式中:$X$ 为待测样品溶液中各磺胺类药物的残留量(μg/L);$Y$ 为待测样品溶液中各磺胺类药物定量离子峰面积与$^{13}C_6$-磺胺甲噁唑定量离子峰面积的比值。

**(五)说明**

本方法 9 种磺胺类药物的添加浓度为 10～250 μg/L 时,相对回收率为 85%～115%。批间变异系数(CV)≤15%。

# 第六节　动物性食品中氟喹诺酮类药物残留的测定

## 一、概述

喹诺酮类药物是近年来迅速发展起来的一类重要的广谱抗菌药物,是继磺胺类药物之后在人工合成抗菌药物方面的重要突破。在化学结构上,喹诺酮类药物属吡酮酸衍生物,俗称喹诺酮类。1962 年美国 Sterling Winthrop 研究所发现了第一个喹诺酮类抗菌药物萘啶酸,此后又合成了奥啉酸和吡啶酸,称为第一代喹诺酮类药物。这类药物由于抗菌谱窄、半衰期短、毒副作用高和细菌耐药性等原因,现已很少应用。20 世纪 70 年代开发出的吡哌酸、氟喹酸等属于第二代喹诺酮类药物。20 世纪 80 年代以来,研究开发出抗菌谱更广、抗菌作用更强的第三代喹诺酮类药物。除吡酮酸结构外,新喹诺酮类药物的共同特点是喹啉环(个别为萘啶环)的 C-6 位上有氟原子,C-7 位上连接哌嗪基或吡咯基,又称为 6-氟喹诺酮类或氟喹诺酮类。氟喹诺酮类药物是近年来各国竞相开发和应用的品种,已有 10 余种药物投放市场。目前国内外已批准用于动物的氟喹诺酮类药物主要品种有诺氟沙星(氟哌酸)、恩诺沙星、环丙沙星、沙拉沙星、氧氟沙星、单诺沙星和麻保沙星等。

氟喹诺酮类为细菌 DNA 合成抑制剂,主要作用于细菌 DNA 旋转酶(又称拓扑异构酶 Ⅱ),该酶是由 A、B 两个亚单位组成的四聚体,主要催化染色体或质粒 DNA 发生拓扑学转变。任何引起拓扑异构酶Ⅱ活性改变的因素对细菌都可能是致命的,因此氟喹诺酮类药物通过抑制拓扑异构酶Ⅱ亚单位 A 而呈现很强的杀菌活性。目前氟喹诺酮类已成为兽医临床和水产养殖中最重要的抗感染药物之一,大量用于预防、治疗动物感染和促生长,其残留问题已引起广泛的关注。

## 二、检验意义与卫生标准

氟喹诺酮类药物的毒副作用比较小,但推荐剂量会出现腹痛、腹泻等消化道症状(可能与诱发组胺释放有关),高剂量可能出现类似 γ-氨基丁酸的中枢抑制效应,或幼龄动物和马的负重关节面出现水泡甚至糜烂,大部分氟喹诺酮类药物具有光敏作用。残留在食品中的氟喹诺酮类药物,有些经加热不能完全失活。氟喹诺酮类药物能抑制茶碱的正常代谢,使茶碱血药浓度升高,与非甾体类抗炎药物并用可能诱发惊厥。实验室研究表明,个别种类的喹诺酮类药物在真核细胞内已经显示致突变作用,恩诺沙星在实验动物中显示一定的致突变和胚胎毒性作用,奥啉酸和萘啶酸对大鼠有潜在的致癌作用。

我国国家标准中尚未规定普通食品中氟喹诺酮类药物的残留限量指标。我国无公害畜禽肉安全要求(GB 18406.3－2001)规定,恩诺沙星的最高残留限量(μg/kg)为牛、羊肌肉≤100,肝≤300,肾≤200。

我国农业部 2002 年第 235 号公告"已批准的动物性食品中最高残留限量规定"中,部分氟喹诺酮类药物在动物性食品中的最高残留限量(≤μg/kg)为:

(1)达氟沙星:牛、绵羊、山羊肌肉 200,脂肪 100,肝、肾 400,奶 30;禽肌肉 200,肝、肾 400;其他动物肌肉 100,脂肪 50,肝、肾 200。

（2）二氟沙星：牛、羊肌肉 400，脂肪 100，肝 1 400，肾 800；猪肌肉 400，肝、肾 800；家禽肌肉 300，肝 1 900，肾 600；其他动物肌肉 300，脂肪 100，肝 800，肾 600。

（3）恩诺沙星：牛、羊肌肉、脂肪 100，肝 300，肾 200，奶 100；猪、兔肌肉、脂肪 100，肝 200，肾 300；禽（产蛋鸡禁用）肌肉 100，皮＋脂 100，肝 200，肾 300；其他动物肌肉、脂肪 100，肝 200，肾 300。

（4）噁喹酸：牛、猪、鸡　肌肉 100，脂肪 50，肝、肾 150；鸡蛋 50。

## 三、动物性食品中氟喹诺酮类药物残留的测定方法

我国国家标准规定动物性食品中氟喹诺酮类药物残留量的测定方法主要有高效液相色谱-质谱法、高效液相色谱法（GB/T 21312—2007）等。这里主要介绍动物性食品中氟喹诺酮类药物残留量的测定（高效液相色谱法）。

### （一）基本原理

均浆后的动物性食品样品经提取液提取，用正己烷脱脂，再经过 $C_{18}$ 固相萃取柱进一步净化，用合适的溶剂选择脱除其中的氟喹诺酮类药物，供高效液相色谱定量（荧光检测器）测定，使用外标法进行定量。

### （二）试剂

（1）环丙沙星、达氟沙星、恩诺沙星和沙拉沙星标准储备液：称取环丙沙星、达氟沙星，恩诺沙星和沙拉沙星约 10 mg，105℃ 干燥 4 h，精密称量，置于 50 mL 棕色容量瓶中，加氢氧化钠溶液（0.03 mol/L）溶解并稀释至刻度，摇匀，配制成浓度为 0.2 mg/mL 的储备液。置 4℃ 冰箱中保存，有效期为 3 个月。

（2）环丙沙星、达氟沙星、恩诺沙星和沙拉沙星标准工作溶液：准确量取适量环丙沙星、达氟沙星、恩诺沙星和沙拉沙星标准储备液，用流动相稀释成浓度为 0.005 $\mu$g/mL、0.01 $\mu$g/mL、0.02 $\mu$g/mL、0.10 $\mu$g/mL、0.50 $\mu$g/mL 的标准工作液。准确量取适量达氟沙星标准储备液，用流动相稀释成浓度为 0.001 $\mu$g/mL、0.002 $\mu$g/mL、0.01 $\mu$g/mL、0.02 $\mu$g/mL、0.10 $\mu$g/mL、0.20 $\mu$g/mL 达氟沙星标准工作液，供高效液相色谱分析。

### （三）操作方法

**1. 液相色谱条件**

（1）色谱柱：$C_{18}$ 柱，250 mm×4.6 mm（内径），粒径 5 $\mu$m，或相当者。

（2）流动相：0.05 mol/L 磷酸/三乙胺溶液-乙腈（81＋19）；用前过 0.45 $\mu$m 滤膜。

（3）流速：1.0 mL/min。

（4）检测波长：激发波长 280 nm；发射波长 450 nm。

（5）进样量：20 $\mu$L。

**2. 测定**

取适量试样溶液和相应的标准工作溶液，作单点或多点校准，以色谱峰面积积分值定量。标准工作液及试样溶液中的环丙沙星、达氟沙星、恩诺沙星和沙拉沙星响应值均应在仪器检测的线性范围之内。在上述色谱条件下，药物的出峰先后顺序依次为环丙沙星、达氟沙星、恩诺沙星和沙拉沙星。

### （四）计算

$$X = \frac{A \times c_s \times V}{A_s \times M}$$

式中：$X$ 为试样中环丙沙星、达氟沙星和沙拉沙星的残留量（$\mu$g/kg）；$A$ 为试样溶液中环丙沙星、达氟沙星、恩诺沙星和沙拉沙星的峰面积；$A_s$ 为标准溶液中环丙沙星、达氟沙星、恩诺沙星和沙拉沙星的峰面积；$c_s$ 为标准工作溶液中的环丙沙星、达氟沙星、恩诺沙星和沙拉沙星的峰面积；$V$ 为试样溶液体积（mL）；$M$ 为试样样品的质量（g）。

注：计算结果需扣除空白试验对照值，测定结果用平行的算术平均值表示，保留到小数点后两位。

**（五）说明**

本方法在动物性食品中的环丙沙星、恩诺沙星和沙拉沙星检测限为 10 $\mu$g/kg，达氟沙星检测限为 2 $\mu$g/kg。环丙沙星、恩诺沙星和沙拉沙星在 10～50 $\mu$g/kg 添加浓度的回收率为 70％～100％。达氟沙星在 2～10 $\mu$g/kg 添加浓度的回收率为 70％～100％。批内变异系数（CV）≤10％，批间变异系数（CV）≤15％。

# 第八章　动物性食品中性激素和 $\beta$-兴奋剂残留的检验技术

随着人民生活水平的不断提高,人们对动物性食品的需求不断增长,极大地促进了我国畜牧业发展,使得畜牧业生产者热衷于寻找提高动物性食品质量和产量的方法,以满足人们对肉、蛋、奶等动物性食品的需要,其中提高动物性食品产量最有效的方法之一就是使用激素类促生长剂,在畜牧业生产中常用的激素类促生长剂主要有性激素和 $\beta$-兴奋剂等两大类。然而,在提高了动物性食品质量和产量的同时,却出现了激素类促生长剂在动物性食品中的残留及其对人体健康的危害问题。因此在使用科学方法提高动物性食品质量和产量,必须加强动物性食品中性激素和 $\beta$-兴奋剂使用的监管,同时进行严格的卫生检验。

## 第一节　动物性食品中性激素残留的检验

### 一、概述

性激素残留是指在畜牧业生产中应用性激素作为动物促生长剂,具有促进动物生长发育、增加体重和肥育以及用于动物的同期发情等,以改善动物的生产性能,提高其畜产品的产量,结果导致所用激素在动物产品中残留。

根据生理作用,畜牧业生产中使用的性激素类药物分为雄性激素和雌性激素;根据其化学结构和来源分为 3 大类:①内源性性激素,包括睾酮、黄体酮、雌酮、$17\beta$-雌二醇等;②人工合成类固醇激素,包括丙酸睾酮、甲烯雌醇、苯甲酸雌二醇、醋酸群勃龙等;③人工合成的非类固醇激素,包括己烯雌酚、己烷雌酚等。

雄性激素是由雄性动物睾丸分泌的性激素,具有促进雄性生殖器官发育,维持动物第二性征、抗雌性激素的作用,同时还能增加蛋白质合成、减少氨基酸分解,保持正氮平衡,促进肌肉增长、体重增加,促进红细胞生成,提高动物的基础代谢率。雌性激素是由雌性动物卵巢分泌的性激素,具有促进雌性生殖器官发育,增强子宫收缩、抗雄性激素的作用,同时能增强食欲,促进蛋白质同化、体重增加,最终使产肉量增加。这些性激素及其衍生物具有促进动物生长、增加体重、提高饲料转化率的作用,在反刍动物中最为明显。

自 20 世纪 50 年代以来,世界各国将性激素广泛应用于畜牧业生产中,对于大家畜来说是一项既经济又有效的措施,取得了明显的经济效益。使用性激素类化合物后,牛羊增重可提高 20% 左右,胴体品质得到改善,瘦肉率增高,饲料转化率相应提高,从而大幅度地提高了养殖效益。美、英等国曾大量使用己烯雌酚等作为肉牛增重剂,我国也大量使用己烯雌酚埋植剂、注射剂等,在一定时期内提高了养殖业的经济效益,促进了我国畜牧业的发展。

## 二、检验意义与卫生标准

畜牧业生产中大量使用性激素及其衍生物以后,在促进动物生长、增加体重、提高饲料转化率的同时,发现这类化合物在食品动物体内有大量残留,而且在机体内相当稳定,不易分解,随着食物链进入人体后产生不良后果。性激素类化合物残留对人体的危害主要表现在 3 个方面:①对人体生殖系统和生殖功能造成严重影响,如雌性激素能引起女性早熟,男性女性化,雄性激素化合物能导致男性早熟,第二性征提前出现,女性男性化等;②诱发癌症,如长期经食物吃进雌激素可以引起子宫癌、乳腺癌、睾丸肿瘤、白血病等;③对人的肝脏有一定的损害作用。

我国国家标准(GB 16869—2005)规定,鲜、冻禽产品中不得检出己烯雌酚。我国无公害畜禽肉安全要求(GB 18406.3—2001)和无公害水产品安全要求(GB 18406.4—2001)规定,畜禽肉和水产品中不得检出己烯雌酚。

我国农业部 2002 年第 235 号公告"已批准的动物性食品中最高残留限量规定"中,羊奶中醋酸氟孕酮的最高残留限量(≤μg/kg)为 1。

我国农业部 2002 年第 235 号公告中,"允许作为治疗用,但不得在动物性食品中检出"的性激素类药物主要有苯甲酸雌二醇、苯丙酸诺龙、丙酸睾酮;"禁止使用,在动物性食品中不得检出"的性激素类药物有己烯雌酚及其盐、酯,去甲雄三烯醇酮、醋酸甲孕酮、甲基睾丸酮、群勃龙。

## 三、动物性食品中性激素残留的测定方法

动物性食品中性激素残留的检验包括性激素总量的测定、雌性激素残留的测定、雄性激素残留的测定。我国国家标准规定动物性食品中性激素残留量的测定方法主要有高效液相色谱-质谱法、高效液相色谱法、薄层色谱法、放射性免疫法等。这里主要介绍动物性食品中 11 种性激素残留量的测定(高效液相色谱-质谱法)(GB/T 21981—2008)和动物性食品中己烯雌酚残留量的测定(高效液相色谱法)(GB/T 5009.108—2003)。

### (一)动物性食品中 11 种性激素残留量的测定

1. 基本原理

动物性食品样品在碱性条件下,与叔丁基甲醚均质,振荡提取,提取物浓缩蒸干后,用 50%乙腈水溶液溶解残渣,冷冻离心脱脂净化,液相色谱-串联质谱仪测定,使用内标法进行定量。

2. 器材与试剂

(1)叔丁基甲醚:色谱纯;乙腈:色谱纯;甲醇:色谱纯;甲酸。

(2)50%乙腈水溶液:500 份乙腈和 500 份超纯水混合,加 1 份甲酸,混匀。

(3)10%碳酸钠溶液:称取 10.0 g 碳酸钠溶于 100 mL 水中。

(4)0.1%甲酸溶液:取 1 mL 甲酸用水稀释至 1 000 mL。

(5)睾酮、甲基睾酮、黄体酮、群勃龙、勃地龙、诺龙、美雄酮、司坦唑醇、丙酸诺龙、丙酸睾酮

和苯丙酸诺龙标准对照品:纯度≥98%。

(6)内标储备溶液:100 μg/mL 氘代睾酮标准溶液(−20℃保存,有效期 6 个月)。

(7)11 种激素药物标准储备溶液(0.1 mg/mL):分别精密称取适量的每种激素药物对照品至棕色容量瓶中,用甲醇配制成 0.1 mg/mL 标准储备溶液(−20℃保存,有效期 6 个月)。

(8)11 种激素药物混合标准中间溶液和内标中间溶液(10 μg/mL):分别准确量取适量的 0.1 mg/mL 每种激素药物标准储备溶液和内标储备溶液,用甲醇分别稀释成 10 μg/mL 的 11 种激素药物混合标准中间溶液和内标中间溶液(4℃保存,有效期 1 个月)。

(9)11 种激素药物混合标准工作溶液和内标工作溶液:准确量取适量的 10 μg/mL 激素药物混合标准中间溶液和内标中间溶液,用 50%乙腈水溶液配制成浓度系列为 1.0、2.0、5.0、10.0、20.0、100.0 ng/mL 的激素药物混合标准工作溶液和内标工作溶液(4℃保存,有效期 1 周)。

(10)液相色谱-串联质谱仪:配有电喷雾离子源。

(11)分析天平:感量 0.01 mg 和 0.01 g 各 1 台。

(12)高速组织均质机,高速冷冻离心机。

(13)旋涡振荡器,旋涡蒸发仪。

(14)移液器:200 μL、1 mL。

(15)一次性注射式滤器:配有 0.22 μm 微孔滤膜。

3. 操作方法

(1)试样的制备和保存:称取 100 g 动物肌肉、肝脏等,完全切碎后备用;取 10 枚鲜蛋,去壳备用;取鲜牛奶 100 mL,混匀备用。上述样品经高速组织均质机捣碎,用四分法分出适量试样,均分成 2 份(鲜牛奶混匀直接分为 2 份),装入清洁容器内,加封后做好标记。一份作为试样,一份为留样。试样应在−20℃条件下保存。

(2)提取:称取(5±0.5)g 试样,置入 50 mL 聚丙烯离心管中,加氘代睾酮内标溶液适量,加入 10%碳酸钠溶液 3 mL 和 25 mL 叔丁基甲醚,均质 30 s,振荡 10 min,4℃下 6 000 r/min 离心 10 min,将上清液转移至梨形瓶中。将离心残渣用 25 mL 叔丁基甲醚重复提取 1 次,合并上清液,备用。

(3)净化:将上清液转移至 50 mL 梨形瓶,于 40℃水浴中旋转蒸发至干。用 50%乙腈水溶液 2.0 mL 溶解残余物,旋涡混匀后,溶液冷却 30 min,16 000 r/min 离心 5 min,取适量溶液经 0.22 μm 滤膜过滤至样品瓶中,供液相色谱-串联质谱仪测定。

(4)测定条件。

①液相色谱条件。

色谱柱:C₁₈(150 mm×2.1 mm,粒径 1.7 μm),或其他效果等同的 C₁₈柱。

柱温:30℃。

流速:0.3 mL/min。

进样量:10 μL。

流动相:乙腈+0.1%甲酸溶液。梯度洗脱条件见表 8-1。

**表 8-1　流动相梯度洗脱条件**

| 时间/min | 0.1%甲酸溶液/% | 乙腈/% |
|---|---|---|
| 0.0 | 560 | 50 |
| 5.0 | 10 | 90 |
| 7.0 | 10 | 90 |
| 7.5 | 50 | 50 |
| 10.0 | 50 | 50 |

②质谱条件。

离子源：电喷雾离子源。

扫描方式：正离子模式。

检测方式：多反应监测。

脱溶剂气、锥孔气、碰撞气：均为高纯氮气及其他合适气体。使用前应调节各气体流量，以使质谱灵敏度达到检测要求。

毛细管电压、锥孔电压、碰撞能量等电压值：应优化至最佳灵敏度。

定性离子对、定量离子对及对应的锥孔电压和碰撞能量见表 8-2。

**表 8-2　11 种激素药物的质谱参数(母离子为 M+H)**

| 测定药物名称 | 定性离子对<br>/(m/z) | 定量离子对<br>/(m/z) | 锥孔电压<br>/V | 碰撞能量<br>/eV |
|---|---|---|---|---|
| 群勃龙 | 271.5/199.4 | 271.5/199.4 | 45 | 20 |
|  | 271.4/253.5 |  |  | 20 |
| 勃地龙 | 287.6/135.4 | 287.6/121.3 | 25 | 15 |
|  | 287.6/121.3 |  |  | 25 |
| 诺龙 | 275.2/109.1 | 275.2/109.1 | 35 | 25 |
|  | 275.2/257.3 |  |  | 15 |
| 睾酮 | 289.5/97.3 | 289.5/97.3 | 35 | 25 |
|  | 289.5/109.1 |  |  | 30 |
| 美雄酮 | 301.7/121.4 | 301.7/121.4 | 25 | 25 |
|  | 301.7/283.6 |  |  | 10 |
| 甲基睾酮 | 303.5/97.3 | 303.5/109.4 | 30 | 25 |
|  | 303.5/109.4 |  |  | 25 |
| 司坦唑醇 | 329.8/81.4 | 329.8/81.4 | 45 | 45 |
|  | 329.8/121.4 |  |  | 35 |
| 氟代睾酮 | 292.6/97.3 | 292.6/109.3 | 25 | 20 |
|  | 292.6/109.3 |  |  | 20 |

续表 8-2

| 测定药物名称 | 定性离子对<br>/(m/z) | 定量离子对<br>/(m/z) | 锥孔电压<br>/V | 碰撞能量<br>/eV |
|---|---|---|---|---|
| 黄体酮 | 315.5/97.5 | 315.5/97.5 | 37 | 20 |
| | 315.5/109.3 | | | 23 |
| 丙酸诺龙 | 331.6/109.3 | 331.6/109.3 | 25 | 20 |
| | 331.6/145.4 | | | 10 |
| 丙酸睾酮 | 345.7/97.3 | 345.7/109.3 | 30 | 20 |
| | 345.7/109.3 | | | 22 |
| 苯丙酸诺龙 | 407.8/105.4 | 407.8/105.4 | 30 | 28 |
| | 407.8/257.6 | | | 15 |

(5)液相色谱-串联质谱测定。

①定性测定:按以上操作步骤,制备用于配制系列基质标准工作溶液的样品空白提取液,与试样溶液一起进样分析。每种被测组分选择 1 个母离子,2 个以上子离子,在相同实验条件下,样品中待测物质的保留时间与混合对照品基质标准溶液中对应物质的保留时间偏差在 ±2.5% 之内;且样品谱图中各组分定性离子的相对离子丰度与浓度接近的对照品基质标准溶液色谱图中对应的相对离子丰度进行比较,若偏差不超过表 8-3 规定的范围,则可判定样品中存在对应的待检测物质。

表 8-3    液相色谱-串联质谱定性确证时相对离子丰度的最大允许偏差    %

| 相对离子丰度(K) | K>50 | 20<K<50 | 10<K<20 | K≤10 |
|---|---|---|---|---|
| 允许最大偏差 | ±20 | ±25 | ±30 | ±50 |

②定量测定:在仪器最佳工作条件下,混合对照品基质匹配标准工作溶液与试样交替进样测定,采用与测试样品浓度接近的单点基质匹配标准溶液外标法进行定量。或以氘代睾酮为内标,标准溶液中被测组分峰面积与氘代睾酮内标峰面积的比值为纵坐标,相应被测组分浓度为横坐标,绘制标准工作曲线,用标准工作曲线对待测样品进行定量。样品溶液中待测物的响应值均应在仪器测定的线性范围内。

4.计算

$$X = c_s \times \frac{A_i}{A_s} \times \frac{V}{m} \times \frac{1\,000}{1\,000}$$

式中:$X$ 为试样中被测激素药物的残留量($\mu g/kg$);$c_s$ 为基质匹配标准溶液中对应激素药物的浓度($ng/mL$);$A_i$ 为试样溶液中被测激素药物的色谱峰面积;$A_s$ 为基质标准溶液中对应激素药物的峰面积;$V$ 为样品溶液最终定容的体积($mL$);$m$ 为样品溶液所代表最终试样的质量($g$)。计算结果应扣除空白值。

5.说明

(1)本方法在猪、牛、羊、鸡肌肉组织和鲜蛋中睾酮、甲基睾酮、勃地龙、美雄酮、四氢唑醇的检出限为 0.3 μg/kg,其他为 0.4 μg/kg;在猪、牛、羊、鸡肝脏组织和鲜牛奶中睾酮、甲基睾酮、勃地龙、美雄酮、四氮唑醇的检出限为 0.4 μg/kg,其他为 0.5 μg/kg。在猪、牛、羊、鸡肌肉组织、肝脏组织、牛奶和鲜蛋中 11 种药物的定量限为 1.0 μg/kg。

(2)本方法在猪、牛、羊、鸡肌肉组织、肝脏组织、牛奶和鲜蛋中 11 种激素药物在 1.0 μg/kg、2.0 μg/kg、10 μg/kg 3 个添加水平上的回收率为 50%～120%,变异系数<40%。

### (二)动物性食品中己烯雌酚残留量的测定

#### 1.基本原理

样品试样匀浆后,经甲醇提取过滤,注入液相色谱仪中,经紫外检测器鉴定,于波长 230 nm 处测定吸光度值,相同条件下绘制工作曲线,己烯雌酚含量与吸光度值在一定浓度范围内成正比,试样与标准工作曲线比较定量。

#### 2.器材与试剂

(1)甲醇,磷酸。

(2)0.043 mol/L 磷酸二氢钠:取 1 g 磷酸二氢钠溶于水,定容至 500 mL。

(3)己烯雌酚标准储备液:精密称取 100 mg 己烯雌酚溶于甲醇,移入 100 mL 容量瓶中,加甲醇至刻度,混匀。此溶液每毫升含 1.0 mg 己烯雌酚,于冰箱中保存。

(4)己烯雌酚标准使用液:精密吸取 10.00 mL 己烯雌酚标准储备液,移入 100 mL 容量瓶中,加甲醇至刻度,混匀。此溶液每毫升含 100 μg 己烯雌酚,于冰箱中保存。

(5)高效液相色谱仪:具紫外检测器。

(6)高速组织捣碎机,电动振荡机,离心机。

#### 3.操作方法

(1)样品提取与净化:精密称取 5.0 g 绞碎的样品试样,放入 50 mL 具塞离心管中,加 10.00 mL 甲醇,充分搅拌,于 3 000 r/min 离心 10 min,将上清液移出,残渣中再加入 10.00 mL 甲醇,混匀后振荡 20 min,于 3 000 r/min 离心 10 min,合并上清液,若出现浑浊,再离心 10 min,取上清液经 0.45 μm 滤膜过滤,备用。

(2)液相色谱条件。

①紫外检测器:检测波长 230 nm。

②灵敏度:0.04 AUFS。

③流动相:甲醇＋0.043 mol/L 磷酸二氢钠(70＋30),用磷酸调节至 pH5(磷酸二氢钠水溶液需 0.45 μm 滤膜过滤)。

④流速:1 mL/min。

⑤进样量:20 μL。

⑥色谱柱:CLS-ODS-C$_{18}$(5 μm)6.2 mm×150 mm 不锈钢柱。

⑦柱温:室温。

(3)标准曲线的绘制:称取 5 份(每份 5.0 g)绞碎的试样,放入 50 mL 具塞离心管中,分别加入不同浓度的标准溶液(0.0、6.0、12.0、18.0、24.0 μg/mL)各 1.0 mL,同时做空白对照。其中甲醇总量为 20 mL,使其测定浓度为 0.00、0.30、0.60、0.90、1.20 μg/mL。按方法(1)提取备用。

（4）测定：分别取样 20 μL，注入高效液相色谱柱中，测得不同浓度己烯雌酚标准使用液的峰高，以己烯雌酚标准使用液浓度为横坐标，峰高为纵坐标，绘制工作曲线。同法取样品溶液 20 μL，注入高效液相色谱柱中，测得待测样品溶液峰高，从工作曲线图中查得相应含量。$R_t = 8.235$。

4. 计算

$$X = \frac{A \times 1\,000}{m \times \dfrac{V_2}{V_1}} \times \frac{1\,000}{1\,000} \times 1\,000$$

式中：$X$ 为试样中己烯雌酚的残留量（mg/kg）；$A$ 为进样体积中己烯雌酚的质量（ng）；$m$ 为试样的质量（g）；$V_2$ 为进样体积（μL）；$V_1$ 为试样甲醇提取液总体积（mL）。

# 第二节　动物性食品中 $\beta$-兴奋剂残留的检验

## 一、概述

$\beta$-兴奋剂全称为 $\beta$-肾上腺素受体激动剂，是一类化学结构和生理功能类似肾上腺素和去甲肾上腺素的苯乙胺类衍生物的总称。早期 $\beta$-兴奋剂在医学上属拟交感神经作用药，能兴奋支气管平滑肌的 $\beta$ 受体，使平滑肌松弛，支气管扩张，可以用来治疗支气管哮喘病。20 世纪 80 年代，一系列动物试验表明 $\beta$-兴奋剂用量超过推荐治疗剂量的 5～10 倍（同化剂量）时，一些 $\beta$-兴奋剂能使多种动物（牛、猪、羊、家禽）体内营养成分由脂肪组织向肌肉转移，称为"再分配效应"，其结果是体内的脂肪组织分解代谢增强，蛋白质合成增加，能显著增加胴体的瘦肉率、增重和提高饲料转化率。

由于 $\beta$-兴奋剂对大多数动物具有促生长作用，尤其是反刍动物，它能促进组织细胞内蛋白质合成，其中骨骼肌细胞较敏感，从而引起肌纤维细胞内物质增多，体积增大，同时可以减少胴体的脂肪含量和非胴体部分的脂肪沉积，另外还对生长激素和胰岛素具有调节作用。所以 20 世纪 80 年代以来，$\beta$-兴奋剂被大量非法用于畜牧生产，以促进畜禽生长和改善肉质。目前在畜牧生产中非法使用最广泛的 $\beta$-兴奋剂有克伦特罗（克喘素，俗称瘦肉精），其次是沙丁胺醇（舒喘宁），还有莱克多巴胺、塞曼特罗（息喘宁）、塞布特罗、溴布特罗、马布特罗、特布他林等 10 余种。但残留于动物性食品中的 $\beta$-兴奋剂超过一定量时，食用后就会引起中毒。

## 二、检验意义与卫生标准

$\beta$-兴奋剂虽然能促进动物生长，提高日增重，提高饲料转化率，改善胴体品质，但用于促生长目的时使用剂量通常超过 5 mg/kg，成为导致畜禽 $\beta$-兴奋剂中毒和在动物性食品中残留的主要原因。当人累计摄入剂量超过一定阈值或一次性食入高残留量（＞100 mg/kg）的内脏组织（如肝、肾或肺）时，就会发生中毒。

$\beta$-兴奋剂对动物的危害主要表现为显著影响心血管系统，导致动物心跳加快，血压升高，血管扩张,呼吸加剧,体温上升,心脏和肾脏负担加重。同时由于β-兴奋剂能大幅度地减少皮下脂肪厚度,使得动物对环境的适应能力降低,导致疾病的发生率增高。另外,给动物使用β-兴奋剂后,畜禽肌肉糖原分解增强,宰后畜禽肌肉中糖原减少,限制了肌肉pH的正常降低,从而导致肌肉出现色深、坚硬、干燥的现象;同时可以使背部脂肪层变薄,屠宰后温热胴体快速冷却而发生冷缩现象,导致大量肌纤维分解成肌纤维蛋白及肌凝蛋白,使肌肉苍白、松软、韧性增强,口感变劣。

β-兴奋剂在动物组织中会形成残留,并通过食物链危害人类健康。克伦特罗在牛体内的半衰期短于24 h,但在动物组织中特别是内脏中会有较高的克伦特罗残留。据报道,在犊牛中使用克伦特罗后,最高残留在眼组织,是血液浓度的107倍,肝、肾、肺、脾的浓度为血液的20~90倍,肌肉中的浓度约为血液的3~15倍。另外,对泌乳牛使用克伦特罗后,乳中的残留量相当于人类疾病的治疗用量。肝脏是动物蓄积β-兴奋剂的主要器官。人食用具有较高残留浓度克伦特罗的动物产品后,会出现心跳加快、头晕、心悸、呼吸困难、肌肉震颤、头痛等中毒症状。同时克伦特罗还可以通过胎盘屏障进入胎儿内产生蓄积,从而对子代产生严重的危害。

我国国家标准(GB 16869—2005)规定,鲜、冻禽产品中不得检出盐酸克伦特罗。我国无公害畜禽肉安全要求(GB 18406.3—2001)规定,畜禽肉中不得检出盐酸克伦特罗(检出限为0.01 mg/kg)。

我国农业部2002年第235号公告中,"禁止使用的药物,在动物性食品中不得检出"的β-兴奋剂主要有克伦特罗及其盐、酯,沙丁胺醇及其盐、酯,莱克多巴胺、西马特罗及其盐、酯等。

### 三、动物性食品中β-兴奋剂残留的测定方法

我国国家标准规定动物性食品中β-兴奋剂残留量的测定方法主要有高效液相色谱-质谱法、气相色谱-质谱法、高效液相色谱法、酶联免疫吸附法等。这里主要介绍动物性食品中克伦特罗残留量的测定(气相色谱-质谱法)(GB/T 5009.192—2003)和动物性食品中莱克多巴胺残留量的测定(酶联免疫吸附法)(GB/T 5009.192—2003)。

#### (一)动物性食品中克伦特罗残留量的测定

1. 基本原理

固体样品试样剪碎,用高氯酸溶液匀浆;液体试样加入高氯酸溶液,进行超声加热提取,用异丙醇-乙酸乙酯(40+60)萃取,有机相浓缩,经弱阳离子交换柱进行分离,用乙醇-浓氨水(98+2)溶液洗脱,洗脱液浓缩,经N,Q-双三甲基硅烷三氟乙酰胺(BSTFA)衍生后,于气质联用仪上进行测定。以美托洛尔为内标,采用内标法进行定量。

2. 器材与试剂

(1)美托洛尔内标标准溶液:准确称取美托洛尔标准品,用甲醇溶解,配成浓度为240 mg/L的内标储备液,贮于冰箱中。使用时用甲醇稀释成2.4 mg/L的内标使用液。

(2)克伦特罗标准溶液:准确称取克伦特罗标准品,用甲醇溶解,配成浓度为250 mg/L的标准储备液,贮于冰箱中。使用时用甲醇稀释成0.5 mg/L的克伦特罗标准使用液。

(3)衍生剂:N,Q-双三甲基硅烷三氟乙酰胺(BSTFA)。

(4)高氯酸溶液(0.1 mol/L),氢氧化钠溶液(1 mol/L)。

（5）磷酸二氢钠缓冲液（0.1 mol/L，pH＝6.0）。

（6）异丙醇＋乙酸乙酯（40＋60）；乙醇＋浓氨水（98＋2）。

（7）弱阳离子交换柱（LC-WCX）（3 mL），针筒式微孔过滤膜（0.45 $\mu$m，水相）。

（8）磷酸二氢钠，氢氧化钠，氯化钠，高氯酸，浓氨水，异丙醇，乙酸乙酯，甲醇、乙醇均等为HFLC级；甲苯为色谱纯。

（9）气相色谱-质谱联用仪（GC/MS）。

（10）超声波清洗器，离心机，振荡器，旋转蒸发仪。

3. 操作方法

（1）样品试样提取。

①肌肉、肝脏、肾脏、尿样的提取：称取肌肉、肝脏或肾脏试样 10 g（精确到 0.01 g），用 20 mL 0.1 mol/L 高氯酸溶液匀浆，置于磨口玻璃离心管中，然后置于超声波清洗器中超声 20 min，取出置于 80℃ 水浴中加热 30 min。取出冷却后，离心（4 500 r/min）15 min。倾出上清液，沉淀用 5 mL 0.1 mol/L 高氯酸溶液洗涤，再离心，将两次的上清液合并。尿液试样的提取中采用移液管量取尿液 5 mL，加入 20 mL 0.1 mol/L 高氯酸溶液，超声 20 min 混匀，置于 80℃ 水浴中加热 30 min，进行以下操作。用 1 mol/L 氢氧化钠溶液调 pH 至 9.5±0.1，若有沉淀产生，再离心（4 500 r/min）10 min，将上清液转移至磨口玻璃离心管中，加入 8g 氯化钠，混匀，加入 25 mL 异丙醇-乙酸乙酯（40＋60），置于振荡器上振荡提取 20 min。提取完毕，放置 5 min（若有乳化层稍离心一下）。用吸管小心将上层有机相移至旋转蒸发瓶中，用 20 mL 异丙醇＋乙酸乙酯（40＋60）再重复萃取一次，合并有机相，于 60℃ 在旋转蒸发器上浓缩至近干。用 1 mL 0.1 mol/L 磷酸二氢钠缓冲液（pH6.0）充分溶解残留物，经针筒式微孔过滤膜过滤，洗涤 3 次后，完全转移至 5 mL 玻璃离心管中，并用 0.1 mol/L 磷酸二氢钠缓冲液（pH6.0）定容至刻度。

②血液试样的提取：将血液于 4 500 r/min 离心，用移液管量取上层血清 1 mL 置于 5 mL 玻璃离心管中，加入 2 mL 0.1 mol/L 高氯酸溶液，混匀，置于超声波清洗器中超声 20 min，取出置于 80℃ 水浴中加热 30 min，取出冷却后离心（4 500 r/min）15 min。倾出上清液，沉淀用 1 mL 0.1 mol/L 高氯酸溶液洗涤，离心（4 500 r/min）10 min，合并上清液，再重复一遍洗涤步骤，合并上清液。向上清液中加入约 1 g 氯化钠，加入 2 mL 异丙醇-乙酸乙酯（40＋60），在涡旋式混合器上振荡萃取 5 min，放置 5 min（若有乳化层稍离心一下），小心移出有机相于 5 mL 玻璃离心管中，按以上萃取步骤重复萃取两次，合并有机相。将有机相在 $N_2$-浓缩器上吹干。用 1 mL 0.1 mol/L 磷酸二氢钠缓冲液（pH 6.0）充分溶解残留物，经针筒式微孔过滤膜过滤，完全转移至 5 mL 玻璃离心管中，并用 0.1 mol/L 磷酸二氢钠缓冲液（pH6.0）定容至刻度。

（2）净化：依次用 10 mL 乙醇、3 mL 水、3 mL 0.1 mol/L 磷酸二氢钠缓冲液（pH6.0）、3 mL 水冲洗弱阳离子交换柱，取适量样品提取液至弱阳离子交换柱上，弃去流出液，分别用 4 mL 水和 4 mL 乙醇冲洗柱子，弃去流出液，用 6 mL 乙醇-浓氨水（98＋2）冲洗柱子，收集流出液。将流出液在 $N_2$-蒸发器上浓缩至干。

（3）衍生化：于净化、吹干的样品试样残渣中加入 100～500 $\mu$L 甲醇、50 $\mu$L 2.4 mg/L 的内标工作液，在 $N_2$-蒸发器上浓缩至干，迅速加入 40 $\mu$L 衍生剂（BSTFA），盖紧塞子，在涡旋式混合器上混匀 1 min，置于 75℃ 的恒温加热器中衍生 90 min，衍生反应完成后取出，冷却至室温,在涡旋式混合器上混匀 30 s,置于 $N_2$-蒸发器上浓缩至干。加入 200 $\mu$L 甲苯,在涡旋式混合器上充分混匀,供气质联用仪进样测定。同时用克伦特罗标准使用液做系列同步衍生试验。

(4)气相色谱-质谱法测定参数。

气相色谱柱:DB-5MS 柱,30 m×0.25 mm×0.25 $\mu$m。

载气:He。

柱前压:55.16 kPa(8 psi)。

进样口温度:240℃。

进样量:1 $\mu$L,不分流。

柱温程序:70℃ 保持 1 min,以 18℃/min 的速度升至 200℃,以 5℃/min 的速度再升至 245℃,再以 25℃/min 升至 280℃并保持 2 min。

EI 源电子轰击能:70 eV。

离子源温度:2 000℃。

接口温度:285℃。

溶剂延迟:12 min。

EI 源检测特征质谱峰:

克伦特罗:m/z 86、187、243、262。

美托洛尔:m/z 72、223。

(5)测定:吸取 1 $\mu$L 衍生的试样液或标准液注入气质联用仪中,以试样峰(m/z 86、187、243、262、264、277、333)与内标峰(m/z 72、223)的相对保留时间定性,要求试样峰中至少有 3 对选择离子相对强度(与基峰的比例)不超过标准相应选择离子相对强度平均值的±20％或 3 倍标准差。以试样峰(m/z 86)与内标峰(m/z 72)的峰面积比单点或多点校准进行定量。

### (二)动物性食品中莱克多巴胺残留量的测定

#### 1.基本原理

在微孔条上包被偶联抗原,样品试样中残留的莱克多巴胺药物与酶标板上的偶联抗原竞争莱克多巴胺抗体,加酶标记的抗体后,显色剂显色,终止液终止反应。用酶标仪在波长 450 nm 处测定吸光度值,吸光度值与莱克多巴胺残留量呈负相关,与标准曲线比较,可以得出莱克多巴胺的残留含量。

#### 2.器材与试剂

(1)乙腈、正己烷:分析纯。

(2)莱克多巴胺检测试剂盒:2～8℃保存。

(3)包被有莱克多巴胺偶联抗原的 96 孔板:规格为 12 条×8 孔。

(4)莱克多巴胺抗体工作液;酶标记抗体工作液。

(5)20 倍浓缩洗涤液;5 倍浓缩缓冲液。

(6)底物液 A 液,底物液 B 液,终止液。

(7)莱克多巴胺系列标准溶液:至少有 5 个倍比稀释浓度水平,外加 1 个空白。

(8)缓冲工作液:用水将 5 倍浓缩缓冲液按 1∶4 体积比进行稀释(1 份 5 倍浓缩缓冲液＋4 份水),用于溶解干燥的残留物。2～8℃保存,有效期 1 个月。

(9)洗涤液工作液:用水将 20 倍的浓缩洗涤液按 1∶19 体积比进行稀释(1 份 20 倍浓缩洗涤液＋19 份水),用于酶标板的洗涤。2～8℃保存,有效期 1 个月。

(10)酶标仪:配备 450 nm 滤光片。

(11)匀浆器;微量振荡器;离心机。

(12)微量移液器:单道 20 μL、50 μL、100 μL、1 000 μL;多道 250 μL。

(13)天平:感量 0.01 g;氮气吹干装置。

### 3. 操作方法

(1)猪肌肉和猪肝脏样品的前处理:称取试样(3±0.03)g 于 50 mL 离心管中,加乙腈 9 mL,振荡 10 min,4 000 r/min 离心 10 min;取上清液 4 mL 于 10 mL 离心管中,50℃水浴下氮气吹干;加正己烷 1 mL,涡动 50 s;再加缓冲工作液 1 mL,涡动 1 min,4 000 r/min 离心 5 min,肌肉组织取下层液 100 μL 与样本缓冲工作液 100 μL 混合;肝组织取下层液 50 μL 与样本缓冲工作液 150 μL 混合,各取 50 μL 分析。肌肉组织的稀释倍数为 1.5 倍,肝组织的稀释倍数为 3 倍。

(2)猪尿液样品的前处理:取样品试样 50 μL 直接用于分析。猪尿液样品的稀释倍数为 1 倍。

(3)测定程序。

①使用前将试剂盒在室温(19～25℃)下放置 1～2 h。

②按每个标准溶液和试样溶液至少两个平行计算,将所需数目的酶标板条插入板架中。

③加标准品或样本 50 μL/孔后,每孔再加莱克多巴胺抗体工作液 50 μL 轻轻振荡,混匀。用盖板膜盖板,置室温下反应 30 min。

④倒出孔中液体,将酶标板倒置在吸水纸上拍打,以保证完全除去孔中的液体,加 250 μL 洗涤液工作液至每个孔中,5 s 后再倒掉孔中液体,将酶标板倒置在吸水纸上拍打,以保证完全除去孔中的液体。再加 250 μL 洗涤液工作液,重复操作两遍以上(或用洗板机洗涤两次)。

⑤加酶标记抗体 100 μL/孔,用盖板膜盖板后,置室温下反应 30 min,取出,重复上述洗板步骤。

⑥加底物液 A 液和 B 液各 50 μL/L,轻轻振荡混匀,于室温下避光显色 15～30 min。

⑦加终止液 50 μL,轻轻振荡混匀,置酶标仪上,于 450 nm 波长处测量吸光度值。

### 4. 计算

用所获得的标准溶液和试样溶液吸光度值的比值进行计算。见下式:

$$相对吸光度值=\frac{B}{B_0}\times100\%$$

式中:$B$ 为标准(试样)溶液的吸光度值;$B_0$ 为空白对照(浓度为 0 标准溶液)的吸光度值。将计算的相对吸光度值(％)对应莱克多巴胺标准品浓度(μL/L)的自然对数作半对数坐标系统曲线图,对应的试样浓度可以从校正曲线算出。此方法筛选结果为阳性的样品,需要用确证方法确证。

### 5. 说明

(1)本方法在猪肉、猪肝、尿液样品中莱克多巴胺的检测限依次为 1.5 μg/kg(L)、1.4 μg/kg(L)、1.1 μg/kg(L)。本方法的批内变异系数≤20％,批间变异系数≤30％。

(2)本方法在 2～10 μg/kg(L)添加浓度水平上的回收率均为 60％～120％。

# 第九章　动物性食品中食品添加剂残留的检验技术

食品添加剂是指为改善食品品质和色、香、味，以及为防腐和加工工艺的需要而加入食品中的天然或者化学合成物质。食品添加剂可以不是食物，也不一定具有营养价值，但必须对人体无害。食品添加剂按其功能可以分为酸度调节剂、抗结剂、消泡剂、抗氧化剂、漂白剂、膨松剂、着色剂、护色剂、乳化剂、酶制剂、增味剂、水分保持剂、营养强化剂、防腐剂、稳定剂、凝固剂、甜味剂、增稠剂、食品用香料等。动物性食品中常用的食品添加剂主要有防腐剂、抗氧化剂、着色剂、护色剂、凝固剂、甜味剂、增稠剂等。

我国使用食品添加剂的历史悠久，最初使用的多为天然物质，对人体一般无毒害作用，至今仍在沿用，如花椒、茴香、姜、桂皮等。随着食品工业和化学工业的发展，食品添加剂的种类和数量越来越多，并由天然物质逐渐发展到化学合成物质，使用范围也在不断扩大，对食品工业的发展、食品保鲜等起到了积极的作用，但由于化学合成的添加剂的大量采用，使人们意识到其结果会给人类健康带来威胁，特别是毒理学和分析检测技术的进步，发现有些食品添加剂对人体有慢性毒性作用，甚至有致癌性。长期食用含有化学合成添加剂的食品，是否对人体有危害作用，已成为广大消费者普遍关心的问题。因此必须加强对动物性食品中食品添加剂使用的监管和严格的卫生检验。

## 第一节　动物性食品中防腐剂残留的检验

### 一、概述

防腐剂是用于食品保藏的具有抑制或杀灭微生物作用的各种天然的或合成的化学物质的总称。我国现行食品添加剂使用卫生标准中规定的防腐剂有苯甲酸、苯甲酸钠、山梨酸、山梨酸钾、对羟基苯甲酸乙酯、对羟基苯甲酸丙酯、丙酸钙、丙酸钠、乳酸链球菌素、过氧化氢等，这些防腐剂主要用于糖果、饮料、水果、蔬菜罐头、酱油和醋等。

动物性食品中允许添加的防腐剂主要有山梨酸、山梨酸钾、苯甲酸、苯甲酸钠、乳酸链球菌素、过氧化氢（或过碳酸钠）等。其中山梨酸是一种不饱和脂肪酸，在体内可以直接参加正常脂肪代谢，氧化成二氧化碳和水，因而几乎没有毒性，可以用于肉、鱼、蛋、禽类制品。由于山梨酸在水中溶解度较低，故多用其钾盐。山梨酸能与微生物酶系统中的巯基结合，从而破坏其活性，达到抑菌的目的。它对霉菌有较强的抑制作用，在 pH 4.5 以下的酸性环境中抑菌作用较为显著，对酵母也有抑制作用，但对细菌的抑制作用较差。苯甲酸又名安息香酸，防腐效果好，对人毒性很小。在酸性条件下，苯甲酸对细菌、酵母有较强的抑制作用，但对霉菌和产酸菌的抑制作用较弱。对羟基苯甲酸酯类是苯甲酸的衍生物，包括对羟基苯甲酸甲酯、乙酯、丙酯和丁酯,对细菌、霉菌及酵母有抑制作用,但对革兰阴性杆菌及乳酸菌作用稍弱,其抑菌作用一般比苯甲酸强。

## 二、检验意义与卫生标准

食品中的防腐剂是人为添加的化学合成的化学物质,在杀死或抑制微生物的同时,不可避免会对人体产生副作用,特别是在长期超剂量使用的动物性食品。实验证明,苯甲酸及其盐类可以引起呼吸器官的炎症;某些种类的防腐剂长期使用后可以在体内蓄积,引起慢性中毒,具有潜在的致癌作用。

我国《食品添加剂使用卫生标准》(GB 2760—2007)规定,肉、鱼、蛋类制品中山梨酸最大使用剂量为 0.075 g/kg,肉灌肠类 1.5 g/kg,干酪为 1.0 g/kg;蚝油、虾油、鱼露中苯甲酸及其钠盐的最大使用量为 1.0 g/kg;对羟基苯甲酸甲酯、乙酯、丙酯在热凝固蛋制品(如蛋黄酪、松花蛋肠)中的添加剂量为 0.2 g/kg。

## 三、动物性食品中防腐剂残留的检验方法

我国国家标准规定动物性食品中防腐剂残留量的测定方法主要有气相色谱法、紫外分光光度法、高效液相色谱法和滴定法等。这里主要介绍动物性食品中山梨酸、苯甲酸含量的测定(气相色谱法)(GB/T 5009.29—2003)。

### (一)基本原理

食品样品酸化后,用乙醚提取山梨酸、苯甲酸,用附氢火焰离子化检测器的气相色谱仪进行分离测定,与标准系列比较定量。

### (二)器材与试剂

(1)乙醚:不含过氧化物。

(2)石油醚:沸程 30～60℃。

(3)盐酸、无水硫酸钠。

(4)盐酸(1+1):取 100 mL 盐酸,加水稀释至 200 mL。

(5)氯化钠酸性溶液(40 g/L):于氯化钠溶液(40 g/L)中加少量盐酸(1+1)酸化。

(6)山梨酸、苯甲酸标准溶液(2.0 mg/mL):准确称取山梨酸、苯甲酸各 0.200 0 g,置于100 mL 容量瓶中,用石油醚-乙醚(3+1)混合溶剂溶解后,稀释至刻度。

(7)山梨酸、苯甲酸标准使用液:吸取适量山梨酸、苯甲酸标准溶液,以石油醚-乙醚(3+1)混合溶剂稀释至每毫升相当于 50 μg、100 μg、150 μg、200 μg、250 μg 山梨酸或苯甲酸。

(8)气相色谱仪:具有氢火焰离子化检测器,附 FID 检测器。

### (三)操作方法

### 1.食品试样提取

称取 2.50 g 事先混合均匀好的样品,置于 25 mL 带塞量筒中,加入 0.5 mL 盐酸(1+1)酸化,用 15 mL、10 mL 乙醚提取两次,每次振摇 1 min,将上层醚提取液吸入另一个 25 mL 带塞量筒中,合并乙醚提取液。用 3 mL 氯化钠酸性溶液洗涤两次,静置 15 min,用滴管将乙醚层通过无水硫酸钠滤入 25 mL 容量瓶中。加乙醚至刻度,混匀。准确吸取 5 mL 乙醚提取液

于 5 mL 带塞刻度试管中,置于 40℃水浴上挥干,加入 2 mL 石油醚-乙醚(3+1)混合溶剂溶解残渣,备用。

**2.色谱参考条件**

(1)色谱柱:玻璃柱,内径 3 mm,长 2 m,内装涂以 5%丁二酸二乙醇酯(DEGS)+1%磷酸固定液的 60~80 目 ChromosorbWAW。

(2)气流速度:载气为氮气,50 mL/ min(氮气和空气、氢气之比按各仪器型号不同选择各自的最佳比例条件)。

(3)温度:进样口 230℃,检测器 230℃,柱温 170℃。

**3.测定**

吸取 2 μL 标准系列中各浓度标准使用液,注入气相色谱仪中,可以测得不同浓度山梨酸、苯甲酸的峰高。以浓度为横坐标,相应的峰高值为纵坐标,绘制标准曲线。

同样方法吸取 2 μL 样品溶液,进行测定,可以测得样品溶液的峰高值,与标准曲线比较定量。

**(四)计算**

$$X = \frac{A \times 1\,000}{m \times \frac{5}{25} \times \frac{V_2}{V_1} \times 1\,000}$$

式中:$X$ 为试样中山梨酸或苯甲酸的含量(g/kg);$A$ 为测定用试样液中山梨酸或苯甲酸的质量(μg);$V_1$ 为加入石油醚-乙醚(3+1)混合溶剂的体积(mL);$V_2$ 为测定时进样的体积(μL);$m$ 为试样的质量(g);5 为测定时吸取乙醚提取液的体积(mL);25 为试样乙醚提取液的总体积(mL)。

由测得的苯甲酸的量乘以 1.18,即为苯甲酸钠的含量。计算结果保留两位有效数字。

**(五)说明**

(1)食品中山梨酸、苯甲酸含量的测定采用气相色谱法,气相色谱法的最低检出量为 1 μg,用于色谱分析的试样为 1 g 时,最低检出浓度为 1 mg/kg。

(2)在重复性条件下获得的两次独立的测定结果的绝对值不得超过算术平均值的 10%。

# 第二节　动物性食品中护色剂残留的检验

## 一、概述

护色剂又称呈色剂或发色剂,是一类能使肉类制品呈现良好色泽的添加剂。我国允许在肉制品加工中使用的护色剂主要有硝酸钠(钾)和亚硝酸钠(钾),常用于香肠、火腿、肉类罐头等。

硝酸盐在亚硝酸菌作用下还原为亚硝酸盐,后者在酸性条件下产生游离的亚硝酸,并进而分解产生亚硝基后,再与肌肉组织中肌红蛋白结合形成亚硝基肌红蛋白,使肉制品呈现稳定的鲜红色。此外,亚硝酸盐还是肉类食品的一种良好的防腐剂,在肉制品中对微生物的增殖有明显的抑制作用,显著抑制罐装食品和腌肉中梭状芽孢杆菌,尤其是肉毒梭菌对肉毒梭菌的生长繁殖。亚硝酸盐能够增强腌肉制品的风味。研究结果和感官评定表明亚硝酸盐主要通过抗氧化作用对腌肉风味产生影响。

## 二、检验意义与卫生标准

亚硝酸盐不是人体所必需的营养物质,摄入过多对人体健康产生危害作用。硝酸盐的毒性作用主要是在胃肠道中能被还原为亚硝酸盐,当人体摄入大量亚硝酸盐,可以将血液中的二价铁离子氧化为三价铁离子,将血红蛋白氧化为高铁血红蛋白,使血液输送氧的能力下降,从而使血红蛋白失去携氧机能,导致机体组织缺氧,出现呼吸困难、呕吐等亚硝酸盐中毒症状,表现为恶心、呕吐、全身无力、皮肤青紫等,严重者昏迷、抽搐、呼吸衰竭而死亡。

亚硝酸盐是形成亚硝胺的前体物质,在胃内与胺类物质合成强致癌物亚硝胺;同时亚硝酸盐能够透过胎盘进入胎儿体内,6 个月以内的婴儿对硝酸盐类特别敏感,对胎儿有致畸作用。另外亚硝酸盐还可以干扰碘代谢,减少人体对碘的消化吸收,从而导致甲状腺肿大。长期摄入亚硝酸盐可以导致维生素 A 的氧化破坏,并阻碍胡萝卜素转化为维生素 A,从而引起维生素 A 的缺乏。故在肉制品加工中必须严格控制护色剂的使用量,确保食用安全。

我国《食品添加剂使用卫生标准》(GB 2760—2007)规定,各种肉制品中硝酸钠(钾)最大使用量≤0.5 g/kg,亚硝酸钠(钾)最大使用量≤0.15 g/kg。亚硝酸盐的允许残留量(以 $NaNO_2$ 计,mg/kg):肉类制品≤30,肉类罐头≤50。

## 三、动物性食品中护色剂残留的检验方法

我国国家标准规定动物性食品中护色剂残留量的测定方法包括亚硝酸盐含量的测定和硝酸盐含量的测定。亚硝酸盐含量的测定方法主要是盐酸萘乙二胺法,硝酸盐含量的测定方法主要是镉柱还原法等。这里主要介绍动物性食品中亚硝酸盐含量的测定方法(盐酸萘乙二胺法)(GB/T 5009.33—2003)。

### (一)基本原理

食品样品经沉淀蛋白质,除去脂肪后,在弱酸性条件下亚硝酸盐与对氨基苯磺酸发生重氮化反应,生成重氮化合物,再与盐酸萘乙二胺偶合形成红紫色染料,与标准比较定量。

### (二)器材与试剂

(1)小型绞肉机;分光光度计。

(2)0.4%对氨基苯磺酸溶液:精密称取 0.4 g 对氨基苯磺酸,溶于 100 mL 20%的盐酸中,避光保存。

(3)0.2%盐酸萘乙二胺溶液:称取 0.2 g 盐酸萘乙二胺,溶于 100 mL 水中,避光保存。

(4)亚铁氰化钾溶液:称取 106 g 亚铁氰化钾,溶于一定量的水中,并稀释至 1 000 mL。

(5)乙酸锌溶液:称取 220 g 乙酸锌,加 30 mL 冰乙酸溶于水,并稀释至 1 000 mL。

(6)饱和硼砂溶液:称取 5 g 硼砂钠,溶于 100 mL 热水中,冷却后备用。

(7)亚硝酸钠储备液:精密称取 0.100 0 g 于硅胶干燥器中干燥 24 h 的亚硝酸钠,加水溶解,移入 500 mL 容量瓶内,并稀释至刻度。此溶液每毫升相当于 200 μg 亚硝酸钠。

(8)亚硝酸钠标准使用液:临用前吸取亚硝酸钠标准溶液 5.00 mL 置于 200 mL 容量瓶内,加水稀释至刻度,此溶液每毫升相当于 5 μg 亚硝酸钠。

**（三）操作方法**

**1.食品样品处理**

称取 5.0 g 经绞碎混匀的样品，置于 500 mL 烧杯中，加硼砂饱和溶液 12.5 mL，搅拌均匀，以 70℃左右的水约 300 mL 将样品全部洗入 500 mL 容量瓶中，置沸水浴中加热 15 min 混匀，取出冷却至室温，然后边转动边加入亚铁氰化钾溶液 5 mL，摇匀。再加入乙酸锌溶液 5 mL，以沉淀蛋白质，加水至刻度，混匀，放置 30 min。除去上层脂肪，上清液用滤纸过滤，弃去初滤液 30 mL，滤液备用。

**2.测定**

取干燥清洁的 50 mL 比色管，编号后，按表 9-1 顺序进行加样反应，用 2 cm 比色杯，以零管调零，于 538 nm 处测定吸光度值，并绘制出标准曲线进行比较定量。

**表 9-1　盐酸萘乙二胺比色法测定程序**

| 成分 | 标准管号 | | | | | | | | | 样品管号 |
|---|---|---|---|---|---|---|---|---|---|---|
| | 0 | 1 | 2 | 3 | 4 | 5 | 6 | 7 | 8 | 9 |
| 亚硝酸钠标准液/mL | 0.00 | 0.20 | 0.40 | 0.60 | 0.80 | 1.00 | 1.50 | 2.00 | 2.50 | — |
| 相当于亚硝酸钠/μg | 0 | 1 | 2 | 3 | 4 | 5 | 7.5 | 10 | 12.5 | — |
| 样品溶液/mL | — | — | — | — | — | — | — | — | — | 40 |
| 0.4%对氨基苯磺酸/mL | 各加 2 mL，静置 3~5 min | | | | | | | | | |
| 0.2%盐酸萘乙二胺/mL | 各加 1 mL，加水定容至 50 mL，静置 15 min | | | | | | | | | |

**（四）计算**

$$X = \frac{A \times 1\,000}{m \times \frac{V_2}{V_1} \times 1\,000}$$

式中：$X$ 为试样中亚硝酸盐的含量（mg/kg）；$m$ 为试样的质量（g）；$A$ 为测定用样液中亚硝酸盐的含量（μg）；$V_1$ 为试样处理液总体积（mL）；$V_2$ 为测定用样液体积（mL）。

计算结果保留两位有效数字。

**（五）说明**

（1）食品中亚硝酸盐常用的检测方法为盐酸萘乙二胺法，检出限为 1 mg/kg。

（2）在重复性条件下获得的两次独立测定结果的绝对差值不得超过算术平均值的 10%。

# 第三节　动物性食品中抗氧化剂残留的检验

**一、概述**

抗氧化剂是指能防止食品中脂肪成分因氧化而导致变质的一类添加剂。氧化作用可以导致食品中的油脂酸败，还会导致食品褪色、褐变、维生素受破坏等。抗氧化剂主要用于油脂和富含油脂的食品，可以阻止和延迟氧化过程，提高食品的稳定性和延长贮存期。我国允许用于肉制品和动物性油脂的抗氧化剂主要有丁基羟基茴香醚(BHA)、二丁基羟基甲苯(BHT)、没食子酸丙酯(PG)、D-异抗坏血酸钠、茶多酚(维多酚)等。BHA、BHT 和 PG 三者单独使用时效果比较差,实际使用中多为两种或 3 种混合使用。

丁基羟基茴香醚(BHA),又名叔丁基-4-甲氧基苯酚、丁基大茴香醚,是一种常用的食品抗氧化剂。BHA 能与油脂氧化过程中产生的过氧化物作用,从而切断自动氧化的连锁反应,防止油脂继续氧化,可以用作动物油脂、肉、禽类制品、水产品及相关产品的抗氧化剂,最大用量不超过 0.2 g/kg。BHA 具有较强的抗菌力,使用量为 100~200 mg/kg 时能抑制蜡样芽孢杆菌、鼠伤寒沙门氏菌、金黄色葡萄球菌、枯草杆菌等的生长;200 mg/kg 能完全抑制青霉菌属、曲霉菌属、地丝菌属等霉菌的生长繁殖。

### 二、检验意义与卫生标准

丁基羟基茴香醚对热稳定,在动物性食品中主要用于食用油脂、腌腊肉制品、干鱼制品等;二丁基羟基甲苯、没食子酸丙酯耐热、稳定,抗氧化效果好,常用于长期保藏的食品。BHA、BHT 和 PG 毒性很小,使用较为安全,但在食品添加剂的制造过程中产生的一些杂质,过量摄入对人体健康不利。研究报道,大剂量的 BHA 可以引起大鼠的前胃出现癌变;BHT 有促癌变作用,并可抑制人体呼吸酶活性,美国 FDA 和许多国家曾经禁用,后来证明 BHT 安全,但规定了严格的使用限量。

我国《食品添加剂使用卫生标准》(GB 2760-2007)规定,BHA、BHT 和 PG 最大使用限量和 FAO/WHO 制定的 ADI 值,见表 9-2。

**表 9-2　抗氧化剂的最大使用限量和 ADI 值**

| 食品添加剂名称 | 最大使用限量<br>(以脂肪计)/(g/kg) | FAO/WHO 制定的 ADI<br>/(毫克每千克体重) | 备注 |
|---|---|---|---|
| 丁基羟基茴香醚(BHA) | 0.2 | 0~0.5 | BHA 与 BHT 合用时,总量≤0.2 g/kg;BHA、BHT 和 PG 混合使用时,前两种≤0.1 g/kg,PG≤0.05 g/kg |
| 二丁基羟基甲苯(BHT) | 0.2 | 0~0.3 | |
| 没食子酸丙酯(PG) | 0.1 | 0~1.4 | |

### 三、动物性食品中抗氧化剂残留的检验方法

我国国家标准规定动物性食品中抗氧化剂残留量的测定方法主要有气相色谱法、薄层色谱法、分光光度法等。这里主要介绍动物性食品中丁基羟基茴香醚含量的测定方法(气相色谱法)(GB/T 5009.30—2003)。

#### (一)基本原理

食品试样中的丁基羟基茴香醚(BHA)用石油醚提取,通过层析柱使 BHA 净化,浓缩后,经气相色谱分离后,用氢火焰离子化检测器检测,根据试样峰高与标准峰高比较定量。

#### (二)器材与试剂

(1)气相色谱仪:附 FID 检测器。

(2)蒸发器:容积 200 mL。

(3)振荡器。

(4)层析柱：1 cm×30 cm 玻璃柱，带活塞。

(5)气相色谱柱：柱长 1.5 m、内径 3 mm 的玻璃柱内装涂质量分数为 10%的 QF-1 Gas-ChromQ(80～100 目)。

(6)石油醚：沸程 30～60℃。

(7)二氧甲烷：分析纯；二硫化碳：分析纯；无水硫酸钠：分析纯。

(8)硅胶 G：60～80 目，于 120℃活化 4 h，放干燥器中备用。

(9)弗罗里矽土(florisil)：60～80 目，于 120℃活化 4 h，放干燥器中备用。

(10)BHA 标准储备液：准确称取 BHA(纯度为 99.0%)0.1 g，用二硫化碳溶解，定容至 100 mL 容量瓶中。此溶液分别为每毫升含 1.0 mg BHA，置冰箱中保存。

(11)BHA 标准使用液：吸取标准储备液 4.0 mL 于 100 mL 容量瓶中，用二硫化碳定容至 100 mL。此溶液分别为每毫升含 0.040 mg BHA，置冰箱中保存。

(三)操作方法

1.层析柱的制备

于层析柱底部加入少量玻璃棉、少量无水硫酸钠，将硅胶-弗罗里矽土(6+4)共 10 g，用石油醚湿法混合装柱，柱顶部再加入少量无水硫酸钠。

2.食品试样制备

(1)含油脂高的试样：称取 50 g，混合均匀，置于 250 mL 具塞锥形瓶中，加 50 mL 石油醚(沸程为 30～60℃)，放置过夜，用快速滤纸过滤后，减压回收溶剂，残留脂肪备用。

(2)含油脂中等的试样：称取 100 g 左右，混合均匀，置于 500 mL 具塞锥形瓶中，加 100～200 mL 石油醚(沸程为 30～60℃)，放置过夜，用快速滤纸过滤后，减压回收溶剂，残留脂肪备用。

(3)含油脂少的试样：称取 250～300 g，混合均匀，置于 500 mL 具塞锥形瓶中，加入适量石油醚浸泡试样，放置过夜，用快速滤纸过滤后，减压回收溶剂，残留脂肪备用。

称取上述制备的脂肪 0.50～1.00 g，用 25 mL 石油醚溶解移入层析柱上，再以 100 mL 二氯甲烷分 5 次淋洗，合并淋洗液，减压浓缩近干时，用二硫化碳定容至 2.0 mL，该溶液为待测溶液。

3.气相色谱参考条件

(1)色谱柱：长 1.5 m，内径 3 mm 玻璃柱，质量分数为 10%QF-1 的 Gas Chrom Q(80～100 目)。

(2)检测器：FID。

(3)温度：检测室 200℃，进样口 200℃，柱温 140℃。

(4)载气流量：氮气 70 mL/min；氮气 50 mL/min；空气 500 mL/min。

4.测定

吸取 3.0 μL 标准使用液，注入气相色谱仪测定，绘制色谱图，量取峰高或面积；吸取 3.0 μL 试样待测溶液(应视试样含量而定)，注入气相色谱仪测定，绘制色谱图，量取峰高或面积，与标准峰高或面积比较，计算含量。

### (四)计算

待测溶液中 BHA 的质量按下式进行计算。

$$m_1 = \frac{H_1}{h_s} \times \frac{V_m}{V_1} \times V_s \times C_s$$

式中：$m_1$ 为待测溶液 BHA 的质量(mg)；$H_1$ 为注入色谱试样中 BHA 的峰高或面积；$h_s$ 为标准使用液中 BHA 的峰高或面积；$V_m$ 为待测试样定容的体积(mL)；$V_1$ 为注入色谱试样溶液的体积(mL)；$V_s$ 为注入色谱中标准使用液的体积(mL)；$C_s$ 为标准使用液的浓度(mg/mL)。

食品中以脂肪计，BHA 的含量按下式进行计算。

$$X = \frac{m_1 \times 1\,000}{m_2 \times 1\,000}$$

式中：$X$ 为食品中以脂肪计 BHA 的含量(g/kg)；$m_1$ 为待测溶液中 BHA 的质量(mg)；$m_2$ 为油脂(或食品中脂肪)的质量(g)。计算结果保留 3 位有效数字。

# 第四节  动物性食品中食用色素残留的检验

## 一、概述

食用色素是指一类本身有色泽、能使食品着色以改善食品感官性质，增进食欲的物质，又称为着色剂。食用色素按其来源分为食用天然色素和食用合成色素两类。

食用天然色素主要从有色的动、植物组织提取，经进一步分离精制而成，有些来自微生物培养物。我国允许使用的食用天然色素品种主要有焦糖色、红曲米、辣椒红、叶绿素铜钠盐、姜黄、红花黄、萝卜红、高粱红等。焦糖色、红曲米和红曲红等均可以用于肉制品。红曲米对 pH 的反应稳定，耐光耐热，不受金属离子的影响，对蛋白性食物着色力强，可以不限量用于熟肉制品。天然色素比较安全，有些还有一定营养价值，由于原料来源困难，色泽不够稳定、价格较贵，所以目前形成工业生产规模的品种不多，但各国许可使用的品种和用量在不断增加。

合成食用色素是用人工方法合成的有机色素，按其结构可以分为偶氮类和非偶氮类，其突出特点是着色力强、色泽鲜艳、成本较低。我国允许使用的合成食用色素种类主要有苋菜红、胭脂红、诱惑红、新红、柠檬黄、日落黄、靛蓝、亮蓝、赤鲜红等 9 种，前 6 种为偶氮类化合物。其中胭脂红、诱惑红可以用于西式火腿、肉灌肠类。

## 二、检验意义与卫生标准

食用色素对于改善食品的感官特征具有重要作用，天然色素比较安全，可以大量使用，但应注意天然色素成分复杂，在加工、提制过程中其化学结构可能发生变化，也可能混入铅、砷等有害元素及其他杂质，影响人体健康，如用氨法生产的焦糖色中含有的 4-甲基咪唑是一种惊厥剂，过量摄入具有危害作用，因此使用天然色素必须经过毒理学鉴定。而合成食用色素在合成过程中可因原料不纯，受到铅、砷等有害物的污染，或存在一些有毒中间产物。研究发现，有些合成食用色素有致癌作用,不少国家将其从允许使用的名单中删去,现在保留的数量品种不多。因此对合成色素必须合理使用,不得超过允许的最大使用量。

我国《食品添加剂使用卫生标准》(GB 2760—2007)规定,胭脂红、诱惑红可以用于西式火腿、肉灌肠类、调味乳品等,最大使用限量为 0.025 g/kg。

### 三、动物性食品中食用色素残留的检验方法

我国国家标准规定动物性食品中食用色素残留量的测定方法主要有高效液相色谱法、薄层色谱法与纸色谱法、比色法等。这里主要介绍动物性食品中胭脂红含量的测定方法(高效液相色谱法)(GB/T 9695.6—2008)。

#### (一)基本原理

食品试样中的胭脂红经试样脱脂、碱性溶液提取、沉淀蛋白质、聚酰胺粉吸附、无水乙醇＋氨水＋水解吸后,制成水溶液,过滤后,用高效液相色谱仪测定,根据保留时间定性,使用外标法进行定量。本法的检出限量为 0.05 mg/kg。

#### (二)器材与试剂

(1)甲醇:色谱纯;甲酸;无水乙醇;钨酸钠;柠檬酸;乙酸铵。

(2)石油醚:沸程为 30～60℃。

(3)海砂:化学纯。先用盐酸溶液(1＋10)煮沸 15 min,用水洗至中性,再用 50 g/L 氢氧化钠溶液煮 15 min,用水洗至中性,于 105℃干燥,贮存于具塞瓶中。

(4)硫酸溶液(1＋9):量取 10 mL 浓硫酸,在搅拌的同时缓慢加入 90 mL 水中。

(5)钨酸钠(100 g/L):称取 10 g 钨酸钠,加水溶解,稀释至 100 mL。

(6)乙酸铵溶液(0.02 mol/L):称取 1.54 g 乙酸铵,加水溶解,稀释至 1 000 mL,经 0.45 $\mu$m 滤膜过滤。

(7)柠檬酸(200 g/L):称取 10 g 柠檬酸,加水溶解,稀释至 100 mL。

(8)甲醇＋甲酸(3＋2):量取 60 mL 甲醇、40 mL 甲酸,混匀。

(9)无水乙醇＋氨水＋水(7＋2＋1):量取 70 mL 无水乙醇、20 mL 氨水、10 mL 水,混匀。

(10)pH5 水:取 100 mL 水,用柠檬酸溶液调 pH 到 5。

(11)聚酰胺粉(尼龙 6):过 200 目筛。

(12)胭脂红标准品:含量≥95％。

(13)胭脂红标准储备液(1 mg/mL):称取按其纯度折算为 100％质量的胭脂红标准品 0.100 g,置于 100 mL 容量瓶中,用 pH5 的水溶解,并稀释至刻度。

(14)胭脂红标准工作液:临用时将胭脂红标准储备液用水稀释至所需浓度,经 0.45 $\mu$m 滤膜过滤。

(15)机械设备:用于试样的均质化,包括高速旋转的切割机,或多孔板的孔径不超过4 mm 的绞肉机。

(16)高效液相色谱仪:配有紫外检测器或二极管阵列检测器。

(17)G3 砂芯漏斗,恒温水浴锅。

(18)分析天平:感量为 0.001 g。

（三）操作方法

1. 试样均质

使用适当的机械设备将食品试样均质，注意避免试样的温度超过 25℃。若使用绞肉机，试样至少通过该仪器操作两次。

2. 装入容器

将试样装入密封的容器中，防止变质和成分变化。试样应尽快进行分析，均质化后最迟不得超过 24 h。

3. 试样提取

称取试样 5.0～10.0 g，置于研钵中，加海沙少许，研磨混匀，吹冷风使试样略为干燥，加入石油醚 50 mL，搅拌，放置片刻，弃去石油醚，如此反复处理 3 次，除去脂肪，吹干。加入无水乙醇＋氨水＋水溶液提取胭脂红，通过砂芯漏斗抽提滤液，反复多次，至提取液五色为止，收集提取液于 250 mL 锥形瓶中。

4. 沉淀蛋白质

在 70℃水浴上浓缩提取液至 10 mL 以下，依次加入 1.0 mL 硫酸溶液和 1.0 mL 钨酸钠溶液，混匀，继续于 70℃水浴加热 5 min，沉淀蛋白质。取下锥形瓶，冷却至室温，用滤纸过滤，用少量水洗涤滤纸，滤液收集于 100 mL 烧杯中。

5. 纯化

将上述滤液加热至 70℃，将 1.0～1.5 g 聚酰胺粉加少许水调成粥状，倒入试样溶液中，使色素完全被吸附。将吸附色素的聚酰胺粉全部转移到漏斗中，抽滤，用 70℃柠檬酸溶液洗涤 3～5 次，然后用甲醇＋甲酸洗涤 3～5 次，至洗出液无色为止，再用水洗至流出液呈中性。以上洗涤过程要搅拌。用无水乙醇＋氨水＋水解吸 3～5 次，每次 5 mL，收集解吸液，蒸发至近干，加水溶解并定容至 10 mL，经 0.45 $\mu$m 滤膜过滤，滤液待测。

6. 测定

（1）液相色谱参考条件。

①色谱柱：$C_{18}$柱，150 mm×4.6 mm（内径），5 $\mu$m。

②流动相：甲醇和乙酸铵溶液（0.02 mol/L，pH4），梯度洗脱参数见表 9-3。

③流速：1.0 mL/ min。

④柱温：30℃。

⑤检测波长：508 nm。

⑥进样量：20 $\mu$L。

表 9-3　液相色谱梯度洗脱参考条件

| 时间/min | 甲醇/% | 0.02 mol/L 乙酸铵溶液/% |
|---|---|---|
| 0 | 22 | 78 |
| 5 | 35 | 65 |
| 20 | 85 | 15 |
| 21 | 22 | 78 |
| 25 | 22 | 78 |

（2）液相色谱测定：根据试样溶液中胭脂红的含量情况，选定峰面积相近的标准工作液。分别将待测试样溶液和标准工作液用高效液相色谱仪测定，标准工作液和试样溶液中的胭脂红的响应值均应在仪器的检测线性范围内。根据保留时间定性，使用外标法定量。

（3）空白试验：除不称取试样外，均按上述步骤进行。

## （四）计算

$$X = \frac{c \times A \times V \times 1\ 000}{A_s \times m \times 1\ 000}$$

式中：$X$ 为试样中胭脂红的含量（mg/kg）；$c$ 为标准工作液中胭脂红的浓度（mg/L）；$A$ 为试样溶液中胭脂红的峰面积；$V$ 为试样溶液最终定容的体积（mL）；$A_s$ 为标准工作液中胭脂红的峰面积；$m$ 为试样质量（g）。结果扣除空白值，保留两位有效数字。

注：测定应采用相同的方法和相同的仪器，在短时间间隔内对同一样品独立测定两次。两次测定结果的绝对值不得超过算术平均值的 10％。

# 第十章　动物性食品中致癌物质残留的检验技术

化学致癌物质是指在动物实验中发现能引起动物组织或器官癌变形成的任何化学物质。现已确知的对动物有致癌作用的化学致癌物有 1 000 多种,其中有些可能和人类癌症有关。各种化学致癌物在结构上是多种多样的,可以分为直接作用的化学致癌物和间接作用的化学致癌物两大类。

直接作用的化学致癌物不需要体内代谢活化即可致癌,一般为弱致癌剂,致癌时间长,如环磷酰胺、氮芥、苯丁酸氮芥、亚硝基脲等药物可以在应用长时间以后诱发第二种肿瘤,如化学治疗痊愈或已控制的白血病病人,数年后可能发生粒细胞性白血病;如镍、铬、镉、铍等金属元素中,镍与鼻癌和肺癌高发有关,镉与前列腺癌、肾癌的发生有关,铬可以引起肺癌等。

间接作用的化学致癌物是指必须经过动物体内代谢活化后才能致癌的化学物质。绝大多数致癌物属于化学致癌物。其中与动物性食品有关的化学致癌物主要有多环芳烃类、多氯联苯类、亚硝胺类、真菌毒素类等。多环芳烃类存在于石油、煤焦油中,致癌性特别强的主要有苯并(a)芘,这些致癌物质在使用小剂量时即能在实验动物引起恶性肿瘤,苯并(a)芘是煤焦油的主要致癌成分,此外,烟熏和烧烤的鱼、肉等食品中也含有多环芳烃,这可能和胃癌的发病有一定关系。亚硝胺类物质致癌谱很广,可以在许多实验动物诱发各种不同器官的肿瘤,其中主要是引起人体胃肠癌或其他肿瘤。黄曲霉菌广泛存在于高温潮湿地区的霉变食品中,尤以霉变的花生、玉米及谷类含量最多。黄曲霉毒素有许多种,其中黄曲霉毒素 $B_1$ 的致癌性最强,比二甲基亚硝胺大 75 倍,而且化学性质很稳定,不易被加热分解,煮熟后食入仍有活性,这种毒素主要诱发肝细胞性肝癌。因此为了保障消费者的身体健康,必须加强对动物性食品中化学致癌物质的卫生检验。

本章我们主要介绍黄曲霉毒素、苯并(a)芘、多氯联苯(PCBs)、N-亚硝胺等化学致癌物质的检验技术。

# 第一节　动物性食品中黄曲霉毒素残留的检验

## 一、概述

黄曲霉毒素是由黄曲霉和寄生曲霉产生的一类结构类似的代谢混合产物,达 17 种以上,包括 $B_1$、$B_2$、$G_1$、$G_2$、$M_1$、$M_2$、$P_1$、Q 和毒醇。其基本结构为二呋喃环和香豆素。根据黄曲霉毒素在波长 365 nm 的紫外光下呈现出荧光的颜色不同,可以分成 B(紫外光下呈现蓝紫色荧光)和 G(紫外光下呈黄绿荧光)两大组;根据黄曲霉毒素在硅胶等吸附剂和三氯甲烷等展开剂中的分配系数不同,分为 $B_1$、$B_2$、$G_1$、$G_2$、$M_1$、$M_2$ 等。黄曲霉毒素 $M_1$ 是黄曲霉毒素 $B_1$ 在体内经过羟化而成的代谢产物。黄曲霉毒素在水中的溶解度很低,易溶解在一些有机溶剂中,对光、热、酸稳定,100℃下 20 h 不能将其破坏,在 pH 9~10 的强碱性溶液中能迅速分解。因此在一般烹调加工的温度下,很难将其破坏而降低毒性。

黄曲霉毒素 $B_1$ 常存在于土壤、各种坚果(特别是花生和核桃)、大豆、稻谷、玉米、小麦、通心粉、食用油、鱼类等中;黄曲霉毒素 $M_1$ 主要存在于牛奶、奶制品、肉与肉制品、发酵豆制品(如酱与酱油)中。

## 二、检验意义与卫生标准

黄曲霉毒素 $B_1$ 存在量最大,毒性最强,黄曲霉毒素 $M_1$ 为黄曲霉毒素 $B_1$ 的代谢产物,毒性仅次于黄曲霉毒素 $B_1$,主要存在于牛奶和奶制品中。由于黄曲霉毒素广泛存在于霉变的畜禽饲料中,因此对动物性食品的污染主要是腌腊制品、灌肠类、乳与乳制品等。黄曲霉毒素属于剧毒性致癌物,其毒性是氰化钾的 10 倍,砒霜的 68 倍,是一种强力的肝脏毒,主要损伤肝脏,使肝脏细胞坏死、出血和胆管增生,导致肝脏癌症。

世界卫生组织推荐饲料中黄曲霉毒素最大允许量标准为总量($B_1$ + $B_2$ + $G_1$ + $G_2$)小于 15 $\mu g/kg$;牛奶中黄曲霉毒素 $M_1$ 最大允许量为 0.5 $\mu g/kg$。我国卫生标准规定(GB 2761—2005)动物性食品中黄曲霉毒素的限量指标,见表 10-1,表 10-2。

表 10-1　黄曲霉毒素 $B_1$ 限量指标

| 食品种类 | 限量指标/($\mu g/kg$) |
| --- | --- |
| 婴儿配方奶粉 | 5 |
| 婴幼儿断奶期补充食品 | 不得检出 |

表 10-2　黄曲霉毒素 $M_1$ 限量指标

| 食品种类 | 限量指标/($\mu g/kg$) |
| --- | --- |
| 鲜乳 | 0.5 |
| 乳制品(折算为鲜乳计) | 0.5 |
| 干酪(折算为鲜乳计) | 0.5 |
| 婴儿配方奶粉 I | 不得检出 |
| 婴儿配方奶粉 II、III | 不得检出 |
| 炼乳(折算为鲜乳计) | 0.5 |
| 乳粉 | 0.5 |
| 巴氏杀菌、灭菌乳 | 0.5 |

## 三、动物性食品中黄曲霉毒素残留的检验方法

我国国家标准规定动物性食品中黄曲霉毒素残留量的测定方法主要有薄层色谱法、高效液相色谱法、微柱筛选法、酶联免疫吸附法等。这里主要介绍动物性食品中黄曲霉毒素 $M_1$ 和

黄曲霉毒素 $B_1$ 含量的测定方法(薄层色谱法)(GB/T 5009.24—2010)。

### (一)基本原理

食品试样经提取、浓缩、薄层分离后,黄曲霉毒素 $M_1$ 与 $B_1$ 在波长为 365 nm 的紫外光下产生蓝紫色荧光,根据其在薄层上显示荧光的最低检出量来测定含量。

### (二)器材与试剂

(1)小型粉碎机;样筛;电动振荡器;全玻璃浓缩器。

(2)玻璃板:5 cm×20 cm。

(3)薄层板涂布器。

(4)展开槽:内部长 25 cm、宽 6 cm、高 4 cm。

(5)紫外光灯:100～125 W,带有波长 365 nm 滤光片。

(6)微量注射器或血色素吸管、微量移液器。

(7)电热吹风机。

(8)紫外-可见分光光度计。

(9)三氯甲烷,甲醇,苯,乙腈,丙酮,异丙醇。

(10)正己烷或石油醚(沸程 30～60℃或 60～90℃)。

(11)无水乙醚或乙醚:经无水硫酸钠脱水。

(12)硅胶 G:薄层色谱用。

(13)三氟乙酸,无水硫酸钠,重铬酸钾。

(14)苯-乙腈混合液:量取 98 mL 苯,加 2 mL 乙腈,混匀。

(15)甲醇水溶液:量取 55 mL 甲醇,加入到 45 mL 水中。

(16)硫酸及硫酸溶液(1+3)。

(17)氯化钠及氯化钠溶液(40 g/L)。

(18)玻璃砂:用酸处理后洗净、干燥,约相当于 20 目。

(19)黄曲霉毒素 $B_1$ 标准溶液:

①仪器校正:测定重铬酸钾溶液的摩尔吸光系数,以求出使用仪器的校正因素。准确称取 25 mg 经干燥的重铬酸钾(基准级),用硫酸(0.5+1 000)溶解后并准确稀释至 200 mL,相当于 $c(K_2Cr_2O_7)=0.000$ 4 mol/L。再吸取 25 mL 溶液于 50 mL 容量瓶中,加硫酸(0.5+1 000)稀释至刻度,相当于 0.000 2 mol/L 溶液。再吸取 25 mL 此稀释液于 50 mL 容量瓶中,加硫酸(0.5+1 000)稀释至刻度,相当于 0.000 1 mol/L 溶液。用 1 cm 石英杯,在最大吸收峰的波长(接近 350 nm 处)用硫酸(0.5+1 000)作空白,测得以上 3 种不同浓度的摩尔溶液的吸光度,按下列公式计算出以上 3 种浓度的摩尔吸光系数后,再计算 3 种浓度重铬酸钾溶液的摩尔吸光系数的平均值。

$$E_1=\frac{A}{c}$$

式中:$E_1$ 为重铬酸钾溶液的摩尔吸光系数;$A$ 为测得重铬酸钾溶液的吸光度;$c$ 为重铬酸钾溶液的摩尔浓度。

再以此平均值与重铬酸钾的摩尔消光系数值 3 160 比较,按下列公式进行计算,求出使用仪器的校正因素。

$$F=\frac{3\ 160}{E}$$

式中:$F$ 为使用仪器的校正因素;$E$ 为 3 种浓度重铬酸钾溶液的摩尔吸光系数平均值。若 $0.95{\leqslant}F{\leqslant}1.05$,则使用仪器的校正因素可以略而不计。

②黄曲霉毒素 $B_1$ 标准溶液的制备:准确称取 1～1.2 mg 黄曲霉毒素 $B_1$ 标准品,先加入 2 mL 乙腈溶解后,再用苯稀释至 100 mL,避光,置于 4℃冰箱保存。该标准溶液约为 10 μg/mL。用紫外分光光度计测此标准溶液的最大吸收峰的波长及该波长处的吸光度值,按下列公式进行计算,求出黄曲霉毒素 $B_1$ 标准溶液的浓度。

$$X=\frac{A{\times}M{\times}1\ 000{\times}f}{E_2}$$

式中:$X$ 为黄曲霉毒素 $B_1$ 标准溶液的浓度(μg/mL);$A$ 为测得的吸光度值;$f$ 为使用仪器的校正因素;$M$ 为黄曲霉毒素 $B_1$ 的相对分子质量(312);$E_2$ 为黄曲霉毒素 $B_1$ 在苯-乙腈混合液中的摩尔消光系数(19 800)。

根据计算,用苯-乙腈混合液调到标准溶液浓度恰为 10.0 μg/mL,并用分光光度计核对其浓度。

③纯度的测定:取 10 μg/mL 黄曲霉毒素 $B_1$ 标准溶液 5 μL,滴加于涂层厚度 0.25 mm 的硅胶 G 薄层板上,用甲醇-三氯甲烷(4＋96)与丙酮-三氯甲烷(8＋92)展开剂展开,在紫外光灯下观察荧光的产生,必须符合以下条件:在展开后,只有单一的荧光点,无其他杂质荧光点;原点上没有任何残留的荧光物质。

(20)黄曲霉毒素 $B_1$ 标准使用液:准确吸取 1 mL 标准溶液(10 μg/mL)于 10 mL 容量瓶中,加苯-乙腈混合液至刻度,混匀。此溶液每毫升相当于 1.0 μg 黄曲霉毒素 $B_1$。吸取 1.0 mL 此稀释液,置于 5 mL 容量瓶中,加苯-乙腈混合液稀释至刻度,此溶液每毫升相当 0.2 μg 黄曲霉毒素 $B_1$。再吸取黄曲霉毒素 $B_1$ 标准溶液(0.2 μg/mL)1.0 mL 置于 5 mL 容量瓶中,加苯-乙腈混合液稀释至刻度。此溶液每毫升相当于 0.04 μg 黄曲霉毒素 $B_1$。

(21)黄曲霉毒素 $M_1$ 标准溶液:用三氯甲烷配制成每毫升相当于 10 μg 黄曲霉毒素 $M_1$ 标准溶液。

以三氯甲烷作空白试剂,黄曲霉毒素 $M_1$ 标准溶液的紫外最大吸收峰的波长应接近 357 nm,摩尔消光系数为 19 950。避光,置于 4℃冰箱中保存。

(22)黄曲霉毒素 $M_1$ 与 $B_1$ 混合标准使用液:用三氯甲烷配制成每毫升相当于各含 0.04 μg 黄曲霉毒素 $M_1$ 与 $B_1$。避光,置于 4℃冰箱中保存。

(23)次氯酸钠溶液(消毒用):取 100 g 漂白粉,加入 500 mL 水,搅拌均匀。另将 80 g 工业用碳酸钠溶于 500 mL 温水中,再将两液混合,搅拌,澄清后过滤。此滤液含次氯酸浓度约为 25 g/L。若用漂白粉精制备,则碳酸钠的量可以加倍,所得溶液的浓度约为 50 g/L。污染的玻璃仪器用 10 g/L 次氯酸钠溶液浸泡半天或用 50 g/L 次氯酸钠溶液浸泡片刻后,即可达到去毒效果。

**（三）操作方法**

整个分析操作需在暗室条件下进行。

**1. 试样提取**

(1)试样提取制备：见表 10-3。

表 10-3　试样制备

| 试样名称 | 称样量/g | 加水量/mL | 加甲醇量/mL | 提取液量/mL | 氯化钠溶液量(40 g/L)/mL | 浓缩体积/mL | 滴加体积/μL | 方法灵敏/(μg/kg) |
|---|---|---|---|---|---|---|---|---|
| 牛乳 | 30 | 0 | 90 | 62 | 25 | 0.4 | 100 | 0.1 |
| 炼乳 | 30 | 0 | 90 | 52 | 35 | 0.4 | 50 | 0.2 |
| 牛乳粉 | 15 | 20 | 90 | 59 | 28 | 0.4 | 40 | 0.5 |
| 乳酪 | 15 | 5 | 90 | 56 | 31 | 0.4 | 40 | 0.5 |
| 黄油 | 10 | 45 | 55 | 80 | 0 | 0.4 | 40 | 0.5 |
| 猪肝 | 30 | 0 | 90 | 59 | 28 | 0.4 | 50 | 0.2 |
| 猪肾 | 30 | 0 | 90 | 61 | 26 | 0.4 | 50 | 0.2 |
| 猪瘦肉 | 30 | 0 | 90 | 58 | 29 | 0.4 | 50 | 0.2 |
| 猪血 | 30 | 0 | 90 | 61 | 26 | 0.4 | 50 | 0.2 |

(2)提取液量按下列公式计算：

$$X = \left(\frac{8}{15}\right) \times (90 + A + B)$$

式中：$X$ 为提取液量(mL)；$A$ 为试样中的水分量(mL)；牛乳粉、乳酪的取样量为 15 g(牛乳、炼乳及猪组织的取样量为 30 g)；$B$ 为加水量(mL)。

因各提取液中含 48 mL 甲醇，需 39 mL 水才能调到甲醇与水体积比为(55+45)，因此加入氯化钠溶液(40 g/L)量等于 87 mL 减去提取液量(mL)。

(3)牛乳与炼乳：称取 30.00 g 混匀的试样，置于小烧杯中，再分别用 90 mL 甲醇移入 300 mL 具塞锥形瓶中，盖严防漏，振荡 30 min，用折叠式快速滤纸滤入 100 mL 具塞量筒中。按表 10-3 收集 62 mL 牛乳与 52 mL 炼乳(各相当于 16 g 试样)提取液。

(4)牛乳粉：取 15.00 g 试样，置于具塞锥形瓶中，加入 20 mL 水，使试样湿润后再加入 90 mL 甲醇，盖严防漏，振荡 30 min，用折叠式快速滤纸滤入 100 mL 具塞量筒中。按表 10-3 收集 59 mL 提取液(相当于 8 g 试样)。

(5)乳酪：称取 15.00 g 切细、过 10 目圆孔筛的混匀试样，置于具塞锥形瓶中，加 5 mL 水和 90 mL 甲醇，盖严防漏，振荡 30 min，用折叠式快速滤纸滤入 100 mL 具塞量筒中。按表 10-3 收集 56 mL 提取液(相当于 8 g 试样)。

(6)黄油：称取 10.00 g 试样，置于小烧杯中，用 40 mL 石油醚将黄油溶解并移于具塞锥形瓶中。加 45 mL 水和 55 mL 甲醇，振荡 30 min 后，将全部液体移入分液漏斗中。再加入 1.5 g 氯化钠摇动溶解，待分层后，按表 10-3 收集 80 mL 提取液(相当于 8 g 试样)。

（7）新鲜猪肉组织：取新鲜或冷冻保存的猪组织试样（包括肝、肾、血、瘦肉），先切细，混匀后，称取 30.00 g 置于小乳钵中，加玻璃砂少许磨细，新鲜全血用打碎机打匀，或用玻璃珠振摇抗凝。混匀后称取 30.00 g，将各试样置于 300 mL 具塞锥形瓶中，加入 90 mL 甲醇，盖严防漏，振荡 30 min，用折叠式快速滤纸滤入 100 mL 具塞量筒中。按表 10-3 收集 59 mL 猪肝，61 mL 猪肾，58 mL 猪瘦肉及 61 mL 猪血等提取液（各相当于 16 g 试样）。

### 2. 净化

（1）用石油醚分配净化：将以上收集的提取液移入 250 mL 分液漏斗中，再按各种食品加入一定体积的氯化钠溶液（40 g/L）（表 10-3）。再加入 40 mL 石油醚，振摇 2 min，待分层后，将下层甲醇-氯化钠水层移于原量筒中，将上层石油醚溶液从分液漏斗上口倒出，弃去。再将量筒溶液转移于原分液漏斗中。再重复用石油醚提取两次，每次 30 mL，最后将量筒中溶液仍移于分液漏斗中。黄油样液总共用石油醚提取两次，每次 40 mL。

（2）用三氯甲烷分配提取：在原量筒中加入 20 mL 三氯甲烷，摇匀后，再倒入原分液漏斗中，振摇 2 min。待分层后，将下层三氯甲烷移于原量筒中。弃去上层甲醇水溶液。

（3）用水洗三氯甲烷层与浓缩制备：将合并后的三氯甲烷层倒回原分液漏斗中，加入 30 mL 氯化钠溶液（40 g/L），振摇 30 s，静置。待上层混浊液有部分澄清时，即可将下层三氯甲烷层收集于原量筒中。加入 10 g 无水硫酸钠，振摇放置澄清后，将此液经装有少许无水硫酸钠的定量慢速滤纸过滤于 100 mL 蒸发皿中。氯化钠水层用 10 mL 三氯甲烷提取一次，并经过滤器一并滤于蒸发皿中。最后将无水硫酸钠也一起倒于滤纸上，用少量三氯甲烷洗量筒与无水硫酸钠，也一并滤于蒸发皿中，于 65℃ 水浴上通风挥干，用三氯甲烷将蒸发皿中残留物转移于浓缩管中，蒸发皿中残渣太多，则经滤纸滤入浓缩管中。于 65℃ 用减压吹气法将此液浓缩至 0.4 mL 以下，再用少量三氯甲烷洗管壁后，浓缩定量至 0.4 mL，备用。

### 3. 测定

（1）硅胶 G 薄层板的制备：薄层板厚度为 0.3 mm，105℃ 活化 2 h，置于干燥器内，可以保存 1～2 d。

（2）点样：取 5 cm×20 cm 的薄层板两块，距板下端 3 cm 的基线上各滴加两点，在距第一与第二板的左边缘 0.8～1 cm 处各滴加 10 μL 黄曲霉毒素 $M_1$ 与 $B_1$ 混合标准使用液，在距各板左边缘 2.8～3 cm 处各滴加同一样液点（各种食品的滴加体积见表 10-3），在第二板的第二点上再滴加 10 μL 黄曲霉毒素 $M_1$ 与 $B_1$ 混合标准使用液。一般可将薄层板放在盛有干燥硅胶的层析槽内进行滴加，边加边用冷风机冷风吹干。

（3）展开。

① 横展：在槽内加入 15 mL 事先用无水硫酸钠脱水的无水乙醚（500 mL 无水乙醚中加 20 g 无水硫酸钠）。将薄层板靠近标准点的长边置于槽内，展至板端后，取出挥干，再同上继续展开一次。

② 纵展：将横展两次挥干后的薄层板，再用异丙醇-丙酮-苯-正己烷-石油醚（沸程 60～90℃）-三氯甲烷（5＋10＋10＋10＋10＋55）混合展开剂纵展至前沿距原点距离为 10～12 cm，取出挥干。

③横展：将纵展挥干后的板再用乙醚横展1~2次，展开方法同①横展。

（4）观察与结果评定：在紫外光灯下将第一、二板相互比较观察，若第二板的第二点在黄曲霉毒素 $M_1$ 与 $B_1$ 的标准点的相应处出现最低检出量（$M_1$ 与 $B_1$ 的比移值依次为 0.25 和 0.43），而在第一板相同位置上未出现荧光点，则试样中黄曲霉毒素 $M_1$ 与 $B_1$ 含量在其所定的方法灵敏度以下（表 10-3）。

如果第一板的相同位置上出现黄曲霉毒素 $M_1$ 与 $B_1$ 的荧光点，则第二板第二点的样液点是否各与滴加的标准点重叠，如果重叠，再进行下一步的定量与确证试验。

（5）稀释定量：样液中的黄曲霉毒素 $M_1$ 与 $B_1$ 荧光点的荧光强度与黄曲霉毒素 $M_1$ 与 $B_1$ 的最低检出量（0.000 4 $\mu g$）的荧光强度一致，则牛乳、炼乳、牛乳粉、乳酪与黄油试样中黄曲霉毒素 $M_1$ 与 $B_1$ 的含量依次为 0.1、0.2、0.5、0.5、0.5 $\mu g/kg$；新鲜猪组织（肝、肾、血、瘦肉）试样均为 0.2 $\mu g/kg$（表 10-3）。如样液中黄曲霉毒素 $M_1$ 与 $B_1$ 的荧光强度比最低检出量强，则根据其强度逐一进行测定，估计减少滴加微升数或经稀释后再滴加不同微升数，直至样液点的荧光强度与最低检出量点的荧光强度一致为止。

（6）确证试验：在做完定性或定量的薄板层上，将要确证的黄曲霉毒素 $M_1$ 与 $B_1$ 的点用大头针圈出。喷以硫酸溶液（1+3），放置 5 min 后，在紫外光灯下进行观察，若样液中黄曲霉毒素 $M_1$ 与 $B_1$ 点同标准点一样，均变为黄色荧光，则需要进一步确证所检出的荧光点是黄曲霉毒素 $M_1$ 与 $B_1$。

**（四）计算**

$$X = 0.000\ 4 \times \frac{V_1}{V_2} \times D \times \frac{1\ 000}{m}$$

式中：$X$ 为黄曲霉毒素 $M_1$ 或 $B_1$ 含量（$\mu g/kg$）；$V_1$ 为样液浓缩后体积（mL）；$V_2$ 为出现最低荧光样液的滴加体积（mL）；$D$ 为浓缩样液的总稀释倍数；$m$ 为浓缩样液中所相当的试样质量（g）；0.000 4 为黄曲霉毒素 $M_1$ 或 $B_1$ 的最低检出量（$\mu g$）。

# 第二节　动物性食品中苯并(a)芘残留的检验

## 一、概述

多环芳烃（PAH）是由两个以上苯环连在一起的化合物，主要是指稠环芳烃，常见母体化合物有并四苯、并五苯等，且多以混合物出现。PAH 熔点高、沸点高，易溶于多种溶剂，具有亲脂性，是一大类广泛存在于环境中的污染物。PAH 是最早被发现和研究的致癌物，在已知的 400 多种化合物中约有 200 多种有致癌作用，其中 3,4-苯并芘（苯并(a)芘）是最重要的一种致癌物。

动物性食品中的苯并(a)芘来自环境。环境中苯并(a)芘主要是由于各种燃料不完全燃烧或垃圾焚烧释放产生的，动物通过饮水、呼吸和富集，使可食组织中残留有苯并(a)芘，但主要来自直接热气干燥或烟熏加工时产生的苯并(a)芘。动物性食品在熏、烤、炸等加工过程中，由于直接与烟接触会产生苯并(a)芘,污染程度与熏烤的燃料种类和燃烧时间有关,如用煤炉、柴炉加工时产生的苯并(a)芘较多。燃料燃烧越不完全、熏烤时间越长、食品被烧焦或炭化,产生的苯并(a)芘就越多。据检测,国内传统烤肉中苯并(a)芘污染程度由高到低依次为:羊肉串＞烤牛肉＞烤鸭皮＞烤乳猪＞烤鸭肉＞烤鹅。烤羊肉串和烤牛肉时,将肉块置于铁架上,直接接触火焰,含苯并(a)芘的烟尘和肉中脂肪高温裂解致使苯并(a)芘污染严重。肉肠中苯并(a)芘含量依次为:大腊肠＞蛋清肠＞大肉肠＞华夏肠＞园火腿。在熏鱼、熏奶酪等熏制动物性食品中也检出不同种类苯并(a)芘。

## 二、检验意义与卫生标准

多环芳烃(PAH)急性毒性为中等或者低毒性,可以引起实验动物的组织增生,神经系统、免疫系统、肝、肾和肾上腺损害,支气管坏死。从已获得的大量流行病学资料和动物试验证实,PAH 具有较强的致癌作用。最初发现苯并芘可以引起皮肤癌,后来证明,苯并芘和多种 PAH 可以诱发肺、肝、食道、胃肠、乳腺等组织器官发生肿瘤,导致生育能力降低或不育,可以引起子代肿瘤、胚胎死亡或免疫功能降低,且有致畸和致突变作用。PAH 与人类的皮肤癌、胃癌和肺癌有一定关系,与居民喜欢吃自制烟熏羊肉有一定关系,检测表明这种食品中苯并芘含量较高,每公斤高达数十微克。

我国动物性食品中污染物限量标准(GB 2762—2005)规定,熏烤肉中苯并(a)芘的最高残留限量为≤5μg/kg。《生活饮用水卫生标准》中对生活饮用水中的苯并(a)芘最高残留限量为0.000 01 mg/L。

## 三、动物性食品中苯并(a)芘残留的检验方法

我国国家标准规定动物性食品中苯并(a)芘残留量的测定方法主要有荧光分光光度法、气相色谱法、目测比色法等。这里主要介绍动物性食品中苯并(a)芘含量的测定方法(荧光分光光度法)(GB/T 5009.27—2003)。

### (一)基本原理

食品样品经有机溶剂提取,或经皂化后提取,再将提取液经液-液分配色谱柱或液-固吸附色谱柱净化,然后在乙酰化滤纸上分离苯并(a)芘,因苯并(a)芘在紫外光照射下呈蓝紫色荧光斑点,将分离后有苯并(a)芘的滤纸部分剪下,用溶剂浸出后,用荧光分光光度计在 365 nm 波长紫外光下激发,在 365～460 nm 波长下进行荧光扫描,测定其荧光强度,然后与标准系列比较定量。

### (二)器材与试剂

(1)脂肪提取器,K-D 全玻璃浓缩器,组织捣碎机。

(2)层析柱:内径 10 mm,长 350 mm,上端有内径 25 mm,长 80～100 mm 漏斗,下端具有活塞装置。

(3)层析缸(或层析筒)。

(4)紫外光灯:带有波长为 365 nm 或 254 nm 的滤光片。

(5)回流皂化装置:锥形瓶磨口处连接冷凝管。

(6)荧光分光光度计。

(7)苯:重蒸馏;无水乙醇:重蒸馏;丙酮:重蒸馏。

(8)环己烷(或石油醚,沸程30～60℃):重蒸馏或经氧化铝柱处理无荧光。

(9)二甲基甲酰胺或二甲基亚砜。

(10)乙醇(95%),无水硫酸钠,氢氧化钾。

(11)展开剂:乙醇(95%)-二氯甲烷(2+1)。

(12)硅镁型吸附剂:将60～100目筛孔的硅镁吸附剂经水洗4次(每次用水量为吸附剂质量的4倍),于垂融漏斗上抽滤干后,再以等量的甲醇洗(甲醇与吸附剂量克数相等),抽滤干后,吸附剂铺于干净瓷盘上,在130℃干燥5 h后,装瓶,贮存于干燥器内,临用前加入5%水减活,混匀并平衡4 h以上,最好放置过夜。

(13)层析用氧化铝(中性):120℃活化4 h。

(14)乙酰化滤纸:将中速层析用滤纸裁成30 cm×4 cm的条状,逐条放入盛有乙酰化混合液(180 mL苯、130 mL乙酸酐、0.1 mL硫酸)的500 mL烧杯中,使滤纸充分地接触溶液,保持溶液温度在21℃以上,时时搅拌,反应6 h,再放置过夜。取出滤纸条,在通风橱内吹干,再放入无水乙醇中浸泡4 h,取出后放在垫有滤纸的干净白瓷盘上,在室温内风干,压平备用,一次可处理滤纸15～18条。

(15)苯并(a)芘标准溶液:精密称取10.0 mg苯并(a)芘,用苯溶解后移入100 mL棕色容量瓶中,并用苯稀释至刻度,放置冰箱中保存。此溶液每毫升相当于苯并(a)芘100 μg。

(16)苯并(a)芘标准使用液:吸取1.00 mL苯并(a)芘标准溶液置于10 mL容量瓶中,用苯稀释至刻度,同法依次用苯稀释,最后配成每毫升相当于1.0 μg和0.1 μg苯并(a)芘两种标准使用液,放置冰箱中保存。

**(三)操作方法**

**1.样品提取**

(1)动物油脂:称取20.0～25.0 g的融化混匀油样,用100 mL环己烷分次洗入250 mL分液漏斗中,以环己烷饱和过的二甲基甲酰胺提取3次,每次40 mL,振摇1 min,合并二甲基甲酰胺提取液,用40 mL经二甲基甲酰胺饱和过的环己烷提取一次,弃去环己烷液层。二甲基甲酰胺提取液合并于预先装有240 mL硫酸钠溶液(20 g/L)的500 mL分液漏斗中,混匀,静置数分钟后,用环己烷提取2次,每次100 mL,振摇3 min,环己烷提取液合并于第一个500 mL分液漏斗。也可用二甲基亚砜代替二甲基甲酰胺。

用40～50℃温水洗涤环己烷提取液2次,每次100 mL,振摇0.5 min,分层后弃去水层液,收集环己烷层,于50～60℃水浴上减压浓缩至40 mL。加适量无水硫酸钠脱水。

(2)鱼、肉及其制品:称取50.0～60.0 g切碎混匀的样品,用无水硫酸钠搅拌(样品与无水硫酸钠的比例为1∶1或1∶2,如水分过多则需在60℃左右先将样品烘干),装入滤纸筒内,然后将脂肪提取器接好,加入100 mL环己烷于90℃水浴上回流提取6～8 h,然后将提取液倒入250 mL分液漏斗中,再用6～8 mL环己烷淋洗滤纸筒,洗液合并于250 mL分液漏斗中,以下按(1)法自"以环己烷饱和过的二甲基甲酰胺提取三次"起进行操作。

在以上各项操作中,均可用石油醚代替环己烷,但需将石油醚提取液蒸发至近干,残渣用 25 mL 环己烷溶解。

2. 净化

(1)于层析柱下端填入少许玻璃棉,先装入 5～6 cm 的氧化铝,轻轻敲管壁使氧化铝层填实、无空隙,顶面平齐,再同样装入 5～6 cm 的硅镁型吸附剂,上面再装入 5～6 cm 无水硫酸钠,用 30 mL 环己烷淋洗装好的层析柱,待环己烷液面流下至无水硫酸钠层时关闭活塞。

(2)将样品环己烷提取液倒入层析柱中,打开活塞,调节流速为 1 mL/min,必要时可用适当方法加压,待环己烷液面下降至无水硫酸钠层时,用 30 mL 苯洗脱,此时应在紫外光灯下观察,以蓝紫色荧光物质完全从氧化铝层洗下为止,如 30 mL 苯不足时,可以适当增加苯量。收集苯液于 50～60℃水浴上减压浓缩至 0.1～0.5 mL(可根据样品中苯并芘含量而定,应注意不可蒸干)。

3. 苯并(a)芘分离

(1)在乙酰化滤纸条上的一端 5 cm 处,用铅笔画一横线为起始线,吸取一定量净化后的浓缩液,点于滤纸条上,用电吹风从纸条背面吹冷风,使溶剂挥发散净,同时点 20 μL 苯并(a)芘的标准使用液(1 μg/mL),点样时斑点的直径不超过 3 mm,层析缸(筒)内盛有乙醇(95%)-二氯甲烷(2＋1)展开剂,滤纸条下端浸入展开约 1 cm,待溶剂前沿至约 20 cm 时,取出滤纸条阴干。

(2)在 365 nm 或 254 nm 紫外光灯下观察展开后的滤纸条,用铅笔画出标准苯并(a)芘及与其同一位置的样品的蓝紫色斑点,剪下此斑点分别放入小比色管中,各加 4 mL 苯,加盖,插入 50～60℃水浴中不断振摇,浸泡 15 min。

4. 测定

(1)将样品及标准斑点的苯浸出液移入荧光分光光度计的石英杯中,以 365 nm 为激发波长,以 365～460 nm 波长进行荧光扫描,所得荧光光谱与标准苯并(a)芘的荧光光谱进行比较定性。

(2)在样品分析的同时做试剂空白对照,包括处理样品所用的全部试剂同样操作,分别读取样品、标准溶液及试剂空白于波长 406nm、(406＋5)nm、(406－5)nm 处的荧光强度,按基线法由下列公式计算所得的数值,为定量计算的荧光强度。

$$F = F_{406} - \frac{(F_{401} + F_{411})}{2}$$

(四)计算

$$X = \frac{S}{F} \times (F_1 - F_0) \times \frac{1\,000}{m} \times \frac{V_2}{V_1}$$

式中:$X$ 为样品中苯并(a)芘的含量($\mu$g/kg);$S$ 为苯并(a)芘标准斑点的质量($\mu$g);$F$ 为标准的斑点浸出液荧光强度(mm);$F_1$ 为样品斑点浸出液荧光强度(mm);$F_0$ 为试剂空白浸出液荧光强度(mm);$V_1$ 为样品浓缩液体积(mL);$V_2$ 为点样体积(mL);$m$ 为样品质量(g)。

计算结果表示到一位小数。

**（五）说明**

（1）本方法为国家标准检测方法（GB/T 5009.27—2003）。本方法适用于各类食品中苯并（a）芘含量的测定。

（2）本方法在重复性条件下获得的两次独立测定结果的绝对差值不得超过算术平均值的20%；样品量为 50 g，点样量为 1 g 时，本法最低检出浓度为 1 ng/g。

（3）苯并（a）芘是具有一定毒性的致癌物，所用玻璃器皿须用硝酸或高氯酸处理。

# 第三节　动物性食品中多氯联苯残留的检验

## 一、概述

多氯联苯（PCB）是一类由多个氯原子取代联苯分子中氢原子而形成的氯代芳烃类化合物，有 200 多种异构体，理化性质稳定，不溶于水，易溶于脂肪和其他有机化合物中，耐热，耐酸碱，耐腐蚀，抗氧化，不易燃烧和挥发，在正常的环境中不易分解，有很强的亲脂性，易通过食物链在生物体脂肪中富集和积累，是目前世界上公认的全球性环境污染物之一。由于 PCB 化学性质极为稳定，有良好的绝缘性和不燃性，因此广泛用于电容器、变压器的绝缘油及油漆、油墨、可塑剂和成型剂等产品。虽然在 20 世纪 70 年代大多数国家已经禁止生产和使用 PCB，但由于过去不合理使用和"三废"处理不当，已经造成了 PCB 的严重污染，正在使用设备的报废，会构成一定的潜在危害。

PCB 在工业中应用极广，含 PCB 的废水排放到外界环境，是造成动物性食品污染的主要原因。另外，在食品加工中也有不慎受到污染的报道，如 1968 年日本发生的"米糠油事件"，因在米糠油生产中使用 PCB 做热载体而污染了油，引起 13 000 多人中毒，16 人死亡。美国曾发生鸡因采食被 PCB 污染的鱼粉的中毒事件。研究报道，食品包装纸中发现的 PCB 大部分来自回收废纸中的油墨或无碳复写的废纸，用其包装食品，尤其是含油脂的动物性食品更易造成污染。

## 二、检验意义与卫生标准

多氯联苯是一类重要的环境污染物，具有环境持久性、生物累积性和全球范围长距离迁移能力等特点，多氯联苯对生物的污染主要是通过食物链，最常见的途径是水生生物食物链。多氯联苯（PCB）经食物进入人体后，主要蓄积于脂肪组织，因种类不同毒性而异。急性中毒主要表现为恶心、呕吐、眼皮肿胀、手掌出汗、皮肤溃疡、黑色痤疮、手脚麻木、肌肉疼痛等症状，严重者死亡。慢性中毒时胃肠黏膜受损，肝脏肿大、坏死，胸腺和脾脏萎缩，体重下降，记忆力减退或丧失。动物试验表明 PCB 有致癌作用，还可以通过母体转移给胎儿，导致胎儿畸形，具有致突变作用。

我国在 1989 年将多氯联苯列入水中优先控制污染物名单，并于 1991 年 6 月发布《含多氯联苯废物污染控制标准》。我国食品卫生标准规定（GB 2762—2005），海产食品中多氯联苯的最高允许限量，见表 10-4。日本规定多氯联苯的最高允许限量为远洋产鱼类≤0.5 mg/kg，内海或海湾产鱼贝类≤3 mg/kg，全乳≤0.1 mg/kg。

表 10-4 海产食品中多氯联苯残留限量标准

| 食品 | 限量标准/(mg/kg) | | |
|---|---|---|---|
| | 多氯联苯* | PCB138 | PCB153 |
| 海产鱼、贝、虾以及藻类食品(可食部分) | 2.0 | 0.5 | 0.5 |
| 海产品(GB 18406.4—2001)(无公害食品) | 0.2 | — | — |

* 以 PCB28、PCB52、PCB101、PCB118、PCB138、PCB153 和 PCB180 总和计。

### 三、动物性食品中多氯联苯残留的检验方法

我国国家标准规定动物性食品中多氯联苯残留量的测定方法主要有气相色谱法、高效液相色谱法、气相色谱-质谱法等。这里主要介绍海产食品中多氯联苯含量的测定方法(气相色谱法)(GB/T 5009.190—2006)。

#### (一)基本原理

以 PCB198 为定量内标,在食品试样中加入 PCB198,水浴加热振荡提取后,经硫酸处理、色谱柱层析净化,采用气相色谱-电子捕获检测器法测定,以保留时间定性,使用内标法进行定量。

#### (二)器材与试剂

(1)正己烷,农残级;二氯甲烷,农残级;丙酮,农残级。

(2)无水硫酸钠:优级纯。将市售无水硫酸钠装入玻璃色谱柱,依次用正己烷和二氯甲烷淋洗两次,每次使用的溶剂体积约为无水硫酸钠体积的两倍。淋洗后,将无水硫酸钠转移至烧瓶中,在 50℃下烘烤至干,并在 225℃烘烤过夜,冷却后干燥器中保存。

(3)浓硫酸,优级纯。

(4)碱性氧化铝:色谱层析用碱性氧化铝。将市售色谱填料在 660℃中烘烤 6h,冷却后,于干燥器中保存。

(5)指示性多氯联苯的系列标准溶液,见表 10-5。

表 10-5 GC-ECD 方法中指示性多氯联苯的系列标准溶液浓度 μg/L

| 化合物 | CS1 | CS2 | CS3 | CS4 | CS5 |
|---|---|---|---|---|---|
| PCB28 | 5 | 20 | 50 | 200 | 800 |
| PCB52 | 5 | 20 | 50 | 200 | 800 |
| PCB101 | 5 | 20 | 50 | 200 | 800 |
| PCB118 | 5 | 20 | 50 | 200 | 800 |
| PCB138 | 5 | 20 | 50 | 200 | 800 |
| PCB153 | 5 | 20 | 50 | 200 | 800 |
| PCB180 | 5 | 20 | 50 | 200 | 800 |
| PCB198(定量内标) | 50 | 50 | 50 | 50 | 50 |

(6)气相色谱仪,配电子捕获检测器(ECD)。

(7)色谱柱:DB-5 ms 柱,30 m×0.25 mm×0.25 μm 或等效色谱柱。

(8)组织匀浆器;绞肉机。

(9)旋转蒸发仪;氮气浓缩器。

(10)超声波清洗器;旋涡振荡器;水浴振荡器。

(11)分析天平,离心机,层析柱。

### (三)操作方法

#### 1.试样提取

(1)固体试样:称取试样 5.00~10.00 g,置于具塞锥形瓶中,加入定量内标 PCB198 后,以适量正己烷:二氯甲烷(1:1,体积比)为提取溶液,于水浴振荡器上提取 2 h,水浴温度为40℃,振荡速度为 200 r/min。

(2)液体试样(不包括油脂类样品):称取试样 10.00 g,置于具塞离心管中,加入定量内标PCB198 和草酸钠 0.5 g,加甲醇 10 mL 摇匀,加 20 mL 乙醚:正己烷(1:3,体积比),振荡提取 20 min,以 3 000 r/min 离心 5 min,取上清液过装有 5 g 无水硫酸钠的玻璃柱;残渣加20 mL乙醚:正己烷(1:3,体积比)重复以上过程,合并提取液。

(3)将上述提取液转移到茄型瓶中,旋转蒸发浓缩至近干。如分析结果以脂肪计,则需要测定试样中脂肪含量。试样脂肪的测定:浓缩前准确称取茄型瓶质量,将溶剂浓缩至干后,再次准确称取茄形瓶及残渣质量,两次称重结果的差值即为试样的脂肪含量。

#### 2.净化

(1)硫酸净化:将浓缩的提取液转移至 5 mL 试管中,用正己烷洗涤茄形瓶 3~4 次,洗液并入浓缩液中,用正己烷定容至刻度,并加入 0.5 mL 浓硫酸,振摇 1 min,以 3 000 r/min 的转速离心 5 min,使硫酸层和有机层分离。如果上层溶液仍然有颜色,表明脂肪未完全除去,再加入 0.5 mL 浓硫酸,重复操作,直至上层溶液呈无色。

(2)碱性氧化铝柱净化。

①净化柱装填:玻璃柱底端加入少量玻璃棉后,从底部开始,依次装入 2.5 g 活化碱性氧化铝,2 g 无水硫酸钠,用 15 mL 正己烷预淋洗。

②净化:将以上的浓缩液转移至层析柱上,用约 5 mL 正己烷洗涤茄形瓶 3~4 次,洗液一并转移至层析柱中。当液面降至无水硫酸钠层时,加入 30 mL 正己烷(2×15 mL)洗脱;当液面降至无水硫酸钠层时,用 25 mL 二氯甲烷:正己烷(5:95,体积比)洗脱。洗脱液旋转蒸发浓缩至近干。

#### 3.试样溶液浓缩

将(2)试样溶液转移至进样瓶中,用少量正己烷洗茄形瓶 3~4 次,洗液并入进样瓶中,在氮气流下浓缩至 1 mL,待气相色谱分析。

#### 4.测定

(1)色谱条件。

色谱柱:DB-5 柱,30 m×0.25 mm×0.25 μm 或等效色谱柱。

进样口温度:290℃。

升温程序:开始温度 90℃,保持 0.5 min;以 15℃/min 升温至 200℃,保持 5 min;以 2.5℃/min 升温至 250℃,保持 2 min 以 20℃/min 升温至 265℃,保持 5 min。

载气:高纯氮气(纯度>99.999%),柱前压 67 kPa,相当于 10 psi。

进样量:不分流进样 1 μL。

色谱分析:以保留时间定性,以试样和标准峰高或峰面积比较定量。

(2)PCBs 的定性分析:以保留时间或相对保留时间进行定性分析,要求 PCBs 色谱峰信噪比(S/N)大于 3。

(3)PCBs 的定量测定:采用内标法,以相对响应因子(RRF)进行定量计算。

计算 RRF 值:以校正标准溶液进样,按下列公式计算 RRF 值:

$$RRF = A_n \times \frac{c_s}{A_s} \times C_n$$

式中:$RRF$ 为目标化合物对定量内标的相对响应因子;$A_n$ 为目标化合物的峰面积;$c_s$ 为定量内标的浓度($\mu g/L$);$A_s$ 为定量内标的峰面积;$C_n$ 为目标化合物的浓度($\mu g/L$)。在系列标准溶液中,各目标化合物的 RRF 值相对标准偏差(RSD)应小于 20%。

PCBs 含量计算:按下列公式计算试样中 PCBs 的含量:

$$X = \frac{A_n \times m_s}{A_s \times RRF \times m}$$

式中:$X$ 为目标化合物的含量($\mu g/kg$);$A_n$ 为目标化合物的峰面积;$m_s$ 为试样中加入定量内标的量(ng);$A_s$ 为定量内标的峰面积;$RRF$ 为目标化合物对定量内标的相对响应因子;$m$ 为取样量(g)。

计算检测限(DL):本方法的检测限规定为具有 3 倍信噪比、相对保留时间符合要求的响应所对应的试样浓度。计算公式如下:

$$DL = \frac{3 \times N \times m_s}{H \times RRF \times m}$$

式中:$DL$ 为检测限($\mu g/kg$);$N$ 为噪声峰高;$m_s$ 为加入定量内标的量(ng);$H$ 为定量内标的峰高;$RRF$ 为目标化合物对定量内标的相对响应因子;$m$ 为试样量(g)。

试样基质、取样量、进样量、色谱分离状况、电噪声水平以及仪器灵敏度均可能对试样检测限造成影响,因此噪声水平必须从实际试样图谱中获取。当某目标化合物的结果报告未检出时,必须同时报告试样检测限。

# 第四节　动物性食品中亚硝胺类化合物残留的检验

## 一、概述

亚硝胺类化合物是一类广泛存在于自然界、食品(如海产品、肉制品、腌菜类)和药物中的致癌物质。根据其结构不同,可以分为 N-亚硝胺和 N-亚硝酰胺两类。亚硝胺由于分子质量不同,可以表现为蒸气压大小不同,能够被水蒸气蒸馏出来并不经衍生化直接由气相色谱测定的为挥发性亚硝胺,否则称为非挥发性亚硝胺。大多数亚硝胺不溶于水,仅溶于有机溶剂中。亚硝胺在紫外光照射下可以发生光解反应,在通常条件下,不易水解、氧化和转为亚甲基等,化学性质相对稳定,需要在生物机体发生代谢时才具有致癌能力。

N-亚硝基化合物广泛存在于环境、药品、农药、化工产品中,食物中的蛋白质分解生成的氨基酸经脱羧后可以产生伯胺、仲胺、叔胺和季胺等胺类。硝酸盐和亚硝酸盐是主要的亚硝基化剂,广泛存在于自然环境中,如有机肥和无机肥中的氮在土壤中可以转化为硝酸盐,腐烂变质蔬菜中含有亚硝酸盐,在适宜条件下,在环境、生物体内、食物或人胃中经亚硝基化反应生成各种 N-亚硝基化合物。

亚硝胺类化合物及其前体广泛存在于环境中,来自工业生产,尤其是化工、制药、农药生产以及化妆品和香烟燃烧等。许多橡胶制品(包括婴儿奶嘴)含有一定量的亚硝胺,可以向牛奶和婴儿食品中迁移,与食品接触的纸、纸箱等包装材料也可发生迁移。食品中 N-亚硝基化合物也可以来自肉、鱼类在腌腊过程中使用的护色剂硝酸盐或亚硝酸盐;加热干燥食品时,空气中的氮氧化合物与食品中胺类作用,生成亚硝胺;制作啤酒时需烘烤麦芽,也可产生微量的亚硝胺;烤鱼中也常检出高浓度的亚硝胺,尤其用煤气炉明火烧烤时产生得更多。此外,奶酪等食品在发酵中均可以产生亚硝胺。

## 二、检验意义与卫生标准

亚硝胺类化合物具有一定急性毒性,主要引起肝脏坏死和出血,慢性中毒以肝硬化为主,但威胁人类健康的主要是亚硝胺类化合物的致癌性、致突变性和致畸性。

亚硝胺类化合物是一种强致癌剂,在目前所测定的 300 多种亚硝胺类化合物中,动物试验证明 90% 的化合物具有致癌性,是最具多面性的致癌物之一,且诱发肿瘤所需剂量较低,可以引起机体组织器官出现广泛性肿瘤,如神经系统、口腔、食道、胃肠、肝、肺、肾、膀胱、胰、心脏、皮肤和造血系统等发生肿瘤。亚硝胺类化合物具有致突变作用,是一类直接致突变物,能通过胎盘和乳汁,诱发实验动物后代出现肿瘤或畸形。研究报道日本人胃癌发病率高与居民喜欢吃咸鱼和咸菜有关。

我国对食品中亚硝胺类化合物的残留量有着严格的规定。我国食品卫生标准(GB 2762—2005)规定动物性食品中 N-亚硝胺化合物的限量指标,见表 10-6。

**表 10-6　动物性食品中 N-亚硝胺化合物的限量指标**

| 食品 | 限量指标/($\mu g/kg$) | |
| --- | --- | --- |
| | N-二甲基亚硝胺 | N-二乙基亚硝胺 |
| 海产品 | 4 | 7 |
| 肉制品 | 3 | 5 |

### 三、动物性食品中亚硝胺类化合物残留的检验方法

我国国家标准规定动物性食品中亚硝胺类化合物残留量的测定方法主要有气相色谱-质谱法、气相色谱法、高效液相色谱法等。这里主要介绍动物性食品中亚硝胺类化合物含量的测定方法(气相色谱-质谱法)(GB/T 5009.26—2003)。

#### (一)基本原理

食品样品中的亚硝胺类化合物经水蒸气蒸馏和有机溶剂萃取后,浓缩至一定量,采用气相色谱—质谱联用仪的高分辨峰匹配法进行确认和定量。

#### (二)器材与试剂

(1)气相色谱-质谱联用仪。

(2)K-D浓缩器;水蒸气蒸馏装置。

(3)二氯甲烷:须用全玻璃蒸馏装置重蒸。

(4)无水硫酸钠;氯化钠:优级纯;氢氧化钠溶液(120 g/L);硫酸(1+3)。

(5)N-亚硝胺标准溶液:用二氯甲烷作溶剂,分别配制N-亚硝基二甲胺、N-亚硝基二乙胺、N-亚硝基二丙胺、N-亚硝基吡咯烷的标准溶液,使每毫升分别相当于0.5 mg N-亚硝胺。

(6)N-亚硝胺标准使用液:在4个10 mL容量瓶中,加入适量二氯甲烷,用微量注射器各吸取100 μL N-亚硝胺标准溶液,分别置于上述4个容量瓶中,用二氯甲烷稀释至刻度,此溶液每毫升分别相当于5 μg N-亚硝胺。

(7)耐火砖颗粒:将耐火砖破碎,取直径为1～2 mm的颗粒,分别用乙醇、二氯甲烷清洗后,在马弗炉中(400℃)灼烧1 h,作助沸石使用。

#### (三)操作方法

##### 1.水蒸气蒸馏提取

称取200 g切碎(或绞碎、粉碎)后的样品,置于水蒸气蒸馏装置的蒸馏瓶中(液体样品直接量取200 mL),加入100 mL水(液体样品不加水),摇匀。在蒸馏瓶中加入120 g氯化钠,充分摇动,使氯化钠溶解。将蒸馏瓶与水蒸气发生器及冷凝器连接好,并在锥形接收瓶中加入40 mL二氯甲烷及少量冰块,收集400 mL馏出液。

##### 2.萃取纯化

在锥形接收瓶中加入80g氯化钠和3 mL硫酸(1+3),搅拌,使氯化钠完全溶解。然后转移到500 mL分液漏斗中,振荡5 min,静止分层,将二氯甲烷层分至另一分液漏斗中,再用120 mL二氯甲烷分3次提取水层,合并4次提取液,总体积为160 mL。

对于含有较高浓度乙醇的样品,需用50 mL氢氧化钠溶液(120 g/L)洗有机层两次,以除去乙醇的干扰。

##### 3.浓缩

将有机层用10 g无水硫酸钠脱水后,转移至K-D浓缩器中,加入一粒耐火砖颗粒,于50℃水浴上浓缩至1 mL,备用。

##### 4.气相色谱-质谱联用仪测定条件

(1)气相色谱仪条件。

汽化室温度：190℃。

色谱柱温度：对 N-亚硝基二甲胺、N-亚硝基二乙胺、N-亚硝基二丙胺、N-亚硝基吡咯烷分别为 130℃、145℃、130℃、160℃。

色谱柱：内径 1.8～3.0 mm，长 2 m 玻璃柱，内装涂以 15%($m/m$)PEG20 固定液和氢氧化钾溶液(10 g/L)的 80～100 目 Chromosorb WAW-DMCS。

载气：高纯氦气，流速为 40 mL/min。

（2）质谱仪条件：

分辨率≥7 000。

离子化电压：70 V。

离子化电流：300 μA。

离子源温度：180℃。

离子源真空度：1.33×10⁻⁴Pa。

界面温度：180℃。

5. 测定

采用电子轰击源高分辨峰匹配法，用全氟煤油（PEK）的碎片离子（它们的质荷比为 68.995 27、99.993 6、130.992 0、99.993 6）分别监视 N-亚硝基二甲胺、N-亚硝基二乙胺、N-亚硝基二丙胺及 N-亚硝基吡咯烷的分子、离子（它们的质荷比为 74.048 0、102.079 3、130.110 6、100.063 0），结合它们的保留时间定性，以示波器上该分子、离子的峰高来进行定量。

（四）计算

$$X = \frac{h_1}{h_2} \times c \times \frac{V}{m} \times 1\ 000$$

式中：$X$ 为样品中某种 N-亚硝胺化合物的含量（μg/kg 或 μg/L）；$h_1$ 为浓缩液中该 N-亚硝胺化合物的峰高（mm）；$h_2$ 为标准使用液中该 N-亚硝胺化合物的峰高（mm）；$c$ 为标准使用液中该 N-亚硝胺化合物的浓度（μg/mL）；$V$ 为样品浓缩液的体积（mL）；$m$ 为样品质量或体积（g 或 mL）。计算结果保留算术平均值的两位有效数字。

（五）说明

（1）本方法为国家标准方法，适用于肉及肉制品等中 N-亚硝基二甲胺、N-亚硝基二乙胺、N-亚硝基二丙胺及 N-亚硝基吡咯烷含量的测定。

（2）N-亚硝胺是具有一定毒性的致癌物，所用玻璃器皿可以采用照射紫外线的方法来破坏 N-亚硝胺的毒性。

# 第十一章　动物性食品微生物学检验技术

　　动物性食品微生物学检验是动物性食品监测必不可少的重要组成部分,是衡量动物性食品卫生质量的重要指标之一,也是判定动物性食品能否食用的科学依据之一。通过动物性食品微生物学检验,可以判断动物性食品加工环境和食品卫生环境,能够对动物性食品细菌污染的程度做出正确的评价,为动物性食品的监管工作提供科学依据,同时可以有效地防止或减少食物中毒和人畜共患病的发生,保障人民的身体健康。

　　我国食品卫生标准规定,我国动物性食品微生物学检验指标主要有菌落总数、大肠菌群和致病菌3项指标。其他指标有产毒霉菌及其毒素、病毒、寄生虫等。本章主要介绍动物性食品中菌落总数、大肠菌群和致病菌的检验技术。

## 第一节　动物性食品中细菌菌落总数的测定

### 一、概述

　　动物性食品中污染细菌的数量一般是指单位数量(克或毫升)的动物性食品上的细菌数量而言,并不考虑细菌的种类。根据所用检测计数方法的不同,可以有细菌总数和菌落总数两种表示方法。

　　细菌总数是指将动物性食品经过适当处理(溶解和稀释),在显微镜下对细菌细胞进行直接计数,所得的结果称为细菌总数。其中包括各种活菌和尚未消失的死菌。而菌落总数是指在严格规定的条件下(样品处理、培养基及其 pH、培养温度与时间、计数方法等),使得适应这些条件的每一个活菌必须而且只能生成一个肉眼可见的菌落,这种计数所得的结果称为食品的菌落总数。其中只有活菌更具检验意义。我国食品卫生标准中采用菌落总数。

　　菌落总数的多少在一定程度上标志着动物性食品卫生质量的优劣,是判断动物性食品卫生质量的重要依据之一,可以反映动物性食品的新鲜程度、被细菌污染的程度以及食品在生产加工过程中细菌的繁殖状况和是否符合卫生要求,以便对动物性食品做出合适的卫生学评价。从食品卫生观点来看,动物性食品中菌落总数越多,说明食品质量越差,病原菌污染的可能性越大;当菌落总数较少时,病原菌污染的可能性就会降低。

　　尽管动物性食品中菌落总数对评定动物性食品的新鲜度和卫生质量具有一定的指标作用,但要做出正确的判断,还必须配合大肠菌群和致病菌等其他项目的检验。在我国的食品卫生标准中,对许多动物性食品的菌落总数都做了明确的规定,不得超出。

## 二、动物性食品中细菌菌落总数的测定方法

我国国家标准规定动物性食品中菌落总数的测定方法主要采用国家检验标准的平板培养计数法(GB/T 4789.2—2010)。

菌落总数是指动物性食品检样经过处理,在一定条件下培养后,所得 1 g 或 1 mL 检样中所含细菌菌落的总数。

每种细菌都有它一定的生理特性。培养时,应用不同的营养条件及其他生理条件(如温度、培养时间、pH、需氧性等)去满足其要求,才能分别将各种细菌都培养出来。但在实际工作中,一般都只用一种常用的方法去作细菌菌落总数的测定,所得结果只包括一群能在营养琼脂上发育的嗜中温性需氧菌的菌落总数。

### (一)基本原理

平板菌落计数法是通过将动物性食品样品制成一系列不同的稀释液,使样品中得微生物个体分散成单个细胞状态,再取一定量的稀释度接种,使其均匀分布于培养皿中的培养基上,培养后统计菌落数目,这样就可以计算样品中细菌数量。

### (二)设备和材料

(1)恒温培养箱:(36±1)℃;冰箱:0～4℃;恒温水浴锅:(46±1)℃。

(2)架盘天平;电炉:可调式;玻璃珠:直径为 5 mm。

(3)灭菌培养皿:皿底直径为 9 cm;灭菌试管:180 mm×200 mm。

(4)酒精灯,均质器或灭菌乳钵。

(5)试管架,灭菌刀或剪刀,灭菌镊子,酒精棉球,玻璃蜡笔。

(6)广口瓶或三角烧瓶:容量为 500 mL;刻度吸管:容量为 1 mL 和 10 mL。

### (三)培养基和试剂

(1)营养琼脂培养基:按标准规定配制;磷酸盐缓冲液:按标准规定配制。

(2)75%乙醇。

(3)生理盐水或其他稀释液:定量分装于玻璃瓶和试管内,灭菌。

### (四)检验程序

动物性食品中菌落总数的检验程序:见图 11-1。

### (五)操作方法

1.检样稀释及培养

(1)以无菌操作,将食品检样 25 g(或 25 mL)剪碎,放于含有 225 mL 灭菌生理盐水或其他稀释液的灭菌玻璃瓶内(瓶内预置适当数量的玻璃珠)或灭菌乳钵内,经充分振摇或研磨而做成 1∶10 的均匀稀释液。

固体检样在加入稀释液后,最好置灭菌均质器中以 8 000～10 000 r/min 的转速处理 1 min,做成 1∶10 的均匀稀释液。

(2)用 1 mL 灭菌吸管吸取 1∶10 稀释液 1 mL,沿管壁徐徐注入含有 9 mL 灭菌生理盐水

或其他稀释液的试管内(注意吸管尖端不要触及管内稀释液),振摇试管,使其混合均匀,做成1∶100 的稀释液。

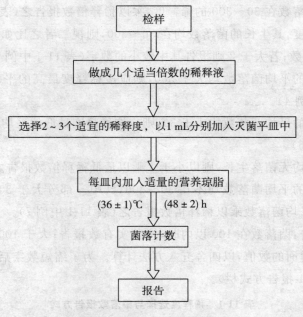

**图 11-1 菌落总数检验程序**

(3)另取 1 mL 灭菌吸管,按上项操作顺序,做 10 倍递增稀释液,如此每递增一次,即换用 1 支 1 mL 灭菌吸管。

(4)根据食品卫生标准要求或对标本污染情况的估计,选择 2～3 个适宜稀释度,分别在做 10 倍递增稀释的同时,即以吸取该稀释度的吸管移 1 mL 稀释液于灭菌平皿内,每个稀释度应做两个平皿。

(5)稀释液移入干皿后,应及时将凉至 46℃的营养琼脂培养基(可放置于(46±1)℃水浴保温)注入平皿约 15 mL,并转动平皿使混合均匀。同时将营养琼脂培养基倾入加有 1 mL 稀释液(不含样品)的灭菌平皿内作空白对照。

(6)待琼脂凝固后,翻转平板,置(36±1)℃恒温培养箱内培养(24±2)h(肉、水产品、乳和蛋品为(48+2) h 取出,计算平板内菌落数目,乘以稀释倍数即得到每克(或毫升)样品所含的菌落总数。

2.菌落计数方法

做平板菌落计数时,可以用肉眼观察,必要时用放大镜检查,以防遗漏。在记下各平板的菌落数后,求出同稀释度的各平板平均菌落数。

3.菌落计数的报告

(1)平板菌落的选择:选取菌落在 30～300 的平板作为菌落总数的测定标准。一个稀释度使用两个平板,应采用两个平板平均数,其中一个平板有较大片状菌落生长时,则不宜采用而应以无片状菌落生长的平板作为该稀释度的菌落数,若片状菌落不到平板的一半,而其余一半中菌落分布又很均匀，即可计算半个平板后乘 2 以代表全皿菌落数。

（2）稀释度的选择。

①应选择平均菌落数在 30～300 的稀释度，乘以稀释倍数报告之（表 11-1 中例 1）。

②若有两个稀释度，其生长的菌落数均在 30～300，则视二者之比如何来决定。若其比值小于 2，应报告其平均数；若大于 2 则报告其中较小的数字（表 11-1 中例 2 和例 3）。

③若所有稀释度的平均菌落数均大于 300，则应按稀释度最高的平均菌落数乘以稀释倍数报告之（表 11-1 中例 4）。

④若所有稀释度的平均菌落数均小于 30，则应按稀释度最低的平均菌落数乘以稀释倍数报告之（表 11-1 中例 5）。

⑤若所有稀释度均无菌落生长，则以小于 1 乘以最低稀释倍数报告之（表 11-1 中例 6）。

⑥若所有稀释度的平均菌落数均不在 30～300，其中一部分大于 300 或小于 30 时，则以最接近 30 或 300 的平均菌落数乘以稀释倍数报告之（表 11-1 中例 7）。

（3）菌落数的报告：菌落数在 100 以内时，按其实有数报告；大于 100 时，采用二位有效数字，在二位有效数字后面的数值，以四舍五入方法计算。为了缩短数字后面的零数，也可用 10 的指数来表示（表 11-1 报告方式栏）。

**表 11-1 稀释度选择与菌落数报告方式**

| 例次 | 稀释液及菌落数 | | | 两稀释液之比 | 菌落总数 /(cfu/g 或 mL) | 报告方式 /(cfu/g 或 mL) |
|---|---|---|---|---|---|---|
| | $10^{-1}$ | $10^{-2}$ | $10^{-3}$ | | | |
| 1 | 多不可计 | 164 | 20 | — | 16 400 | 16 000 或 $1.6×10^4$ |
| 2 | 多不可计 | 295 | 46 | 1.6 | 37 750 | 38 000 或 $3.8×10^4$ |
| 3 | 多不可计 | 271 | 60 | 2.2 | 27 100 | 27 000 或 $2.7×10^4$ |
| 4 | 多不可计 | 多不可计 | 313 | — | 313 000 | 310 000 或 $3.1×10^5$ |
| 5 | 27 | 11 | 5 | | 270 | 270 或 $2.7×10^2$ |
| 6 | 0 | 0 | 0 | — | $<1×10$ | $<10$ |
| 7 | 多不可计 | 305 | 12 | — | 30 500 | 31 000 或 $3.1×10^4$ |

# 第二节　动物性食品中大肠菌群的测定

## 一、概述

大肠菌群是指一群在 37℃、24 h 能发酵乳糖，产酸、产气、需氧和兼性厌氧的革兰氏阴性无芽孢杆菌。主要包括肠杆菌科中的 4 个属，即大肠埃希氏菌属、枸橼酸杆菌属、克雷伯氏菌属和肠杆菌属。大肠杆菌的细菌主要来源于人畜粪便，故以此作为粪便污染指标来评价动物性食品的卫生质量，具有广泛的卫生学意义。

最初大肠菌群仅作为水源受粪便污染的指标菌,后来在食品卫生中引入了大肠菌群的概念,现已广泛应用于世界上许多国家。以大肠菌群作为食品卫生检验的指标菌,是因为大肠杆菌和多数肠道病原菌在水中存活期基本相近,而且在人工条件下易于培养和观察。根据食品中所含大肠菌群数的多少,可以判定食品的卫生质量。如大肠菌群数越多,表示受粪便污染的程度越大,受肠道病原菌污染的可能性越大。因此为确保动物性食品的卫生质量,必须要求将大肠菌群的数量降低到最小的程度。

我国和许多国家食品的大肠菌群数是以每 100 g(mL)动物性食品检样中大肠菌群最可能数(most probable number,MPN)来表示。在我国的食品卫生标准中,对许多动物性食品的大肠杆菌 MPN 都做了明确的规定,不得超出。

## 二、动物性食品中大肠菌群的测定方法

我国国家标准规定动物性食品中大肠菌群的测定方法主要有乳糖发酵法、平板计数法、LTSE 快速检验法、疏水网膜法及其他快速检验法。这里主要介绍动物性食品中大肠菌群的测定方法(乳糖发酵法)(GB/T 4789.3—2003)。

我国国家标准规定物性食品中大肠菌群的测定方法采用乳糖发酵试验、分离培养和证实试验三步法。

### (一)基本原理

由于大肠菌群是指具有某些特征的一组与粪便污染有关的细菌,即需氧和兼性厌氧、在37℃能分解乳糖产酸产气的革兰氏阴性无芽孢杆菌。因此大肠菌群的检测一般是按照它的定义去进行的。

### (二)设备和材料

(1)恒温培养箱:(36±1)℃;水浴锅:(44±0.5)℃;天平。

(2)高压灭菌锅,显微镜,均质器或乳钵,温度计,干皿。

(3)试管,吸管,试管架,酒精灯,培养皿,锥形瓶。

(4)载玻片,盖玻片,玻璃珠

### (三)培养基和试剂

(1)乳糖胆盐发酵管:按国家标准规定配制。

(2)伊红美兰琼脂平板:按国家标准规定配制。

(3)乳糖发酵管:按国家标准规定配制。

(4)蛋白胨水,靛基质试剂。

(5)革兰氏染色液:按国家标准规定配制。

### (四)检验程序

大肠菌群检验程序:见图 11-2。

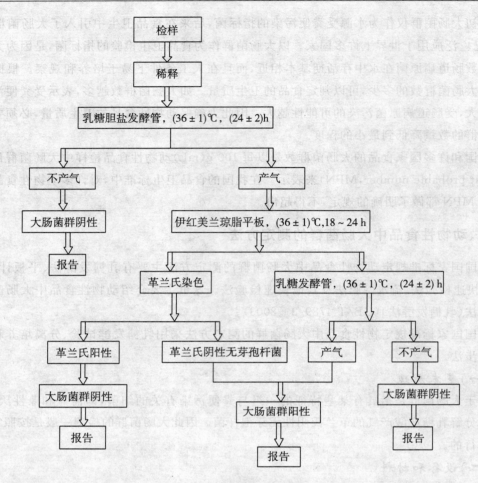

**图 11-2　大肠菌群检验程序**

**（五）操作方法**

**1. 食品检样稀释**

（1）以无菌操作将检样 25 mL（或 25 g）放入含有 225 mL 灭菌生理盐水或其他稀释液的灭菌玻璃瓶内（瓶内预置适当数量的玻璃珠）或灭菌乳钵内，经充分振摇或研磨做成 1：10 的均匀稀释液。固体检样最好用均质器，以 8 000～10 000 r/min 的转速处理 11 min，做成 1：10 的均匀稀释液。

（2）用 1 mL 灭菌吸管吸取 1：10 稀释液 1 mL，注入含有 9 mL 灭菌生理盐水或其他稀释液的试管内，振摇试管混匀，做成 1：100 的稀释液。

（3）另取 1 mL 灭菌吸管，按上项操作依次做 10 倍递增稀释液，每递增稀释一次，换用 1 支 1 mL 灭菌吸管。

（4）根据食品卫生标准要求或对检样污染情况的估计，选择 3 个稀释度，每个稀释度接种 3 支发酵管。

**2. 乳糖发酵试验**

将待检样品接种于乳糖胆盐发酵管内，接种量在 1 mL 以上者，用双料乳糖胆盐发酵管；

1 mL及 1 mL 以下者,用单料乳糖胆盐发酵管。每一稀释度接种 3 支管,置于(36±1)℃培养箱内,培养(24±2)h,如所有乳糖胆盐发酵管都不产气,则可以报告为大肠菌群阴性,如有产气者,则按下列程序继续进行。

**3.分离培养**

将产气的发酵管分别转种在伊红美兰琼脂平板上,置于(36±1)℃培养箱内,培养 18～24 h,然后取出,观察菌落形态,并做革兰氏染色试验和证实试验。

**4.证实试验**

在上述平板上,挑取可疑大肠菌群菌落 1～2 个进行革兰氏染色,同时接种乳糖发酵管,置于(36±1)℃培养箱内,培养(24±2)h,观察产气情况。凡乳糖管产气、革兰氏染色为阴性的无芽孢杆菌,即可报告为大肠菌群阳性。

**5.报 告**

根据证实试验为大肠菌群阳性的管数,查 MPN 检索表(表 11-2),报告每 100 mL(g)检样中的大肠菌群的最可能数。

例如:检验结果为检样 1 mL 检测试管内均属阴性,0.1 mL 检测试管内属于阳性的有 2 管,0.01 mL 检测试管属于阳性的为 1 管,查表可以得知 MPN 为 90 个/100 mL(g)。

若采用的检样量为 10 mL(g)、1 mL(g)和 0.1 mL(g)时,表内的数字应相应降低 10 倍;同样,若采用的检样量为 0.1 mL(g) 0.01 mL(g) 0.001 mL(g)时,则表内数字应相应增加 10 倍,依此类推。

**(六)注意事项**

(1)在分离培养中,挑取大肠菌群可疑菌落一般应具有以下特征:大肠杆菌在伊红美兰琼脂培养基上生长后,会形成紫黑色并带有浅绿色、有光泽的圆形菌落。

(2)在发酵试验中,一般接种量在 1 mL 以上者用双料乳糖胆盐发酵管(即将所有乳糖胆盐发酵管的成分加倍,水除外),接种量在 1 mL 及 1 mL 以下者用单料乳糖胆盐发酵管。

(3)在乳糖胆盐发酵管中的小发酵管倒置于试管中,其中存在一段空气,经高压灭菌、放气后空气会自然消失。但在使用前应进行检查,凡小发酵管中有气泡者均不能使用,以免影响试验结果的判定。

**表 11-2 大肠菌群最近似数(MPN)检索表**

| 阳性管数 | | | MPN | 95%可信限 | |
|---|---|---|---|---|---|
| 1 mL(g)×3 | 0.1 mL(g)×3 | 0.01 mL(g)×3 | 100 mL(g) | 下限 | 上限 |
| 0 | 0 | 0 | <30 | | |
| 0 | 0 | 1 | 30 | <5 | 90 |
| 0 | 0 | 2 | 60 | | |
| 0 | 0 | 3 | 90 | | |
| 0 | 1 | 0 | 30 | <5 | 130 |
| 0 | 1 | 1 | 60 | | |
| 0 | 1 | 2 | 90 | | |
| 0 | 1 | 3 | 120 | | |

续表 11-2

| 阳性管数 | | | MPN | 95%可信限 | |
|---|---|---|---|---|---|
| 1 mL(g)×3 | 0.1 mL(g)×3 | 0.01 mL(g)×3 | 100 mL(g) | 下限 | 上限 |
| 0 | 2 | 0 | 60 | | |
| 0 | 2 | 1 | 90 | | |
| 0 | 2 | 2 | 120 | | |
| 0 | 2 | 3 | 160 | | |
| 0 | 3 | 0 | 90 | | |
| 0 | 3 | 1 | 130 | | |
| 0 | 3 | 2 | 160 | | |
| 0 | 3 | 3 | 190 | | |
| 1 | 0 | 0 | 40 | <5 | 200 |
| 1 | 0 | 1 | 70 | 10 | 210 |
| 1 | 0 | 2 | 110 | | |
| 1 | 0 | 3 | 150 | | |
| 1 | 1 | 0 | 70 | 10 | 230 |
| 1 | 1 | 1 | 110 | 30 | 360 |
| 1 | 1 | 2 | 150 | | |
| 1 | 1 | 3 | 190 | | |
| 1 | 2 | 0 | 110 | 30 | 360 |
| 1 | 2 | 1 | 150 | | |
| 1 | 2 | 2 | 200 | | |
| 1 | 2 | 3 | 240 | | |
| 1 | 3 | 0 | 160 | | |
| 1 | 3 | 1 | 200 | | |
| 1 | 3 | 2 | 240 | | |
| 1 | 3 | 3 | 290 | | |
| 2 | 0 | 0 | 90 | 10 | 360 |
| 2 | 0 | 1 | 140 | 30 | 370 |
| 2 | 0 | 2 | 200 | | |
| 2 | 0 | 3 | 260 | | |
| 2 | 1 | 0 | 150 | 30 | 440 |
| 2 | 1 | 1 | 200 | 70 | 890 |
| 2 | 1 | 2 | 270 | | |
| 2 | 1 | 3 | 340 | | |
| 2 | 2 | 0 | 210 | 40 | 470 |
| 2 | 2 | 1 | 280 | 100 | 1 500 |
| 2 | 2 | 2 | 350 | | |
| 2 | 2 | 3 | 420 | | |

续表 11-2

| 阳性管数 | | | MPN | 95%可信限 | |
|---|---|---|---|---|---|
| 1 mL(g)×3 | 0.1 mL(g)×3 | 0.01 mL(g)×3 | 100 mL(g) | 下限 | 上限 |
| 2 | 3 | 0 | 290 | | |
| 2 | 3 | 1 | 360 | | |
| 2 | 3 | 2 | 440 | | |
| 2 | 3 | 3 | 530 | | |
| 3 | 0 | 0 | 230 | 40 | 1 200 |
| 3 | 0 | 1 | 390 | 70 | 1 300 |
| 3 | 0 | 2 | 640 | 150 | 3 800 |
| 3 | 0 | 3 | 950 | | |
| 3 | 1 | 0 | 430 | 70 | 2 100 |
| 3 | 1 | 1 | 750 | 140 | 1 300 |
| 3 | 1 | 2 | 1 200 | 300 | 3 800 |
| 3 | 1 | 3 | 1 600 | | |
| 3 | 2 | 0 | 930 | 150 | 3 800 |
| 3 | 2 | 1 | 1 500 | 300 | 4 400 |
| 3 | 2 | 2 | 2 100 | 350 | 4 700 |
| 3 | 2 | 3 | 2 900 | | |
| 3 | 3 | 0 | 2 400 | 360 | 1 300 |
| 3 | 3 | 1 | 4 600 | 710 | 2 400 |
| 3 | 3 | 2 | 11 000 | 1 500 | 4 800 |
| 3 | 3 | 3 | ≥24 000 | | |

# 第三节　动物性食品中常见致病菌的检验

## 一、概述

食品卫生标准中所说的致病菌主要是指肠道致病菌和致病性球菌,还有产毒霉菌。我国《食品卫生微生物学检验》(GB/T 4789—2008)中致病菌包括沙门氏菌、志贺氏菌、致泻大肠埃希氏菌、副溶血性弧菌、小肠结肠炎耶尔森氏菌、空肠弯曲菌、金黄色葡萄球菌、溶血性链球菌、肉毒梭菌及其肉毒毒素、产气荚膜梭菌、蜡样芽孢杆菌、产毒霉菌、单核细胞增生李斯特氏菌、大肠埃希氏菌 0157:H7NM、阪崎肠杆菌等。

在动物性食品的生产、加工、销售过程中,这些国家规定的致病菌一旦污染了动物性食品,就可能造成消费者细菌性食物中毒和人畜共患病的发生,导致动物疫病的传播。因此为了防止人畜共患病和动物疫病的传播,防止肉源性疾病的发生,必须加强对动物性食品的监管和致病菌的检验,以保障人民群众的身体健康。

对于不同种类的动物性食品,根据国家相关标准的要求,对于不同的致病菌的检验有所侧重。我国国家标准规定,在所有动物性食品中不得检出致病菌。

### 二、动物性食品中沙门氏菌的检验方法

沙门氏菌病常在动物中广泛传播，人沙门氏菌感染和带菌非常普遍。由于动物的生前感染或动物性食品受到污染，均可以使人发生食物中毒。在世界各地的食物中毒中，沙门氏菌食物中毒常占首位或第二位。

食品中沙门氏菌的含量较少，且常由于食品加工过程使其受到损伤而处于濒死的状态。故为了分离食品中的沙门氏菌，必须将增菌方法进行改进。同时，由于分类学的改变，过去所称"亚利桑那菌属"现已与沙门氏菌属合并，列为亚属Ⅲ。因此，沙门氏菌分离与鉴定的方法应做相应的改变。目前用于动物性食品中沙门氏菌的检验方法，为国家标准方法《食品卫生微生物学检验 沙门氏菌检验》（GB/T 4789.4—2008），包括5个基本步骤：①前增菌，用无选择性的培养基使处于濒死状态的沙门氏菌恢复其活力；②选择性增菌：使沙门氏菌得以增殖，而大多数其他细菌受到抑制；③选择性平板分离沙门氏菌；④生化试验，鉴定种属；⑤血清学分型鉴定。

**（一）设备和材料**

(1)架盘药物天平；均质器或乳钵；显微镜。

(2)恒温培养箱：(36±1)℃；42℃。

(3)灭菌广口瓶：500 mL；灭菌三角烧瓶：250 mL；灭菌吸管：10 mL；灭菌平皿：直径9 cm。

(4)灭菌毛细吸管及橡皮乳头；灭菌小玻管：内径3 mm，长约5 cm。

(5)试管架，酒精灯，接种棒，镍铬丝，载玻片，灭菌金属匙或玻棒。

**（二）培养基和试剂**

(1)缓冲蛋白胨水（BP）：按国家标准规定配制。

(2)氯化镁孔雀绿（MM）增菌液：按国家标准规定配制。

(3)四硫磺酸钠煌绿（TTB）增菌液：按国家标准规定配制。

(4)亚硒酸盐胱氨酸（SC）增菌液：按国家标准规定配制。

(5)亚硫酸铋琼脂（BS）：按国家标准规定配制。

(6)DHL琼脂；HE琼脂；WS琼脂；SS琼脂：按国家标准规定配制。

(7)三糖铁琼脂（TSI）；尿素琼脂（pH7.2）：按国家标准规定配制。

(8)蛋白胨水、靛基质试剂；革兰氏染色液：按国家标准规定配制。

(9)氰化钾（KCN）培养基；氨基酸脱羧酶试验培养基：按国家标准规定配制。

(10)糖发酵管；ONPG培养基；缓冲葡萄糖蛋白胨水；甲基红试剂；V-P试剂；氧化酶试剂；丙二酸钠培养；半固体琼脂：均按国家标准规定配制。

(11)沙门氏菌因子血清：初步分型有26种，一般分型有57种，详细分型有144种。

**（三）检验程序**

沙门氏菌检测程序，见图11-3。

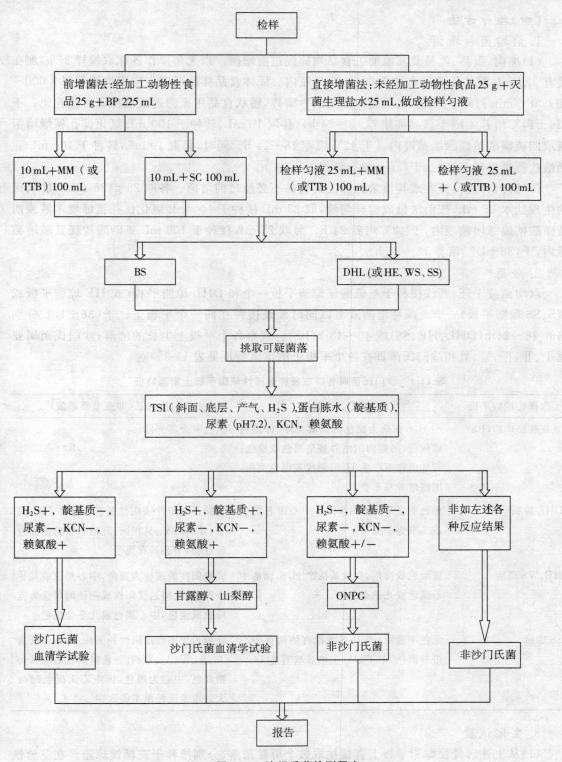

图 11-3　沙门氏菌检测程序

**（四）操作方法**

**1. 前增菌和增菌**

（1）冻肉、蛋品、乳品及其他加工食品均应经过前增菌。以无菌操作各称取检样 25 g，加在装有 225 mL 缓冲蛋白胨水的 500 mL 广口瓶内。固体食品样品可以先应用均质器以 8 000～10 000 r/min 打碎 1 mm。或用乳钵加灭菌砂磨碎，粉状食品用灭菌匙或玻棒研磨使乳化。于（36±1）℃培养 4 h（干蛋品需培养 18～24 h），移取 10 mL，转种于 100 mL 氯化镁孔雀绿增菌液或四硫磺酸钠煌绿增菌液内。于 42℃培养 18～24 h。同时，另取 10 mL，转种于 100 mL 亚硒酸盐胱氨酸增菌液内，于（36±1）℃培养 18～24 h。

（2）鲜肉、鲜蛋、鲜乳或其他未经加工的食品不必经过前增菌。各取 25 g（25 mL），加入灭菌生理盐水 25 mL，按前法做成检样匀液，取 25 mL 接种于 100 mL 氯化镁孔雀绿增菌液或四硫磺酸钠煌绿增菌液内，于 42℃培养 24 h。另取 25 mL 接种于 100 mL 亚硒酸盐胱氨酸增菌液内，于（36±l）℃培养 18～24 h。

**2. 分离**

取增菌液 1 环，画线接种于亚硫酸铋琼脂平板一个和 DHL 琼脂平板（或 HE 琼脂平板或 WS、SS 琼脂平板）一个。两种增菌液可以同时画线接种在同一个平板上。于（36±l）℃分别培养 18～24 h（DHL、HE、SS）或 40～48 h（BS）。观察各个平板上生长的菌落，沙门氏菌属亚属Ⅰ、Ⅱ、Ⅳ、Ⅴ、Ⅵ和沙门氏菌Ⅲ在各个平板上的菌落特征见表 11-3。

**表 11-3　沙门氏菌属各群在各种选择性琼脂平板上菌落特征**

| 选择性琼脂平板 | 沙门氏菌Ⅰ、Ⅱ、Ⅳ、Ⅴ、Ⅵ | 沙门氏菌Ⅲ（即亚里桑那菌） |
|---|---|---|
| 亚硫酸铋琼脂（BS） | 产 $H_2S$ 菌落为黑色有金属光泽、棕黑色或灰色，菌落周围培养基呈黑色或棕色；有些菌株不产生 $H_2S$，形成灰绿色菌落，周围培养基不变 | 黑色有金属光泽 |
| DHL 琼脂 | 无色半透明；产 $H_2S$ 菌落中心带有黑色或几乎为全黑 | 乳糖迟缓阳性或阴性的菌株于沙门氏菌Ⅰ、Ⅱ、Ⅳ、Ⅴ、Ⅵ相同；乳糖阳性的菌株为粉红色，中心带有黑色 |
| HE、WS 琼脂 | 蓝绿色或蓝色，多数菌株产 $H_2S$，菌落中心黑色或几乎全黑 | 乳糖阳性的菌株为黄色，中心黑色或几乎全黑色；乳糖迟缓阳性或阴性的菌株为蓝绿色或蓝色，中心黑色或几乎全黑色 |
| SS 琼脂 | 无色半透明；产 $H_2S$ 菌有的菌落中心带有黑色，单不如以上培养基明显 | 乳糖迟缓阳性或阴性的菌株，与沙门氏菌Ⅰ、Ⅱ、Ⅳ、Ⅴ、Ⅵ相同；乳糖阳性的菌株为粉红色，中心为黑色，但中心无黑色时与大肠埃希氏杆菌不能区别 |

**3. 生化试验**

（1）从上述选择性琼脂平板上直接挑取数个可疑菌落，分别接种于三糖铁琼脂。在三糖铁琼脂内，肠杆菌科常见属种的反应结果见表 11-4。

表 11-4 肠杆菌科各属在三糖铁琼脂内的反应结果

| 斜面 | 底层 | 产气 | 硫化氢 | 可能的菌属和种 |
|---|---|---|---|---|
| − | + | +/− | + | 沙门氏菌属、弗劳地氏柠檬酸杆菌、变形杆菌属、缓慢爱德华氏菌 |
| + | + | +/− | + | 沙门氏菌Ⅲ、弗劳地氏柠檬酸杆菌、普通变形杆菌 |
| − | + | + | − | 沙门氏菌属、大肠埃希氏菌、蜂窝哈夫尼亚菌、摩根氏菌、普罗菲登斯菌属 |
| − | + | − | − | 伤寒沙门氏菌、鸡沙门氏菌、志贺氏菌属、大肠埃希氏菌、蜂窝哈夫尼亚菌、摩根氏菌、普罗菲登斯菌属 |
| + | + | +/− | − | 大肠埃希氏菌、肠杆菌属、克雷伯氏菌属、沙雷氏菌属、弗劳地氏柠檬酸杆菌 |

注：＋阳性；－阴性；＋/－多数阳性，少数阴性。

（2）在接种三糖铁琼脂的同时，再接种蛋白胨水（供靛基质试验）、尿素琼脂（pH7.2）、氰化钾（KCN）培养基和赖氨酸脱羧酶试验培养基及对照培养基各 1 管，置于（36±1）℃培养 18～24 h，必要时可延长至 48 h。按表 11-5 判定结果。按反应序号分类，沙门氏菌属的结果应属于 $A_1$、$A_2$ 和 $B_1$，其他 5 种反应结果均可以排除。

表 11-5 肠杆菌科各属生化反应初步鉴定表

| 反应序号 | 硫化氢（$H_2S$） | 靛基质 | pH7.2 尿素 | 氰化钾（KCN） | 赖氨酸脱羧酶 | 判定菌属 |
|---|---|---|---|---|---|---|
| $A_1$ | + | − | − | − | + | 沙门氏菌属 |
| $A_2$ | + | + | − | − | + | 沙门氏菌属（少见），缓慢爱德华氏菌 |
| $A_3$ | + | − | + | + | − | 弗劳地氏柠檬酸杆菌，奇异变形杆菌 |
| $A_4$ | + | + | + | + | − | 普通变形杆菌 |
| $B_1$ | − | − | − | − | + | 沙门氏菌属、大肠埃希氏属、甲型副伤寒 |
| | − | − | − | − | − | 沙门氏菌、大肠埃希氏菌、志贺氏菌属 |
| $B_2$ | − | + | − | − | + | 大肠埃希氏菌、志贺氏菌属 |
| | − | + | − | − | − | |
| $B_3$ | − | − | +/− | + | + | 克雷伯氏菌族各属，阴沟肠杆菌、弗劳地氏柠檬酸杆菌 |
| | − | − | + | + | − | |
| $B_4$ | − | + | +/− | + | + | 摩根氏菌、普罗菲登斯菌属 |

注：①三糖铁琼脂底层均产酸；不产酸者可以排除；斜面产酸与产气与否不限。

②KCN 和赖氨酸选用其中一项，但不能判定结果时，仍需补做另一项。

③＋阳性；－阴性；＋/－多数阳性，少数阴性。

①反应序号 $A_1$：为典型反应，判定为沙门氏菌属。如尿素、KCN、赖氨酸 3 项中有一项异常，则可以按表 11-6 判定为沙门氏菌；如有 2 项异常，则可按 $A_3$ 判定为弗劳地氏柠檬酸杆菌。

**表 11-6　尿素、氰化钾和赖氨酸试验**

| pH7.2 尿素 | 氰化钾（KCN） | 赖氨酸脱羧酶 | 判定结果 |
|---|---|---|---|
| − | − | − | 甲型副伤寒沙门氏菌（要求血清学鉴定结果） |
| − | ＋ | ＋ | 沙门氏菌Ⅳ或Ⅴ（要求符合本群生化特征） |
| ＋ | − | ＋ | 沙门氏菌个别变体（要求血清学鉴定结果） |

注：＋表示阳性，−表示阴性。

②反应序号 $A_2$：应补做甘露醇和山梨醇试验，按表 11-7 判定结果。

**表 11-7　甘露醇和山梨醇试验**

| 甘露醇 | 山梨醇 | 判定结果 |
|---|---|---|
| ＋ | ＋ | 沙门氏菌靛基质阳性变体（要求血清学鉴定结果） |
| − | − | 缓慢爱德华氏菌 |

注：＋表示阳性，−表示阴性。

③反应序号 $B_1$：需补做 ONPG，其中 ONPG（＋）为大肠埃希氏菌，ONPG（−）为沙门氏菌，同时沙门氏菌应为赖氨酸（＋），但急性副伤寒沙门氏菌为赖氨酸（−）。

④必要时，可以按表 11-8 进行沙门氏菌生化群鉴别。

**表 11-8　沙门氏菌属生化群鉴别表**

| 项目 | Ⅰ | Ⅱ | Ⅲ | Ⅳ | Ⅴ | Ⅵ |
|---|---|---|---|---|---|---|
| 卫矛醇 | ＋ | ＋ | − | − | ＋ | − |
| 山梨醇 | ＋ | ＋ | ＋ | ＋ | ＋ | − |
| 水杨苷 | − | − | − | ＋ | − | − |
| ONPG | − | − | ＋ | − | − | − |
| 丙二酸盐 | − | ＋ | ＋ | − | − | − |
| KCN | − | − | − | ＋ | ＋ | − |

注：＋表示阳性，−表示阴性。

### 4. 血清学分型鉴定

（1）抗原的准备：一般采用 1.5％琼脂斜面培养物作为玻片凝集试验用的抗原。

O 血清不凝集时，将菌株接种在琼脂量较高的（如 2.5％～3％）培养基上再检查。如果是由于 Vi 抗原的存在而阻止了 O 抗原凝集反应时，可挑取菌苔于 1 mL 生理盐水中组成浓菌液，于酒精灯火焰上煮沸后再检查。H 抗原发育不良时，将菌株接种在 0.7％～0.8％半固体琼脂平板的中央，待菌落蔓延生长时，在其边缘部分取菌检查；或将菌株通过装有 0.3％～0.4％琼脂的小玻管 1～2 次，自远端挑取菌株培养后再检查。

（2）O 抗原的鉴定：用 A～F 多价 O 血清做玻片凝集试验，同时用生理盐水做对照，在生理盐水中自凝者为粗糙形菌株，不能分型。

被 A～F 多价 O 血清凝集者，依次用 $O_4$、$O_3$、$O_{10}$、$O_7$、$O_8$、$O_9$、$O_2$ 和 $O_{11}$ 因子血清做凝集试

验。根据试验结果,判定 O 群。被 $O_3$、$O_{10}$ 血清凝集的菌株,再用 $O_{10}$、$O_{15}$、$O_{34}$、$O_{19}$ 单因子血清做凝集试验,判定为 $E_1$、$E_2$、$E_3$、$E_4$ 各亚群,每一个 O 抗原成分的最后确定均应根据 O 单因子血清的检查结果,没有 O 单因子血清的,要用两个 O 复合因子血清进行核对。

不被 A～F 多价 O 血清凝集者,可以先用 57 种或 144 种沙门氏菌因子血清中的 9 种多价 O 血清检查。如有其中一种血清凝集,则用这种血清所包括的 O 群血清逐一检查,以确定 O 群。每种多价 O 血清所包括的 O 因子如下:

O 多价 1:A、B、C、D、E、F 群(并包括 6,14 群)

O 多价 2:13,16,17,18,21 群

O 多价 3:18,30,35,38,39 群

O 多价 4:40,41,42,43 群

O 多价 5:44,45,47,48 群

O 多价 6:50,51,52,53 群

O 多价 7:55,56,57,58 群

O 多价 8:59,60,61,62 群

O 多价 9:63,65,66,67 群

(3)H 抗原的鉴定:不常见的菌型,先用 144 种沙门氏菌因子血清中的 8 种多价 H 血清检查。如有其中一种或两种血清凝集,则再用这一种或两种血清所包括的各种 H 因子血清逐一检查,以确定第 1 相和第 2 相的 H 抗原。8 种多价 H 血清所包括的 H 因子如下:

H 多价 1:a,b,c,d,i

H 多价 2:eh,enx,en,15,fg,gms,gpu,gp,gq,mt,gz51

H 多价 3:k,r,y,z,z10,lv,lw,lz13,lz28,lz40

H 多价 4:1,2;1,5;1,6;1,7;z6

H 多价 5:z4z23,z4z24,z4z32,z29,z35,z36,z38

H 多价 6:z36,z41,z42,z44

H 多价 7:z52,z53,z54,z55

H 多价 8:z56,z57,z60,z61,z62

每一个 H 抗原成分的最后确定均应根据 H 单因子血清的检查结果,没有 H 单因子血清的要用两个 H 复合因子血清进行核对。

检出第 1 相 H 抗原而未检出第 2 相 H 抗原的或检出第 2 相 H 抗原而未检出第 1 相 H 抗原的,可以在琼脂斜面上移种 1～2 代后再检查。如仍只检出一个相的 H 抗原,要用位相变异的方法检查其另一个相。单相菌不必做位相变异检查。位相变异试验方法如下:

①小玻管法:将半固体管(每管约 1～2 mL)在酒精灯上溶化并冷至 50℃,取已知相的 H 因子血清 0.05～0.1 mL 加入溶化的半固体内,混匀后,用毛细吸管吸取分装于供位相变异试验的小玻管内,待凝固后,用接种针挑取待检菌,接种于一端。将小玻管平放在平皿内,并在其旁放一团湿棉花,以防琼脂中水分蒸发而干缩。每天检查结果,待另一相细菌解离后,可以从另一端挑取细菌进行检查。培养基内血清的浓度应有适当的比例,过高时细菌不能生长,过低时同一相细菌的动力不能抑制。一般按原血清 1:(200～800)的量加入。

②小导管法：将两端开口的小玻管（下端开口要留一缺口，不要平齐）放在半固体管内，小玻管的上端应高出于培养基的表面，灭菌后备用。临用时在酒精灯上加热溶化，冷却至 50℃，挑取因子血清 1 环，加入小套管中的半固体内，略加搅动，使其混匀。待凝固后，将待检菌株接种于小套管中的半固体表层内。每天检查结果，待另一相细菌解离后，可以从套管外的半固体表面取菌检查，或转种 1‰软琼脂斜面，于 37℃培养后再做玻片凝集试验。

③简易平板法：将 0.7%～0.8%半固体琼脂平板烘干表面水分，挑取因子血清 1 环，滴在半固体平板表面，放置片刻，待血清吸收到琼脂内，在血清部位的中央点种待检菌株，培养后，在形成蔓延生长的菌苔边缘取菌检查。

（4）Vi 抗原的鉴定：用 Vi 因子血清检查。已知具有 Vi 抗原的菌型有伤寒沙门氏菌，丙型副伤寒沙门氏菌，都柏林沙门氏菌。

5.菌型的判定和结果报告

综合以上生化试验和血清学分型鉴定的结果，按照有关沙门氏菌属抗原结构表判定菌型，并报告结果。

（五）结果报告

综合上述细菌形态特征、菌落形态特征、生化试验和血清学分型鉴定结果，按照有关沙门氏菌属的表型特征来判定沙门氏菌及其菌型，并报告样品检验结果。

### 三、动物性食品中志贺氏菌的检验方法

志贺氏菌属是由符合肠杆菌科及埃希氏菌族定义的无动力的细菌所组成。志贺氏菌属细菌通常称为痢疾杆菌，包括 A 群痢疾志贺氏菌、B 群福氏志贺氏菌、C 群鲍氏志贺氏菌和 D 群宋内志贺氏菌。除福氏志贺氏菌某些生化型外，在碳水化合物内不形成可见气体。

志贺氏菌是食物中毒的主要致病菌之一。志贺氏菌病的暴发，主要是因为食入了被该菌污染的肉类食品，如畜肉、禽肉、牛奶等。值得注意的是，近年来在发达国家和发展中国家，志贺氏菌病的发病率有明显增加的趋势。因此，对动物性食品进行志贺氏菌的卫生检验和卫生监督，具有重要的卫生学意义。

目前用于动物性食品中志贺氏菌的检验方法，为国家标准方法《食品卫生微生物学检验 志贺氏菌检验》（GB/T 4789.5—2008），主要包括增菌、选择性平板分离、生化试验和血清学分型鉴定等步骤。

（一）设备和材料

（1）天平：称取检样用。

（2）恒温培养箱：(36±1)℃。

（3）均质器或乳钵；显微镜。

（4）灭菌广口瓶：500 mL；灭菌平皿：皿底直径 9 cm；灭菌金属匙或玻璃棒。

（5）酒精灯，载玻片，试管，试管架，接种棒，镍铬丝。

（二）培养基和试剂

（1）HE 琼脂；SS 琼脂；麦康凯琼脂；伊红美兰琼脂等平板：按国家标准规定配制。

（2）GN 增菌液；三糖铁琼脂；糖发酵管：按国家标准规定配制。

(3)半固体管;赖氨酸培养基;苯丙氨酸琼脂:按国家标准规定配制。

(4)西蒙氏柠檬酸盐琼脂;葡萄糖铵琼脂:按国家标准规定配制。

(5)蛋白胨水、靛基质试剂;氧化酶试剂:按国家标准规定配制。

(6)缓冲葡萄糖蛋白胨水;V-P 试剂;甲基红试剂按国家标准规定配制。

(7)革兰氏染色液:按国家标准规定配制。

(8)志贺氏菌属诊断血清。

**(三)操作方法**

(1)增菌:称取检样 25 g,加入装有 225 mL GN 增菌液的 500 mL 广口瓶内(固体食品应用均质器以 8 000～10 000 r/min 打碎 1 min,或用乳钵加灭菌砂磨碎,粉状食品应用灭菌金属匙或玻璃棒研磨,使其乳化),于(36±1)℃培养 6～8 h。

(2)分离:取增菌液 1 环,划线接种于 HE 琼脂平板或 SS 琼脂平板一个,麦康凯琼脂平板或伊红美兰琼脂平板一个,于(36±1)℃培养 18～24h。志贺氏菌在这些培养基上呈现无色透明不发酵乳糖的菌落。

(3)生化试验:挑取平板上的可疑菌落,接种三糖铁琼脂和半固体管各一管。一般应多挑几个菌落,以防遗漏。志贺氏菌属在三糖铁琼脂内的反应结果为底层产酸、不产气(除福氏志贺氏菌 6 型可微产气),斜面产碱,不产生硫化氢,无动力,在半固体管内沿穿刺线生长。具有以上特性的菌株,疑为志贺氏菌,可以做血清凝集试验。

在做血清学试验的同时,应进一步做 V-P、苯丙氨酸脱氨酶、赖氨酸脱羧酶、西蒙氏柠檬酸盐和葡萄糖铵试验,志贺氏菌属均为阴性反应。必要时应做革兰氏染色检查和氧化酶试验,志贺氏菌应为氧化酶阴性的革兰氏阴性杆菌,并以生化试验方法做 4 个生化群的特征鉴定,见表 11-9。

**表 11-9 志贺氏菌属 4 个群的生化特性**

| 生化群 | 5%乳糖 | 甘露醇 | 棉籽糖 | 甘油 | 靛基质 |
|---|---|---|---|---|---|
| A 群:痢疾志贺氏菌 | － | － | － | (＋) | －/＋ |
| B 群:福氏志贺氏菌 | － | ＋ | ＋ | － | －/＋ |
| C 群:鲍氏志贺氏菌 | － | ＋ | － | (＋) | －/＋ |
| D 群:宋内氏志贺氏菌 | ＋/(＋) | ＋ | ＋ | d | － |

注:＋阳性;－阴性;－/＋多数阴性,少数阳性;(＋)迟缓阳性;d 有不同生化型。福氏志贺氏菌 6 型生化特性与 A 群或 C 群相似。

(4)血清学试验:挑取三糖铁琼脂上的培养物,做玻片凝集试验。先用 4 种志贺氏菌多价血清检查。如果由于 K 抗原的存在而不出现凝集,应将菌液煮沸后再检查。如果呈现凝集,则用 A1、A2、B 群多价血清和 D 群血清分别试验。如系 B 群福氏志贺氏菌,则用群和型因子血清分别检查,确定菌型。福氏志贺氏菌各型和亚型的型和群抗原见表 11-10。福氏志贺氏菌菌型鉴定的方法是可以先用群因子血清检查,再根据群因子血清出现凝集的结果,依次选用型因子血清检查(表 11-11)。

**表 11-10　福氏志贺氏菌各型和亚型的型抗原和群抗原**

| 型和亚型 | 型抗原 | 群抗原 | 型和亚型 | 型抗原 | 群抗原 |
|---|---|---|---|---|---|
| 1a | I | 1、2、4、5、9… | 4a | IV | 1、(3)… |
| 1b | I | 1、2、4、5、6、9… | 4b | IV | 1、6… |
| 2a | II | 1、3、4… | 5a | V | 1、4… |
| 2b | II | 1、7、8、9… | 5b | V | 1、5、7、9… |
| 3a | III | 1、6、7、8、9… | 6 | VI | 1、2、(4)… |
| 3b | III | 1、4、6、(7、8、9) | x 变种 | — | 1、7、8、9… |
| 3c | III | 1、6… | y 变种 | — | 1、3、4… |

**表 11-11　福氏志贺氏菌的血清学鉴定**

| 群 3,4 | 群 6 | 群 7,8 | 可能的型和亚型 |
|---|---|---|---|
| + | − | − | 2a,1a,6,4a,y 变种 |
| + | + | − | Lb,3b,4b |
| − | + | + | 3a |
| − | − | + | 2b,5,x 变种 |
| − | − | − | 4,6 |

注:+表示有,−表示无。

　　4 种志贺氏菌多价血清不凝集的菌株,可以用鲍氏多价血清 1、2、3 分别检查,并进一步用 1~15 各型因子血清确定菌型。如果不是鲍氏志贺氏菌,可以用痢疾志贺氏菌 3~10 型多价血清及各型因子血清检查。

**(四)结果报告**

　　综合上述生化试验和血清学试验结果,判定菌型并做出报告。如果生化试验判定为痢疾志贺氏菌或鲍氏志贺氏菌,由于血清种类不全而未获得血清学分型的最后结果时,可以报告为"痢疾(或鲍氏)志贺氏菌,型别待定",并送有条件的实验室做进一步鉴定。

## 四、动物性食品中大肠埃希氏菌的检验方法

　　致泻性大肠埃希氏菌是能引起人类食物中毒的一群大肠埃希氏菌,主要分为 4 种类型。其中肠道致病性大肠埃希氏菌(EPEC)是婴儿腹泻的重要病因,能产生不耐热肠毒素和耐热肠毒素等细菌毒素;肠道侵袭性大肠埃希氏菌(EIEC)是引起痢疾样腹泻的病因,具有与痢疾杆菌一样的毒力,可以侵袭大肠上皮细胞,引起肠道炎症和溃疡;产肠毒素大肠埃希氏菌(ETEC)是旅游者腹泻和发展中国家婴儿腹泻的主要病因,致病因子主要包括黏附因子和肠毒素;肠出血性大肠埃希氏菌(EHEC)是出血性大肠炎的主要病因,其血清型主要是 O157:H7。牛和猪的带菌是传播本菌并引起人类食物中毒的重要原因。人的带菌亦可以污染食品,引起食物中毒,临床上主要表现为恶心、呕吐、腹痛和腹泻等急性胃肠炎症状。因此,对动物性

食品进行致泻性大肠埃希氏菌的卫生检验和卫生监督,具有重要的卫生学意义。

目前用于动物性食品中致泻性大肠埃希氏菌的检验方法,为国家标准方法《食品卫生微生物学检验 致泻性大肠埃希氏菌检验》(GB/T 4789.6—2003)和《食品卫生微生物学检验 大肠埃希氏菌 O157:H7/NM 检验》(GB/T 4789.36—2008),主要包括增菌、选择性平板分离、生化试验、血清学分型、肠毒素试验以及豚鼠角膜试验等步骤。

**(一)设备和材料**

(1)天平:称取检样用。

(2)恒温培养箱:(36±1)℃,42℃;水浴锅:100℃,50℃;均质器或乳钵;显微镜。

(3)灭菌广口瓶:500 mL;灭菌平皿:皿底直径 9 cm;灭菌试管:10 mm×75 mm。

(4)灭菌吸管:1 mL,5 mL;灭菌刀子、剪子、镊子。

(5)载玻片;酒精灯;接种棒;镍铬丝;试管架;塑料小管:内径 1 mm;注射器:0.25 mL。

(6)家兔:2kg 体重;小白鼠:1~4 日龄;豚鼠:体重 400~500g。

**(二)培养基和试剂**

(1)乳糖胆盐发酵管;营养肉汤;肠道菌增菌肉汤:按国家标准规定配制。

(2)麦康凯琼脂;伊红美兰琼脂(EMB);克氏双糖铁琼脂(K1):按国家标准规定配制。

(3)糖发酵管;尿素琼脂(pH7.2);氰化钾(KCN)培养基:按国家标准规定配制。

(4)蛋白胨水;靛基质试剂;半固体琼脂;Elek 氏培养基:按国家标准规定配制。

(5)氧化酶试剂;缓冲葡萄糖蛋白胨水;V-P 试剂:按国家标准规定配制。

(6)革兰氏染色液:按国家标准规定配制。

(7)致病性大肠埃希氏菌诊断血清;肠侵袭性大肠菌诊断血清11 种。

(8)标准大肠杆菌肠毒素 LT、ST 及其抗毒素。

(9)多粘菌素 B 纸片:20 000 IU/mL,直径 6 mm。

**(三)操作方法**

1.增菌

样品采集后应尽快检验。除了易腐食品在检验之前应预冷藏外,一般不冷藏。以无菌手续称取检样25 g 加在 225 mL 营养肉汤中,以均质器打碎1 min,或用乳钵加灭菌砂磨碎。取出适量,接种乳糖胆盐培养基,以测定大肠菌群 MPN,其余的移入 500 mL 广口瓶内,于36±1℃培养 6 h。挑取1 环,接种一管 30 mL 肠道菌增菌肉汤内,于 42℃培养 18 h。

2.分离

将乳糖发酵阳性的乳糖胆盐发酵管和增菌液分别划线接种于麦康凯或伊红美兰琼脂平板。污染严重的检样,可以将检样匀液直接划线接种于麦康凯或伊红美兰琼脂平板,于36±1℃培养 18~24 h,观察菌落。不但要注意乳糖发酵的菌落,同时也要注意乳糖不发酵和迟缓发酵的菌落。

3.生化试验

(1)初筛试验:从麦康凯或伊红美兰平板上挑取乳糖发酵和不发酵的菌落,尽可能各挑取5 个以上,分别接种于克氏双糖铁、pH7.2 尿素及阿拉伯糖培养基。经(36±l)℃培养 18~24 h,弃去"H₂S 阳性或尿素酶阳性或阿拉伯糖阴性"的培养物。

（2）复筛试验：将初筛试验留下的培养物，分别接种于缓冲葡萄糖蛋白胨水和 KCN 培养基，经(36±1)℃培养 48 h，观察生长结果，并做 V-P 试验，弃去"V-P 试验阳性及 KCN 阳性"的培养物。

（3）证实试验：大肠埃希氏菌为氧化酶阴性的并具有表 11-12 中特性的革兰氏阴性短杆菌。

表 11-12　大肠埃希氏菌生化特征

| 葡萄糖产酸 | + | 氰化钾（KCN） | － |
|---|---|---|---|
| 葡萄糖产气 | +/－ | V-P | － |
| 乳糖产酸 | +90% | 动力 | +或－ |
| 柠檬酸盐 | － | 阿拉伯糖 | + |
| 尿素酶 | － | 靛基质 | +95% |

注：＋表示阳性；－表示阴性。

### 4.血清学试验

（1）致病性大肠埃希氏菌血清学试验。

①假定试验：于平板上菌落生长稠密处挑取培养物，以致病性大肠埃希氏菌 3 种 OK 多价血清做玻片凝集试验。不凝集的培养物可以作阴性报告。如果为了快速诊断的需要，可以将增菌液以 $NaHCO_3$ 中和后做玻片凝集试验。

如与某一种 OK 多价血清凝集时，再与该多价血清所包含的 OK 单价血清做凝集试验：

OK 多价 1：包括 $O_{55}:K_{59}(B_5)$；$O_{86}:K_{61}(B_{87})$；$O_{111}:K_{58}(B_4)$；$O_{127}:K_{63}(B_8)$。

OK 多价 2：包括 $O_{26}:K_{60}(B_6)$；$O_{125}:K_{70}(B_{15})$；$O_{126}:K_{71}(B_{16})$；$O_{128}:K_{67}(B_{12})$。

OK 多价 3：包括 $O_{44}:K_{74}(L)$；$O_{112}:K_{66}(B_{11})$；$O_{119}:K_{69}(B_{14})$；$O_{124}:K_{72}(B_{17})$。

如与某个 OK 单价血清凝集，再挑取 3 个以上单个菌落，与该血清做凝集试验，选择强凝集的菌落接种克氏双糖铁培养基，经 36±1℃培养 18～20 h，观察结果。

将纯培养物制成浓厚菌液，于 100℃水浴中加热 30 min，再与相应的 OK 单价血清或 O 单价血清做玻片凝集试验。如仍为阳性反应，则为致病性大肠埃希氏菌假定试验阳性。

②证实试验：制备 O 抗原（加热的）和 K 抗原（未加热的）悬液，稀释至与 MaCFarland3 号比浊管相当的浓度。原效价为 1：(180～360)的 O 血清，稀释至 1：40（用 0.5％盐水）。原 K 效价为 1：(40～80)的 OK 血清，稀释至 1：20（用 0.5％盐水）。稀释血清与抗原悬液在 10 mm×75 mm 试管内等量混合，做单管凝集试验，混匀后，放于 50℃水浴内 16 h，观察结果。如为阳性反应，则为致病性大肠埃希氏菌证实试验阳性。

（2）侵袭性大肠埃希氏菌血清学试验。

①在平板上菌落生长稠密处，挑取培养物，用侵袭性大肠埃希氏菌诊断血清做玻片凝集试验。目前生产的侵袭性大肠埃希氏菌诊断血清包括两种：OK 多价血清和 9 种 OK 单价血清：

OK 多价Ⅰ：包括 $O_{28}:K_{73}$；$O_{29}:K?$；$O_{112}:K_{66}$；$O_{124}:K_{72}$。

OK 多价Ⅱ：包括 $O_{136}:K_{78}$；$O_{143}:K?$；$O_{144}:K?$；$O_{152}:K?$；$O_{164}:K?$。

②如与某一种 OK 多价血清凝集时，再与该血清所包括的 OK 单价血清做试验。如某个

OK 单价血清凝集,再挑取 3 个以上单个菌落与该血清作凝集试验,选择强凝集的菌落接种克氏双糖铁培养基,经(36±1)℃培养 18～20h,观察结果。

③将纯培养物制成浓厚菌液,于 100℃水浴中加热 30 min,再与相应的 OK 单价血清做玻片凝集试验,如仍为阳性反应,再做豚鼠角膜试验以证实之。

### 5.产肠毒素大肠埃希氏菌肠毒素试验

产肠毒素大肠埃希氏菌主要依靠肠毒素试验来进行证实。

(1)动物试验:将经过生化证实试验的大肠埃希氏菌培养物(一般应检查 5 株)接种于肉汤管,于(36±1)℃培养 24 h,3 000 r/min 离心 30 min,取上清液,用 G6 过滤器过滤后分作两份,一份加热至 60℃ 30 min,供 ST 测定用;另一份不加热,供 LT 测定用。也可以在大肠埃希氏菌菌落周围,切取 6mm 直径的琼脂块,浸泡在 0.4 mL pH7.0 磷酸盐缓冲液中,放在冰箱中过夜,供 ST 测定用。

①家兔结扎回肠段试验:取体重 2 kg 家兔,禁食,使肠内容物排空。麻醉后剖腹,取出回肠段,按 10～15 cm 为一段,分段结扎。取一段注射肉汤 2 mL 作为阴性对照,另一段注射已知产毒菌肉汤培养物的上清液 2 mL 作为阳性对照。其他各段分别注射待测菌株肉汤培养物的滤液 2 mL,将腹壁缝合。测定 ST 时,于注射后 6～8 h 剖腹检查;测定 LT 时,于注射后 18 h 剖腹检查。取出肠管,分别抽取各肠段内的积液,测定其容量,并测定肠段的长度。积液量(mL)与肠段长度(cm)之比值大于 1 者为阳性。

②乳鼠灌胃试验:取肉汤培养物滤液或浸出液,每毫升加入 2%伊文思蓝溶液 0.02 mL 作为标记。使用 1～4 日龄的乳鼠做试验,用装在塑料小管的注射器吸取菌株的肉汤培养物滤液或浸出液 0.1 mL,注入乳鼠胃内,1 组 3～4 只,注入同一份材料。禁食 3～4 h 后,用氯仿处死,取出全部肠管,分别称量全部肠管(包括积液量)重量及剩余的体重,以肠管重量与剩余体重之比大于 0.09 阳性,0.07～0.09 为可疑。本法系测定 ST 用,ST 的作用在 3～4h 反应最强,以后积液逐渐减少,17 h 变为阴性。乳鼠的个体差异对反应的影响较小。

(2)双向琼脂扩散试验:将被检菌株按五点环形接种于 Elek 氏培养基上,共做两份,于(36±1)℃培养 48 h,在每株菌的菌苔上放一片多粘菌素 B 纸片,于(36±1)℃培养 5～6 h,使肠毒素渗入琼脂中。在五点环形菌苔各 5 mm 处的中央,挖一个直径 4 mm 的圆孔,并用一滴琼脂垫底。在平板的中央孔内滴加 LT 抗毒素 30 μL,并用已知产 LT 和不产毒的菌株作对照,放于(36±1)℃培养 15～20 h,观察结果。在菌斑和抗毒素孔之间出现白色沉淀带者为阳性,无沉淀带者为阴性。

### 6.豚鼠角膜试验

供测定侵袭性大肠埃希氏菌用,将经过生化证实试验的待试菌株 18～20 h 琼脂培养物,用肉汤洗下,使成每毫升含 9 亿个细菌的细菌悬液作为接种材料。在体重 400～500 g 的健康豚鼠(角膜与结膜外观正常,并经细菌培养检查)的角膜上接种待试菌悬液 1 滴。48 h 后观察结果。阳性反应为结膜充血浮肿、角膜浑浊、眼内充盈泪液或浆液性分泌物,自结膜囊取样分离细菌,经鉴定应与接种细菌一致。

### (四)结果报告

综合上述细菌形态、菌落形态、生化试验、血清学试验、肠毒素试验和豚鼠角膜试验的结果,做出检验报告。

### 五、动物性食品中金黄色葡萄球菌的检验方法

葡萄球菌在空气、土壤、水体中分布非常广泛,人和动物的鼻腔、咽喉、皮肤及肠道的带菌率较高。引起葡萄球菌食物中毒的是葡萄球菌属中的金黄色葡萄球菌。

金黄色葡萄球菌能产生许多种类的肠毒素,主要品种有 A、B、C1、C2、C3、D、E、F 等 8 个型,其中 A、D 型是引起食物中毒的主要肠毒素。患有化脓性创伤、疮、疖或呼吸道出现感染的人和动物,是造成动物性食品被本菌污染的重要来源。乳腺炎病牛乳汁中也可能含有大量金黄色葡萄球菌。动物性食品被金黄色葡萄球菌污染是一种潜在危险,因为金黄色葡萄球菌产生的肠毒素非常耐热,一般烹调方法不能将其完全破坏,食用后能引起食物中毒。因此对动物性食品进行金黄色葡萄球菌的卫生检验,具有重要的卫生学意义。

目前用于动物性食品中金黄色葡萄球菌的检验方法,为国家标准方法《食品卫生微生物学检验 金黄色葡萄球菌检验》(GB/T 4789.10—2008),主要包括增菌、选择性平板分离、染色和培养特性观察、血浆凝固酶试验等步骤。

#### (一)设备和材料

(1)显微镜;恒温培养箱:(36±1)℃;离心机;载玻片;酒精灯。

(2)灭菌试管;灭菌吸管:1 mL,5 mL,10 mL。

#### (二)培养基和试剂

(1)7.5%氯化钠肉汤;血琼脂;肉浸液肉汤:按国家标准规定配制。

(2)Baird-Parker 氏培养基:按国家标准规定配制。

(3)兔血浆;灭菌盐水。

#### (三)检验程序

金黄色葡萄球菌检验程序:见图 11-4。

#### (四)操作方法

(1)检样处理:称取 25 g 固体样品或吸取 25 mL 液体样品,加入 225 mL 灭菌生理盐水,将固体样品置于均质器中处理后制成 1∶10 样品混悬液。

(2)直接计数方法:吸取上述混悬液,进行 10 倍递增稀释,根据样品污染情况,选择不同浓度的稀释液各 1 mL,分别加入 3 个 Baird-Parker 琼脂平板,每个平板的接种量分别为 0.3 mL、0.3 mL、0.4 mL,然后用灭菌 L 型涂布棒涂布整个平板。如水分不能完全吸收,可以将平板放在(36±1)℃培养箱 1 h,等水分蒸发后,反转平皿,置于(36±1)℃培养箱培养。

分别对 3 个平板上生长的周围带有混浊带的黑色菌落进行计数,同时,从中选取 5 个菌落,分别接种于血平板,置于(36±1)℃恒温培养箱培养 24 h 后,进行染色镜检和血浆凝固酶试验。

(3)增菌培养方法:吸取上述 1∶10 样品混悬液,接种于 50 mL 7.5%氯化钠肉汤或胰酪胨大豆肉汤培养液内,置于(36±1)℃培养箱培养 24 h,转种于血平板和 Baird-Parker 平板,(36±1)℃培养 24 h,挑取疑似金黄色葡萄球菌菌落,进行染色镜检和血浆凝固酶试验。

(4)细菌形态:金黄色葡萄球菌为革兰氏阳性球菌,排列呈葡萄状,无芽孢,无荚膜,致病性

葡萄球菌菌体较小,直径为 $0.5 \sim 1~\mu m$。

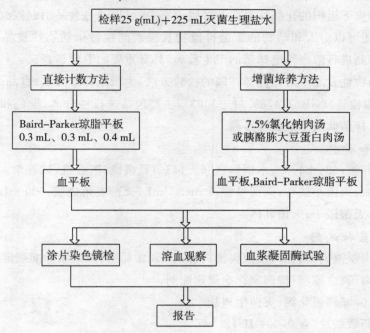

**图 11-4　金黄色葡萄球菌检验程序**

(5)细菌培养特性:在肉汤中呈混浊生长,血平板上菌落呈金黄色,大而突起,圆形,不透明,表面光滑,周围有溶血圈。在 Baird-Parker 氏培养基上菌落为圆形、光滑、凸起、湿润,直径为 $2 \sim 3~mm$,颜色呈灰色到黑色,边缘为淡色,周围为一混浊带,在其外层有一透明带。用接种针接触菌落似有奶油树胶的硬度,偶然会遇到非脂肪溶解的类似菌落;但无浑浊带及透明带。长期保存的冷冻或干燥食品中所分离的菌落比典型菌落所产生的黑色较淡些,外观可能粗糙并干燥。

(6)血浆凝固酶试验:吸取 1∶4 新鲜兔血浆 0.5 mL,放入小试管中,再加入培养 24 h 的金黄色葡萄球菌肉浸液肉汤培养物 0.5 mL,振荡摇匀,放入(36±1)℃培养内,每半小时观察一次,观察 6 h,检查是否出现凝固。将试管倾斜或倒置时,呈现凝块状,可以判定为阳性结果,同时以已知阳性金黄色葡萄球菌和阴性肉汤作为对照。

**(五)结果报告**

综合上述细菌形态、细菌培养特性、血浆凝固酶试验的结果,做出检验报告。

菌落计数报告:将直接计数法试验中 3 个平板中的疑似金黄色葡萄球菌的黑色菌落数相加,乘以血浆凝固酶试验阳性数,除以 5,再乘以稀释倍数,即为每克样品中金黄色葡萄球菌的数量。

## 六、动物性食品中溶血性链球菌的检验方法

链球菌在自然界分布很广,主要存在于水、空气、尘埃、牛奶、粪便及人的咽喉和病灶中。根据其在血平板上的溶血作用,可以分为甲型溶血性链球菌、乙型溶血性链球菌和丙型溶血性

链球菌。与人类疾病有关的大多属于乙型溶血性链球菌,其血清型90%属于A群链球菌,常可以引起皮肤和皮下组织的化脓性炎症及呼吸道感染,可以通过食品引起猩红热、流行性咽炎的暴发性流行;还可以由人和动物的带菌排泄物直接或间接污染动物性食品造成食物中毒。因此对动物性食品进行溶血性链球菌的卫生检验,具有重要的卫生学意义。

目前用于动物性食品中溶血性链球菌的检验方法,为国家标准方法《食品卫生微生物学检验 溶血性链球菌检验》(GB/T 4789.11—2003),主要包括选择性分离、染色和培养特性观察、链激酶试验以及杆菌肽敏感试验等步骤。

**(一)设备和材料**

(1)恒温培养箱:(36±1)℃;水浴锅:(36±1)℃;显微镜;离心机;试管架。

(2)灭菌平皿;灭菌小试管;灭菌吸管:1 mL,5 mL;灭菌三角烧瓶:500 mL。

(3)载玻片,灭菌镊子,灭菌乳钵。

**(二)培养基和试剂**

(1)葡萄糖肉浸液肉汤:在肉浸液肉汤内加入1%葡萄糖:按国家标准规定配制。

(2)匹克氏肉汤;血琼脂:按国家标准规定配制。

(3)人血浆;0.25%氯化钙;灭菌生理盐水。

(4)杆菌肽药敏纸片(含0.004 IU)。

**(三)操作方法**

**1.检样处理**

称取25 g固体检样,准备好225 mL灭菌生理盐水,先加入数十毫升研成匀浆,再用剩余灭菌生理盐水分数次全部转入三角瓶内,制成混悬液;液体检样直接培养。

**2.一般培养**

将上述混悬液或液体检样直接划线于血平板,并吸取5 mL接种于50 mL葡萄糖肉浸液肉汤内,如检样污染严重,可以同时按上述量接种匹克氏肉汤,经(36±1)℃培养24 h,挑取乙型溶血、圆形突起的细小菌落,在血平板上分离纯化,然后观察溶血情况及革兰氏染色镜检,并进行链激酶试验及杆菌肽敏感试验。

**3.形态特征**

本菌呈球形或卵圆形,直径0.5~1 μm,革兰氏染色阳性,链状排列,链长短不一,短者由4~8个细胞组成,长者20~30个细胞。链的长短常与细菌的种类及生长环境有关,液体培养基中易呈长链,在固体培养基中常呈短链;不形成芽孢,无鞭毛,不能运动。

**4.培养特性**

该菌营养要求较高,在普通培养基上生长不良,在加有血液、血清培养基中生长较好。溶血性链球菌在血清肉汤中生长时,管底呈絮状或颗粒状沉淀。血平板上菌落呈灰白色,半透明或不透明,表面光滑,有乳光,直径0.5~0.75 mm,为圆形突起的细小菌落。乙型溶血性链球菌周围有2~4 mm界限分明、无色透明的溶血圈。

**5.链激酶试验**

(1)原理:致病性溶血性链球菌能产生链激酶(即溶纤维蛋白酶),此酶能激活正常人体血液中血浆蛋白酶原,使之成为血浆蛋白酶,从而溶解纤维蛋白。

（2）方法:吸取 0.2 mL 草酸钾血浆(草酸钾 0.01 g,加入 5 mL 人血混匀,经离心沉淀,吸取上清液,即为血浆),加入 0.8 mL 灭菌生理盐水,混匀,再加入 0.5 mL 培养 18～24 h 的链球菌肉汤培养物及 0.25 mL 0.25％氯化钙,振荡摇匀,置(36±1)℃水浴中,每隔数分钟观察一次(一般约 10 min,即可凝固)。血浆凝固后,注意观察及记录溶化的时间。溶化时间愈短,表示该细菌产生的链激酶愈多,含量多时,20 min 内凝固的血浆即完全溶解。如没有变化,应在水浴中持续放置 24 h,24 h 后再观察一次,如凝块全部溶解为阳性,24h 后仍不溶解者为阴性。

#### 6.杆菌肽敏感试验

挑取溶血性链球菌浓菌液,涂布于血平板(肉浸液琼脂加入 5％血液)上,用灭菌镊子夹取每片含有 0.04 IU 的杆菌肽纸片,放入上述平板上,于(36±1)℃培养 18～24 h,如果有抑菌带出现,即为阳性,可以初步鉴定为 A 群链球菌,同时用已知阳性菌株作为阳性对照。

#### （四）结果报告

综合以上细菌形态特征、菌落形态特征、链激酶试验和杆菌肽敏感试验结果,按照有关溶血性链球菌的表型特征来判定溶血性链球菌及其菌型,并报告检验结果。

### 七、动物性食品中副溶血性弧菌的检验方法

副溶血性弧菌又称致病性嗜盐菌,是一种海洋性细菌,在海洋生物中分布极广,特别是鱼、虾、贝类等海产品携带此菌的情况比较普遍,是引起食物中毒重要的病原细菌之一,尤其是在夏秋季节的沿海地区,经常由于食用带有大量副溶血性弧菌的海产食品,引起暴发性食物中毒。在非沿海地区,食用受此菌污染的食品亦常有中毒现象发生。本菌为革兰氏阴性、多形态、无芽孢杆菌,具有嗜盐特性,在无盐的情况下不生长,在 30～37℃最适温度时增长较快,一般冬季不易检出。因此对动物性食品进行副溶血性弧菌的卫生检验,具有重要的卫生学意义。

目前用于动物性食品中副溶血性弧菌的检验方法,为国家标准方法《食品卫生微生物学检验 副溶血性弧菌检验》(GB/T 4789.7—2008),主要包括选择性分离培养、形态和培养特性观察、嗜盐性试验、生化试验以及动物试验等步骤。

#### （一）设备和材料

（1）平皿:皿底直径 9 cm,三角瓶,试剂瓶,载玻片,酒精灯,接种环。

（2）恒温培养箱;显微镜;试管架。

（3）吸管:1 mL,5 mL,10 mL;试管:20 mm×200 mm,15 mm×100 mm。

#### （二）培养基和试剂

（1）氯化钠结晶紫增菌液;氯化钠蔗糖琼脂:按国家标准规定配制。

（2）嗜盐菌选择性培养基;3.5％氯化钠三糖铁琼脂:按国家标准规定配制。

（3）氯化钠血琼脂;嗜盐性试验培养基:按国家标准规定配制。

（4）3.5％氯化钠生化试验培养基;革兰氏染色液:按国家标准规定配制。

（5）甲基红试剂;靛基质试剂;V-P 试剂:按国家标准规定配制。

**（三）操作方法**

（1）分离培养：首先将样品接种于氯化钠琼脂平板（或嗜盐菌选择性培养基）和 SS 琼脂平板各一个，同时接种增菌液，于 37℃ 培养 8～16 h 后，涂布上述平板进行分离培养，培养 18～24 h，取出观察。

（2）三糖铁斜面：挑取上述可疑菌落，转种 3.5% 氯化钠三糖铁斜面，于 37℃ 培养 18～24 h，观察结果。培养基底层变黄（葡萄糖产酸、不产气），上层斜面不变色（乳糖、蔗糖不分解），有动力，不产生硫化氢者，进行染色镜检。

（3）涂片镜检：将三糖铁斜面上的可疑培养物做涂片，革兰氏染色镜检，观察细菌形态。

（4）嗜盐性试验：将上述可疑培养物接种无盐胨水及 7%、11% 氯化钠胨水，于 37℃ 培养 24 h 后，观察不同盐浓度培养基中的生长情况。在无盐及 11% 盐胨水中不生长，在 7% 盐胨水中生长良好者，继续进行下列试验。

（5）生化试验：将上述培养物分别接种表 11-13 中各类生化培养基，置于 37℃ 恒温培养箱中培养，除 V-P、靛基质、甲基红试验需要培养 48 h，加试剂观察外，其他生化培养基均可以在 24 h 内观察结果。

**表 11-13　副溶血性弧菌的生化特征**

| | | | |
|---|---|---|---|
| 葡萄糖产酸 | + | V-P | − |
| 葡萄糖产气 | − | 靛基质 | + |
| 蔗糖 | − | 赖氨酸 | + |
| 乳糖 | − | 鸟氨酸 | +/− |
| 甘露醇 | + | 精氨酸 | − |
| 硫化氢 | − | 溶血性 | +/− |
| 甲基红 | + | | |

注：+阳性；−阴性；+/−多数阳性，少数阴性。

（6）动物试验：将上述符合各类反应的副溶血性弧菌接种 3.5% 氯化钠胨水，经 16～18 h 培养后，小鼠腹腔注射 0.3 mL，观察 2～3 d，小鼠死亡者为阳性。将死亡小鼠进行剖检观察病变，并做细菌分离培养。

**（四）结果报告**

综合以上细菌形态特征、菌落形态特征、嗜盐性试验、生化试验以及动物试验结果，按照有关副溶血性弧菌的表型特征来判定副溶血性弧菌，并报告检验结果。

## 八、动物性食品中空肠弯曲菌的检验方法

空肠弯曲菌又称弯曲菌空肠亚种，是一种重要的胃肠道致病细菌。近年来，空肠弯曲菌正从不引人注目的动物病原体一跃成为人类急性肠炎的一个重要致病菌，动物性食品和饮用水受到该菌的污染可以引起人类肠炎的暴发。空肠弯曲菌广泛存在于鸟、禽、狗、猫、牛、猪等动物中；另外从牛奶、河水和无症状人群粪便中也可以分离到该菌。与此菌密切相关的有胎儿亚

种、肠道亚种以及痰弯曲菌和粪弯曲菌等,鉴定时应予注意。空肠弯曲菌的培养特性是微需氧条件、富有营养的培养基,需采用多种抗生素的选择性培养基以及合适的温度。因此对动物性食品进行空肠弯曲菌的卫生检验,具有重要的卫生学意义。

目前用于动物性食品中空肠弯曲菌的检验方法,为国家标准方法《食品卫生微生物学检验 空肠弯曲菌检验》(GB/T 4789.9—2008),主要包括选择性分离培养、形态和培养特性观察、系列生化试验鉴定等步骤。

**(一)设备和材料**

(1)恒温培养箱:42±1℃;厌氧罐:带有双相压力表;气袋。

(2)灭菌试管,灭菌平皿,灭菌吸管,三角瓶,载玻片,酒精灯,接种针,试管架。

(3)相差显微镜,液氮罐,玻片染色缸或染色盘,厚壁毛细管。

(4)水浴箱:(25±1)℃、(37±1)℃和(42±1)℃各一台。

**(二)培养基和试剂**

(1)蛋白胨水;改良 Camp-BAP 培养基;Skirrow 氏培养基:按国家标准规定配制。

(2)1%甘氨酸培养基;TTC 琼脂;Cary-Blair 氏运送培养基:按国家标准规定配制。

(3)氧化酶试剂;三糖铁培养基;马尿酸钠培养基:按国家标准规定配制。

(4)三氯化铁试剂;3%过氧化氢液;革兰氏染液。

(5)30 μg 萘啶酸圆形滤纸片。

**(三)操作方法**

**1.样品的收集和处理**

任何食物样品都应尽快交付检验。如果样品必须运送和保存,应使用 Cary-Blair 半固体培养基。空肠弯曲菌的存活时间取决于温度,在25℃情况下,存活时间不到24 h 或更短,因此样品在原始分离前需放冰箱或冷处理保存。

**2.微需氧条件的制备**

最佳条件是氧气为5%、二氧化碳为10%、氮气为85%。

(1)带有双相压力计(可表示正负压的)的厌氧罐:在装皿密封后,先抽去缸内空气至负压73 327 Pa(550 mmHg)处,输入上述3种混合气体,使罐内压力恢复至零;再将罐内气体抽至负压73 327 Pa(550 mm Hg),同样输入上述气体至零,即可放置温箱培养。

(2)气袋法:操作时只使用气体发生剂而不加催化剂;国内有单位提供了这种微需氧细菌培养用气袋。

(3)双平板法:取两块平板,一块平板接种已知的兼性厌氧菌(如变形杆菌),另一块平板接种试样样品,去掉皿盖,将含琼脂的两只平皿相对合齐并用胶布粘封,放入密封不漏气的罐内(或袋内)进行培养。由于兼性厌氧菌生长的代谢作用,可以使小环境中的 $O_2$ 浓度下降和 $CO_2$ 的浓度上升。

**3.分离培养**

试样拭子或液体可以直接在选择性培养基,如改良 Camp-BAP 布氏杆菌培养基或 Skirrow 氏培养基平板上划线接种,于42℃培养48 h 后,观察可疑菌落。

第一型菌落不溶血,灰色、扁平、湿润、有光泽,看上去像水滴,有从接种线向外扩散的倾向;第二型菌落也不溶血,常呈分散突起的单个菌落(直径1～2 mm),边缘完整、发亮。

4. 初步鉴定

(1)将上述可疑菌落做氧化酶和过氧化氢酶试验,如果为阳性,则进行涂片,做革兰氏染色,镜检观察。本菌为革兰氏阴性菌,大小为(0.3～0.44) mm×(1.5～3) μm,呈S形、螺旋状或纺锤形。在固体培养基上,培养时间过久或在不合适条件下,则常呈球形菌。在暗视野或相差显微镜下观察,动力明显。

(2)根据细菌菌落生长特征、细菌染色特征、细菌动力、氧化酶和过氧化氢酶试验阳性者,可以初步确定为弯曲菌。

5. 确定鉴定

经初步鉴定后,仍需做以下试验(以下各项试验均需在5% $O_2$ 的微需氧环境中培养)进行确证。

(1)甘氨酸耐受性试验:将上述菌落接种于甘氨酸培养基中,培养48 h,如为阳性,在培养基近表面有云雾状生长,则为弯曲菌空肠亚种。

(2)硫化氢生长试验:将上述菌落接种于 TSI 斜面上,并吊一根醋酸铅滤纸条于管口,经48～72 h 培养,空肠弯曲菌一般在斜面上少量生长。其反应为碱性/碱性(K/K),滤纸条变黑,但培养基底部不因硫化氢而变黑。

(3)3.5%氯化钠耐受性试验:将上述菌落接种于3.5%含盐肉汤培养基,经48 h 培养,空肠弯曲菌不能生长。

(4)42℃和25℃生长试验:将上述培养物接种于两管布氏杆菌肉汤中,一管放于42℃下,一管放于25℃下,培养48 h,42℃生长而25℃不生长者,则为空肠弯曲菌。

(5)马尿酸钠水解试验:将上述菌落接种于马尿酸钠培养基,于42℃培养48 h,离心沉淀,取出部分上清液,加入三氯化铁试剂。如出现恒久沉淀物,呈现阳性反应,则为空肠弯曲菌。

(6)萘啶酸试验:将可疑空肠弯曲菌涂布接种于血平板上,然后贴上含有 30 μg 萘啶酸的滤纸片于平板上,于42℃培养48 h,空肠弯曲菌表现敏感而肠道弯曲菌不敏感。

(7)TTC(2,3,5-氯化三苯四氮唑)试验:空肠弯曲菌在 TTC 培养基上呈阳性,而胎儿弯曲菌为阴性,阳性菌落有紫色菌苔并有光泽。

(8)硝酸盐还原试验:取上述培养物的浓菌悬液,在37℃放置2 h,加入硝酸盐试剂,观察颜色反应。空肠弯曲菌呈红色的阳性反应。

6. 菌种保存

空肠弯曲菌菌种应接种在改良 Camp-BAP 斜面培养基上(棉塞不宜过紧),于42～43℃蜡烛缸中培养48 h 后,置于4℃冰箱中可以保存10～14 d,需要时仍应转种一次,长期保存用冻干法。

7. 个人防护

检验空肠弯曲菌时,应严格执行无菌操作,防止自身感染。

## (四)结果报告

综合以上细菌形态特征、菌落形态特征、系列生化试验结果,按照有关空肠弯曲菌的表型特征来判定空肠弯曲菌,并报告检验结果。

### 九、动物性食品中肉毒梭菌和肉毒毒素的检验方法

肉毒梭菌是一种专性厌氧的革兰氏阳性的粗大杆菌,形成近端位的卵圆形芽孢,在疱肉培养基中生长时,出现浑浊、产气、发散奇臭味,部分能消化肉渣。肉毒梭菌广泛分布于自然界,特别是土壤中,易于污染食品,在适宜条件下可以在食品中产生毒性极强的嗜神经性毒素(肉毒毒素),能引起以神经麻痹为主要症状且病死率很高的食物中毒(称肉毒中毒),因而肉毒中毒实际上是肉毒梭菌毒素中毒。婴儿的肉毒中毒属感染型中毒,但中毒病因也与食物或餐具肉毒梭菌污染有关。动物性食品,特别是不经加热处理而直接食用的肉罐头等密封保存的食品常常容易污染肉毒梭菌及其毒素。因此对动物性食品进行肉毒梭菌和肉毒毒素的卫生检验,具有重要的卫生学意义。

肉毒梭菌按其所产生毒素的抗原特异性不同,可以分为 A、B、C1、C2、D、E、F、G 8 个型,故肉毒梭菌的检验目标主要是肉毒毒素。不论是动物性食品中的肉毒毒素检验或者肉毒梭菌的检验,均以肉毒毒素的检测及定型试验为判定的主要依据。目前用于动物性食品中肉毒梭菌和肉毒毒素的检验方法,为国家标准方法《食品卫生微生物学检验 肉毒梭菌及肉毒毒素检验》(GB/T 4789.12—2003),主要包括增菌、选择性分离培养、形态和培养特性观察、肉毒毒素检测、毒力测定和定型试验等步骤。

#### (一)设备和材料

(1)显微镜;均质器;离心机及离心管;恒温培养箱:30℃,35℃,37℃。

(2)吸管:1 mL,10 mL;注射器:1 mL;平皿;接种环;载玻片。

(3)小白鼠:15~20 g。

(4)厌氧培养装置:常温催化除氧式或碱性焦性没食子酸除氧式。

#### (二)培养基和试剂

(1)疱肉培养基;卵黄琼脂培养基;明胶磷酸盐缓冲液:按国家标准规定配制。

(2)胰酶溶液:活力 1:250;革兰氏染色液:按国家标准规定配制。

(3)肉毒梭菌分型抗毒诊断血清。

#### (三)检验程序

肉毒梭菌和肉毒毒素检验程序:见图 11-5。

(1)食品检样经均质处理后,及时接种培养,进行增菌、产毒,同时进行毒素检测试验。毒素检测试验结果可以证明检样中有无肉毒毒素以及有何类型肉毒毒素存在。

(2)对增菌产毒培养物,一方面做细菌生长特征观察,同时检测肉毒毒素的产生情况。所得结果可以证明检样中有无肉毒梭菌以及有何类型肉毒梭菌存在。

(3)为其他特殊目的而欲获得纯菌,可以用增菌产毒培养物进行分离培养,对所得纯菌进行细菌形态、培养特性等观察及毒素检测,检测结果可以证明所获得的纯菌为何种类型的肉毒

梭菌。

注:报告(一):检样中含有某型肉毒毒素;报告(二):检样中含有某型肉毒梭菌;报告(三):由检样分离的菌株为某型肉毒梭菌。

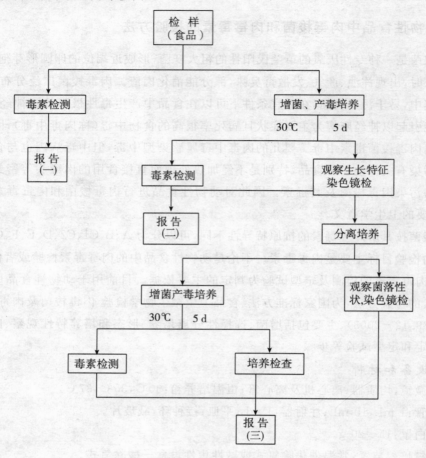

**图 11-5　肉毒梭菌和肉毒毒素检验程序**

**(四)操作方法**

**1.肉毒毒素检测**

液体检样可以直接离心;固体或半流体检样须加适量(如等量、倍量或 5 倍量、10 倍量)明胶磷酸盐缓冲液,浸泡、研碎,离心。取上清液进行检测。另取一部分上清液,调整 pH 为6.2,每 9 份加 10%胰酶(活力 1:250)水溶液 1 份,混匀,不断轻轻搅动,37℃作用 60 min,进行肉毒毒素的检测。肉毒毒素的检测以小白鼠腹腔注射法为标准方法。

(1)检出试验:取上述离心后上清液及其胰酶激活处理液,分别注射 2 只小白鼠,每只注射 0.5 mL,观察 4 d。注射液中若有肉毒毒素存在,小白鼠一般多在注射后 24 h 内发病死亡,主要症状为竖毛,四肢瘫软,呼吸困难,呼吸呈风箱式,腰部凹陷,宛若蜂腰,最终死于呼吸麻痹。

如遇小白鼠猝死,以至症状不明显时,则可以将注射液做适当稀释,重做试验。

(2)确证试验:上述上清液或其胰酶激活处理液,凡能致小白鼠发病死亡者,取样分成 3 份进行试验。1 份加等量多型混合肉毒毒素抗毒诊断血清,混匀,37℃作用 30 min;1 份加等量明胶磷酸盐缓冲液,混匀,煮沸 10 min;1 份加等量明胶磷酸盐缓冲液,混匀即可,不做其他处理。3 份混合液分别注射小白鼠各 2 只,每只 0.5 mL,观察 4 d。若注射上清液和处理液加诊断血清与煮沸加热的 2 份混合液的小白鼠均存活,而注射未经其他处理混合液的小白鼠以特有症状死亡,则完全可以判定检样中有肉毒毒素存在,必要时可以进行毒力测定及定型试验。

(3)毒力测定:取已判定含有肉毒毒素的检样离心上清液,用明胶磷酸盐缓冲液做 5、50、500、5 000 倍的稀释液,分别注射小白鼠各 2 只,每只 0.5 mL,观察 4 d。根据动物死亡情况,计算检样所含肉毒毒素的毒力(LD/ mL 或 LD/g)。例如,5、50、500 倍稀释,动物全部死亡,而注射 5 000 倍稀释液的动物全部存活,则可以大体判定检样上清液所含毒素的毒力为 1 000~10 000 LD/ mL。

(4)定型试验:按上述毒力测定结果,用明胶磷酸盐缓冲液将检样上清液稀释至所含毒素的毒力大致在 10~1 000 LD/mL 的范围,分别与各单型肉毒毒素抗毒诊断血清等量混匀,37℃作用 30 min,各注射小白鼠 2 只,每只 0.5 mL,观察 4 d。同时以明胶磷酸盐缓冲液代替诊断血清,与稀释毒素液等量混合作为对照。能保护动物免于发病死亡的诊断血清型,即为检样中所含肉毒毒素的类型。

注:①若未经胰酶激活处理的检样的毒素检出试验或确证试验为阳性结果,则胰酶激活处理液可以省略毒力测定及定型试验。

②为争取时间,尽快得出结果,毒素检测的各项试验可以同时进行。

③根据具体条件和可能性,定型试验可以酌情先省略 C、D、F 及 G 型。

④进行确证及定型等中和试验时,检样的稀释应参照所用肉毒诊断血清的效价。

⑤试验动物的观察可以按阳性结果的出现随时结束,以缩短观察时间;唯有出现阴性结果时,应保留充分的观察时间。

## 2. 肉毒梭菌检验

取疱肉培养基 3 支,煮沸 10~15 min,做如下处理:第 1 支急速冷却,接种检样均质液 1~2 mL;第 2 支冷却至 60℃,接种检样,继续于 60℃保温 10 min,急速冷却;第 3 支接种检样,继续煮沸加热 10 min,急速冷却。

上述接种物于 30℃培养 5 d,若无细菌生长,可以再培养 10 d。培养到期,若有细菌生长,取培养液离心,以其上清液进行毒素检测试验,方法同肉毒毒素的检测,阳性结果证明检样中有肉毒梭菌存在。

## 3. 分离培养

选取经肉毒毒素检测试验证实含有肉毒梭菌的前述增菌产毒培养物(必要时可以重复适宜的加热处理一次),接种卵黄琼脂平板,35℃厌氧培养 48 h。肉毒梭菌在卵黄琼脂平板上生长时,菌落及其周围培养基表面覆盖着特有的虹彩样(或珍珠层样)薄层,但 G 型菌无此现象。

根据菌落形状,挑取可疑菌落,接种疱肉培养基,于 30℃培养 5 d,进行肉毒毒素检测及培养特性的检查确证试验。

(1)肉毒毒素检测:试验方法同上述肉毒毒素的检测。

(2)培养特性检查:培养物接种卵黄琼脂平板,分成 2 份,分别在 35℃需氧和厌氧条件下培养 48 h,观察生长情况及菌落形状。肉毒梭菌只有在厌氧条件下才能在卵黄琼脂平板上生长,并形成具有上述特征的菌落,而在需氧条件下不生长。

(五)结果报告

综合上述细菌形态、菌落形态特征、肉毒毒素检验、毒力测定、定型试验等结果,按照有关肉毒梭菌的表型特征和肉毒毒素类型来判定肉毒梭菌和肉毒毒素及其类型,并报告检验结果。

### 十、动物性食品中产气荚膜梭菌的检验方法

产气荚膜梭菌为一种厌氧性的革兰氏阳性粗大杆菌,其耐热株可能形成卵形芽孢,位于菌体中央或近端,其宽度一般不大于菌体;无鞭毛,无动力;能将硝酸盐还原为亚硝酸盐;产生硫化氢,在含铁亚硫酸盐琼脂培养基中生长时形成黑色菌落,发酵乳糖,在含铁牛奶培养基中生长时呈"暴烈发酵",产生卵磷脂酶,在卵黄琼脂平板上生长时,在菌落的底部及周围培养基中形成乳白色的混浊带。

产气荚膜梭菌在自然界分布很广,容易污染食品,因而是一种比较常见的食物中毒致病菌。肉类或鸡、鸭等动物性食品原料易被产气荚膜梭菌污染。上述食品原料经过加热烹调,在保存过程中若得不到及时的冷却,食品中耐过加热而残余的产气荚膜梭菌芽孢会迅速发芽,大量繁殖,细菌数量大量增加,这样的食品在食用之前不再予以加热处理,则极有可能引起产气荚膜梭菌食物中毒。因此对动物性食品进行产气荚膜梭菌的卫生检验,具有重要的卫生学意义。

目前用于动物性食品中产气荚膜梭菌的检验方法,为国家标准方法《食品卫生微生物学检验产气荚膜梭菌检验》(GB/T 4789.13—2003)。动物性食品中产气荚膜梭菌检验的主要目标是动物性食品被该菌污染的程度,检验重点项目主要包括细菌计数及确证试验。

(一)设备和材料

(1)均质器;显微镜;恒温培养箱:(36±1)℃;水浴锅:(46±0.5)℃。

(2)吸管:1 mL,10 mL;灭菌试管;灭菌平皿;接种环或接种针。

(3)厌氧培养装置:常温催化除氧式或碱性焦性没食子酸除氧式。

(二)培养基和试剂

(1)庖肉培养基;液体硫乙醇酸盐培养基(FT):按国家标准规定配制。

(2)卵黄琼脂培养基;动力-硝酸盐培养基;含铁牛奶培养基:按国家标准规定配制。

(3)亚硫酸盐-多粘菌素-磺胺嘧啶琼脂(SPS):按国家标准规定配制。

(4)硝酸盐还原试剂;0.1% 蛋白胨水稀释剂;革兰氏染色液。

(三)操作方法

1.活菌计数培养

(1)按无菌操作,称取食品检样 25g(mL),放入均质器中,加 0.1% 蛋白胨水稀释剂 225 mL,低速搅动 1～2 min,使之均质化,作为 1:10 稀释液。

(2)以上述 1:10 稀释的均质液按 1 mL 加 0.1% 蛋白胨水稀释剂 9 mL 做成 $10^{-6}$～$10^{-2}$ 的系列稀释液。

(3)吸取各稀释液 1 mL,分别放于 2 个灭菌平皿内。每个平皿浇注约 50℃的 SPS 琼脂

15～20 mL,仔细转动平皿,使稀释液和琼脂充分混匀。

(4)待上述琼脂平板凝固后,倒置于厌氧培养装置内,于(36±1)℃培养 24 h。

(5)选取生长有 30～300 个黑色菌落的干板,按前述方法计数黑色菌落数。

**2. 确证试验**

由平板上任取 10 个黑色菌落,分别接种 FT 培养基,于(36±1)℃培养 18～24 h。

(1)用上述培养液涂片,革兰氏染色,镜检,检查培养液的纯净度。

(2)用接种环(针)穿刺接种动力-硝酸盐培养基,于(36±1)℃培养 24 h,观察接种线的细菌生长情况,判断有无动力。然后滴加甲萘胺液和对氨基苯磺酸液各 0.5 mL,观察硝酸盐是否被还原情况。

(3)取细菌生长旺盛的 FT 培养液 1 mL,接种含铁牛奶培养基,于 46℃水浴中培养,2 h 后观察有无"暴烈发酵"现象,5 h 内不发酵者为阴性。

(4)用接种环蘸取 FT 培养液,点种卵黄琼脂平板(每个平板至少可以接种 10 点),倒置于厌氧培养装置内,35℃培养 24 h,观察接种点的乳白色浑浊变化,从而判定有无卵磷脂酶产生。

**3. 细菌数量计算**

根据黑色菌落的计数和确证试验的结果,计算每克(毫升)动物性食品中检样的含菌数量。例如,$10^{-4}$稀释液的平板生长有黑色菌落 100 个,而供做确证试验的 10 个菌落中有 7 个被确证为产气荚膜梭菌,则每克(毫升)动物性食品检样中所有的含产气荚膜梭菌数量为 100×0.7×$10^4$=7×$10^5$(个)。

## 十一、动物性食品中蜡样芽孢杆菌的检验方法

蜡样芽孢杆菌是需氧或兼性厌氧、能产生芽孢的革兰氏阳性杆菌,在自然界分布很广,并容易从各种食品检出。当摄入的食品中每克蜡样芽孢杆菌活菌数在百万以上常常可导致食物中毒暴发。蜡样芽孢杆菌食物中毒涉及的食品种类较多,包括乳类食品、肉类制品、蔬菜、汤汁、豆芽、甜点心和米饭等。

蜡样芽孢杆菌肠毒素分为呕吐型肠毒素和腹泻型肠毒素,所导致的食物中毒主要有两种,一种是以恶心、呕吐症状为主;另一种以腹痛、腹泻症状为主。蜡样芽孢杆菌中毒可以在集团中大规模暴发,也可以家庭中暴发或散在发生。因此对动物性食品进行蜡样芽孢杆菌的卫生检验,具有重要的卫生学意义。

目前用于动物性食品中蜡样芽孢杆菌的检验方法,为国家标准方法《食品卫生微生物学检验 蜡样芽孢杆菌检验》(GB/T 4789.14—2003)。动物性食品中蜡样芽孢杆菌检验的重点项目主要包括细菌计数、分离培养和证实试验。

### (一)设备和材料

(1)恒温培养箱:(36±1)℃;冰箱:0～4℃;恒温水浴锅:(46±1)℃。

(2)显微镜,天平,可调式电炉。

(3)吸管:1 mL 和 10 mL;广口瓶或三角烧瓶:容量为 500 mL;试管:18 mm×200 mm。

(4)玻璃珠：直径 5～6 mm；均质器或乳钵；载玻片；酒精灯。

(5)平皿：皿底直径为 9 cm；试管架；接种环、针；L 形涂布棒。

(6)灭菌刀，灭菌剪，灭菌镊子，酒精棉球。

## (二)培养基和试剂

(1)甘露醇卵黄多粘菌素琼脂；肉浸液肉汤培养基；营养琼脂：按国家标准规定配制。

(2)酪蛋白琼脂；动力-硝酸盐培养基；木糖-明胶培养基：按国家标准规定配制。

(3)缓冲葡萄糖蛋白胨水；血琼脂：按国家标准规定配制。

(4)革兰氏染色液；0.5％碱性复红染色液：按国家标准规定配制。

(5)甲萘胺-乙酸溶液；对氨基苯磺酸-乙酸溶液；甲醇；70％乙醇；3％过氧化氢溶液。

## (三)操作方法

### 1.菌数测定

(1)以无菌操作将检样 25 g(或 25 mL)按菌落总数的测定方式，用灭菌生理盐水或磷酸盐缓冲液做成 $10^{-5}$～$10^{-1}$ 的稀释液。

(2)取各稀释液 0.1 mL 接种在选择性培养基(甘露醇卵黄多粘菌素琼脂)平板上，用 L 形涂布棒涂布于整个表面，置 37℃培养 12～20 h 后，选取菌落数在 30 个左右者进行计数。蜡样芽孢杆菌在此培养基上生成的菌落为红色(表示不发酵甘露醇)，环绕有粉红色的晕(表示产生卵磷脂酶)。

(3)细菌计数后，从中挑取 5 个同样的菌落作证实试验。根据证实试验为蜡样芽孢杆菌的菌落数，计算出该平皿内的蜡样芽孢杆菌数，然后乘其稀释倍数，即得每克(或毫升)样品中所含蜡样芽孢杆菌数。例如，将固体检样的 $10^{-4}$ 稀释液 0.1 mL 涂布于甘露醇卵黄多粘菌素琼脂平板上，生成的可疑菌落为 25 个，取 5 个进行鉴定，证实为蜡样芽孢杆菌的是 4 个，则 1 g 检样中蜡样芽孢杆菌数为：$25 \times \frac{4}{5} \times 10^4 \times 10 = 2 \times 10^6$。

### 2.分离培养

将检样或其稀释液划线接种于上述选择性培养基平板，置于 37℃下，培养 12～20 h，挑取可疑为蜡样芽孢杆菌的菌落，接种于肉汤和营养琼脂培养基做成纯培养，然后做证实试验。

### 3.证实试验

(1)形态观察：本菌为革兰氏阳性杆菌，宽度在 1 $\mu$m 或 1 $\mu$m 以上，芽孢呈卵圆形，不突出菌体，多位于菌体中央或稍偏于一端。

(2)培养特性：本菌在肉汤中生长浑浊，常微有菌膜或壁环，振摇易乳化；在琼脂平板上生成的菌落不透明，表面粗糙，似毛玻璃状或熔蜡状，边缘不齐。

(3)生化性状：本菌有动力；能产生卵磷脂酶和酪蛋白酶；过氧化氢酶试验阳性；溶血；不发酵甘露醇和木糖；常能液化明胶和使硝酸盐还原；在厌氧条件下能发酵葡萄糖。

(4)类菌鉴别：本菌与其他类似菌的鉴别：见表 11-14。

表 11-14　蜡样芽孢杆菌与其他类似菌鉴别

| 项目 | 巨大芽孢杆菌 | 蜡样芽孢杆菌 | 苏云金芽孢杆菌 | 蕈状芽孢杆菌 | 炭疽芽孢杆菌 |
|---|---|---|---|---|---|
| 过氧化氢酶 | + | + | + | + | + |
| 动力 | ± | ± | ± | - | - |
| 硝酸盐还原 | - | + | + | + | + |
| 酪蛋白分解 | ± | + | ± | ± | ± |
| 卵黄反应 | - | + | + | + | + |
| 葡萄糖利用 | - | + | + | + | + |
| 甘露醇 | + | - | - | - | - |
| 木糖 | ± | - | - | - | - |
| 溶血 | - | + | - | - | ± |
| 已知致病特性 | | 产生肠毒素 | 对昆虫致病内毒素结晶 | 假根样生长 | 对动物和人不致病 |

注：+：90%～100%的菌株阳性；-：90%～100%菌株阴性；±：大多数菌株阳性。

蜡样芽孢杆菌在生化性状上与苏云金芽孢杆菌极为相似，可以根据菌体细胞内蛋白质结晶的检出加以鉴别，因为后者菌体细胞内含有对昆虫致病的蛋白质毒素结晶。检查方法为取营养琼脂上纯培养物少许，在玻片上少量蒸馏水中涂成薄片，待自然干燥后用弱火焰固定，加甲醇于玻片上，半分钟后倾去甲醇，置火焰上干燥，然后滴加 0.5% 复红染色液于玻片上，置酒精灯上加热，至微见蒸汽后维持 1.5 min（注意勿使染液沸腾），移去酒精灯，将玻片放置 0.5 min，倾去染液，置洁净自来水中彻底清洗，晾干，镜检。如有较游离芽孢稍小、似菱形的红色结晶小体发现（如游离芽孢未形成，培养物应放室温再保存 1～2 d 后检查），即为苏云金芽孢杆菌。

### （四）结果报告

综合上述细菌形态、菌落形态特征、生化特性试验等结果，按照有关蜡样芽孢杆菌的表型特征来判定蜡样芽孢杆菌类型，同时计数，并报告检验结果。

## 十二、动物性食品中小肠结肠炎耶尔森氏菌的检验方法

小肠结肠炎耶尔森氏菌是近年来才被重视的一种新的食物中毒病原菌。由于小肠结肠炎耶尔森氏菌能耐低温，被称为嗜冷菌。引起小肠结肠炎耶尔森氏菌食物中毒的主要食品为冷藏的肉类和乳类食品。小肠结肠炎耶尔森氏菌的检验一般以检出该菌为主，用生化特性和血清学特性进行鉴定。该菌最适生长温度为 22～29℃。此菌可以引起人的胃肠炎暴发，其症状表现与沙门氏菌食物中毒相似。因此对动物性食品进行小肠结肠炎耶尔森氏菌的卫生检验，具有重要的卫生学意义。

目前用于动物性食品中小肠结肠炎耶尔森氏菌的检验方法，为国家标准方法《食品卫生微生物学检验 小肠结肠炎耶尔森氏菌检验》（GB/T 4789.8—2008）。动物性食品中小肠结肠炎

耶尔森氏菌检验的重点项目主要包括增菌、分离培养、生化特性和血清学特性鉴定。

## (一)设备和材料

(1)显微镜,样品均质器,无菌平皿,三角瓶,玻片染色缸或盘,比浊管。

(2)pH 试纸:pH 范围为 6.0～8.0。

(3)恒温培养箱:包括(4±1)℃,(26±1)℃和(36±1)℃等 3 种。

(4)灭菌吸管:包括 1 mL、5 mL 及 10 mL 等 3 种,带橡胶乳头的吸管数支。

## (二)培养基和试剂

(1)麦康凯琼脂;磷酸盐缓冲液;改良磷酸盐缓冲液:按国家标准规定配制。

(2)三糖铁琼脂;赖氨酸脱羧酶肉汤;鸟氨酸脱羧酶肉汤:按国家标准规定配制。

(3)精氨酸水解酶肉汤;Rustigian 氏尿素培养液:按国家标准规定配制。

(4)苯丙氨酸琼脂;动力试验培养基;营养明胶;胰蛋白胨水:按国家标准规定配制。

(5)缓冲葡萄糖蛋白胨水;氰化钾培养基;克氏柠檬酸盐肉汤:按国家标准规定配制。

(6)细胞色素氧化酶试剂;革兰氏染色液:按国家标准规定配制。

(7)无菌矿物油;V-P 试剂;氯化镁孔雀绿增菌液:按国家标准规定配制。

(8)纤维二糖、山梨醇、山梨糖、鼠李糖、棉籽糖、蔗糖、蜜二糖、侧金盏花醇、甘露醇或肌醇等发酵管。

## (三)操作方法

(1)样品采集和处理:与沙门氏菌食物中毒的样品采集和处理相同,但应注意本菌在室温下容易死亡,样品采集后必须立即送检,并注意冷藏。

(2)增菌培养:食物样品分为两份,一份按 1/10 接种量接种到胰蛋白胨水,置于 26℃下,培养 4～6h 进行预增菌,然后再取 1.0 mL 预增菌液转种到氯化镁孔雀绿肉汤中,26℃下培养 24～48 h 后,再接种到分离平板上进行分离。另一份食品样品接种到磷酸盐缓冲液中,于 4℃下放置 21 d 进行冷增菌,然后再接种平板进行分离。

(3)分离培养:将每管增菌后样液,分别接种于麦康凯琼脂平板和 SS 琼脂平板各一个,于 26℃条件下经 24～48 h 培养后,挑取圆形、光滑、不发酵或稍隆起、透明或半透明、大小为 0.5～2 mm 的可疑菌落做生化试验。

(4)三糖铁试验:将上述可疑菌落接种于三糖铁培养基,于 26℃下培养 24 h,将斜面与底层变黄(少数因不发酵或迟发酵蔗糖,而斜面仍为红色)、硫化氢阴性和几乎不产生气体的培养物做进一步生化试验。

(5)尿素酶试验和动力观察:将三糖铁斜面上可疑培养物接种到 Rustigian 氏尿素培养液,于 26℃下经 2～4 h 培养观察,如变红色,即为阳性。可以将斜面上培养物接种两管半固体琼脂,分别放置 26℃和 37℃中培养 24～48 h,进行检查。如 26℃培养基上有动力而 37℃无动力,即可进行染色镜检和进一步生化试验。

(6)染色镜检:将上述可疑菌落涂片染色,进行显微镜观察。如呈现革兰氏阴性球杆菌,有时呈椭圆或杆状,大小为$(0.8～3.0)\mu m \times 0.8~\mu m$ 者,进一步做生化试验。

(7)生化特性:将上述可疑的培养物进一步做下列生化试验。本菌的生化特性与其他肠道致病菌的鉴别：见表 11-15。

**表 11-15　小肠结肠炎耶尔森氏菌与其类似菌的生化性状鉴别**

| 项　目 | 小肠结肠炎<br>耶尔森氏菌 | 假结核<br>耶尔森氏菌 | 耶尔森氏<br>菌属 | 变形杆<br>菌属 | 肠杆菌<br>沙雷氏菌 |
|---|---|---|---|---|---|
| 尿素(Rustigian 培养液)(26℃) | + | + | + | + | − |
| 鸟氨酸脱羧酶(26℃) | + | − | + | d | + |
| V-P(26℃) | + | − | + | d | + |
| 七叶苷(26℃) | − | + | d | − | d |
| 碳水化合物(26℃) | | | | | |
| 蔗糖 | + | − | + | d | + |
| 乳糖 | − | − | d | − | + |
| 水杨素 | − | + | d | d | + |
| 木糖 | d | + | + | + | − |
| 鼠李糖 | − | + | d | − | d |
| 棉籽糖 | − | − | d | − | d |
| 蜜二糖 | − | + | d | − | d |
| 侧金盏花醇 | − | + | + | d | d |
| 山梨糖 | + | − | + | − | − |
| 葡萄糖产气(26℃) | d | − | d | d | d |
| 苯丙氨酸脱氨酶(26℃) | − | − | − | + | − |

注：+阳性；−阴性；d 有不同生化型。

(8)血清型鉴定：除进行上述生化鉴定外，还需做血清型鉴定。目前国内可以生产 30 种 O 型因子血清。具体操作方法与沙门氏菌 O 型因子血清分型相同。

**（四）结果报告**

综合上述细菌形态、菌落形态特征、生化特性和血清学鉴定等结果，按照有关小肠结肠炎耶尔森氏菌的表型特征来判定小肠结肠炎耶尔森氏菌，并报告检验结果。

# 第四节　动物性食品中霉菌和酵母总数的测定

## 一、概述

霉菌广泛分布于自然界，并可以作为食品中正常菌相的一部分，一方面可以利用霉菌和酵母加工一些食品，使其味道鲜美，如酿酒、制酱、干酪等；另一方面，由于霉菌和酵母能转换某些不利于细菌的物质，而促进致病菌的生长，同时霉菌和酵母常常可以使食品失去色、香、味，发生霉坏变质。更为重要的是各类食品由于遭到许多霉菌的侵染，其中有些霉菌能够合成有毒代谢产物——霉菌毒素,从而引起各种急性和慢性中毒,特别是有些霉菌毒素具有强烈的致癌性,如黄曲霉毒素、展青霉素等。因此加强对动物性食品进行霉菌和酵母的卫生检验,具有重要的卫生学意义。

在我国的食品卫生标准中,对许多动物性食品的霉菌总数和酵母总数都做了明确的规定,不得超出;还有许多动物性食品霉菌和酵母的限量标准正在制定中。

## 二、动物性食品中霉菌和酵母总数的测定方法

动物性食品的霉菌和酵母的检验包括动物性食品中霉菌和酵母总数的测定和常见有毒霉菌的鉴定。这里主要介绍动物性食品中霉菌和酵母总数的测定。

我国国家标准规定动物性食品中霉菌和酵母总数的测定方法主要采用国家检验标准的平板培养计数法(GB/T 4789.2—2010)。

### (一)基本原理

霉菌和酵母总数的测定是指食品检样经过处理,在一定条件下培养后,所得 1 g 或 1 mL 检样中所含的霉菌和酵母菌落总数。霉菌和酵母数主要作为判定食品被霉菌和酵母污染程度的标志,以便对被检样品进行卫生学评价时提供依据。本方法适用于所有食品。

### (二)设备和材料

(1)冰箱:0~4℃;恒温培养箱:25~28℃;恒温振荡器。

(2)显微镜:10×~100×;架盘药物天平:0~500 g,精确至 0.5 g。

(3)灭菌具玻塞锥形瓶,300 mL;灭菌广口瓶,500 mL;灭菌平皿,直径 90 mm。

(4)灭菌吸管:1 mL(具 0.01 mL 刻度)、10 mL(具 0.1 mL 刻度);灭菌试管,16 mm×160 mm。

(5)载玻片,盖玻片;灭菌牛皮纸袋、塑料袋;灭菌金属勺、刀等。

### (三)培养基

(1)高盐察氏培养基。

(2)马铃薯-葡萄糖琼脂培养基,附加抗生素:成分:马铃薯 300g,葡萄糖 20g,琼脂 20g,蒸馏水 1 000 mL。制法:将马铃薯去皮切块,加 1 000 mL 蒸馏水,煮沸 10~20 min。用纱布过滤,补加蒸馏水至 1 000 mL。加入葡萄糖和琼脂,加热溶化,分装,121℃高压灭菌 20 min。临用时无菌操作加入相应抗生素即可。

(3)孟加拉红培养基:成分:蛋白胨 5 g,葡萄糖 10 g,磷酸二氢钾 1 g,硫酸镁 0.5 g,琼脂 20 g,1/3 000 孟加拉红溶液 100 mL,蒸馏水 1 000 mL,氯霉素 0.1 g。制法:上述各成分加入蒸馏水中溶解后,再加孟加拉红溶液。另用少量乙醇溶解氯霉素加入培养基中,分装后,121℃灭菌 20 min。

### (四)检验程序

霉菌和酵母总数检验程序:见图11-6。

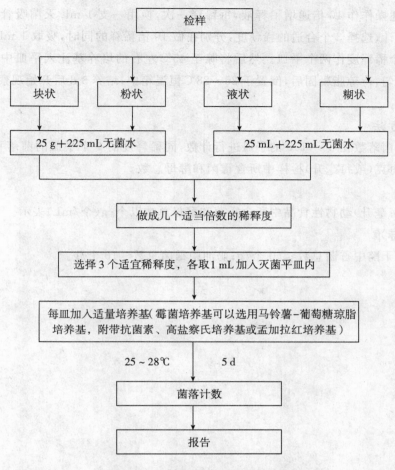

**图 11-6　霉菌和酵母总数检验程序**

**(五)操作方法**

**1.样品的采取**

用灭菌工具采集可疑食品 250 g 左右,装入灭菌牛皮纸袋或其他灭菌容器内。取样时须特别注意样品的代表性和避免采样时的污染。首先准备好灭菌容器和采样工具,如灭菌牛皮纸袋或广口瓶,金属刀或勺等。在卫生学调查基础上,采取有代表性的样品。样品采集后应尽快检验,否则应将样品放在低温干燥处。

**2.样品的处理**

以无菌操作称取检样 25 g(mL),放入含 225 mL 灭菌水的具玻塞锥形瓶中,振摇 30 min,即为 1∶10 稀释液。

**3.样品的稀释及培养**

(1)用灭菌吸管吸取 1∶10 稀释液 10 mL,注入灭菌试管中,另用 1 mL 灭菌吸管反复吹吸 5 次,使霉菌孢子充分散开。

(2)取 1 mL 1∶10 稀释液注入含有 9 mL 灭菌水的试管中,另换一支 1 mL 灭菌吸管吹吸 5 次,此液即为 1∶100 稀释液。

（3）按上述操作作 10 倍递增稀释液，每稀释一次，换用一支 1 mL 灭菌吸管，根据对样品污染情况的估计，选择 3 个合适的稀释度，分别在做 10 倍稀释的同时，吸取 1 mL 稀释液于灭菌平皿中，每个稀释度作两个平皿。然后将晾至 45℃左右的培养基注入平皿中，并转动平皿使之与样液混匀，待琼脂凝固后，倒置于 25～28℃恒温箱中，培养 3 d 后开始观察，共培养观察7 d。

### 4.计算方法

通过选择菌落数在 30～100 的子皿进行计数，同稀释度的 2 个平皿的菌落平均数乘以稀释倍数，即为每克（或每毫升）检样中所含霉菌和酵母总数。

### 5.报告

每克（或每毫升）动物性食品中所含霉菌和酵母总数以个/g（个/mL）表示。

### 6.判定标准

圆形硬质干酪中霉菌总数≤50 个/g；奶油中霉菌总数≤10 个/g。

# 附　录

相当于氧化亚铜质量的葡萄糖、乳糖、转化糖质量表

| 氧化亚铜 | 葡萄糖 | 果 糖 | 乳糖（含水） | 转化糖 | 氧化亚铜 | 葡萄糖 | 果 糖 | 乳糖（含水） | 转化糖 |
|---|---|---|---|---|---|---|---|---|---|
| 11.3 | 4.6 | 5.1 | 7.7 | 5.2 | 54.0 | 23.1 | 25.4 | 36.8 | 24.5 |
| 12.4 | 5.1 | 5.6 | 8.5 | 5.7 | 55.2 | 23.6 | 26.0 | 37.5 | 25.0 |
| 13.5 | 5.6 | 6.1 | 9.3 | 6.2 | 56.3 | 24.1 | 26.5 | 38.3 | 25.5 |
| 14.6 | 6.0 | 6.7 | 10.0 | 6.7 | 57.4 | 24.6 | 27.1 | 39.1 | 26.0 |
| 15.8 | 6.5 | 7.2 | 10.8 | 7.2 | 58.5 | 25.1 | 27.6 | 39.8 | 26.5 |
| 16.9 | 7.0 | 7.7 | 11.5 | 7.7 | 59.7 | 25.6 | 28.2 | 40.6 | 27.0 |
| 18.0 | 7.5 | 8.3 | 12.3 | 8.2 | 60.8 | 26.1 | 28.7 | 41.4 | 27.6 |
| 19.1 | 8.0 | 8.8 | 13.1 | 8.7 | 61.9 | 26.5 | 29.2 | 42.1 | 28.1 |
| 20.3 | 8.5 | 9.3 | 13.8 | 9.2 | 63.0 | 27.0 | 29.8 | 42.9 | 28.6 |
| 21.4 | 8.9 | 9.9 | 14.6 | 9.7 | 64.2 | 27.5 | 30.3 | 43.7 | 29.1 |
| 22.5 | 9.4 | 10.4 | 15.4 | 10.2 | 65.3 | 28.0 | 30.9 | 44.4 | 29.6 |
| 23.6 | 9.9 | 10.9 | 16.1 | 10.7 | 66.4 | 28.5 | 31.4 | 45.2 | 30.1 |
| 24.8 | 10.4 | 11.5 | 16.9 | 11.2 | 67.6 | 29.0 | 31.9 | 46.0 | 30.6 |
| 25.9 | 10.9 | 12.0 | 17.7 | 11.7 | 68.7 | 29.5 | 32.5 | 46.7 | 31.2 |
| 27.0 | 11.4 | 12.5 | 18.4 | 12.3 | 69.8 | 30.0 | 33.0 | 47.5 | 31.7 |
| 28.1 | 11.9 | 13.1 | 19.2 | 12.8 | 70.9 | 30.5 | 33.6 | 48.3 | 32.2 |
| 29.3 | 12.3 | 13.6 | 19.9 | 13.3 | 72.1 | 31.0 | 34.1 | 49.0 | 32.7 |
| 30.4 | 12.8 | 14.2 | 20.7 | 13.8 | 73.2 | 31.5 | 34.7 | 49.8 | 33.2 |
| 31.5 | 13.3 | 14.7 | 21.5 | 14.3 | 74.3 | 32.0 | 35.2 | 50.6 | 33.7 |
| 32.6 | 13.8 | 15.2 | 22.2 | 14.8 | 75.4 | 32.5 | 35.8 | 51.3 | 34.3 |
| 33.8 | 14.3 | 15.8 | 23.0 | 15.3 | 76.6 | 33.0 | 36.3 | 52.1 | 34.8 |
| 34.9 | 14.8 | 16.3 | 23.8 | 15.8 | 77.7 | 33.5 | 36.8 | 52.9 | 35.3 |
| 36.0 | 15.3 | 16.8 | 24.5 | 16.3 | 78.8 | 34.0 | 37.4 | 53.6 | 35.8 |
| 37.2 | 15.7 | 17.4 | 25.3 | 16.8 | 79.8 | 34.5 | 37.9 | 54.4 | 36.3 |
| 38.3 | 16.2 | 17.9 | 26.1 | 17.3 | 81.1 | 35.0 | 38.5 | 55.2 | 36.8 |
| 39.4 | 16.7 | 18.4 | 26.8 | 17.8 | 82.2 | 35.5 | 39.0 | 55.9 | 37.4 |
| 40.5 | 17.2 | 19.0 | 27.6 | 18.3 | 83.3 | 36.0 | 39.6 | 56.7 | 37.9 |
| 41.7 | 17.7 | 19.5 | 28.4 | 18.9 | 84.4 | 36.5 | 40.1 | 57.5 | 38.4 |

续表

| 氧化亚铜 | 葡萄糖 | 果 糖 | 乳糖（含水） | 转化糖 | 氧化亚铜 | 葡萄糖 | 果 糖 | 乳糖（含水） | 转化糖 |
|---|---|---|---|---|---|---|---|---|---|
| 42.8 | 18.2 | 20.1 | 29.1 | 19.4 | 85.6 | 37.0 | 40.7 | 58.2 | 38.9 |
| 43.9 | 18.7 | 20.6 | 29.9 | 19.9 | 86.7 | 37.5 | 41.2 | 59.0 | 39.4 |
| 45.0 | 19.2 | 21.1 | 30.6 | 20.4 | 87.8 | 38.0 | 41.7 | 59.8 | 40.0 |
| 46.2 | 19.7 | 21.7 | 31.4 | 20.9 | 88.9 | 38.5 | 42.3 | 60.5 | 40.5 |
| 47.3 | 20.1 | 22.2 | 32.2 | 21.4 | 90.1 | 39.0 | 42.8 | 61.3 | 41.0 |
| 48.4 | 20.6 | 22.8 | 32.9 | 21.9 | 91.2 | 39.5 | 43.4 | 62.1 | 41.5 |
| 49.5 | 21.1 | 23.3 | 33.7 | 22.4 | 92.3 | 40.0 | 43.9 | 62.8 | 42.0 |
| 50.7 | 21.6 | 23.8 | 34.5 | 22.9 | 93.4 | 40.5 | 44.5 | 63.6 | 42.6 |
| 51.8 | 22.1 | 24.4 | 35.2 | 23.5 | 94.6 | 41.0 | 45.0 | 64.4 | 43.1 |
| 52.9 | 22.6 | 24.9 | 36.0 | 24.0 | 95.7 | 41.5 | 45.6 | 65.1 | 43.6 |
| 96.8 | 42.0 | 46.1 | 65.9 | 44.1 | 143.0 | 62.8 | 68.8 | 97.5 | 65.8 |
| 97.9 | 42.5 | 46.7 | 66.7 | 44.7 | 144.1 | 63.3 | 69.3 | 98.2 | 66.3 |
| 99.1 | 43.0 | 47.2 | 67.4 | 45.2 | 145.2 | 63.8 | 69.9 | 99.0 | 66.8 |
| 100.2 | 43.5 | 47.8 | 68.2 | 45.7 | 146.3 | 64.3 | 70.4 | 99.8 | 67.4 |
| 101.3 | 44.0 | 48.3 | 69.0 | 46.2 | 147.4 | 64.9 | 71.0 | 100.6 | 67.9 |
| 102.5 | 44.5 | 48.9 | 69.7 | 46.7 | 148.6 | 65.4 | 71.6 | 101.3 | 68.4 |
| 103.6 | 45.0 | 49.4 | 70.5 | 47.3 | 149.7 | 65.9 | 72.1 | 102.1 | 69.0 |
| 104.7 | 45.5 | 50.0 | 71.3 | 47.8 | 150.9 | 66.4 | 72.7 | 102.9 | 69.5 |
| 105.8 | 46.0 | 50.5 | 72.1 | 48.3 | 152.0 | 66.9 | 73.2 | 103.6 | 70.0 |
| 107.0 | 46.5 | 51.5 | 72.8 | 48.8 | 153.1 | 67.4 | 73.8 | 104.4 | 70.6 |
| 108.1 | 47.0 | 51.6 | 73.6 | 49.4 | 154.2 | 68.0 | 74.3 | 105.2 | 71.1 |
| 109.2 | 47.5 | 52.2 | 74.4 | 49.9 | 155.4 | 68.5 | 74.9 | 106.0 | 71.6 |
| 110.3 | 48.0 | 52.7 | 75.1 | 50.4 | 156.5 | 69.0 | 75.5 | 106.7 | 72.2 |
| 111.5 | 48.5 | 53.3 | 75.9 | 50.9 | 157.6 | 69.5 | 76.0 | 107.5 | 72.7 |
| 112.6 | 49.0 | 53.8 | 76.7 | 51.5 | 158.7 | 70.0 | 76.6 | 108.3 | 73.2 |
| 113.7 | 49.5 | 54.4 | 77.4 | 52.0 | 159.9 | 70.5 | 77.1 | 109.0 | 73.8 |
| 114.8 | 50.0 | 54.9 | 78.2 | 52.5 | 161.0 | 71.1 | 77.7 | 109.8 | 74.3 |
| 116.0 | 50.6 | 55.5 | 79.0 | 53.0 | 162.1 | 71.6 | 78.3 | 110.6 | 74.9 |
| 117.1 | 51.1 | 56.0 | 79.7 | 53.6 | 163.2 | 72.1 | 78.8 | 111.4 | 85.4 |
| 118.2 | 51.6 | 56.6 | 80.5 | 54.1 | 164.4 | 72.6 | 79.4 | 112.1 | 75.9 |
| 119.3 | 52.1 | 57.1 | 81.3 | 54.6 | 165.5 | 73.1 | 80.0 | 112.9 | 76.5 |

续表

| 氧化亚铜 | 葡萄糖 | 果糖 | 乳糖（含水） | 转化糖 | 氧化亚铜 | 葡萄糖 | 果糖 | 乳糖（含水） | 转化糖 |
|---|---|---|---|---|---|---|---|---|---|
| 120.5 | 52.6 | 57.7 | 82.1 | 55.2 | 166.6 | 73.7 | 80.5 | 113.7 | 77.0 |
| 121.6 | 53.1 | 58.2 | 82.8 | 55.7 | 167.8 | 74.2 | 81.1 | 114.4 | 77.6 |
| 122.7 | 53.6 | 58.8 | 83.6 | 56.2 | 168.9 | 74.7 | 81.6 | 115.2 | 78.1 |
| 123.8 | 54.1 | 59.3 | 84.4 | 56.7 | 170.0 | 75.2 | 82.2 | 116.0 | 78.6 |
| 125.0 | 54.6 | 59.9 | 85.1 | 57.3 | 171.1 | 75.7 | 82.8 | 116.8 | 79.2 |
| 126.1 | 55.1 | 60.4 | 85.9 | 57.8 | 172.3 | 76.3 | 83.8 | 117.5 | 79.7 |
| 127.2 | 55.6 | 61.0 | 86.7 | 58.3 | 173.4 | 76.8 | 83.9 | 118.3 | 80.3 |
| 128.3 | 56.1 | 61.6 | 87.4 | 58.9 | 174.5 | 77.3 | 84.4 | 119.1 | 80.8 |
| 129.4 | 56.7 | 62.1 | 88.2 | 59.4 | 175.6 | 77.8 | 85.0 | 119.9 | 81.3 |
| 130.6 | 57.2 | 62.7 | 89.0 | 59.9 | 176.8 | 78.2 | 85.6 | 120.6 | 81.9 |
| 131.7 | 57.5 | 63.2 | 89.8 | 60.4 | 177.9 | 78.9 | 86.1 | 121.4 | 82.4 |
| 132.8 | 58.2 | 63.8 | 90.5 | 61.0 | 179.0 | 79.4 | 86.7 | 122.2 | 83.0 |
| 134.0 | 58.7 | 64.3 | 91.3 | 61.5 | 180.1 | 79.9 | 87.3 | 122.9 | 83.5 |
| 135.1 | 59.2 | 64.9 | 92.1 | 62.0 | 181.3 | 80.4 | 87.8 | 123.7 | 84.0 |
| 136.2 | 59.7 | 65.4 | 92.8 | 62.6 | 182.4 | 81.0 | 88.4 | 124.5 | 84.6 |
| 137.4 | 60.2 | 66.0 | 93.6 | 63.1 | 183.5 | 81.5 | 89.0 | 125.3 | 85.1 |
| 138.5 | 60.7 | 66.5 | 94.4 | 63.6 | 184.5 | 82.0 | 89.5 | 126.0 | 85.7 |
| 139.6 | 61.3 | 67.1 | 95.2 | 64.2 | 185.8 | 82.5 | 90.1 | 126.8 | 86.2 |
| 140.7 | 61.8 | 67.7 | 95.9 | 64.7 | 186.9 | 83.1 | 90.6 | 127.6 | 86.8 |
| 141.9 | 62.3 | 68.2 | 86.7 | 65.2 | 188.0 | 83.6 | 91.2 | 128.4 | 87.3 |
| 189.1 | 84.1 | 91.8 | 129.1 | 87.8 | 235.3 | 105.9 | 115.2 | 160.9 | 110.4 |
| 190.3 | 84.6 | 92.3 | 129.9 | 88.4 | 236.4 | 106.5 | 115.7 | 161.7 | 110.9 |
| 191.4 | 85.2 | 92.8 | 130.7 | 88.9 | 237.6 | 107.0 | 116.3 | 162.5 | 111.5 |
| 192.5 | 85.7 | 93.5 | 131.5 | 89.5 | 238.7 | 107.5 | 116.9 | 163.3 | 112.1 |
| 193.6 | 86.2 | 94.0 | 132.2 | 90.0 | 239.8 | 108.1 | 117.5 | 164.0 | 112.6 |
| 194.8 | 86.7 | 94.6 | 133.0 | 90.6 | 240.9 | 108.6 | 118.0 | 164.8 | 113.2 |
| 195.9 | 87.3 | 95.2 | 133.8 | 91.1 | 242.1 | 109.2 | 118.6 | 165.6 | 113.7 |
| 197.0 | 87.8 | 95.7 | 134.6 | 91.7 | 243.1 | 109.7 | 119.2 | 166.4 | 114.3 |
| 198.1 | 88.3 | 96.3 | 135.3 | 92.2 | 244.3 | 110.2 | 119.8 | 167.1 | 114.9 |
| 199.3 | 88.9 | 96.9 | 136.1 | 92.8 | 245.4 | 110.8 | 120.3 | 167.9 | 115.4 |
| 200.4 | 89.4 | 97.4 | 136.9 | 93.3 | 246.6 | 111.3 | 120.9 | 168.7 | 116.0 |

续表

| 氧化亚铜 | 葡萄糖 | 果 糖 | 乳糖<br>（含水） | 转化糖 | 氧化亚铜 | 葡萄糖 | 果 糖 | 乳糖<br>（含水） | 转化糖 |
|---|---|---|---|---|---|---|---|---|---|
| 201.5 | 89.9 | 98.0 | 137.7 | 93.8 | 247.7 | 111.9 | 121.5 | 169.5 | 116.5 |
| 202.7 | 90.4 | 98.6 | 138.4 | 94.4 | 248.8 | 112.4 | 122.1 | 170.3 | 117.1 |
| 203.8 | 91.0 | 99.2 | 139.2 | 94.9 | 249.9 | 112.9 | 122.6 | 171.0 | 117.6 |
| 204.9 | 91.5 | 99.7 | 140.0 | 95.5 | 251.1 | 113.5 | 123.2 | 171.8 | 118.2 |
| 206.0 | 92.0 | 100.3 | 140.8 | 96.0 | 252.2 | 114.0 | 123.8 | 172.6 | 118.8 |
| 207.2 | 92.6 | 100.9 | 141.5 | 97.6 | 253.3 | 114.6 | 124.4 | 173.4 | 119.3 |
| 208.3 | 93.1 | 101.4 | 142.3 | 91.1 | 254.4 | 115.1 | 125.0 | 174.2 | 119.9 |
| 209.4 | 93.6 | 102.0 | 143.1 | 97.7 | 255.6 | 115.7 | 125.5 | 174.9 | 120.4 |
| 210.5 | 94.2 | 102.6 | 143.9 | 98.2 | 256.7 | 116.2 | 126.1 | 175.7 | 121.0 |
| 211.7 | 94.7 | 103.1 | 144.6 | 98.8 | 257.8 | 116.7 | 126.7 | 176.5 | 121.6 |
| 212.8 | 95.2 | 103.7 | 145.4 | 99.3 | 258.9 | 117.3 | 127.3 | 177.3 | 122.1 |
| 213.9 | 95.7 | 104.3 | 146.2 | 99.9 | 260.1 | 117.8 | 127.9 | 178.1 | 122.7 |
| 215.0 | 96.3 | 104.8 | 147.0 | 100.4 | 261.2 | 118.4 | 128.4 | 178.8 | 123.3 |
| 216.2 | 96.8 | 105.4 | 147.7 | 101.0 | 262.3 | 118.9 | 129.0 | 179.6 | 123.8 |
| 217.3 | 97.3 | 106.0 | 148.5 | 101.5 | 263.4 | 119.5 | 129.6 | 180.4 | 124.4 |
| 218.4 | 97.9 | 106.6 | 149.3 | 102.1 | 264.6 | 120.0 | 130.0 | 181.2 | 124.9 |
| 219.5 | 98.4 | 107.1 | 150.1 | 102.6 | 265.7 | 120.6 | 130.8 | 181.9 | 125.5 |
| 220.7 | 98.9 | 107.7 | 150.8 | 103.2 | 266.8 | 121.1 | 131.3 | 182.7 | 126.1 |
| 221.8 | 99.5 | 108.3 | 151.6 | 103.7 | 268.0 | 121.7 | 131.9 | 183.5 | 126.6 |
| 222.9 | 100.0 | 108.8 | 152.4 | 104.3 | 269.1 | 122.2 | 132.5 | 184.3 | 127.2 |
| 224.0 | 100.5 | 109.4 | 153.2 | 104.8 | 270.2 | 122.7 | 133.1 | 185.1 | 127.8 |
| 225.2 | 101.1 | 110.0 | 153.9 | 105.4 | 271.3 | 123.3 | 133.7 | 185.8 | 128.3 |
| 226.3 | 101.6 | 110.6 | 154.7 | 106.0 | 272.5 | 123.8 | 134.2 | 186.6 | 128.9 |
| 227.4 | 102.2 | 111.1 | 155.5 | 106.5 | 273.6 | 124.4 | 134.8 | 187.4 | 129.5 |
| 228.5 | 102.7 | 111.7 | 156.3 | 107.1 | 274.7 | 124.9 | 135.4 | 188.2 | 130.0 |
| 229.7 | 103.2 | 112.3 | 157.0 | 107.6 | 275.8 | 125.5 | 136.0 | 189.0 | 130.6 |
| 230.8 | 103.8 | 112.9 | 157.8 | 108.2 | 277.0 | 126.0 | 136.6 | 189.7 | 131.2 |
| 231.9 | 104.3 | 113.4 | 158.6 | 108.7 | 278.1 | 126.6 | 137.2 | 190.5 | 131.7 |
| 233.1 | 104.9 | 114.0 | 159.4 | 109.3 | 279.2 | 127.1 | 137.7 | 191.3 | 132.3 |
| 234.2 | 105.4 | 114.6 | 160.2 | 109.8 | 280.3 | 127.7 | 138.3 | 192.1 | 132.9 |
| 281.5 | 128.2 | 138.9 | 192.9 | 133.4 | 327.6 | 151.1 | 163.1 | 224.9 | 157.0 |

续表

| 氧化亚铜 | 葡萄糖 | 果 糖 | 乳糖（含水） | 转化糖 | 氧化亚铜 | 葡萄糖 | 果 糖 | 乳糖（含水） | 转化糖 |
|---|---|---|---|---|---|---|---|---|---|
| 282.6 | 128.8 | 139.5 | 193.6 | 134.0 | 328.7 | 151.7 | 163.7 | 225.7 | 157.5 |
| 283.7 | 129.3 | 140.1 | 194.4 | 134.6 | 329.9 | 152.2 | 164.3 | 226.5 | 158.1 |
| 284.8 | 129.9 | 140.7 | 195.2 | 135.1 | 331.0 | 152.8 | 164.9 | 227.3 | 158.7 |
| 286.0 | 130.4 | 141.3 | 196.0 | 135.7 | 332.1 | 153.4 | 165.4 | 228.0 | 159.3 |
| 287.1 | 131.0 | 141.8 | 196.8 | 136.3 | 333.3 | 153.9 | 166.0 | 228.8 | 159.9 |
| 288.2 | 131.6 | 142.4 | 197.5 | 136.8 | 334.4 | 154.5 | 166.6 | 229.6 | 160.5 |
| 289.3 | 132.1 | 143.0 | 198.3 | 137.4 | 335.5 | 155.1 | 167.2 | 230.4 | 161.0 |
| 290.5 | 132.7 | 143.6 | 199.1 | 138.0 | 336.6 | 155.6 | 167.8 | 231.2 | 161.6 |
| 291.6 | 133.2 | 144.2 | 199.9 | 138.6 | 337.8 | 156.2 | 168.4 | 232.0 | 162.2 |
| 292.7 | 133.8 | 144.8 | 200.7 | 139.1 | 338.9 | 156.8 | 169.0 | 232.7 | 162.8 |
| 293.8 | 134.3 | 145.4 | 201.4 | 139.7 | 340.0 | 157.3 | 169.6 | 233.5 | 163.4 |
| 295.0 | 134.9 | 145.9 | 202.2 | 140.3 | 341.1 | 157.9 | 170.2 | 234.3 | 164.0 |
| 296.1 | 135.4 | 146.5 | 203.0 | 140.8 | 342.3 | 158.2 | 170.8 | 235.1 | 164.5 |
| 297.2 | 136.0 | 147.1 | 203.8 | 141.4 | 343.4 | 159.0 | 171.4 | 235.9 | 165.1 |
| 298.3 | 136.5 | 147.7 | 204.6 | 142.0 | 344.5 | 159.6 | 172.0 | 236.7 | 165.7 |
| 299.5 | 137.1 | 148.3 | 205.3 | 142.6 | 345.6 | 160.2 | 172.6 | 237.4 | 166.3 |
| 300.6 | 137.7 | 148.9 | 206.1 | 143.1 | 346.8 | 160.7 | 173.2 | 238.2 | 166.9 |
| 301.7 | 138.2 | 149.5 | 206.9 | 143.7 | 347.9 | 161.3 | 173.8 | 239.0 | 167.5 |
| 302.9 | 138.8 | 150.1 | 207.7 | 144.3 | 349.0 | 161.9 | 174.4 | 239.8 | 168.0 |
| 304.0 | 139.3 | 150.6 | 208.5 | 144.8 | 350.1 | 162.5 | 175.0 | 240.6 | 168.6 |
| 305.1 | 139.9 | 151.2 | 209.2 | 145.4 | 351.3 | 163.0 | 175.6 | 241.4 | 169.2 |
| 306.2 | 140.4 | 151.8 | 210.0 | 146.0 | 352.4 | 163.6 | 176.2 | 242.2 | 169.8 |
| 307.4 | 141.0 | 152.4 | 210.8 | 146.6 | 353.5 | 164.2 | 176.8 | 243.0 | 170.4 |
| 308.5 | 141.6 | 153.0 | 211.6 | 147.1 | 354.6 | 164.7 | 177.4 | 243.7 | 171.0 |
| 309.6 | 142.1 | 153.6 | 212.4 | 147.7 | 355.8 | 165.3 | 178.0 | 244.5 | 171.6 |
| 310.7 | 142.7 | 154.2 | 213.2 | 148.3 | 356.9 | 165.9 | 178.6 | 245.3 | 172.2 |
| 311.9 | 143.2 | 154.8 | 214.0 | 148.9 | 358.0 | 166.5 | 179.2 | 246.1 | 172.8 |
| 313.0 | 143.8 | 155.4 | 214.7 | 149.4 | 359.1 | 167.0 | 179.8 | 246.9 | 173.3 |
| 314.1 | 144.4 | 156.0 | 215.5 | 150.0 | 360.3 | 167.6 | 180.4 | 247.7 | 173.9 |
| 315.2 | 144.9 | 156.5 | 216.3 | 150.6 | 361.4 | 168.2 | 181.0 | 248.5 | 174.5 |
| 316.4 | 145.5 | 157.1 | 217.1 | 151.2 | 362.5 | 168.8 | 181.6 | 249.2 | 175.1 |

续表

| 氧化亚铜 | 葡萄糖 | 果糖 | 乳糖（含水） | 转化糖 | 氧化亚铜 | 葡萄糖 | 果糖 | 乳糖（含水） | 转化糖 |
|---|---|---|---|---|---|---|---|---|---|
| 317.5 | 146.0 | 157.7 | 217.9 | 151.8 | 363.6 | 169.3 | 182.2 | 250.0 | 175.7 |
| 318.6 | 146.6 | 158.3 | 218.7 | 152.3 | 364.8 | 169.9 | 182.8 | 250.8 | 176.3 |
| 319.7 | 147.2 | 158.9 | 219.4 | 152.9 | 365.9 | 170.5 | 183.4 | 251.6 | 176.9 |
| 320.9 | 147.7 | 159.5 | 220.2 | 153.5 | 367.0 | 171.1 | 184.0 | 252.4 | 177.5 |
| 322.0 | 148.3 | 160.1 | 221.0 | 154.1 | 368.2 | 171.6 | 184.6 | 253.2 | 178.1 |
| 323.1 | 148.8 | 160.7 | 221.8 | 154.6 | 369.5 | 172.2 | 185.2 | 253.9 | 178.7 |
| 324.3 | 149.4 | 161.3 | 222.6 | 155.2 | 370.4 | 172.8 | 185.8 | 254.7 | 179.2 |
| 325.4 | 150.0 | 161.9 | 223.3 | 155.8 | 371.5 | 173.4 | 185.4 | 255.5 | 179.8 |
| 326.5 | 150.5 | 162.5 | 224.1 | 156.4 | 372.7 | 173.9 | 187.0 | 256.3 | 180.4 |
| 373.8 | 174.5 | 187.6 | 257.1 | 181.0 | 419.9 | 198.5 | 212.6 | 289.5 | 205.7 |
| 374.9 | 175.1 | 188.2 | 257.9 | 181.6 | 421.1 | 199.1 | 213.3 | 290.3 | 206.3 |
| 376.0 | 175.7 | 188.8 | 258.7 | 182.2 | 422.2 | 199.7 | 213.9 | 291.1 | 206.9 |
| 377.2 | 176.3 | 189.4 | 259.4 | 182.8 | 423.3 | 200.3 | 214.5 | 291.9 | 207.5 |
| 378.3 | 176.8 | 190.1 | 260.2 | 183.4 | 424.4 | 200.9 | 215.1 | 292.7 | 208.1 |
| 379.4 | 177.4 | 190.7 | 261.0 | 184.0 | 425.6 | 201.5 | 215.7 | 293.5 | 208.7 |
| 380.5 | 178.0 | 191.3 | 261.8 | 184.6 | 426.7 | 202.1 | 216.3 | 294.3 | 209.3 |
| 381.7 | 178.6 | 191.9 | 262.2 | 185.2 | 427.8 | 202.7 | 217.0 | 295.0 | 209.9 |
| 382.8 | 179.2 | 192.5 | 263.4 | 185.8 | 428.9 | 203.3 | 217.6 | 295.8 | 210.5 |
| 383.9 | 179.7 | 193.1 | 264.2 | 186.4 | 430.1 | 203.9 | 218.2 | 296.6 | 211.1 |
| 385.0 | 180.3 | 193.7 | 265.0 | 187.0 | 431.2 | 204.5 | 218.8 | 297.4 | 211.8 |
| 386.2 | 180.9 | 194.3 | 265.8 | 187.6 | 432.3 | 205.1 | 219.5 | 298.2 | 212.4 |
| 387.3 | 181.5 | 194.9 | 266.6 | 188.2 | 433.5 | 205.7 | 220.1 | 299.0 | 213.0 |
| 388.4 | 182.1 | 195.5 | 267.4 | 188.8 | 434.6 | 206.3 | 220.7 | 299.8 | 213.6 |
| 389.5 | 182.7 | 196.1 | 268.1 | 189.4 | 435.7 | 206.9 | 221.3 | 300.6 | 214.2 |
| 390.7 | 183.2 | 196.7 | 268.9 | 190.0 | 436.8 | 207.5 | 221.9 | 301.4 | 214.8 |
| 391.8 | 183.8 | 197.3 | 269.7 | 190.6 | 438.0 | 208.1 | 222.6 | 302.2 | 215.1 |
| 392.9 | 184.4 | 197.9 | 270.5 | 191.2 | 439.1 | 208.7 | 223.2 | 303.0 | 216.0 |
| 394.0 | 185.0 | 198.5 | 271.3 | 191.8 | 440.2 | 209.3 | 223.8 | 303.8 | 216.7 |
| 395.2 | 185.6 | 199.2 | 272.1 | 192.4 | 441.3 | 209.9 | 224.4 | 304.6 | 217.3 |
| 396.3 | 186.2 | 199.8 | 272.9 | 193.0 | 442.5 | 210.5 | 225.1 | 305.4 | 217.9 |
| 397.4 | 186.8 | 200.4 | 273.7 | 193.6 | 443.6 | 211.1 | 225.7 | 306.2 | 218.5 |

续表

| 氧化亚铜 | 葡萄糖 | 果　糖 | 乳糖<br>（含水） | 转化糖 | 氧化亚铜 | 葡萄糖 | 果　糖 | 乳糖<br>（含水） | 转化糖 |
|---|---|---|---|---|---|---|---|---|---|
| 398.5 | 187.3 | 201.0 | 274.4 | 194.2 | 444.7 | 211.7 | 226.3 | 307.0 | 219.1 |
| 399.7 | 187.9 | 201.6 | 275.2 | 194.8 | 445.8 | 212.3 | 226.9 | 307.8 | 219.8 |
| 400.8 | 188.5 | 202.2 | 276.0 | 195.4 | 447.0 | 212.9 | 227.6 | 308.6 | 220.4 |
| 401.9 | 189.1 | 202.8 | 276.8 | 194.0 | 448.1 | 213.5 | 228.2 | 309.4 | 221.0 |
| 403.1 | 189.7 | 203.4 | 277.6 | 196.6 | 449.2 | 214.1 | 228.8 | 310.2 | 221.6 |
| 404.2 | 190.3 | 204.0 | 278.4 | 197.2 | 450.3 | 214.7 | 229.4 | 311.0 | 222.2 |
| 405.3 | 190.9 | 204.7 | 279.2 | 197.8 | 451.5 | 215.3 | 230.1 | 311.8 | 222.9 |
| 406.4 | 191.5 | 205.3 | 280.0 | 198.4 | 452.6 | 215.9 | 230.7 | 312.6 | 223.5 |
| 407.6 | 192.0 | 205.9 | 280.8 | 199.0 | 453.7 | 216.5 | 231.3 | 313.4 | 224.1 |
| 408.7 | 192.6 | 206.5 | 281.6 | 199.6 | 454.8 | 217.1 | 232.0 | 314.2 | 224.7 |
| 409.8 | 193.2 | 207.1 | 282.4 | 200.2 | 456.0 | 217.8 | 232.6 | 315.0 | 225.4 |
| 410.9 | 193.8 | 207.7 | 283.2 | 200.2 | 457.1 | 218.4 | 233.2 | 315.9 | 226.0 |
| 412.1 | 194.4 | 208.3 | 284.0 | 201.4 | 458.2 | 219.0 | 233.9 | 316.7 | 226.6 |
| 413.2 | 195.0 | 209.0 | 284.8 | 202.0 | 459.3 | 219.6 | 234.5 | 317.5 | 227.2 |
| 414.3 | 195.6 | 209.6 | 285.6 | 202.6 | 460.5 | 220.2 | 235.1 | 318.3 | 227.9 |
| 415.4 | 194.2 | 210.2 | 286.3 | 203.2 | 461.6 | 220.8 | 235.8 | 319.1 | 228.5 |
| 416.6 | 196.8 | 210.8 | 287.1 | 203.8 | 462.7 | 221.4 | 236.4 | 319.9 | 229.1 |
| 417.7 | 197.4 | 211.4 | 289.9 | 204.4 | 463.8 | 222.0 | 237.1 | 320.7 | 229.7 |
| 418.8 | 198.0 | 212.0 | 288.7 | 205.0 | 465.0 | 222.6 | 237.7 | 321.6 | 230.4 |

# 参 考 文 献

1. 张彦明,贾靖国. 动物性食品卫生检验技术[M]. 西安:西北大学出版社,1998.

2. 杨慧芬,李明元. 食品卫生理化检验标准手册[M]. 北京:中国标准出版社,1998.

3. 张彦明. 无公害动物源食品检验技术[M]. 北京:中国农业出版社,2003.

4. 陈明勇. 动物性食品卫生学实验教程[M]. 北京:中国农业大学出版社,2005.

5. 唐突. 食品卫生检测技术[M]. 北京:化学工业出版社,2006.

6. 张彦明. 动物性食品卫生学实验指导[M]. 北京:中国农业出版社,2006.

7. 王秉栋. 动物性食品卫生理化检验[M]. 北京:中国农业出版社,2006.

8. 张伟,袁耀武. 现代食品微生物检测技术[M]. 北京:化学工业出版社,2007.

9. 吴晓彤. 食品检测技术[M]. 北京:化学工业出版社,2008.

10. 张彦明,佘锐萍. 动物性食品卫生学[M]. 北京:中国农业出版社,2009.

11. 王雪敏,赵月兰. 动物性食品卫生教程[M]. 北京:中国农业出版社,2010.

12. 刁友祥,张雨梅. 动物性食品卫生理化检验[M]. 北京:中国农业出版社,2011.

13. 赵月兰,王雪敏. 动物性食品卫生学实验教程[M]. 北京:中国农业大学出版社,2011.

14. 中华人民共和国国家标准,食品卫生检验方法. 理化部分. 北京:中国标准出版社,2004.

15. 中华人民共和国国家标准,食品卫生微生物学检验方法. 北京:中国标准出版社,2004.

16. 中华人民共和国卫生部. 食品卫生检验方法 理化部分(一、二)[M]. 北京:中国标准出版社,2006.